国家级职业教育规划教材
人力资源和社会保障部职业能力建设司推荐
高等职业技术院校电类专业教材

机电工程制图

（第二版）

JIDIAN GONGCHENG ZHITU

主编 张鑫 王希波
副主编 崔兆华

中国劳动社会保障出版社

内容简介

本书主要内容包括点、线、面的投影，三视图，轴测图，截交线与相贯线，组合体，机件的表达方法，标准件与常用件，机械图样，电气识图基础，识读典型电气图，以及用 AutoCAD 绘图等。

本书由张鑫、王希波主编，崔兆华副主编，叶录京、潘月飞、张伟、彭维利、肖雷、苑刚参与编写，王雪主审。

图书在版编目(CIP)数据

机电工程制图/张鑫，王希波主编. —2 版. —北京：中国劳动社会保障出版社，2013
高等职业技术院校电类专业教材
ISBN 978-7-5167-0604-6

Ⅰ.①机… Ⅱ.①张… ②王… Ⅲ.①机电工程-机械制图-高等职业教育-教材 Ⅳ.①TH126

中国版本图书馆 CIP 数据核字(2013)第 267487 号

中国劳动社会保障出版社出版发行
（北京市惠新东街 1 号　邮政编码：100029）
*
北京宏伟双华印刷有限公司印刷装订　新华书店经销

787 毫米×1092 毫米　16 开本　23 印张　542 千字
2013 年 11 月第 2 版　2024 年 5 月第13次印刷
定价：43.00 元

营销中心电话：400-606-6496
出版社网址：http://www.class.com.cn
http://jg.class.com.cn

前　言

为了更好地适应全国高等职业技术院校电类专业教学要求，全面提升教学质量，人力资源和社会保障部教材办公室组织有关学校的一线教师和行业、企业专家，充分调研企业生产和学校教学情况，广泛听取各职业技术院校对教材使用情况的反馈意见，对2006年至2007年出版的全国高等职业技术院校电类专业基础平台教材和电气自动化技术专业模块教材进行了修订，并做了适当的补充开发。

本次教材修订（新编）工作的重点主要体现在以下四个方面：

第一，科学合理安排内容，融入先进教学理念。

根据电类专业毕业生所从事职业的实际需要和教学实际情况的变化，合理确定学生应具备的能力与知识结构，适当调整部分教材的内容及其深度、难度，如《数控机床电气检修（第二版）》中增加了教学中广泛使用的广数GSK980T系统的相关知识；根据相关工种及专业领域的最新发展，在教材中充实“四新”内容，如《变频器应用技术（三菱 第二版）》中改用目前广泛应用的较新型的FR－E740型通用变频器。同时，结合教学改革要求，在教材中融入较为成熟的课改理念和教学方法，以完成具体典型工作任务为主线组织教材内容，将理论知识的讲解与具体的任务载体有机结合，激发学生学习兴趣，提高学生实践能力。

第二，进一步完善教材体系，充分满足教学需求。

在进一步完善现有教材教学内容的基础上，适应专业发展趋势，新开发了《电力电子技术》《过程控制技术》《工业组态软件应用技术》《自动化综合实训》教材，以充分满足当前电气自动化技术专业教学的实际需求。同时，相关教材还可满足“生产过程自动化技术”“工业网络技术”“计算机控制技术”等其他电类专业方向的教学需要。

第三，涵盖国家职业技能标准，与职业技能鉴定要求相衔接。

教材编写坚持以国家职业技能标准为依据，涵盖《维修电工》等国家职业技能标准中（中、高级）的知识和技能要求，并在与教材配套的习题册中增加针对相关职业技能鉴定考试的练习题。同时，严格贯彻国家有关技术标准的要求。

第四，进一步开发辅助产品，提供优质教学服务。

根据大多数学校的教学实际需求，部分教材还配套开发了习题册，以便于学生巩固练习使用。本套教材均提供多媒体教学课件，可通过中国人力资源和社会保障出版集团网站（http：//www. class. com. cn）免费下载，进入主页后搜索相应教材并进入图书详细页面即可找到下载链接。

本次教材的修订（新编）工作得到了江苏、安徽、山东、河南、湖南、广东、广西、四川等省人力资源和社会保障厅及一些高等职业技术院校的大力支持，教材的编审人员做了大量的工作，在此我们表示诚挚的谢意。

人力资源和社会保障部教材办公室

2013 年 11 月

目　录

CONTENTS

绪　　论

人类表达思想最基本的工具是语言和文字，但是在现代机械及电气产品的生产、使用和维修中，仅仅用语言和文字是很难表达清楚的，如图 0—1 所示的压盖是一个非常简单的零件，但很难用语言和文字准确地叙述它的形状和大小，如采用图 0—2 所示的图样来表达就非常清楚了。这种根据投影原理、国家标准和有关规定，准确地表达物体的形状、尺寸及技术要求的图称为图样，在机械、化工、建筑、电气等工业领域都需要用图样来表达设计意图、组织生产。

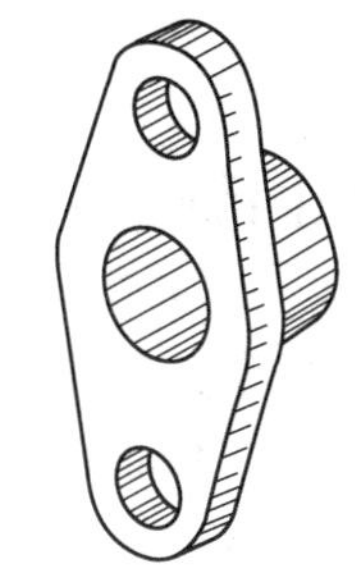

图 0—1　压盖图

很显然，采用图样来表达技术思想，比用语言文字更精确、更方便，在许多方面甚至是语言文字无法替代的，因此图样被工程界称为工程技术语言。作为高职高专电气自动化专业的学生，应了解机械制图国家标准的有关知识，具备较强的识图能力、一定的图示能力及绘图基本技能，为学习专业课及生产实习提供必要的识图知识。本课程的要求是：

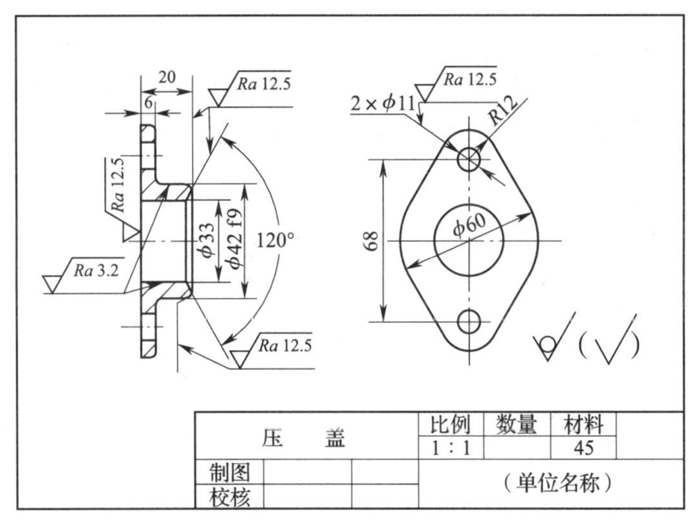

图 0—2　压盖零件图

1. 通过学习使学生熟悉有关制图国家标准的基本知识，掌握机械制图的投影原理和三视图、轴测图的画法。

2. 掌握视图的表达方法，了解标准件、常用件的画法，能识读简单的零件图和简单装配体的装配图。

3. 掌握绘制一般电气图的规定，熟悉常用电气符号，能绘制和识读较复杂的电气图。

4. 掌握计算机绘图的基本技能，能用计算机绘制简单的机械图样。

模块一　点、线、面的投影

课题一　点的投影

学习目标

¤ 学会制作三投影面体系。

¤ 掌握点的投影规律。

¤ 能够根据点的坐标或在三投影面体系中的位置，绘制其三面投影。

任务1　作点的三面投影

任务引入

图1—1a所示为长方体，按图1—1b所示，将长方体放入三投影面体系中，将顶点A向三投影面进行投影，可得到点的三面投影。本任务的要求是：绘制点的三面投影，分析其投影规律。

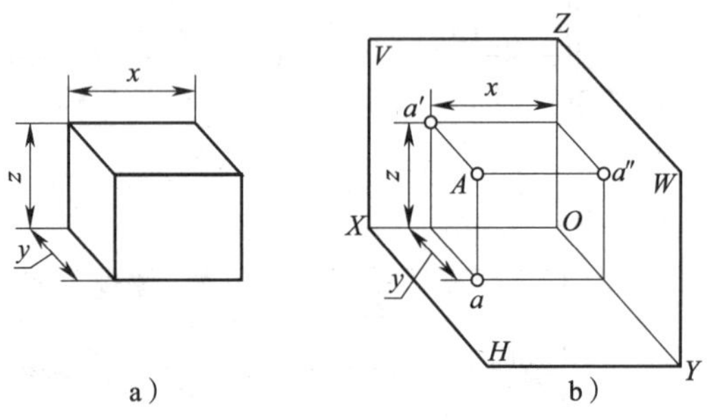

图1—1　点的投影

相关知识

一、投影法

如图1—2所示，太阳光照射在人身上，在地面上产生影子。影子在某些方面反映了人的形状特征，这种现象称为投影现象，将其加以抽象和总结就形成了投影法。投影法就是指用一组射线通过物体射向预定平面而得到图形的方法。在投影时，光源（太阳）称为投射中心，光线称为投射线，地面称为投影面，影子称为投影。

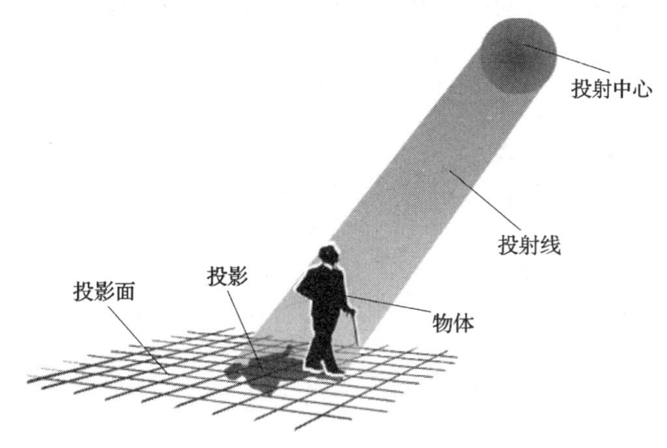

图 1—2　投影法

二、平行投影法

投射线互相平行的投影方法称为平行投影法。根据投射线与投影面所成角度的不同，平行投影法又分为正投影法和斜投影法，如图 1—3 所示。正投影法是最常用的一种投影方法，正投影法得到的图形称为正投影图或视图。

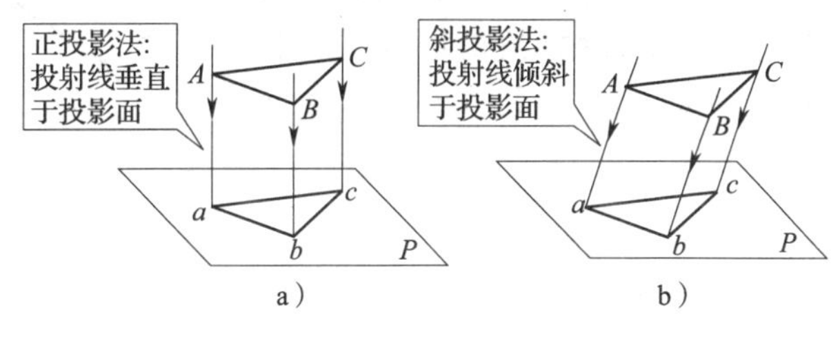

图 1—3　平行投影法

a）正投影　b）斜投影

三、常用绘图工具

1. 铅笔

铅笔的笔杆上标有型号标记，如 B、2B、2H、H、HB 等。“H”表示铅笔芯的硬度，它前面的数字越大，表示它的铅芯越硬，颜色越淡。“B”代表石墨的成分，它前面的数字越大，表明颜色越浓、越黑。HB 为铅芯中等软硬程度。一般将 2H、H、HB 型铅笔修磨成图 1—4a 所示形状，将 B 型铅笔修磨成图 1—4b 所示形状。

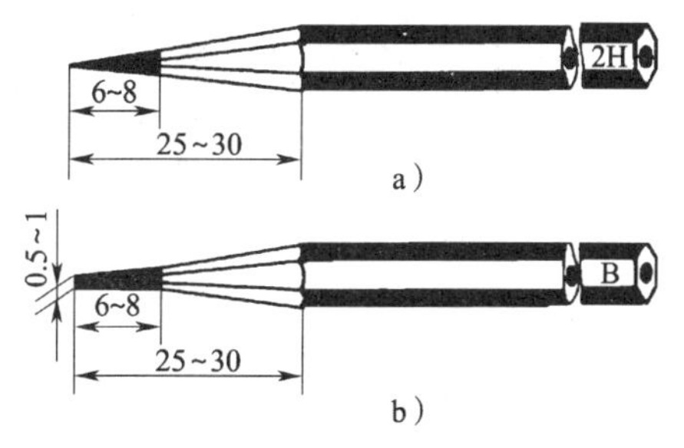

图 1—4　铅笔的修磨

一般可用 H 型铅笔描深细型图线（如细虚线、细点画线等），用 HB 型铅笔描深粗实线直线或写字，用 B 型铅笔描深粗实线圆。

2．三角板

三角板又叫三角尺，一副三角板为两块，其形状如图 1—5 所示，其中一块的角度为 45°、45°和 90°；另一块为 30°、60°和 90°。两块三角板配合使用，可画出已知直线的平行线或垂直线，如图 1—6 所示。

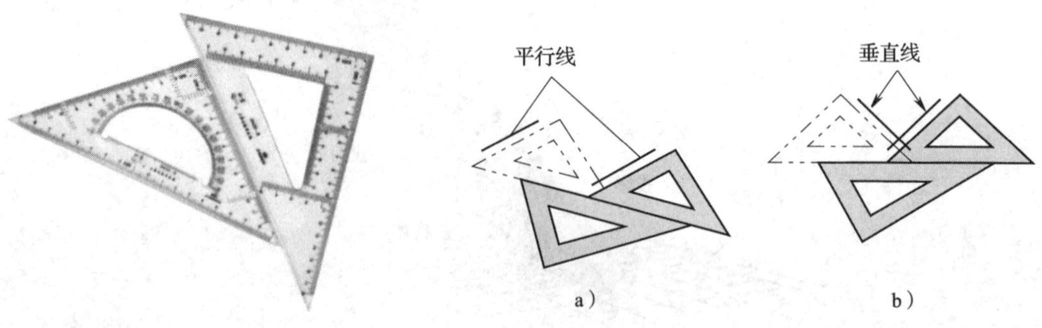

图 1—5　三角板

图 1—6　三角板的使用
a）画平行线　b）画垂直线

3．圆规

圆规的结构如图 1—7 所示，使用前应先调整，使针尖稍长于铅芯，如图 1—8a 所示。画图时，先将两腿分开至所需的半径尺寸，并尽量使针尖和铅芯同时与图面垂直，按顺时针方向一次画成圆或圆弧，如图 1—8b、c 所示。绘图时要注意用力均匀，并向前进方向稍微倾斜。

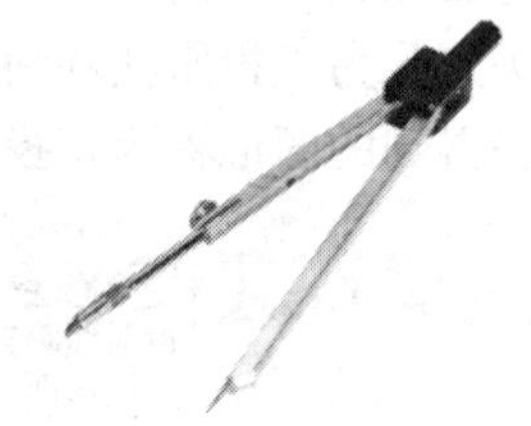

图 1—7　圆规

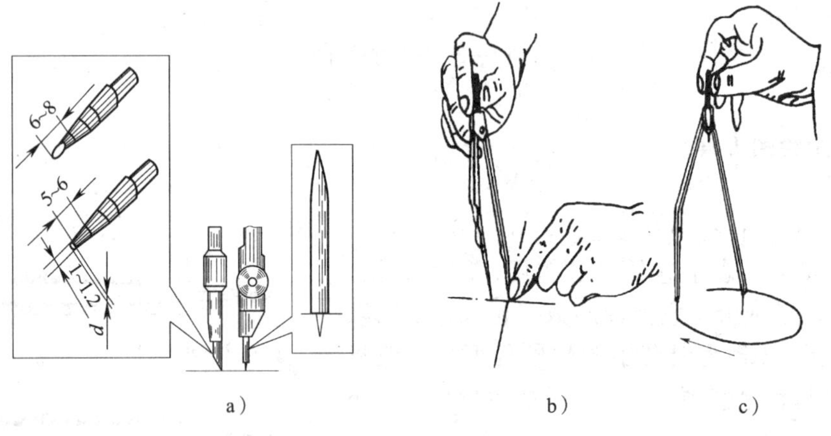

图 1—8　圆规及其用法

任务实施

一、制作三投影面体系

如图 1—9 所示，三投影面体系由三个互相垂直的平面组成，一般把正对着观察者的投影面称为正投影面（用 *V* 表示），水平放置的投影面称为水平投影面（用 *H* 表示），右边侧立的投影面称为侧投影面（用 *W* 表示）。在三投影面体系中，两投影面的交线称为投影轴。其中 *V* 面与 *H* 面的交线称为 *X* 轴，*H* 面与 *W* 面的交线称为 *Y* 轴，*V* 面与 *W* 面的交线称为 *Z* 轴。三条投影轴构成了一个空间直角坐标系，三轴的交点称为坐标原点（用 *O* 表示）。

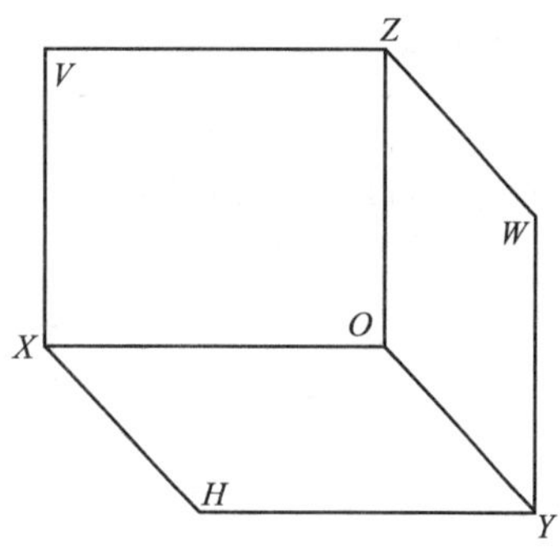

图 1—9　三投影面体系

准备一张 A4 纸，裁剪成正方形，按表 1—1 所示裁剪、标注、折叠。

表 1—1　　制作三投影面体系

步骤	图例	步骤	图例
1. 准备一张正方形的硬纸		3. 按图示折叠	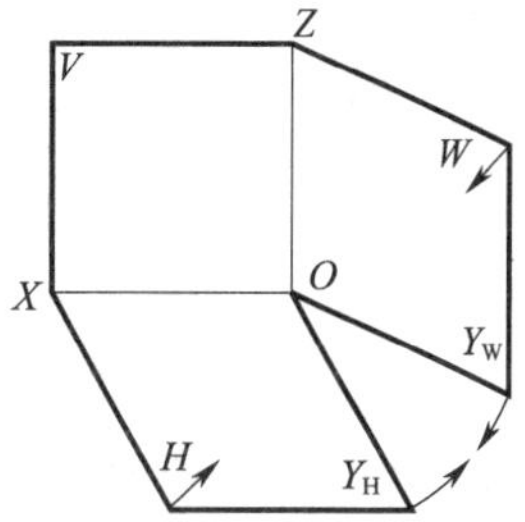
2. 按图示裁剪，并标注 *X*、*Y*、*Z* 轴和原点 *O*	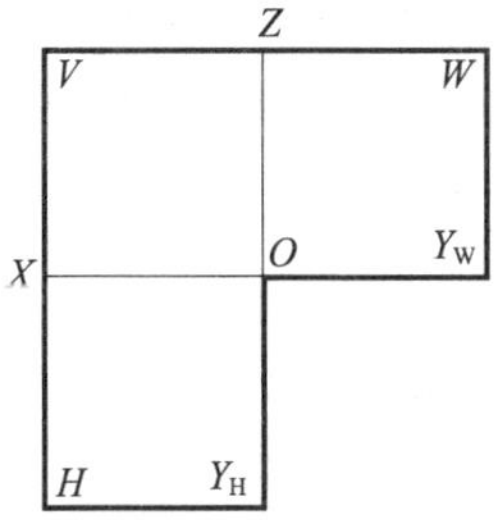	4. 按图示位置放置在课桌上	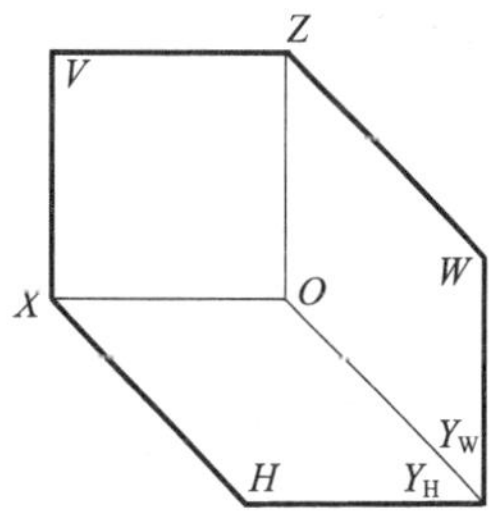

1. 三投影面体系展开时，*Y* 轴变成了两条，在 *H* 面内的称为 Y_H 轴，在 *W* 面内的称为 Y_W 轴。

2. 在绘制投影图时，可不画投影面，只画投影轴。

二、求作点的三面投影

将 A 点分别向水平投影面 H、正投影面 V 和侧投影面 W 进行投影，分别得到点的水平投影 a、正面投影 a' 和侧面投影 a''。测量图 1—1 上的尺寸 x、y、z，在三投影面体系中绘制 A 点的三面投影，其作图步骤见表 1—2。

表 1—2　　求作点的三面投影的作图步骤

步骤	1. 测量 A 点到侧投影面的距离 x 和到水平投影面的距离 z，作出点的正面投影 a'	2. 测量 A 点到侧投影面的距离 x 和到正投影面的距离 y，作出点的水平投影 a	3. 测量 A 点到正投影面的距离 y 和到水平投影面的距离 z，作出点的侧面投影 a''
图例	Z V W a′ x z X O Y_W H Y_H	Z V W a′ O X Y_W y a x H Y_H	Z V W a′ y a″ z X O Y_W a H Y_H

一般情况下，空间点用大写拉丁字母表示，如 A、B、S、M、N 等；点的水平投影用相应的小写字母表示，如 a、b、s、m、n 等；点的正面投影用相应的小写字母加一撇表示，如 a'、b'、s'、m'、n'等；点的侧面投影用相应的小写字母加两撇表示，如 a''、b''、s''、m''、n''等。

三、展开三投影面体系

绘制了点的三面投影（a、a'、a''）的三投影面体系如图 1—10a 所示，为了能在一张图纸上同时反映出点的三面投影，还需要将三投影面体系按照图 1—10a 上箭头所示方向展开。展开的过程如图 1—10b 所示，展开时，V 面不动，H 面绕 OX 轴向下旋转 90°，W 面绕 OZ 轴向右旋转 90°。展开后，点的三面投影如图 1—10c 所示。

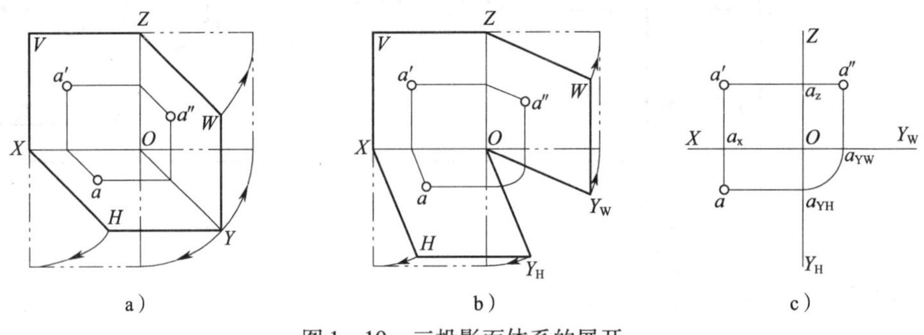

图 1—10　三投影面体系的展开

四、分析点的投影规律

观察图 1—10c 可得点的投影规律：

1. $a'a \perp OX$，即点的正面投影和水平投影的连线垂直于 OX 轴。
2. $a'a'' \perp OZ$，即点的正面投影和侧面投影的连线垂直于 OZ 轴。
3. $aa_x = a''a_z$，即点的水平投影到 OX 轴的距离等于其侧面投影到 OZ 轴的距离。

任务2　根据点的坐标作点的三面投影

任务引入

三投影面体系中，点的位置可由点到三个投影面的距离来确定。如果将投影轴作为坐标轴，则点到三个投影面的距离为点的三个坐标。其中，空间点到侧投影面的距离为 x 坐标，到正投影面的距离为 y 坐标，到水平投影面的距离为 z 坐标，点的坐标表示方法为（x，y，z）。如某 D 点的坐标表达式为 D（30，20，35）。

已知 A 点和 B 点的坐标表达式为 A（20，15，10）、B（10，8，20），本任务的要求是：根据点的投影规律，作 A、B 两点的三面投影，并分析两点的相对位置。

任务实施

一、作点的三面投影

很显然，根据点的坐标表达式可以作出点的三面投影。点 A、B 三面投影的作图步骤见表1—3。

表1—3　　**根据点的坐标作点的三面投影**

作图步骤	图例	作图步骤	图例
1. 作 A 点的正面投影 a' 和水平投影 a	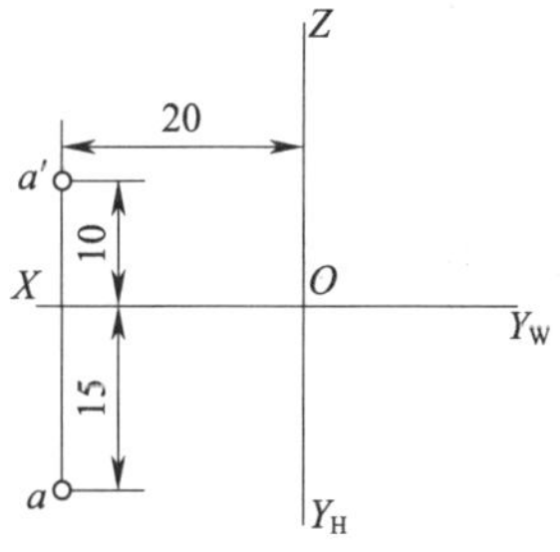 Z, 20, a', 10, X, O, Y_W, 15, a, Y_H	3. 作 B 点的正面投影 b' 和水平投影 b	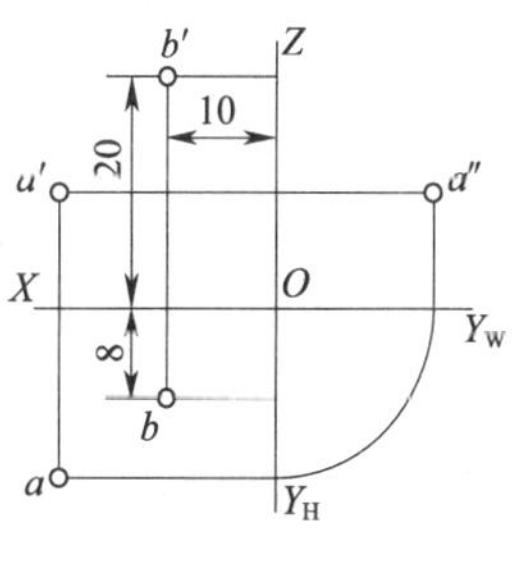 b', Z, 10, 20, a', a'', X, O, Y_W, 8, b, a, Y_H
2. 按照投影规律作 A 点的侧面投影 a''	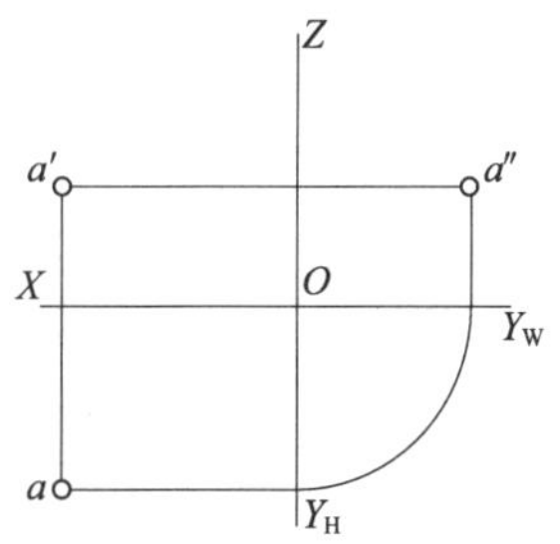 Z, a', a'', X, O, Y_W, a, Y_H	4. 按照投影规律作 B 点的侧面投影 b''	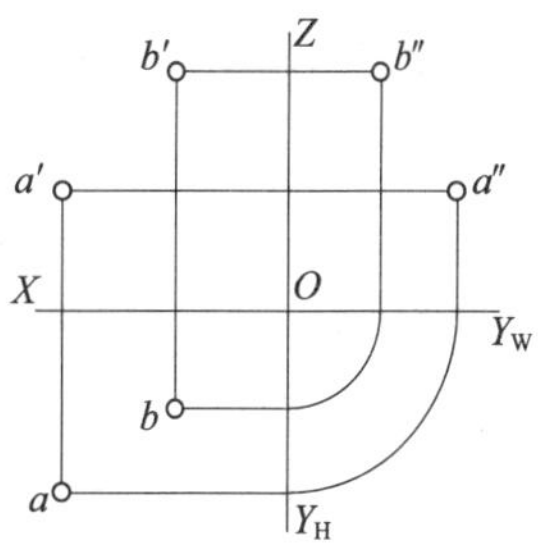 b', Z, b'', a', a'', X, O, Y_W, b, a, Y_H

二、分析两点的相对位置

根据两点在三投影面体系中的位置，可以判断两点的相对位置。从表 1—3 的图中不难看出，$x_A > x_B$，A 点在 B 点的左侧；$y_A > y_B$，A 点在 B 点的前方；$z_A < z_B$，A 点在 B 点下方。因此，可以说 A 点在 B 点的左、前、下方。

知识探究

重影点的概念

在图 1—11 中，$x_A = x_C$，$y_A = y_C$，因此点 A 和点 C 的水平投影重合，该两点称为 H 面的重影点。点 A 和点 C 在向水平投影面投影时，先投影到 C 点（$z_C > z_A$），C 点为可见的；后投影到 A 点，A 点不可见。所以 A 点水平投影的标记在图中注写为"(a)"。

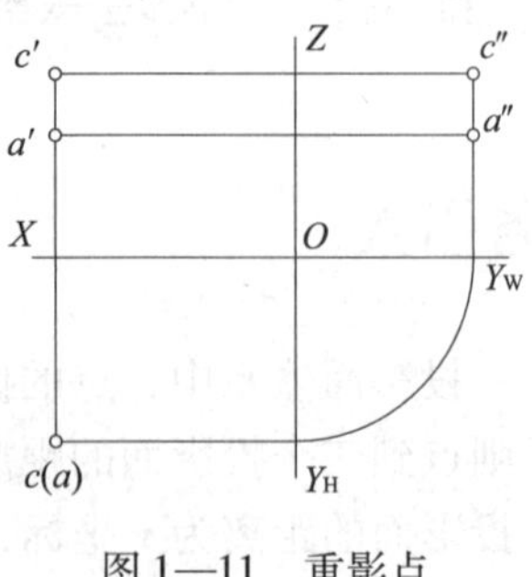

图 1—11　重影点

课题二　直线的投影

学习目标

- 掌握直线的投影特性。
- 掌握投影面平行线的投影及特性。
- 掌握投影面垂直线的投影及特性。
- 学会绘制一般位置直线的三面投影。
- 能够根据直线端点的坐标绘制直线的三面投影。
- 能够根据直线的两面投影绘制第三投影。

任务 1　绘制一般位置直线的三面投影

任务引入

如图 1—12 所示，直线 AB 与三个投影面都倾斜，这种与三个投影面都倾斜的直线称为一般位置直线。本任务的要求是：根据直线 AB 在三投影面体系中的位置绘制其三面投影，分析投影特性。

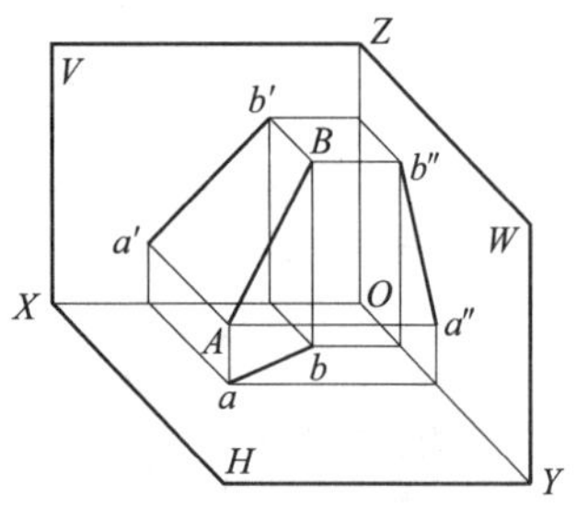

图 1—12　直线在三投影面体系中的位置图

相关知识

一、直线的种类

在机械制图中，空间直线分为一般位置直线、投影面平行线和投影面垂直线三类，其中投影面垂直线和投影面平行线又称为特殊位置直线，直线的种类及概念见表1—4。

表1—4　直线的类别

类别	概念	种类及性质
一般位置直线	与三个投影面都倾斜	∠V，∠H，∠W
投影面平行线	平行于某投影面，倾斜于另外两投影面	（1）正平线：//V，∠H，∠W （2）水平线：//H，∠V，∠W （3）侧平线：//W，∠V，∠H
投影面垂直线	垂直于某投影面	（1）正垂线：⊥V，//H，//W （2）铅垂线：⊥H，//V，//W （3）侧垂线：⊥W，//V，//H

二、直线的投影特性

1．收缩性

如图1—13a所示，当直线倾斜于投影面时，直线的投影仍为直线，但小于实长，这种性质称为收缩性。

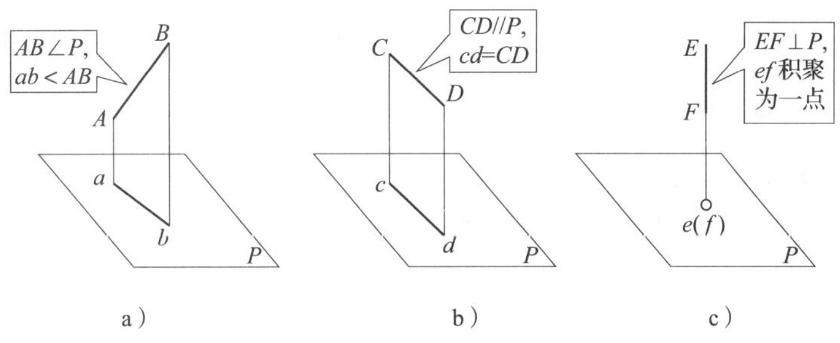

图1—13　直线的投影特性

2．真实性

如图1—13b所示，当直线平行于投影面时，直线的投影仍为直线，且反映原线段的实长，这种性质称为真实性。

3．积聚性

如图1—13c所示，当直线垂直于投影面时，直线的投影积聚成点，这种性质称为积聚性。

三、图线的基本知识

1．粗实线

粗实线的宽度一般为 0.5 mm 或 0.7 mm，用于绘制可见棱边线、可见轮廓线等。常用图线的种类、形式及应用见附录 1。

2．细实线

细实线的宽度为粗实线宽度的 1/2，在此用于绘制投影线。手工绘图时，细实线要尽量细些，要与粗实线有明显的差别。

任务实施

一、绘制一般位置直线的三面投影

由于空间两点可以决定一条直线，所以只要作出直线两端点的投影，连接其相应的投影即得直线的投影。直线 *AB* 三面投影的作图步骤见表 1—5。

表 1—5　　　　一般位置直线投影的作图步骤

作图步骤	1．测量 *A* 点到三投影面的距离，作 *A* 点的三面投影	2．测量 *B* 点到三投影面的距离，作 *B* 点的三面投影	3．用粗实线连接 *A*、*B* 两点的同面投影
图例	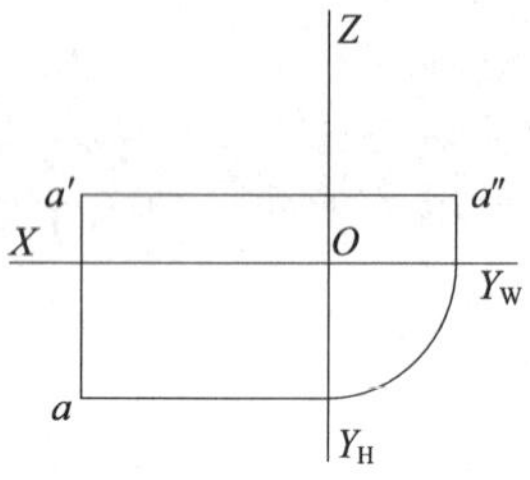 Z a′ a″ X O Y_W a Y_H	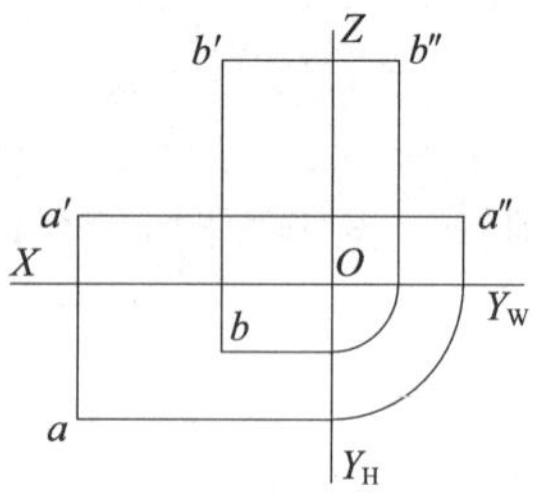 b′ Z b″ a′ a″ X O Y_W b a Y_H	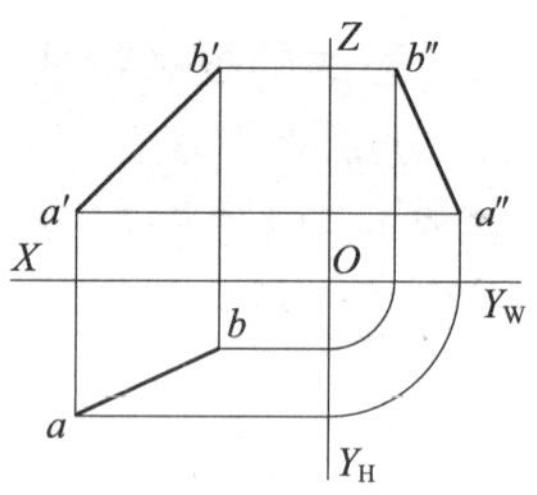 b′ Z b″ a′ a″ X O Y_W b a Y_H

二、分析直线的投影特性

分析图 1—13 及表 1—4 可知，一般位置直线的三面投影皆为斜线，且三面投影的长度皆小于直线的实际长度。

任务 2　根据直线端点的坐标绘制直线的三面投影

任务引入

直线 *CD* 两个端点的坐标分别为 *C*（30，15，10）、*D*（10，15，20），本任务的要求是：根据直线 *CD* 端点的坐标，绘制直线的三面投影，分析投影特性。

任务实施

一、绘制直线 *CD* 的三面投影

根据 C 点和 D 点的坐标，可绘制直线的三面投影，作图步骤见表 1—6。

表 1—6　　　　直线 *CD* 三面投影的作图步骤

作图步骤	1. 根据点 C（30，15，10）的坐标，作 C 点的三面投影	2. 根据点 D（10，15，20）的坐标，作 D 点的三面投影	3. 用粗实线连接 C、D 两点的同面投影
图例	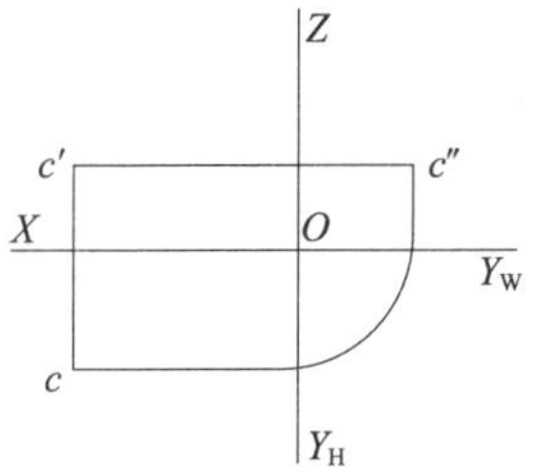	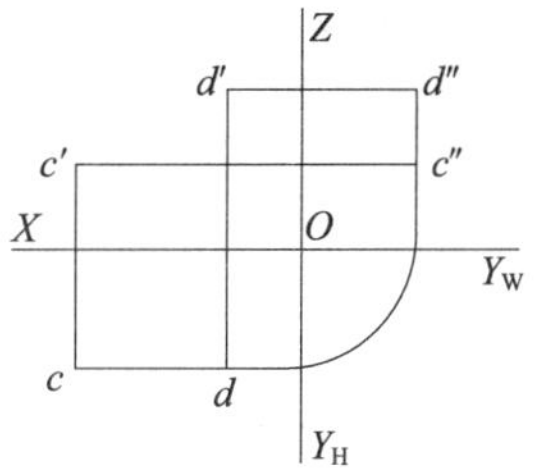	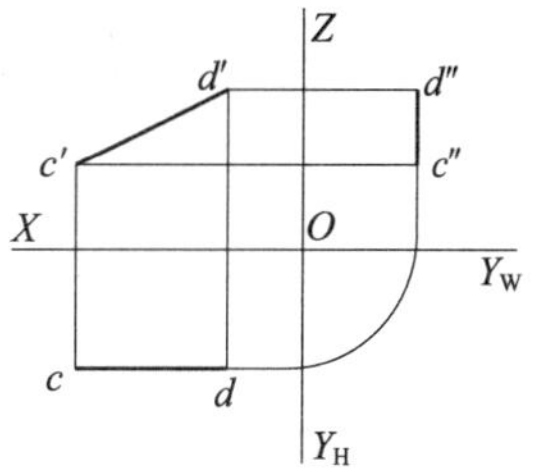

二、分析直线 *CD* 的投影特性

分析 C 点和 D 点的坐标可知，其 y 坐标相同，即 C 点和 D 点到正投影面的距离相同。分析直线 CD 的三面投影（见表 1—6），用铅笔摆放出直线 CD 的空间位置，可以想象，该直线平行于正投影面，倾斜于水平投影面和侧投影面，是正平线。分析表 1—6 可知，直线 CD 的正面投影为反映实长的斜线，水平投影为收缩的横线，侧面投影为收缩的竖线。

知识探究

投影面平行线的投影及特性

投影面平行线的投影及特性见表 1—7。

表 1—7　　　　投影面平行线的投影及特性

名称	三投影面体系位置图	投影图	投影特性
正平线	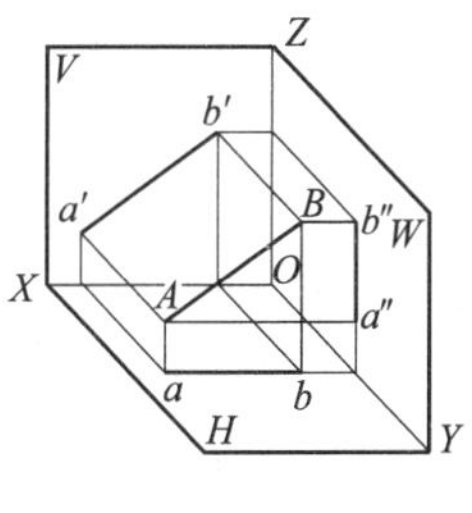	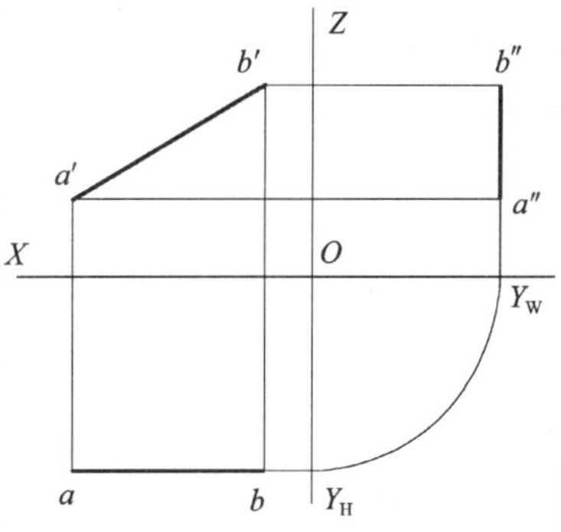	（1）正面投影为斜线，且 $a'b'=AB$ （2）水平投影为横线，且 $ab<AB$ （3）侧面投影为竖线，且 $a''b''<AB$

续表

名称	三投影面体系位置图	投影图	投影特性
水平线	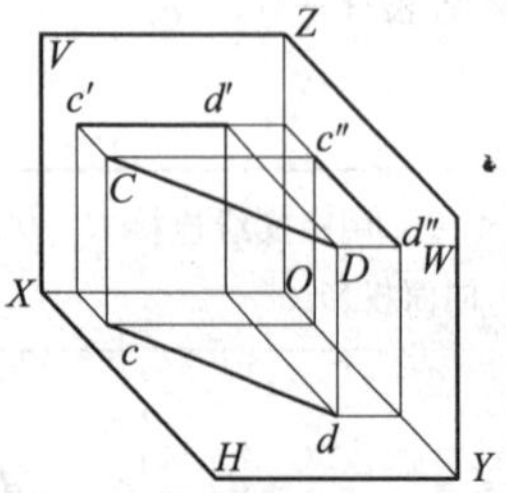	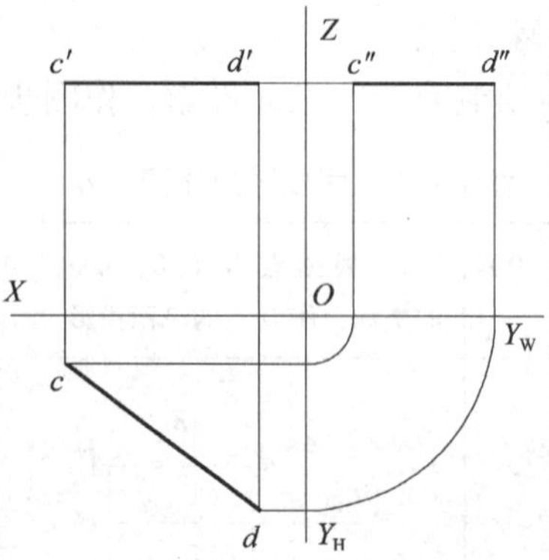	（1）水平投影为斜线，且 $cd = CD$ （2）正面投影为横线，且 $c'd' < CD$ （3）侧面投影为横线，且 $c''d'' < CD$
侧平线	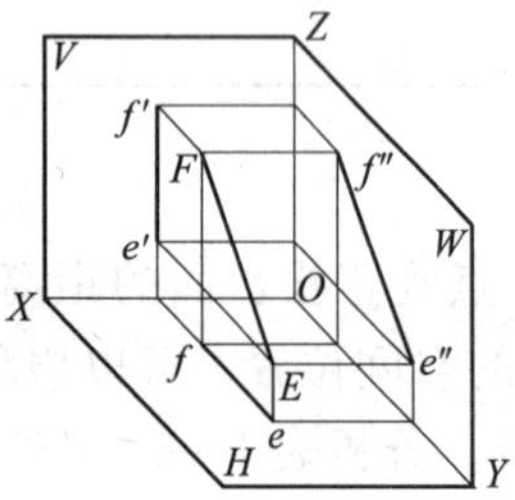	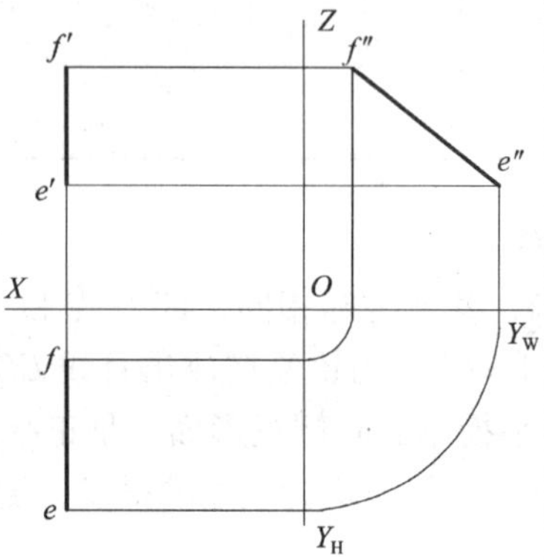	（1）侧面投影为斜线，且 $e''f'' = EF$ （2）正面投影为竖线，且 $e'f' < EF$ （3）水平投影为竖线，且 $ef < EF$

任务 3　根据直线的两面投影求作第三投影

任务引入

直线 EF 的正面投影和水平投影如图 1—14 所示，本任务的要求是：根据直线 EF 的两面投影，绘制第三投影，分析投影特性。

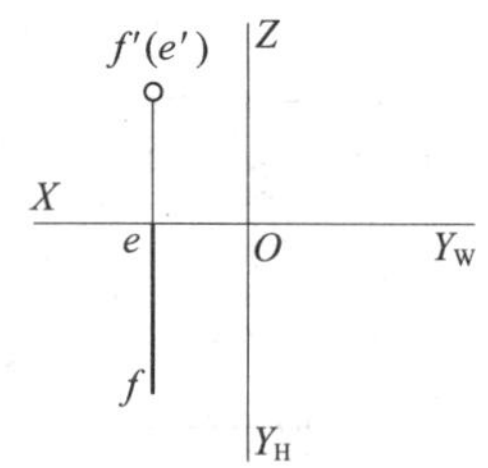

图 1—14　根据直线的两面投影求作第三投影

任务实施

一、绘制直线 EF 的第三投影

根据直线的两面投影求作第三投影的方法如图 1—15

所示，步骤如下：

1. 求作 E 点的侧面投影。
2. 求作 F 点的侧面投影。
3. 连接 $e''f''$即所求。

二、分析直线 *EF* 的投影特性

直线 EF 的正面投影积聚为一点，可知该直线垂直于正投影面，平行于水平投影面和侧投影面。分析图 1—15 可知，直线 EF 的正面投影积聚为一点，水平投影为反映实长的竖线，侧面投影为反映实长的横线。

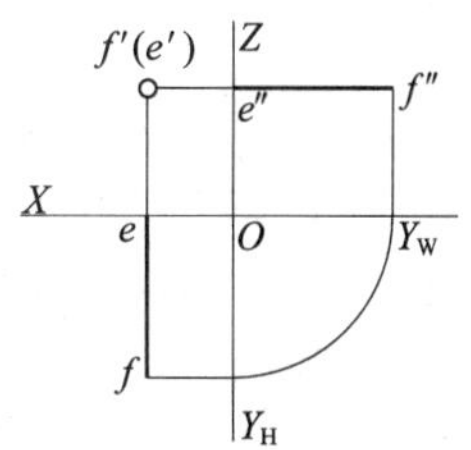

图 1—15　求作直线的第三投影

知识探究

投影面垂直线的投影及特性

投影面垂直线在垂直于某投影面的同时，平行于另外两投影面。投影面垂直线的投影及特性见表 1—8。

表 1—8　　投影面垂直线的投影及特性

名称	三投影面体系位置图	投影图	投影特性
正垂线	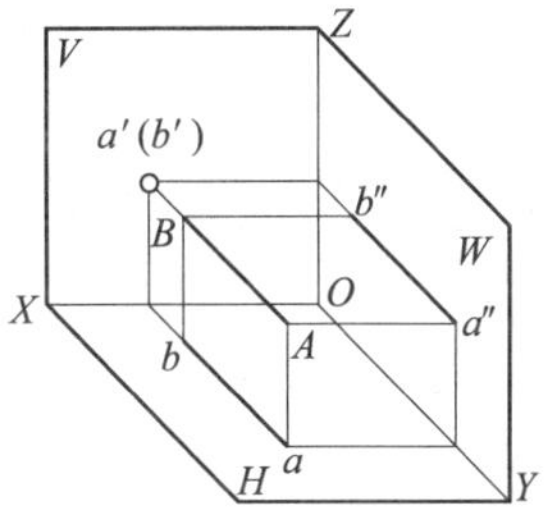	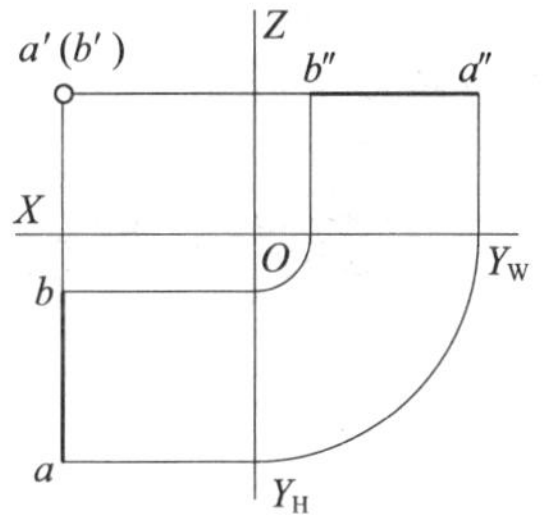	（1）正面投影 $a'b'$积聚为一点 （2）水平投影为竖线，且 $ab = AB$ （3）侧面投影为横线，且 $a''b'' = AB$
铅垂线	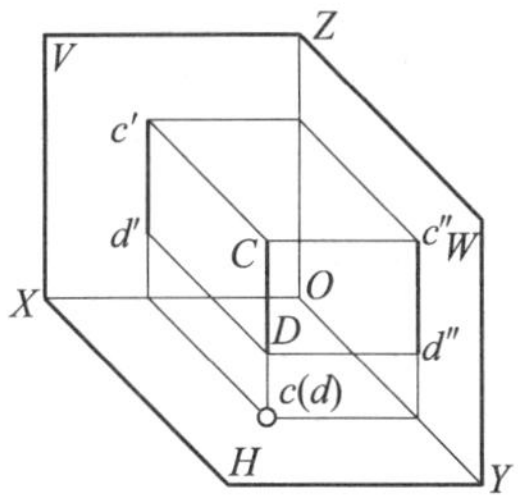	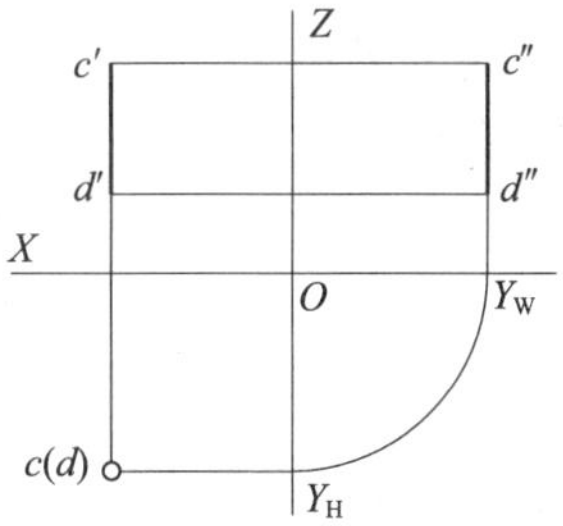	（1）水平投影 cd 积聚为一点 （2）正面投影为竖线，且 $c'd' = CD$ （3）侧面投影为竖线，且 $c''d'' = CD$

续表

名称	三投影面体系位置图	投影图	投影特性
侧垂线			（1）侧面投影 $e''f''$ 积聚为一点 （2）正面投影为横线，且 $e'f'=EF$ （3）水平投影为横线，且 $ef=EF$

课题三　平面的投影

学习目标

¤ 掌握平面的投影特性。

¤ 掌握投影面垂直面的投影特性。

¤ 掌握投影面平行面的投影特性。

¤ 学会绘制一般位置平面的三面投影。

¤ 能够根据平面的两面投影绘制第三投影。

任务 1　绘制一般位置平面的三面投影

任务引入

如图 1—16 所示，平面 ABC 与三个投影面都倾斜，这种与三个投影面都倾斜的平面称为一般位置平面。本任务的要求是：

1. 根据平面 ABC 的位置绘制其三面投影。
2. 分析平面 ABC 的三面投影的投影特性。
3. 判断直线 AB、BC、AC 的类别。

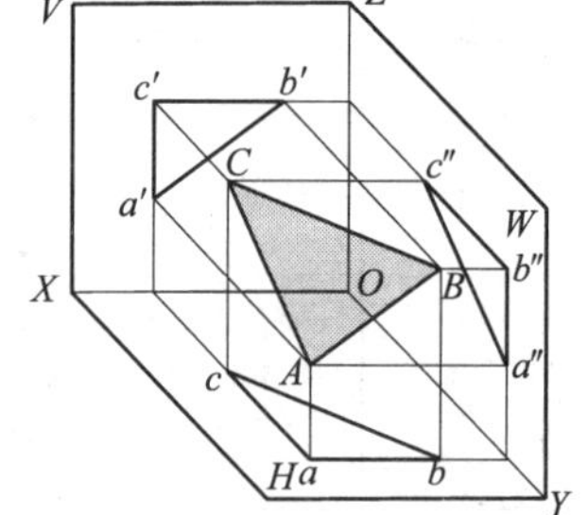

图 1—16　平面的三面投影

任务实施

一、绘制平面的三面投影

平面 ABC 由三条直线围成，作平面的投影，可先求出各端点的投影，然后依次连接即可得平面的投影。平面 ABC 的三面投影图的作图步骤见表 1—9。

表 1—9　　平面投影的作图步骤

作图步骤	1. 测量 A、B、C 三点立体图上的相关尺寸，作 A、B、C 三点的三面投影图	2. 依次连接点 A、B、C 的同面投影，即得平面的三面投影
图例	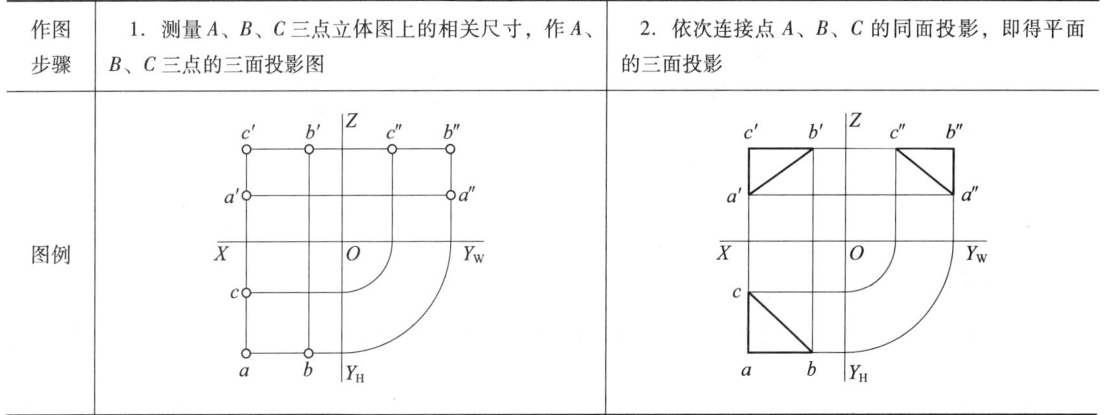	

二、分析平面的投影规律

由于一般位置平面 *ABC* 和三个投影面都倾斜，其三面投影虽然还是三角形，但是都与空间三角形 *ABC* 的实际形状不同。

三、判断直线 *AB*、*BC*、*AC* 的类别

分析图 1—16 及表 1—9 可知，直线 *AB* 为正平线，直线 *BC* 为水平线，直线 *AC* 为侧平线。

知识探究

一、平面的种类

空间平面分为一般位置平面、投影面垂直面和投影面平行面三类，其中投影面垂直面和投影面平行面又称为特殊位置平面，平面的种类及概念见表 1—10。

表 1—10　　平面的类别

类别	概念	种类及性质
一般位置平面	与三个投影面都倾斜	∠V，∠H，∠W
投影面垂直面	垂直于某投影面，倾斜于另外两投影面	(1) 正垂面：⊥V，∠H，∠W (2) 铅垂面：⊥H，∠V，∠W (3) 侧垂面：⊥W，∠H，∠V
投影面平行面	平行于某投影面	(1) 正平面：//V，⊥H，⊥W (2) 水平面：//H，⊥V，⊥W (3) 侧平面：//W，⊥V，⊥H

二、平面的投影特性

1. 类似性

如图 1—17a 所示，当平面倾斜于投影面时，平面的投影仍为平面，与真实图形类似，但小于真实图形的大小，这种性质称为类似性。

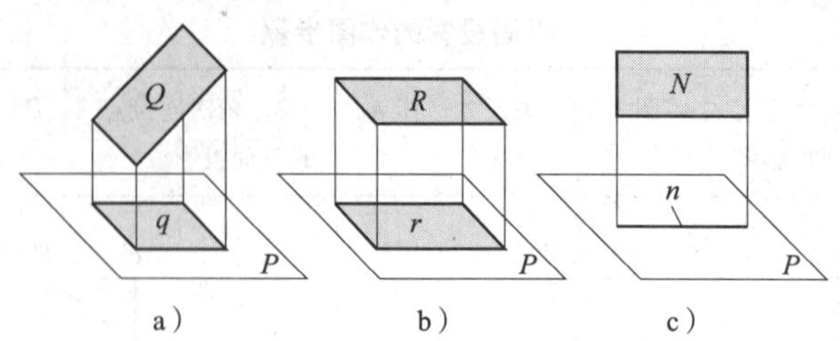

图 1—17　平面的投影特性

2．真实性

如图 1—17b 所示，当平面平行于投影面时，其投影反映原平面图形的真实形状，这种性质称为真实性。

3．积聚性

如图 1—17c 所示，当平面垂直于投影面时，平面的投影积聚成直线，这种性质称为积聚性。

任务 2　根据平面的两面投影绘制第三投影

任务引入

如图 1—18 所示，已知平面 Q 的正面投影和水平投影，本任务的要求是：

1．分析平面 Q 相对于三投影面体系的位置，判断其类别。

2．根据平面 Q 的两面投影求作第三投影。

3．分析平面 Q 的投影特性。

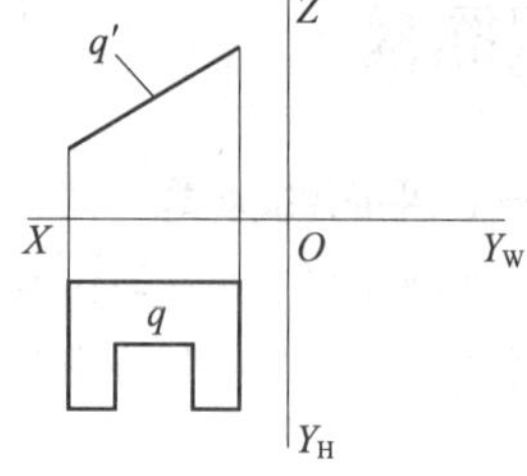

图 1—18　根据平面的两面投影求作第三投影

任务实施

一、分析平面 Q 相对于三投影面体系的位置，判断其类别

平面 Q 的正面投影积聚为一条直线，说明该直线与正投影面垂直，由于该直线在正投影面上倾斜于投影轴，说明该平面与水平投影面、侧投影面倾斜，因此该平面为正垂面。

二、根据平面 Q 的两面投影求作第三投影

1．平面形状分析

分析图 1—18 可知，该平面的形状为凹形平面，是在矩形平面的前面中间切割了一个矩形槽。

2．绘制矩形平面的侧面投影

如图 1—19a 所示，先求作矩形平面四个端点的侧面投影，再依次连接各端点的投影。

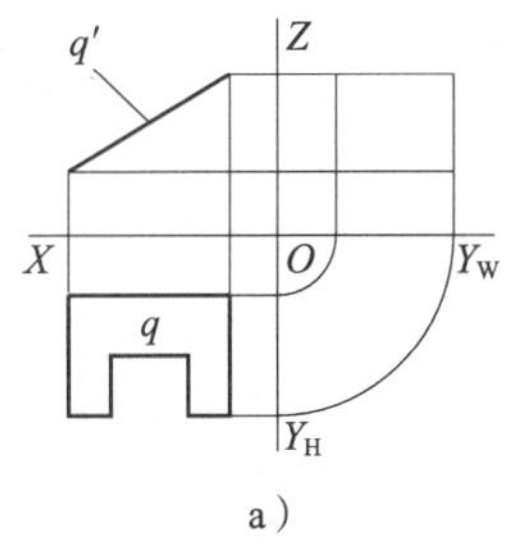

a）

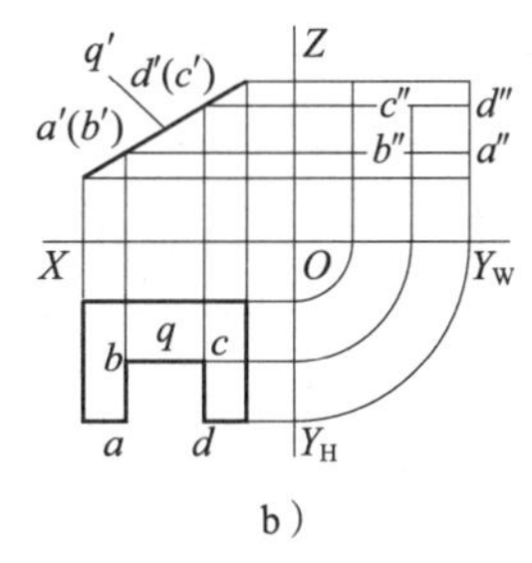

b）

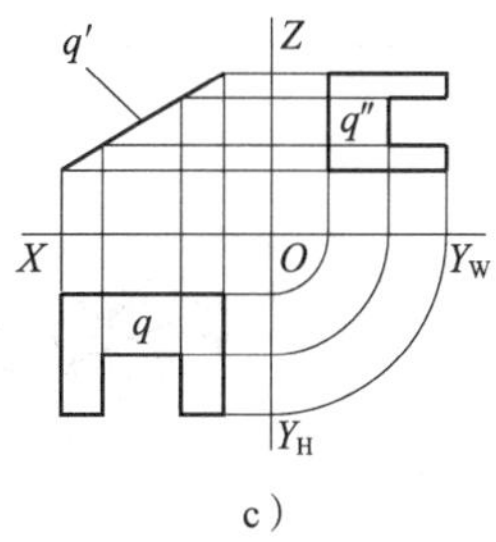

c）

图 1—19　求作平面的第三投影

3．绘制矩形槽的侧面投影

如图 1—19b 所示，在平面 Q 的水平投影上对矩形槽各端点作标记 a、b、c、d，先找出其正面投影，然后求其侧面投影，连接 $a''b''$、$b''c''$、$c''d''$。

4．完成全图

矩形平面割槽后，D、A 之间没有轮廓线，擦除 d''和 a''之间的连线。擦除无用作图线，用粗实线描深轮廓线，用细实线描深投影线，如图 1—19c 所示。

一般情况下，平面除可以用表示平面各个顶点的字母来表示，也可以用单个字母表示。当用单个字母表示平面时，空间平面用大写字母表示，如 L、Q 等；平面的水平投影用相应的小写字母表示，如 l、q 等；平面的正面投影用相应的小写字母加一撇表示，如 l'和 q'等；平面的侧面投影用相应的小写字母加两撇表示，如 l''和 q''等。当表示平面的积聚性投影时，可采用引出标注。

知识探究

投影面垂直面的投影特性

投影面垂直面的投影特性见表 1—11。

表 1—11　　投影面垂直面的投影特性

名称	三投影面体系位置图	投影图	投影特性
正垂面	Z V i′ I i″ W X O i H Y	i′ Z i″ X O Y_W i Y_H	（1）正面投影为斜线 （2）水平投影和侧面投影为原实形的类似形

续表

名称	三投影面体系位置图	投影图	投影特性
铅垂面			（1）水平投影为斜线 （2）正面投影和侧面投影为原实形的类似形
侧垂面			（1）侧面投影为斜线 （2）正面投影和水平投影为原实形的类似形

任务3　求作平面的第三投影，分析各轮廓线的投影

任务引入

图1—20所示为三角形平面 *ABC* 的正面投影和侧面投影，本任务的要求是：

1. 补画平面 *ABC* 的水平投影。
2. 分析平面 *ABC* 的投影特性。
3. 判断直线 *AB*、*BC*、*AC* 的类别。

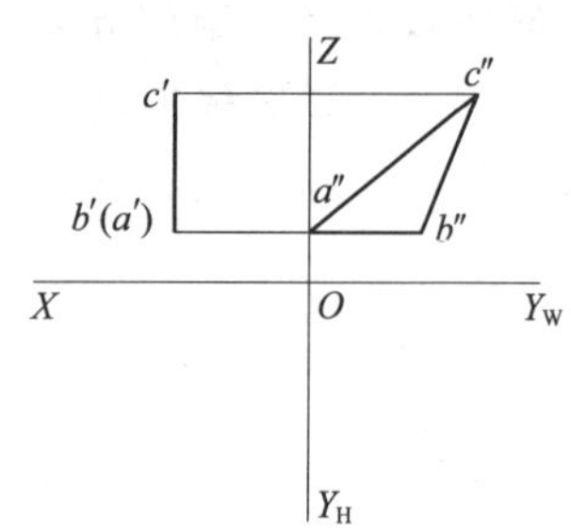

图1—20　三角形的正面投影和侧面投影

任务实施

一、补画平面 *ABC* 的水平投影

如图1—21所示，先求作三角形平面三个端点的水平投影 *a*、*b*、*c*，由于 *a*、*b*、*c* 在一条竖线上，所以平面的水平投影为一条竖线。

二、分析平面 *ABC* 的投影特性

平面 *ABC* 的正面投影和水平投影为竖线，说明平面 *ABC* 同时垂直于正投影面和水平投影面，因此该平面为侧平面，其侧面投影反映平面的实形。

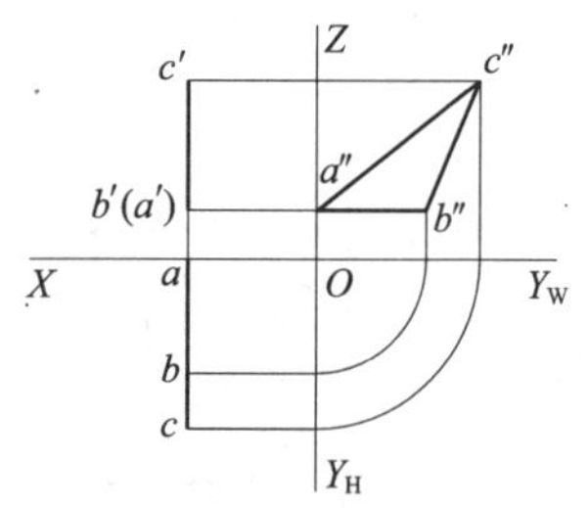

图1—21　求作三角形平面的水平投影

三、判断直线 *AB*、*BC*、*AC* 的类别

直线 *AB* 的正面投影积聚为一点，侧面投影为横线，水平投影为竖线，该直线为正垂线。直线 *AC* 和 *BC* 的正面投影和水平投影皆为竖线，侧面投影皆为斜线，所以直线 *AC* 和 *BC* 皆为侧平线。

知识探究

投影面平行面的投影特性

投影面平行面的投影特性见表 1—12。

表 1—12　　投影面平行面的投影特性

名称	三投影面体系位置图	投影图	投影特性
正平面	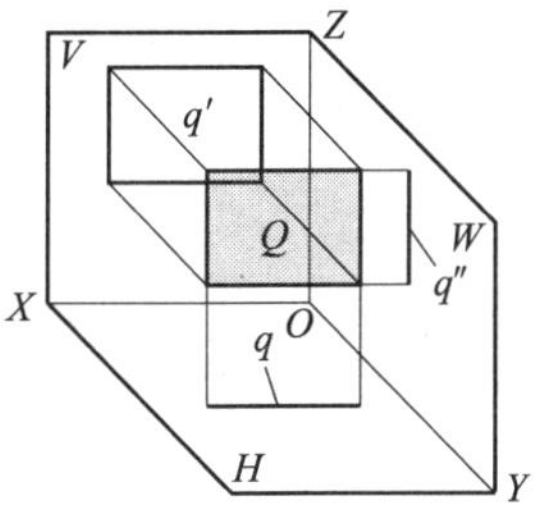	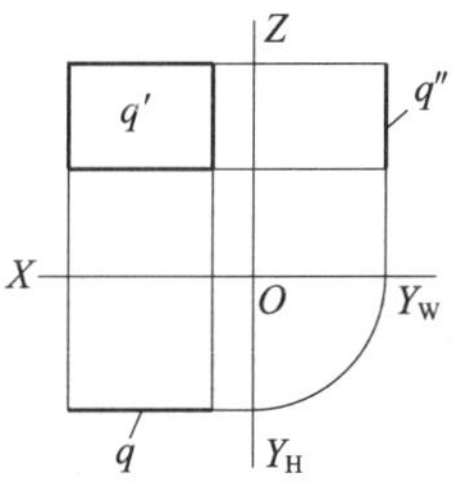	(1) 正面投影反映实形 (2) 水平投影为横线，侧面投影为竖线
水平面	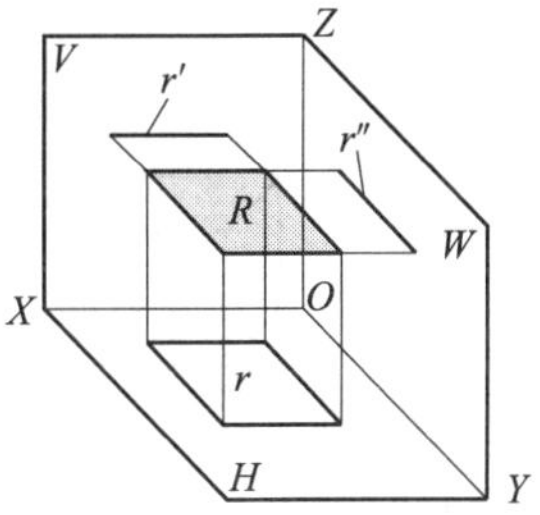	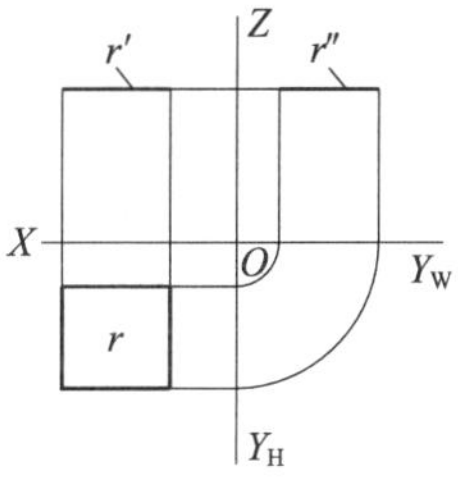	(1) 水平投影反映实形 (2) 正面投影和侧面投影皆为横线
侧平面	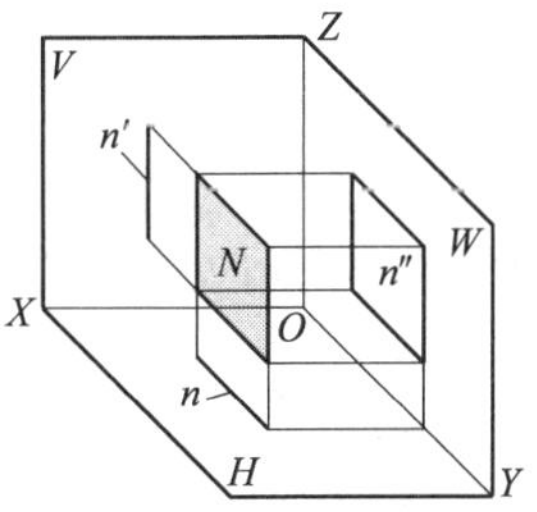	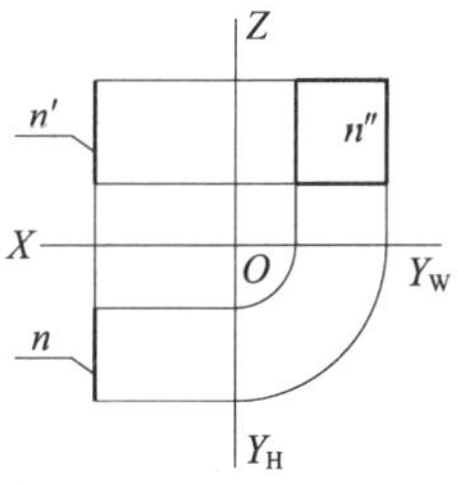	(1) 侧面投影反映实形 (2) 正面投影和水平投影皆为竖线

模块二　三　视　图

课题一　简单形体的三视图

学习目标

- ¤ 掌握三视图的投影规律。
- ¤ 学会绘制长方体的三视图。
- ¤ 能够根据立体图绘制三视图。
- ¤ 能够根据两视图补画第三视图。

任务 1　绘制长方体的三视图

任务引入

长方体是最简单的几何体，本任务的要求是：根据图 2—1 所示长方体的立体图绘制三视图。

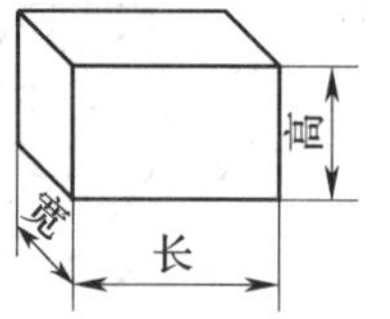

图 2—1　长方体的立体图

任务实施

一、制作三投影面体系

准备一张 A4 纸，制作三投影面体系。

二、将长方体向三投影面投射

如图 2—2 所示，将长方体放在三投影面体系中，用正投影法分别向三个投影面投射，得到物体的三视图，即：

主视图：将物体由前向后向正投影面投射得到的视图称为主视图。

俯视图：将物体由上向下向水平投影面投射得到的视图称为俯视图。

左视图：将物体由左向右向侧投影面投射得到的视图称为左视图。

很显然，主视图即物体的正面投影，俯视图即物体的水平投影，左视图即物体的侧面投影。

三、在三投影面体系中绘制长方体的三视图

1. 绘制主视图

如图 2—3 所示，根据长方体的长和高及其空间位置，在正投影面内绘制长方体的主视图。

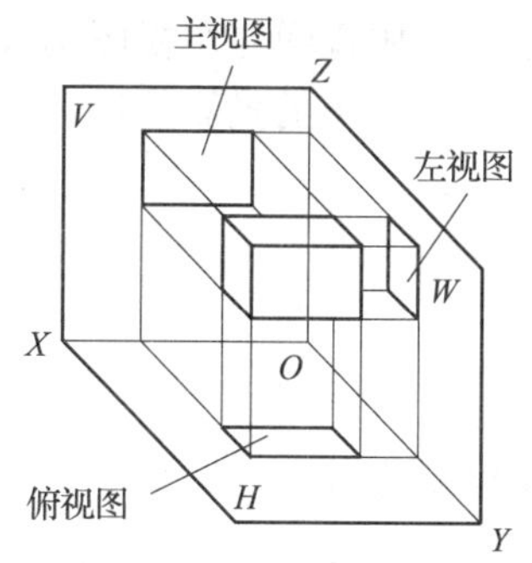

图 2—2　长方体三视图的投影过程

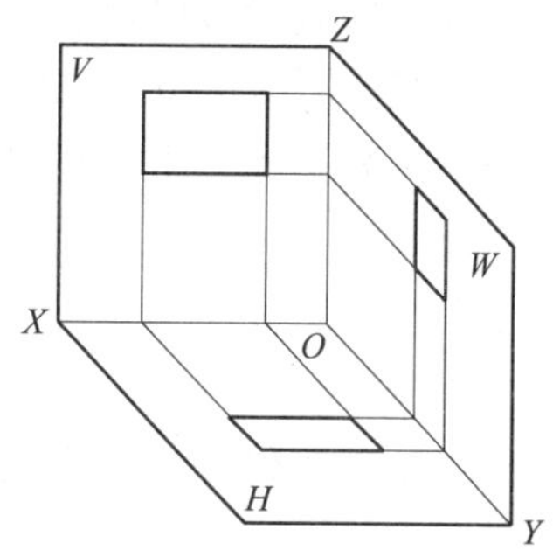

图 2—3　三投影面体系中的三视图

2. 绘制俯视图

根据长方体的长和宽及其空间位置，在水平投影面内绘制俯视图。

3. 绘制左视图

根据长方体的高和宽及其空间位置，在侧投影面内绘制左视图。

四、将三投影面体系展开

三投影面体系的展开过程如图 2—4 所示，三投影面展开后，即可在一个平面上表达三个视图。

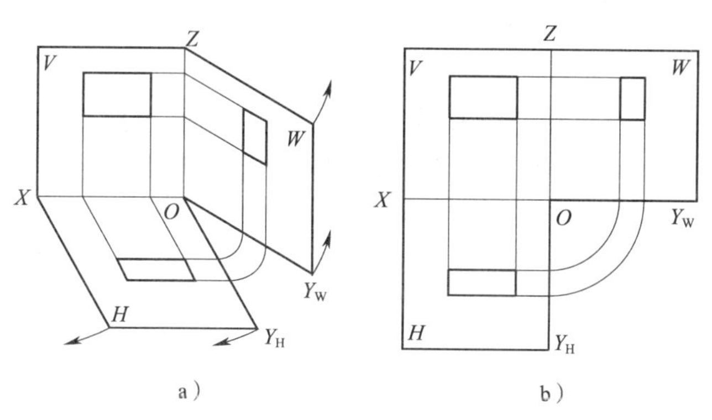

a）　　b）

图 2—4　三投影面体系的展开

三投影面体系的展开图中，俯视图位于主视图的正下方，左视图位于主视图的正右方，俯视图和左视图上相应要素的 Y 坐标相等。

五、分析三视图的投影规律

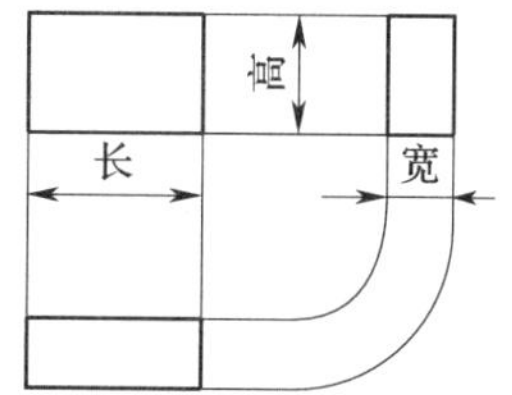

图 2—5　三视图的投影规律

如图 2—5 所示，主视图反映了长方体的长和高，俯视图反映了长方体的长和宽，左视图反映了长方体的高和宽。从图 2—5 中还可以看出，俯视图在主视图的下方，主、俯视图相应部分的连线为互相平行的竖直线，即其对应要素的长度相等，且左右两端对正；左视图在主视图右侧，主、左视图相应部分的连线为水平直线，即其对应要素的高度相等，且上下平齐；俯视图与左视图均反映物体的宽度，所以俯、左视图对应部分的宽度相等。因此可归纳出三视图的投影规律：主、俯视图长对正；主、左视图高平齐；俯、左视图宽相等。

在绘制三视图时，不但可以不画投影面，而且可以省略投影轴。

任务2　根据立体图绘制三视图

任务引入

图2—6所示为某支座的立体图，本任务的要求是：分析立体的形状，根据立体图绘制三视图。

任务实施

一、分析形体

分析图2—6所示支座立体图不难看出，该形体由后面的大长方体和前面的小长方体组成，并且在后面的长方体上方切割出一个槽。

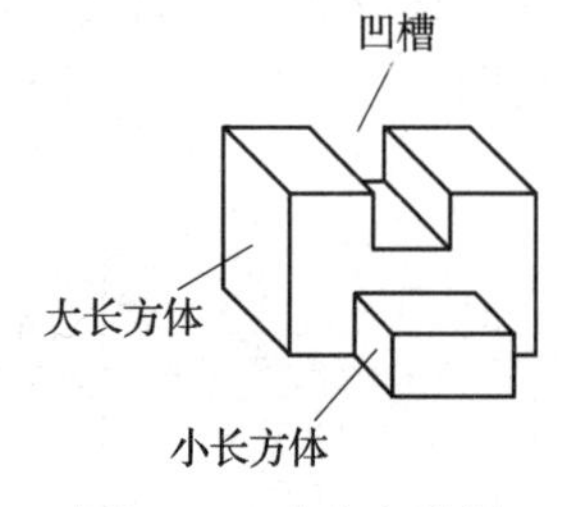

图2—6　支座立体图

二、绘制三视图

支座三视图的绘图步骤见表2—1。

表2—1　　绘制支座的三视图

步骤	图例
1. 绘制对称线及三个视图的定位线 对称的图形，在对称处要用细点画线绘制对称线。细点画线由断续的长画和短画组成，其画法和用途见附录1	
2. 绘制大长方体 测量大长方体的尺寸“长1”“高1”“宽1”，绘制大长方体的三视图	长1　高1　宽1　宽1　长1　高1　宽1

续表

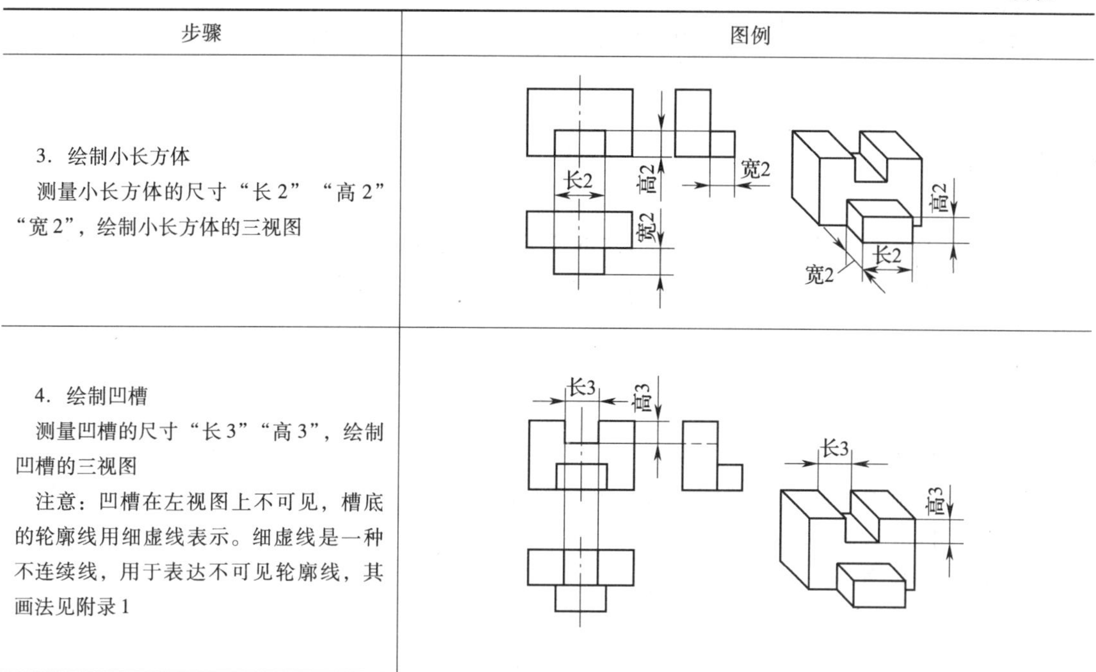

步骤	图例
3. 绘制小长方体 测量小长方体的尺寸“长 2”“高 2”“宽 2”，绘制小长方体的三视图	
4. 绘制凹槽 测量凹槽的尺寸“长 3”“高 3”，绘制凹槽的三视图 注意：凹槽在左视图上不可见，槽底的轮廓线用细虚线表示。细虚线是一种不连续线，用于表达不可见轮廓线，其画法见附录 1	

三、分析三视图的方位

如图 2—7 所示，空间物体有前、后、左、右、上、下 6 个方位（图 2—7a）。物体 6 个方位在三视图中的位置如图 2—7b 所示。

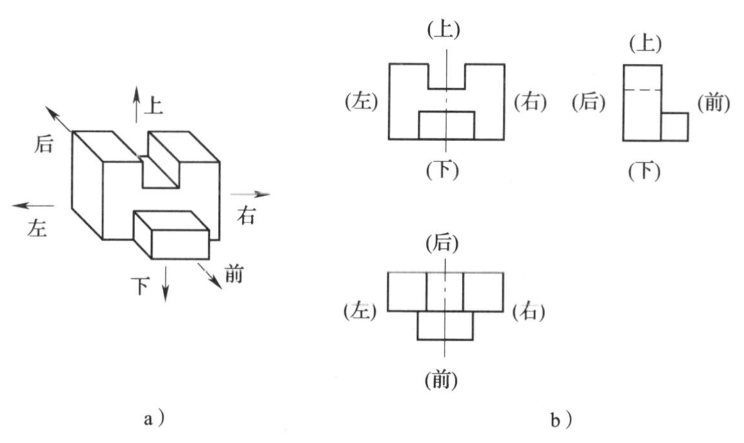

图 2—7 立体图与三视图的方位对照

a）立体图 b）三视图

在俯视图上，前、后表现为纵向；在左视图上，前、后表现为横向。

任务3　根据两视图补画第三视图

任务引入

某沙发的主、左视图如图2—8所示，本任务的要求是：看懂两视图，想象立体形状，补画俯视图。

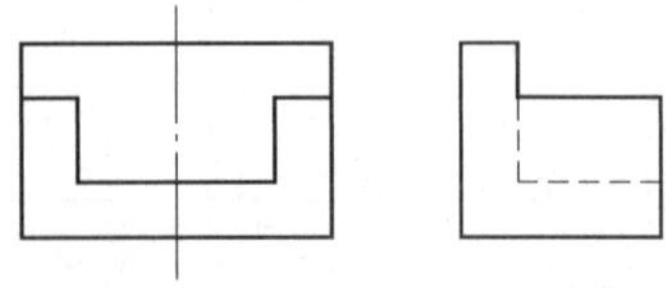

图2—8　沙发的主、左视图

任务实施

一、分析形体

沙发可认为由上下两个长方体组成，下面的长方体上有一个凹槽。上方长方体与下方长方体同宽，凹槽的后面与上方长方体的前面在一个平面上。

二、绘制俯视图

沙发俯视图的绘图步骤见表2—2。

表2—2　**绘制沙发的俯视图**

步骤	图例
1. 绘制对称线，绘制下方长方体的俯视图	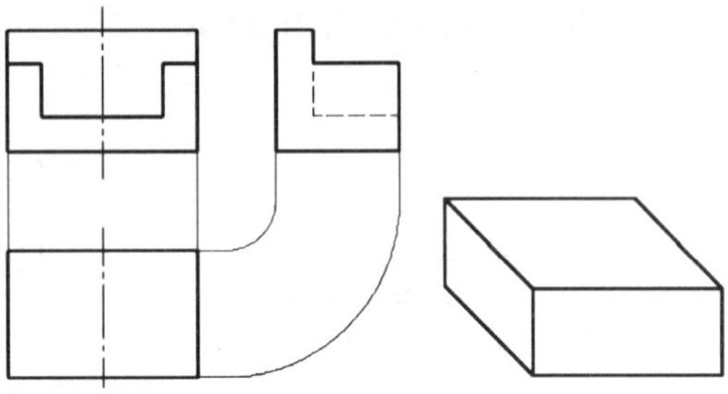
2. 绘制上方长方体的俯视图	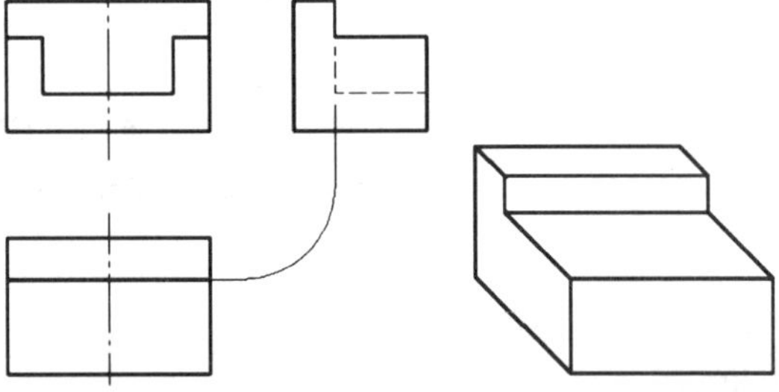

续表

步骤	图例
3. 绘制凹槽的俯视图	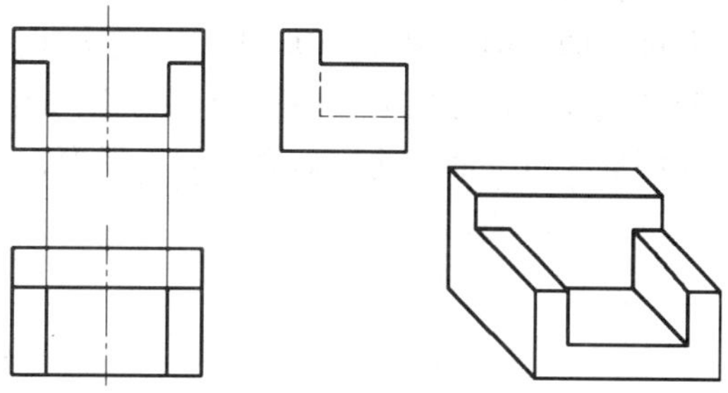

课题二　基本几何体的三视图

学习目标

¤ 学会绘制六棱柱的三视图。
¤ 学会绘制四棱锥的三视图。
¤ 学会绘制圆柱的三视图。
¤ 学会绘制圆锥的三视图。
¤ 学会绘制球体的三视图。

任何复杂的物体都可以认为是由一些简单的基本几何体组成，本课题重点分析棱柱、棱锥、圆柱、圆锥、球等基本几何体的三视图。

任务1　绘制六棱柱的三视图

任务引入

图 2—9 所示为正六棱柱的立体图，已知正六边形顶面（底面）外接圆直径为 D，正六棱柱的高为 h，本任务的要求是：根据正六棱柱的立体图绘制三视图。

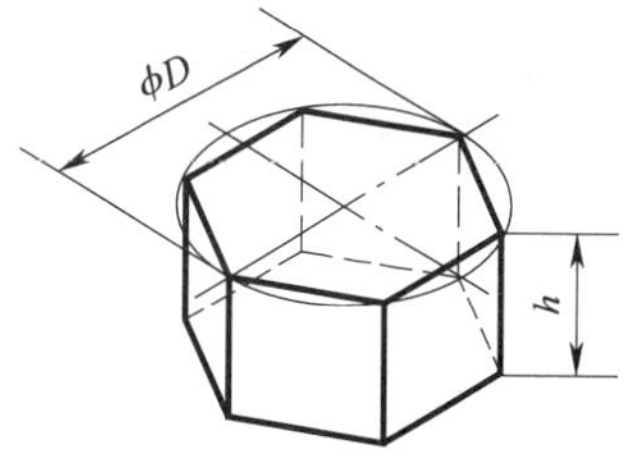

图 2—9　正六棱柱

任务实施

一、分析形体

正六棱柱的结构如图 2—10a 所示，它由正六边形的顶面、底面和 6 个矩形侧面围成，两侧面间的交线（即棱线）互相平行。将正六棱柱按照图 2—10b 所示位置投影，正六棱柱的顶面和底面为水平面，前、后侧面为正平面，两侧的 4 个侧面为铅垂面。

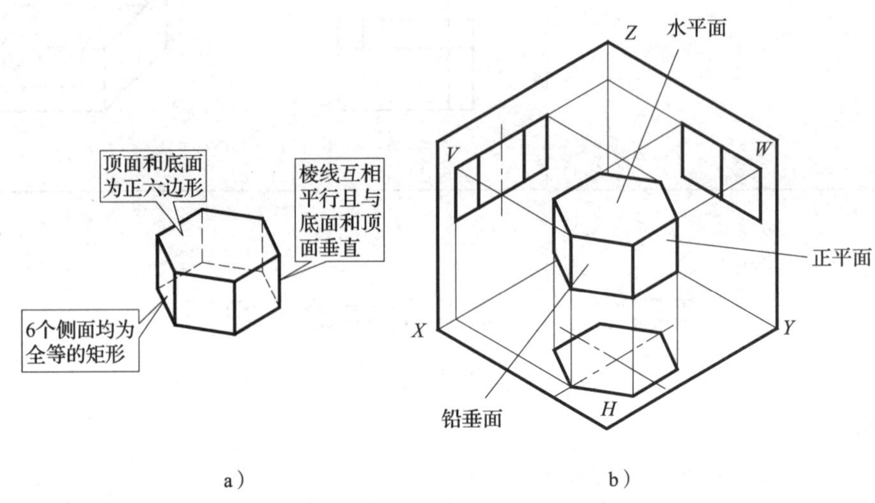

图 2—10　正六棱柱的结构及投影

二、绘制正六棱柱的三视图，分析投影特性

正六棱柱三视图的绘图方法步骤和投影特性见表 2—3。

表 2—3　　**正六棱柱三视图的绘图方法步骤和投影特性**

步骤	图例	投影特性
1. 绘制对称线，绘制主、左视图的定位线		

续表

步骤	图例	投影特性
2. 绘制正六棱柱的俯视图 (1) 以 $D/2$ 为半径绘制圆(图 a) (2) 以 a、d 为圆心，$D/2$ 为半径画圆弧，得 b、c、e、f 点(图 b) (3) 依次连接各点的投影(图 c)	ϕD a) b) c)	正六棱柱的顶面和底面为水平面，其水平投影反映实形，六个侧面的水平投影积聚为正六边形的六条边
3. 绘制正六棱柱的主视图 根据正六棱柱的高“h”，利用“长对正”的投影规律，绘制底面、顶面和各个侧面的投影	h	(1) 正六棱柱的前、后侧面为正平面，正面投影反映实形。其他侧面为铅垂面，正面投影为原实形的类似形 (2) 主视图上中间的大矩形线框的长度为两边小矩形线框长度的两倍，主视图的长为俯视图正六边形的对角距
4. 绘制正六棱柱的左视图 利用“高平齐，宽相等”的投影规律绘制左视图	45°	(1) 正六棱柱的前、后侧面的侧面投影积聚成竖线 (2) 左视图的宽等于俯视图正六边形的对边距

任务 2　绘制四棱锥的三视图

任务引入

图 2—11 所示为四棱锥的立体图，已知矩形底面长为 a，宽为 b，四棱锥的高为 h，本任务的要求是：根据四棱锥的立体图绘制三视图。

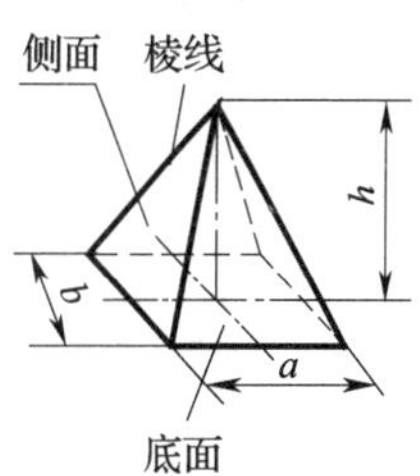

图 2—11　四棱锥的立体图

任务实施

一、分析形体

四棱锥由矩形的底面和 4 个三角形侧面围成，四条棱线汇交于一点。将四棱锥按照图 2—12 所示位置投影，四棱锥的底面为水平面，前、后侧面为侧垂面，左、右侧面为正垂面，四条棱线为一般位置直线。

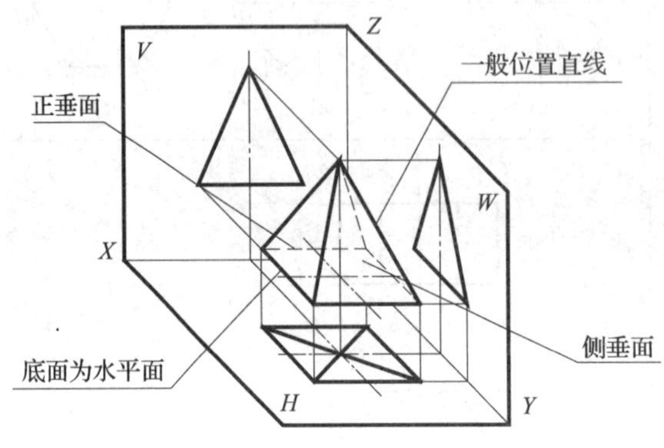

图 2—12　四棱锥的投影

二、绘制四棱锥的三视图，分析投影特性

四棱锥三视图的绘图方法步骤和投影特性见表 2—4。

表 2—4　　**四棱锥三视图的绘图方法步骤和投影特性**

步骤	图例	投影特性
1. 绘制对称线，绘制主、左视图的定位线 2. 绘制四棱锥的俯视图 根据底面矩形的长 a 和宽 b 绘制矩形	b a	四棱锥的底面为水平面，其水平投影反映实形；四个侧面倾斜于水平投影面，其水平投影为原实形的类似形

续表

步骤	图例	投影特性
3．绘制四棱锥的主视图 根据四棱锥的高“h”，利用“长对正”的投影规律，绘制底面和各个侧面的投影	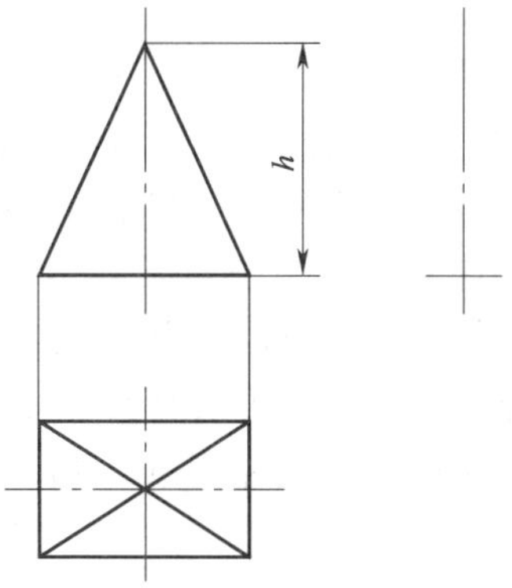	四棱锥左、右侧面为正垂面，其正面投影为斜线。前、后侧面为侧垂面，正面投影为原实形的类似形
4．绘制四棱锥的左视图 利用“高平齐，宽相等”的投影规律绘制左视图	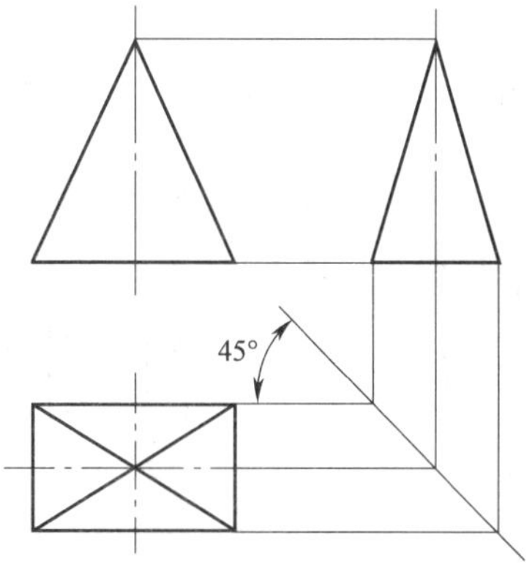	四棱锥前、后侧面的侧面投影为斜线，左、右侧面的侧面投影为原实形的类似形

任务 3　绘制圆柱的三视图

任务引入

图 2—13 所示为圆柱的立体图，已知底圆直径为 ϕD，圆柱的高为 h，本任务的要求是：根据圆柱体的立体图绘制三视图。

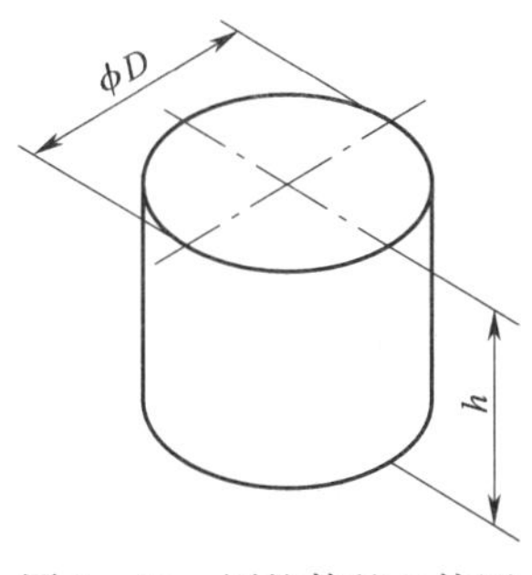

图 2—13　圆柱体的立体图

任务实施

一、分析形体

如图 2—13 所示，圆柱体由一个圆柱面、圆形的顶面和底面组成。圆柱面的形成如图 2—14 所示，圆柱面可看作是一条直线（母线）绕着与它平行的一条轴线旋转一周形成的，母线在任一位置时称为素线。将圆柱放入三投影面体系中（图 2—15），在该圆柱面上有四条特殊位置的素线，分别称为最前素线、最后素线、最左素线、最右素线。

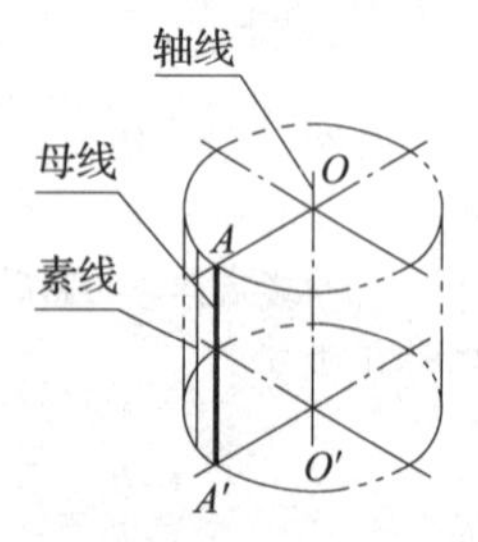

图 2—14　圆柱面的形成

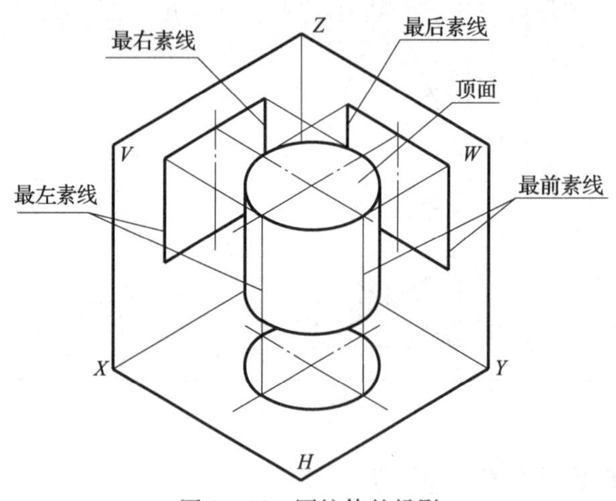

图 2—15　圆柱体的投影

二、绘制圆柱的三视图，分析投影特性

圆柱三视图的绘图方法步骤和投影特性见表 2—5。

表 2—5　　圆柱三视图的绘图方法步骤和投影特性

步骤	图例	投影特性
1. 绘制俯视图上的圆的中心线（细点画线），绘制主、左视图的轴线和定位线 2. 绘制圆柱的俯视图（以 $D/2$ 为半径画圆）	ϕD	圆柱的水平投影为圆，圆围成的区域为顶面和底面的投影，圆周为圆柱面的积聚投影

续表

步骤	图例	投影特性
3. 绘制圆柱的主视图 根据圆柱的高“h”，利用“长对正”的投影规律，绘制圆柱的主视图	最右素线 最左素线 h	圆柱的正面投影为矩形线框，其中两条竖线为圆柱面最左素线和最右素线的投影（最左素线和最右素线是圆柱面的前、后分界线），两横线分别为顶面和底面的投影
4. 绘制圆柱的左视图 利用“高平齐，宽相等”的投影规律绘制左视图	最后素线 最前素线 45°	圆柱的侧面投影为与主视图全等的矩形线框，两条竖线为圆柱面最前素线和最后素线的投影（最前素线和最后素线是圆柱面的左、右分界线）

任务 4　绘制圆锥的三视图

任务引入

图 2—16 所示为圆锥的立体图，已知底圆直径为 ϕD，圆锥的高为 h，本任务的要求是：根据圆锥体的立体图绘制三视图。

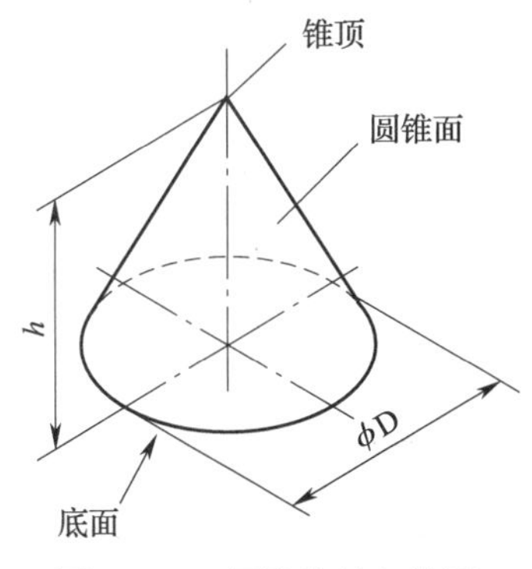

图 2—16　圆锥体的立体图

任务实施

一、分析形体

如图 2—16 所示，圆锥体由一个圆锥面、圆形的底面组成。圆锥面的形成如图 2—17 所示，圆锥面可看作一条与轴线相交的直线（母线）绕轴线旋转一周形成的。将圆锥放入三投影面体系中（图 2—18），在该圆锥面上有四条特殊位置的素线，分别称为最前素线、最后素线、最左素线、最右素线。

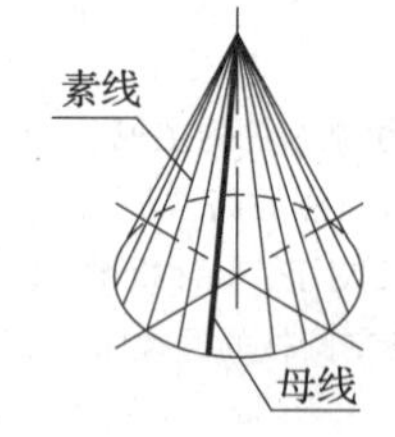

图 2—17　圆锥面的形成

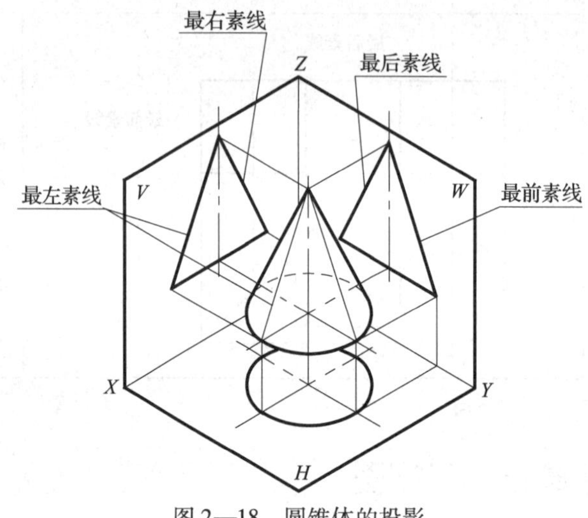

图 2—18　圆锥体的投影

二、绘制圆锥的三视图，分析投影特性

圆锥三视图的绘图方法步骤和投影特性见表 2—6。

表 2—6　　**圆锥三视图的绘图方法步骤和投影特性**

步骤	图例	投影特性
1. 绘制俯视图上的圆的中心线（细点画线），绘制主、左视图的轴线和定位线 2. 绘制圆锥的俯视图（以 $D/2$ 为半径画圆）	ϕD	圆锥的水平投影为圆，圆围成的区域为圆锥面的投影，也是底面的投影

续表

步骤	图例	投影特性
3. 绘制圆锥的主视图 根据圆锥的高“h”，利用“长对正”的投影规律，绘制圆锥的主视图	最左素线 最右素线 h	圆锥的正面投影为三角形，其中两条斜线为圆锥面最左素线和最右素线的投影（最左素线和最右素线是圆锥面的前、后分界线），下方的横线为底面的投影
4. 绘制圆锥的左视图 利用“高平齐，宽相等”的投影规律绘制左视图	最后素线 最前素线 45°	圆锥的侧面投影为与主视图全等的三角形，两条斜线为圆锥面最前素线和最后素线的投影（最前素线和最后素线是圆锥面的左、右分界线）

任务5 绘制球的三视图

任务引入

图2—19所示为球的立体图，已知球的直径为$S\phi D$，本任务的要求是：根据球体的立体图绘制三视图。

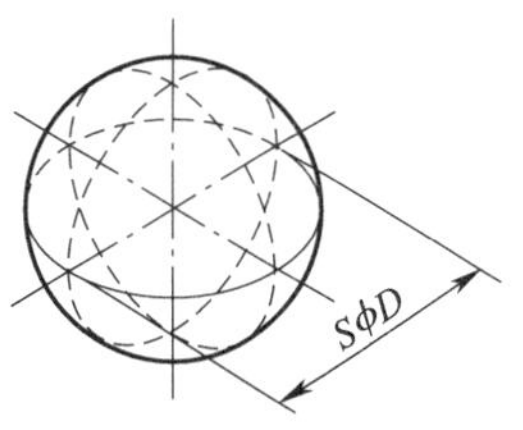

图2—19 球体的立体图

任务实施

一、分析形体

如图2—19所示，球体由球面组成。球面的形成如图2—20

所示，球面可看成是一个半圆（母线）绕通过圆心的轴线旋转一周形成的。如图 2—21 所示，在球面上有三个特殊位置的素线圆，分别称为前后半球分界圆、左右半球分界圆、上下半球分界圆。

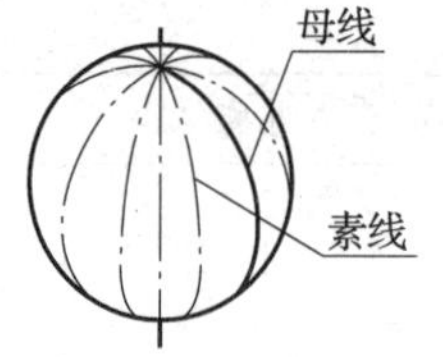

图 2—20 球面的形成

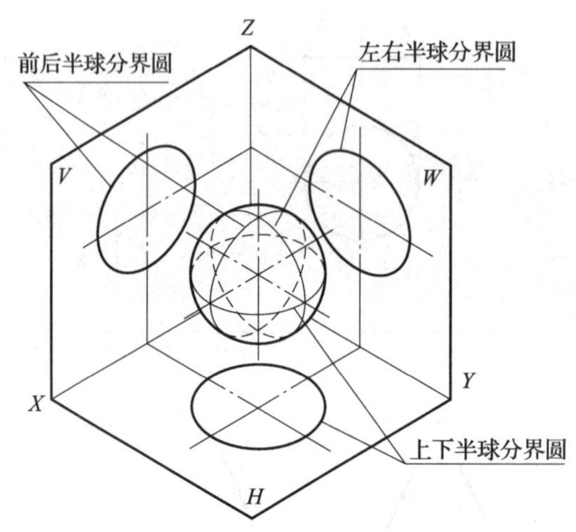

图 2—21 球体的投影

二、绘制球体的三视图，分析投影特性

如图 2—22 所示，球的三个视图都是圆，其直径均等于 $S\phi D$。其中正面投影为前后半球分界圆的投影；水平投影为上下半球分界圆的投影；侧面投影为左右半球分界圆的投影。

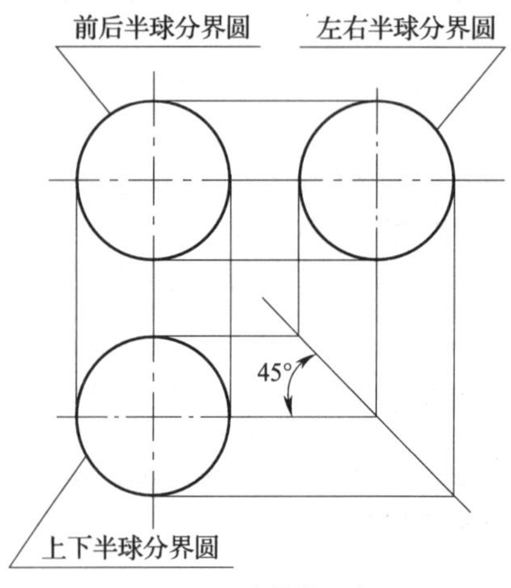

图 2—22 球体的三视图

模块三　轴　测　图

轴测图是一种立体图，是物体在平行投影下形成的一种单面投影图，经常用来表达形体的结构。由于轴测图能在一个图形上同时反映物体长、宽、高三个方向的形状，所以具有较好的直观性。常用的轴测图有正等轴测图和斜轴测图。

课题一　绘制正等轴测图

学习目标

¤ 学会绘制长方体的正等轴测图。
¤ 学会绘制正六棱柱的正等轴测图。
¤ 学会绘制圆及圆柱的正等轴测图。

任务1　绘制长方体的正等轴测图

任务引入

图3—1所示为长方体的三视图，本任务的要求是：根据长方体的三视图绘制正等轴测图。

相关知识

一、正等轴测图的形成

如图3—2a所示，在长方体上建立空间直角坐标系 O—XYZ，使长方体的前面和正投影面平行，用正投影的方法可以得到主视图。此时，长方体上的空间直角坐标轴和投影面的关系是：OX 轴和 OZ 轴平行于正投影面，OY 轴垂直于正投影面。如果将长方体旋转至图3—2b所示位置，使空间直角坐标系的三个坐标轴 OX、OY、OZ 和投影面成一个相同的夹角（35°16′），再进行正投影，即得到正等轴测图。很显然，在正等轴测图中，可以同时反映物体前面、上面和左面的形状。

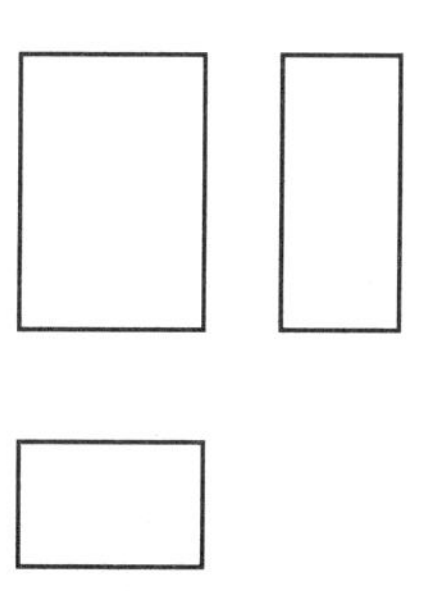

图3—1　长方体的三视图

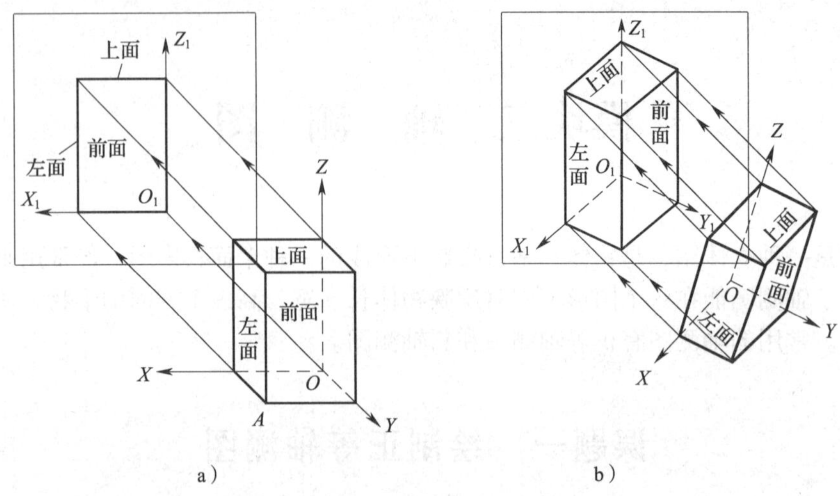

图 3—2　正等轴测图的形成

a）视图的形成　b）正等轴测图的形成

二、正等轴测图的轴间角

在进行正等测投影时，物体上空间直角坐标轴 OX、OY、OZ 在投影面上的投影 O_1X_1、O_1Y_1、O_1Z_1 称为轴测轴，轴测轴之间的夹角称为轴间角。由于在形成正等轴测图时，各空间直角坐标轴和投影面的夹角相等，所以正等轴测图的轴间角皆为120°。即：$\angle X_1O_1Z_1=\angle Y_1O_1Z_1=\angle X_1O_1Y_1=120°$，如图 3—3 所示。

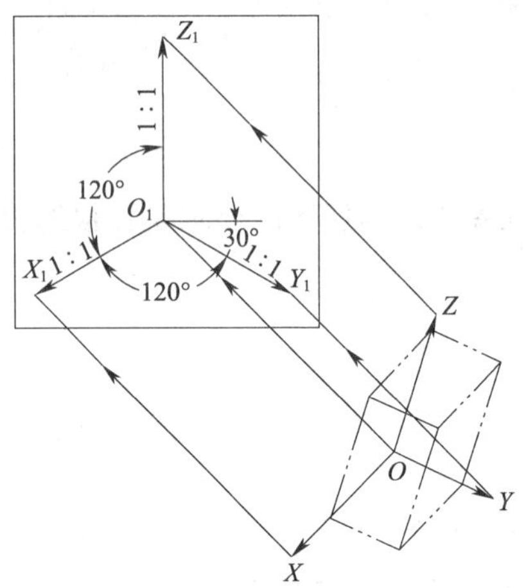

图 3—3　正等轴测图的轴间角和轴向伸缩系数

三、正等轴测图轴向伸缩系数

轴测轴上单位长度与相应投影轴上单位长度的比值称为轴向伸缩系数。由于各空间直角坐标轴和投影面倾斜（夹角 35°16′），所以和空间直角坐标轴平行的线段，在正等轴测图上要缩短。通过计算可得，三个轴测轴的轴向伸缩系数为0.82。为了作图方便，将正等轴测图的轴向伸缩系数简化为1，并称其为简化伸缩系数。

任务实施

长方体共有八个顶点，如果确定了各顶点在轴测图中的位置，连接各顶点间的棱线即得长方体的正等轴测图。绘制长方体正等轴测图的步骤见表3—1。

表3—1　　长方体正等轴测图的绘图步骤

步骤	图例	步骤	图例
1. 确定坐标原点及坐标轴 选取长方体的后、下、右顶点为坐标原点，在三视图中绘制出坐标轴 OX、OY、OZ 的投影	Z'　Z''　h　X'　Y''　O'　O''　X　O　b　a　Y	4. 绘制竖棱 从底面四个顶点绘制平行于 O_1Z_1 轴的四条平行线，并按1:1的比例取其高度 h	Z_1　h　O_1　X_1　Y_1
2. 绘制轴测轴 O_1X_1、O_1Y_1、O_1Z_1 将 O_1Z_1 轴画成铅垂线，O_1X_1 轴、O_1Y_1 轴与水平方向成30°角	Z_1　O_1　X_1　Y_1	5. 绘制顶面的正等轴测图 连接竖棱上端点的投影，完成顶面的正等轴测图	Z_1　O_1　X_1　Y_1
3. 绘制底面的正等轴测图 量取长方体的长度尺寸 a 和宽度尺寸 b，按1:1的比例在轴测轴上截取，绘制出长方体底面的正等轴测图	Z_1　a　b　O_1　X_1　Y_1	6. 完成长方体的正等轴测图 擦去不必要的图线，加深可见轮廓线（轴测图一般只绘制物体可见部分），即得长方体的正等轴测图	

提示

1. 物体上互相平行的线段，在轴测图上仍然平行。

2. 平行于坐标轴的线段，在轴测图上平行于相应的轴测轴。

3. 平行于坐标轴的线段在轴测图上可以度量，不平行于坐标轴的线段在轴测图上不能度量。

任务 2 绘制正六棱柱的正等轴测图

任务引入

正六棱柱的主、俯视图如图 3—4 所示，本任务的要求是：绘制正六棱柱的正等轴测图。

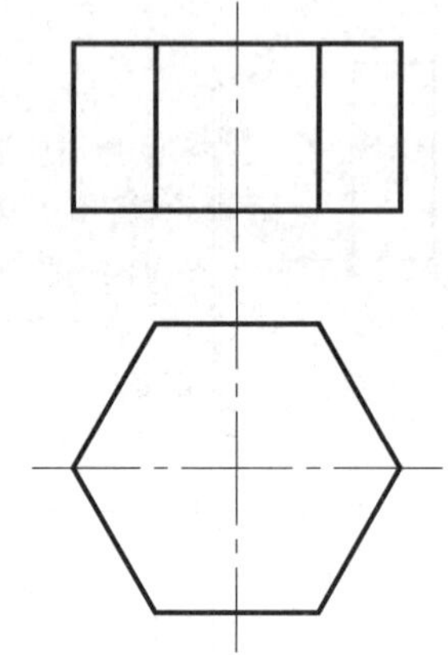

图 3—4 正六棱柱的主、俯视图

任务实施

正六棱柱的顶面是正六边形，将顶面正六边形的中心作为坐标原点，便于测量正六边形各个顶点相对原点的位置。正六棱柱正等轴测图的具体作图步骤见表 3—2。

表 3—2 绘制正六棱柱的正等轴测图的步骤

步骤	图例
1．确定坐标原点及坐标轴 选取正六棱柱上底面的中心作为坐标原点	

续表

步骤	图例
2. 绘制轴测轴 O_1X_1、O_1Y_1、O_1Z_1 3. 求作 A、D 点的轴测投影 在 OX 轴上沿原点 O 两侧分别量取 $a/2$ 得到 A、D 两点 4. 求作 M、N 点的轴测投影 在 OY 轴上沿原点 O 两侧分别量取 $b/2$ 得到 M、N 两点	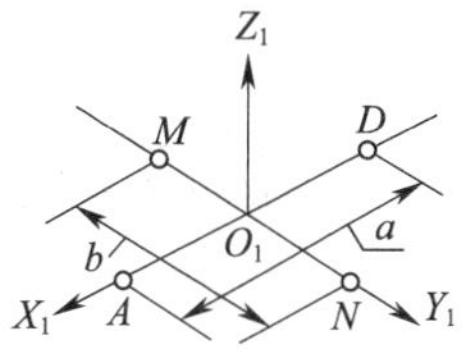
5. 求作 B、C、E、F 点的轴测投影 过 M、N 作 OX 轴平行线，沿 X 轴方向量取 $NB=NC=ME=MF=a/4$，得到 B、C、E、F 四个点 6. 绘制上底正六边形的正等轴测图 依次连接 A、B、C、D、E、F 各点，即得上底正六边形的正等轴测图	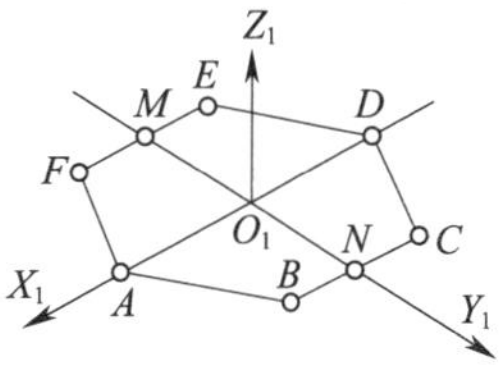
7. 绘制可见棱线 过点 A、B、C、F 绘制高度为 h 的竖线	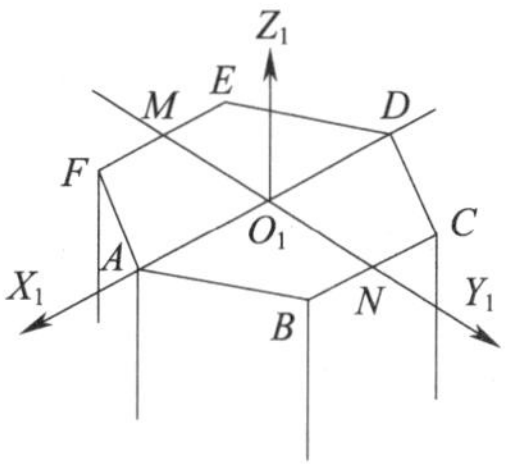
8. 绘制下底的可见部分 9. 完成正六棱柱正等轴测图 擦去多余作图线，用粗实线描深可见轮廓线	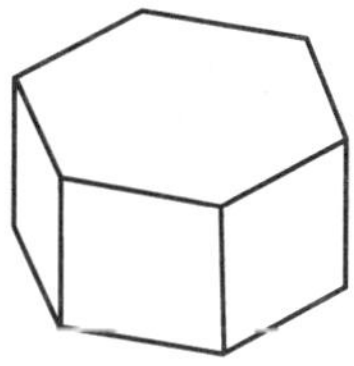

知识探究

一、圆的正等轴测图

三视图上平行于坐标面的正方形，在正等轴测图中投影为菱形；三视图上平行于坐标面的圆，在正等轴测图中投影为内切于菱形的椭圆，如图 3—5 所示。

二、圆柱的正等轴测图

在轴测图上，平行于投影面的圆柱底面投影为椭圆，图 3—6 所示为三个不同方向圆柱的正等轴测图，其两个底面为相同的椭圆，两条椭圆的公切线与椭圆围成的区域为圆柱面。

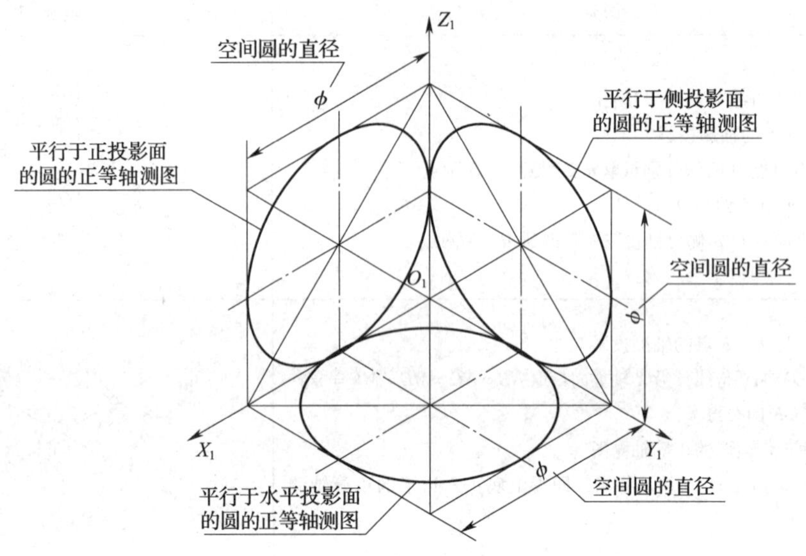

图 3—5　圆的正等轴测图

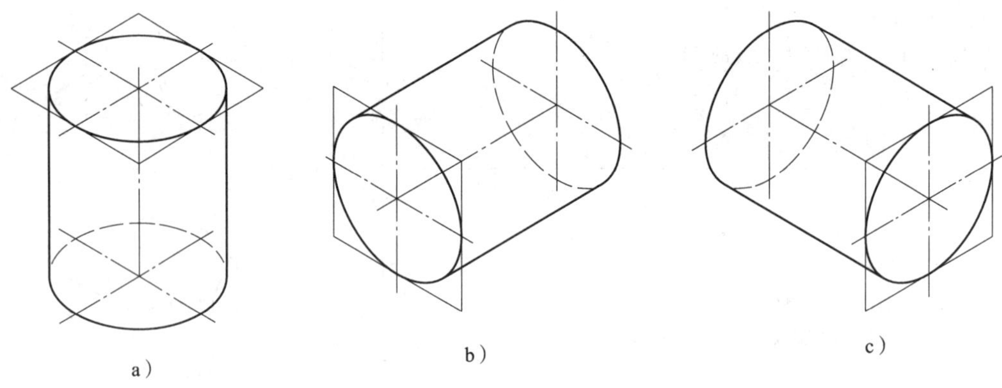

图 3—6　圆柱的正等轴测图

课题二　绘制斜轴测图

学习目标

¤ 了解斜轴测图的形成。

¤ 学会绘制挡块的斜等轴测图。

¤ 学会绘制支承座的斜二轴测图。

任务1　绘制挡块的斜等轴测图

任务引入

图 3—7 所示为挡块的两视图，本任务的要求是：根据两视图绘制斜等轴测图。

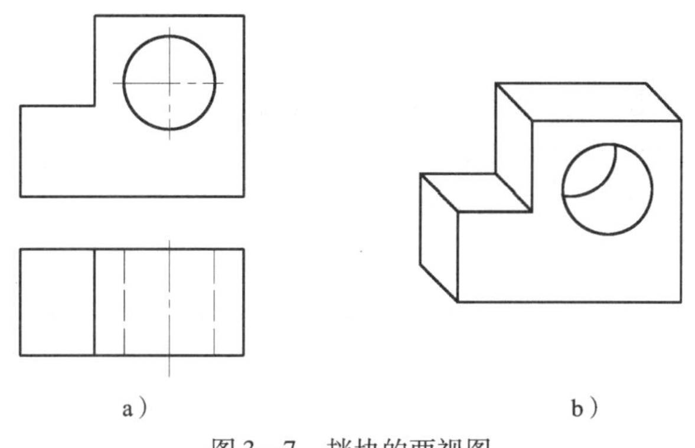

图 3—7　挡块的两视图

相关知识

一、斜轴测图的形成

斜轴测图的形成过程如图 3—8 所示，物体上的 *OX*、*OZ* 坐标轴和投影面平行，*OY* 坐标轴和投影面垂直。将物体进行正投影时，投影线垂直于正投影面；进行斜投影时，投影线从物体的斜上方投射，投影线同时通过物体的前面、左面、上面。不难看出，斜轴测图采用的是斜投影法。

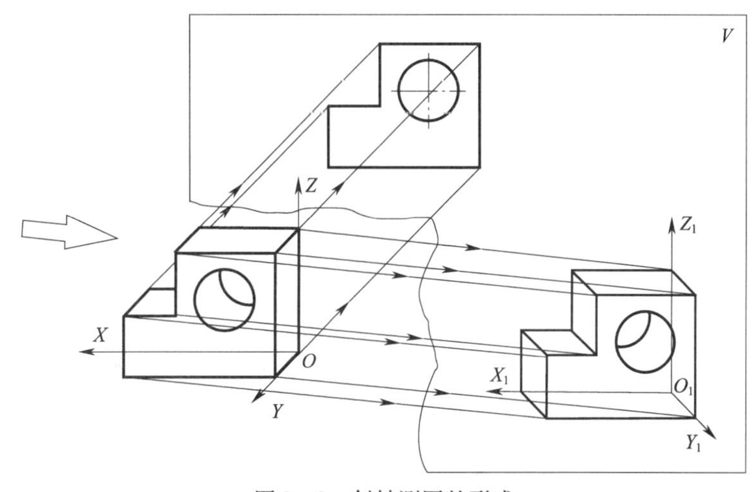

图 3—8　斜轴测图的形成

二、斜等轴测图的轴间角和轴向伸缩系数

在进行斜等测投影时，由于 OX、OZ 坐标轴和投影面平行，所以斜等轴测图的轴间角 $\angle X_1O_1Z_1=90°$，且 O_1X_1、O_1Z_1 轴的轴向伸缩系数都为 1。调整投影方向，可使 $\angle X_1O_1Y_1=\angle Y_1O_1Z_1=135°$，且使 O_1Y_1 轴的轴向伸缩系数为 1。各轴测轴的方向、轴向伸缩系数及轴间角如图 3—9 所示。

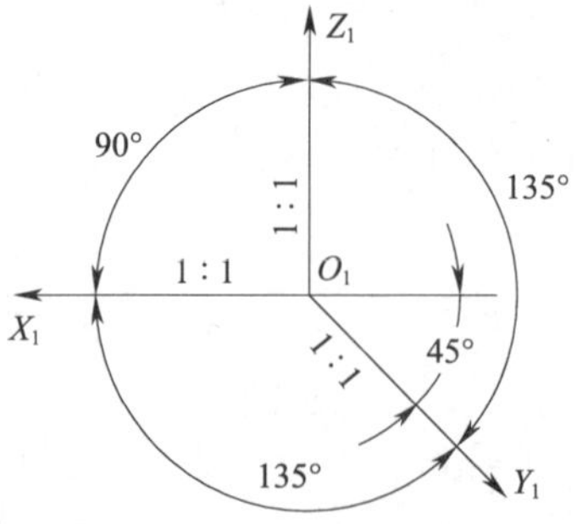

图 3—9　斜等轴测图的轴间角和轴向伸缩系数

任务实施

观察图 3—8 不难看出，与正投影面平行的平面在斜轴测图上不发生变形，因此绘制斜等轴测图时可先绘制前面的投影，然后再按照 1∶1 的比例绘制宽度方向结构的投影。挡块斜等轴测图的绘图步骤见表 3—3。

表 3—3　　挡块斜等轴测图的绘图步骤

步骤	图例	步骤	图例
1. 在两视图中绘制出坐标轴 OX、OY、OZ 的投影	Z', X', O', X, O, a, Y	4. 从前面的各个顶点绘制平行于 OY 轴的直线，并按 a 取其宽度	Z_1, a, X_1, O_1, Y_1
2. 绘制轴测轴 O_1X_1、O_1Y_1、O_1Z_1	Z_1, X_1, O_1, Y_1	5. 依次连接后面各可见顶点，绘制后面可见部分的投影	Z_1, X_1, O_1, Y_1
3. 绘制挡块前面的斜等轴测图	Z_1, X_1, O_1, Y_1	6. 擦去不必要的图线，加深可见轮廓线，即得挡块的斜等轴测图	

任务 2　绘制支承座的斜二轴测图

任务引入

支承座的三视图如图 3—10 所示，本任务的要求是：绘制支承座的斜二轴测图。

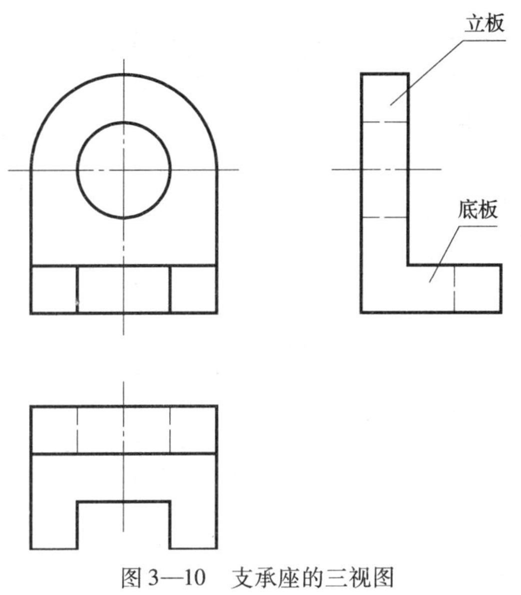

图 3—10　支承座的三视图

相关知识

斜二轴测图的轴间角和轴向伸缩系数

斜二轴测图的投影方向与斜等轴测图大致相同，角 $\angle X_1O_1Z_1 = 90°$，O_1X_1、O_1Z_1 轴的轴向伸缩系数都为 1。$\angle X_1O_1Y_1 = \angle Y_1O_1Z_1 = 135°$，$O_1Y_1$ 轴的轴向伸缩系数为 1/2。各轴测轴的方向、轴向伸缩系数及轴间角如图 3—11 所示。

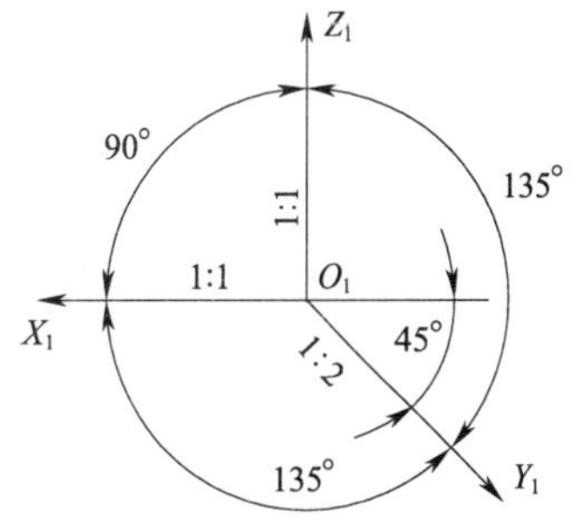

图 3—11　斜二轴测图的轴间角和轴向伸缩系数

任务实施

支承座由立板和底板两部分组成，立板上加工了一个圆孔，底板上开了一个矩形槽。绘制斜二轴测图时，可先绘制出立板的斜二轴测图，然后在此基础上绘制底板的斜二轴测图。具体作图步骤见表 3—4。

表 3—4　　　　支承座斜二轴测图的绘图步骤

步骤	图例	步骤	图例
1．确定坐标原点及坐标轴	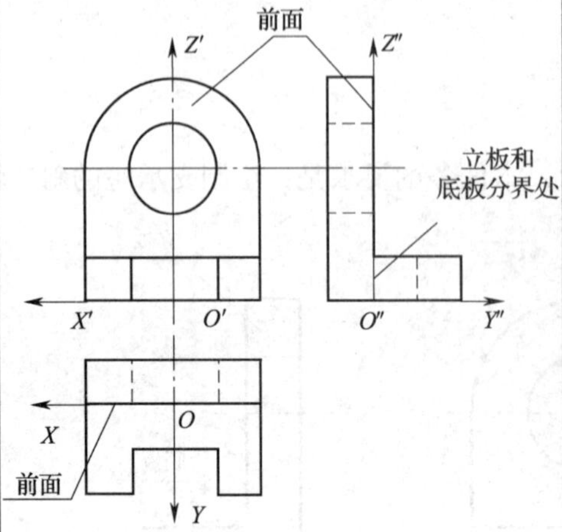	4．绘制长方体底板的斜二轴测图	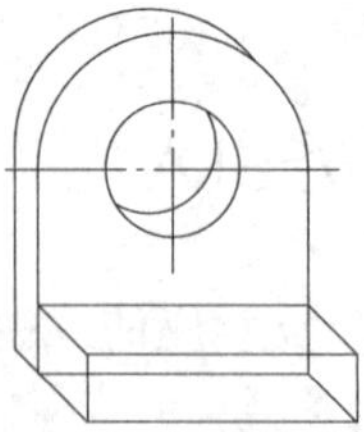
		5．擦去两板连接处的多余图线 6．绘制底板上的槽	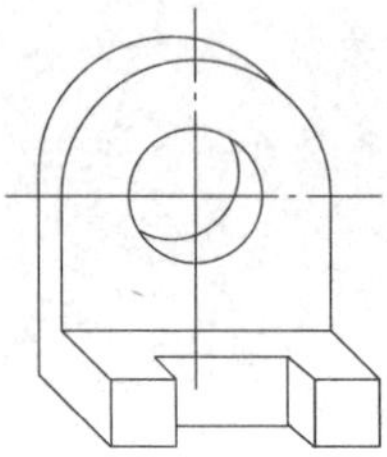
2．绘制立板前面的斜二轴测图 3．完成立板的斜二轴测图 注意：按 1∶2 的比例取其宽度尺寸	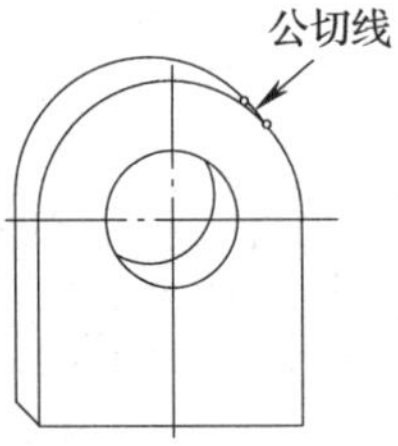	7．擦除作图线，描深可见轮廓线	

模块四　截交线与相贯线

课题一　绘制截交线的投影

学习目标

¤ 掌握截交线的概念。
¤ 学会绘制开槽圆柱的主视图。
¤ 学会绘制斜割圆柱体上的截交线。

任务1　绘制开槽圆柱的主视图

任务引入

图4—1所示为开槽圆柱的俯、左视图和立体图，在图中有四个平面与圆柱面的交线。平面截割曲面立体产生的交线称为截交线，常见的是圆柱截交线。本任务的要求是：分析截交线的形状，绘制开槽圆柱的主视图。

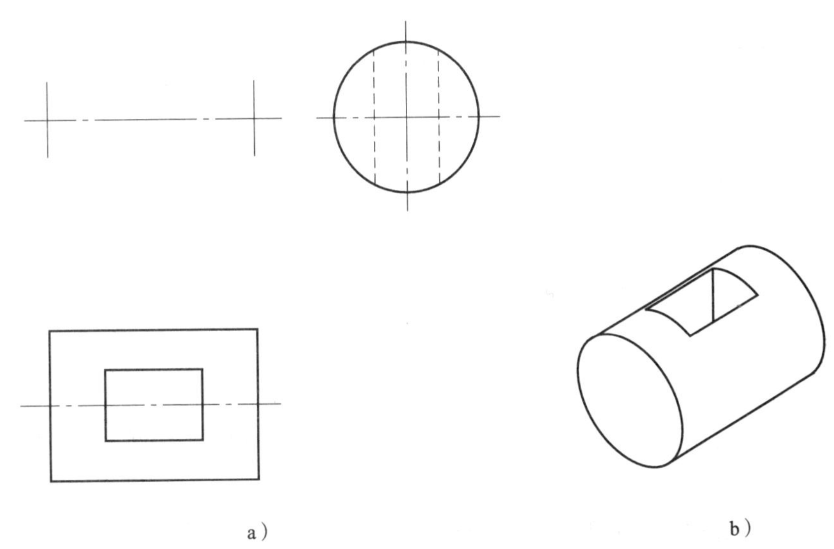

a）　b）

图4—1　绘制开槽圆柱的主视图
a）圆柱的左视图和俯视图　b）立体图

相关知识

平面截割曲面立体产生的交线称为截交线，常见的有平面截割圆柱的截交线。根据截割平面与圆柱面轴线的相对位置不同，圆柱截交线有三种情况，见表 4—1。

表 4—1　　　　　　　　　　　　平面截割圆柱

截平面位置	平行于圆柱轴线	垂直于圆柱轴线	倾斜于圆柱轴线
立体图	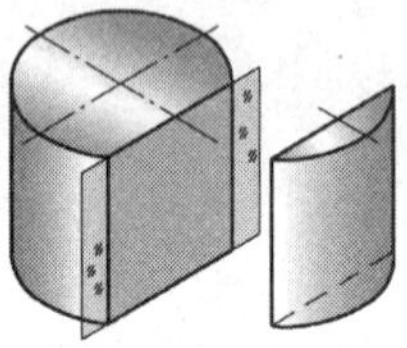	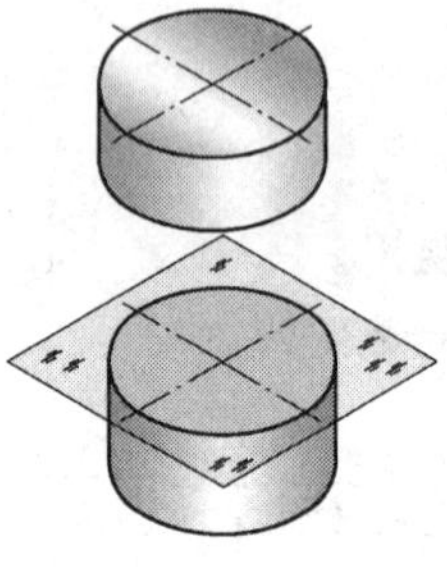	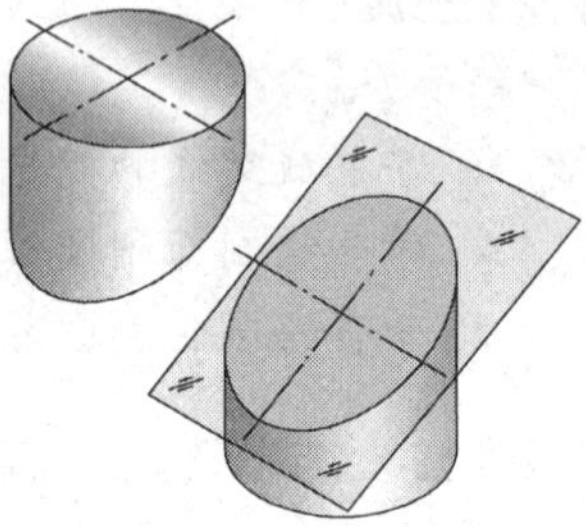
投影图	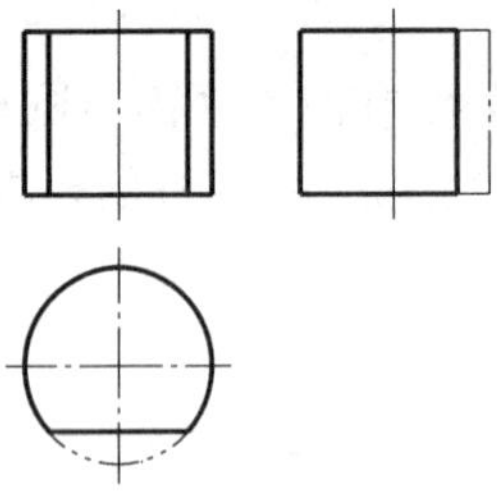	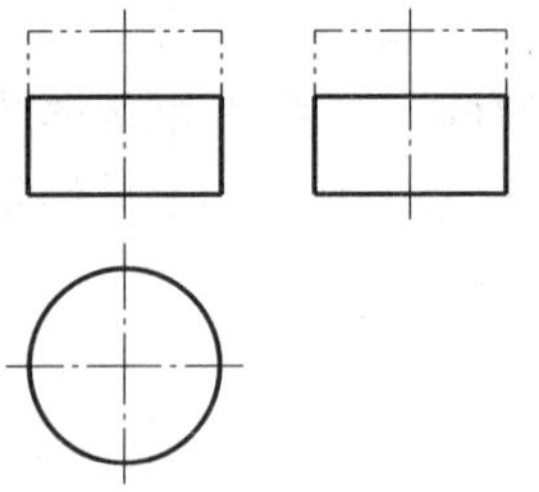	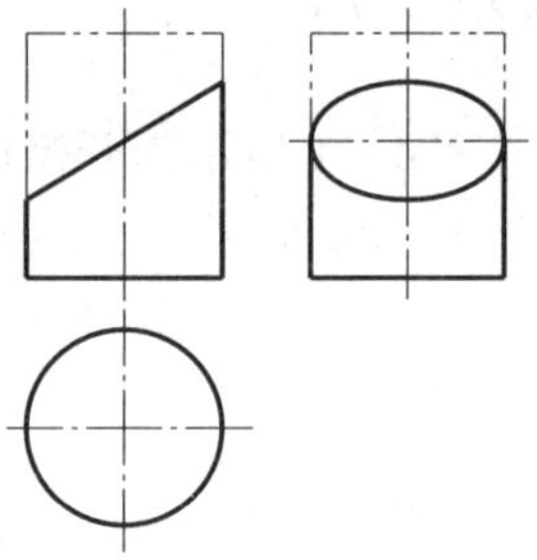
截交线形状	两互相平行的素线	直径等于圆柱直径的圆	椭圆

任务实施

一、分析形体

图 4—1 所示开槽圆柱是在圆柱体的中间用两个垂直于轴线的平面（侧平面）和两个平行于轴线的平面（正平面）切割。分析立体图不难看出，垂直于轴线的平面与圆柱面的交线为圆弧，平行于轴线的平面与圆柱面的交线为直线。

二、作图

求作开槽圆柱主视图的步骤见表 4—2。

表 4—2　　切口圆柱的作图步骤

步骤	图例	步骤	图例
1. 画切割前圆柱的主视图		3. 绘制开槽的侧平面与圆柱面的交线的主视图	
2. 绘制开槽的正平面与圆柱面的交线的主视图		4. 用细虚线绘制槽的内部轮廓线 5. 擦除开槽后被切割掉的最外素线 6. 检查校核	最外素线被切割

任务 2　绘制斜割圆柱体上的截交线

任务引入

如图 4—2 所示为平面斜割圆柱体的立体图和主、俯视图，本任务的要求是：根据斜割圆柱的主、俯视图绘制左视图。

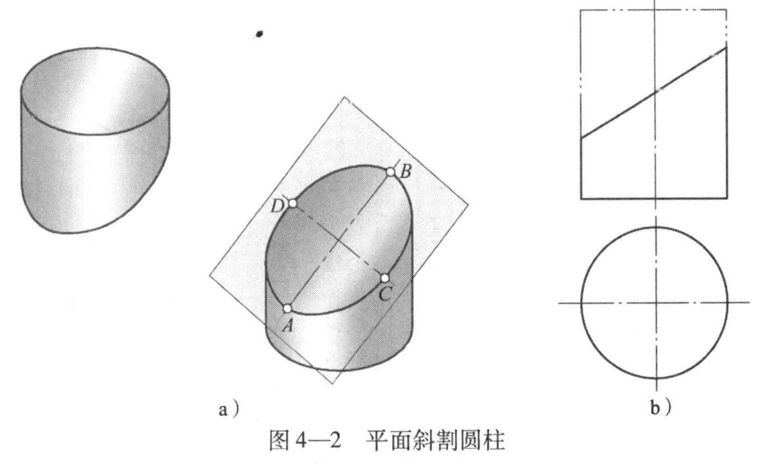

图 4—2　平面斜割圆柱
a）立体图　b）主、俯视图

任务实施

一、分析形体

观察图 4—2a 不难看出，平面斜割圆柱体时，平面与圆柱面的截交线为椭圆。在该椭圆上有四个特殊点，即最低点 A、最高点 B、最前点 C、最后点 D。

在截交线或相贯线上的最高、最低、最前、最后、最左、最右点及在回转体最外素线上的点称为特殊点，在其他位置的点称为一般点。

由于平面斜割圆柱的截交椭圆（图 4—2a）是圆柱面和截割平面的共有线，因此它具有两个性质：一是该椭圆在圆柱面上，具有圆柱面的投影特性——水平投影为圆；二是该椭圆在正垂截割平面上，具有正垂面的投影特性——正面投影积聚成直线。因此，该截交线的正面投影和水平投影都是已知的。

二、作图

已知椭圆的两个投影求第三投影，可先求多个椭圆上点的第三投影，再依次连接各点的投影，具体作图步骤见表 4—3。

表 4—3　　绘制斜割圆柱的左视图

步骤	图例	步骤	图例
1. 绘制斜割前圆柱的左视图 2. 找出椭圆四个特殊位置点的正面投影和水平投影，求作其侧面投影	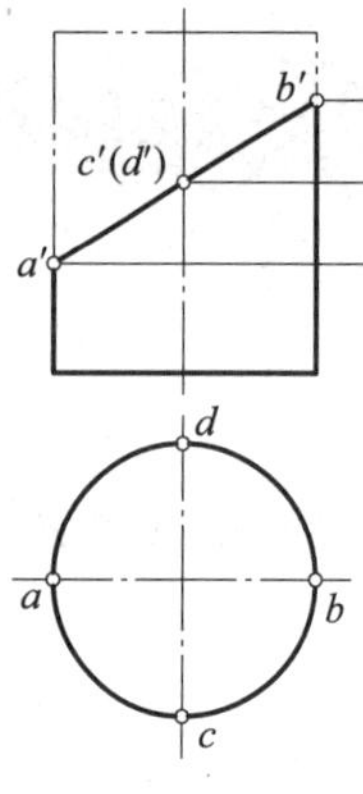 b′　c′(d′)　a′　b″　d″　c″　a″　d　a　b　c	4. 光滑连接各点的侧面投影	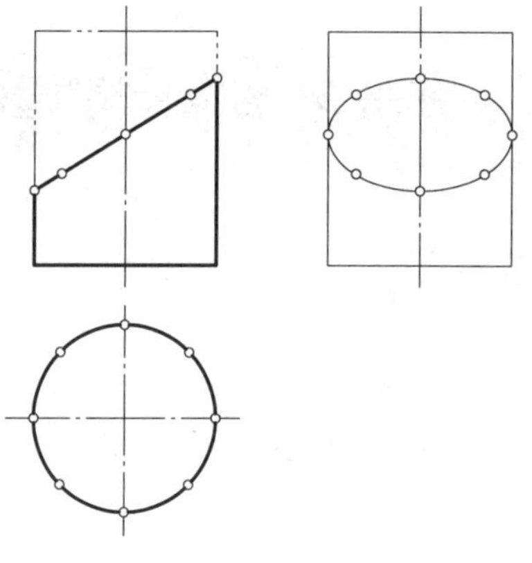
3. 在俯视图适当位置找四个一般点的水平投影，按投影规律求出其正面投影，再求出其侧面投影	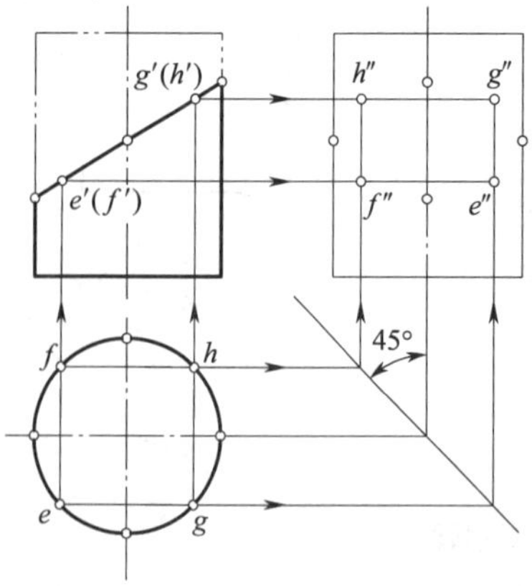 g′(h′)　e′(f′)　h″　g″　f″　e″　45°　f　h　e　g	5. 擦除被切割部分的轮廓线，描深可见轮廓线，绘制椭圆的中心线	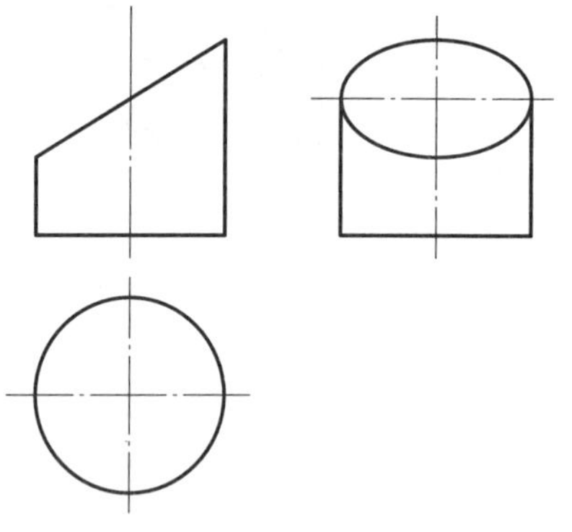

课题二 绘制相贯线的投影

学习目标

¤ 掌握相贯线的概念。
¤ 学会绘制正交两圆柱的相贯线。
¤ 学会补画键槽与圆柱面交线的投影。

任务1 绘制正交两圆柱的相贯线

任务引入

图4—3所示为两圆柱相交，曲面和曲面的交线称为相贯线。本任务的要求是：补画图4—3b主视图上相贯线的投影。

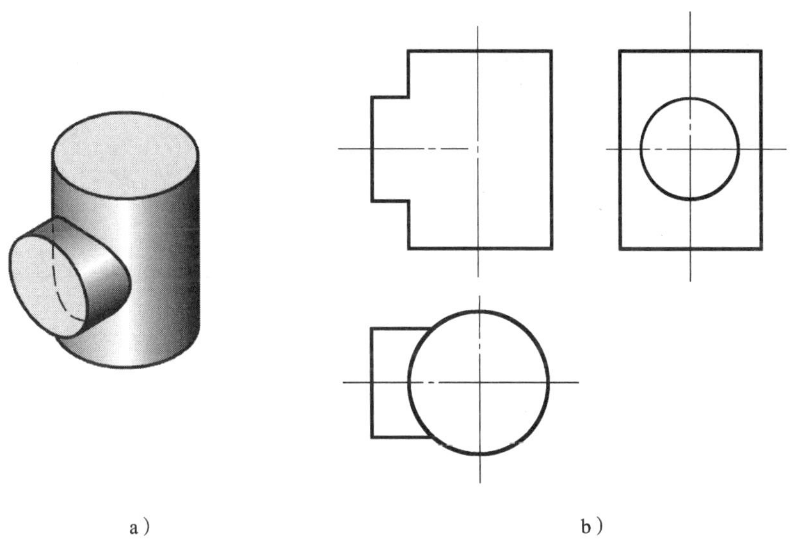

a） b）

图4—3 两圆柱正交相贯
a）立体图 b）三视图

任务实施

一、分析形体

由图4—3a可知，两圆柱直径不同，轴线垂直相交（正交），其中大圆柱的轴线垂直于水平投影面，故大圆柱面水平投影为圆；小圆柱的轴线垂直于侧投影面，故小圆柱面的侧面投影为圆。相贯线（空间封闭曲线）是两圆柱面的交线，也是两圆柱面的共有线，因此具有两圆柱面的投影特性，即相贯线的水平投影与大圆柱面的投影重合（为一部分圆弧），相贯线的侧面投影与小圆柱面的侧面投影重合（为整圆）。因此，该相贯线的水平投影和侧面投影是已知的。在作图时，可以找出相贯线上的特殊位置点（即极限点），并根据点的投影规律求作其未知投影，光滑连接各点即得相贯线的未知投影。

二、作图

正交相贯两圆柱的相贯线的作图步骤见表4—4。

表4—4　　绘制正交相贯两圆柱的相贯线

步骤	图例
1. 作特殊点的投影 （1）找出最高点 A 和最低点 C（该两点同时是最左点）的侧面投影，求出其水平投影，再求作正面投影 （2）找出最前点 B 和最后点 D（该两点同时是最右点）的侧面投影，求出其水平投影，再求作正面投影	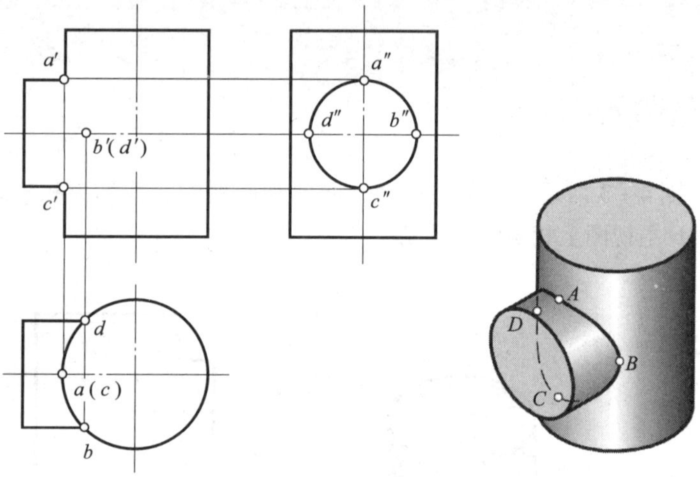 a'　$b'(d')$　c'　a''　d''　b''　c''　d　$a(c)$　b　A　B　C　D
2. 作一般点的投影 在左视图上作出一般点 E、F、G、H 的侧面投影 e''、f''、g''、h''，利用点的投影规律在俯视图上求出水平投影 e、f、g、h，再根据点的投影规律求作正面投影 e'、f'、g'、h'	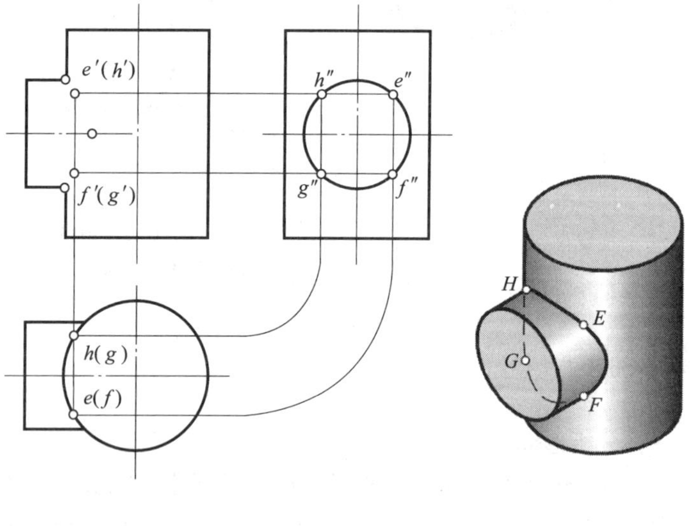 $e'(h')$　$f'(g')$　h''　e''　g''　f''　$h(g)$　$e(f)$　H　E　G　F

续表

步骤	图例
3. 光滑连接各点	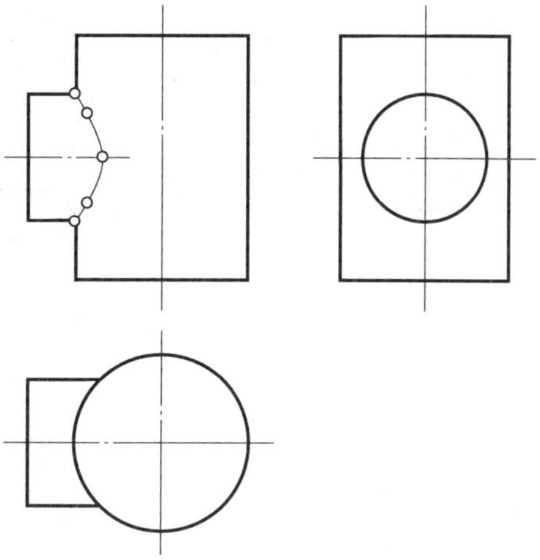
4. 擦去多余的图线，描深可见轮廓线	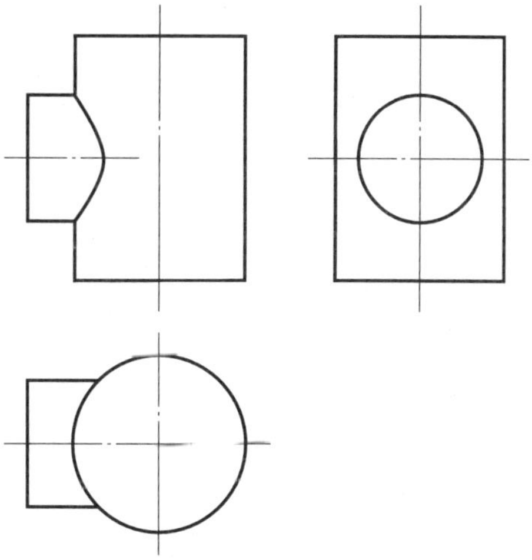

知识探究

一、两圆柱正交相贯时，相贯线的变化情况

两圆柱正交相贯时，相贯线的变化情况见表4—5。

表 4—5　　两圆柱正交相贯的相贯线

尺寸变化	$D_1>D_2$	$D_1=D_2$	$D_1<D_2$
三视图	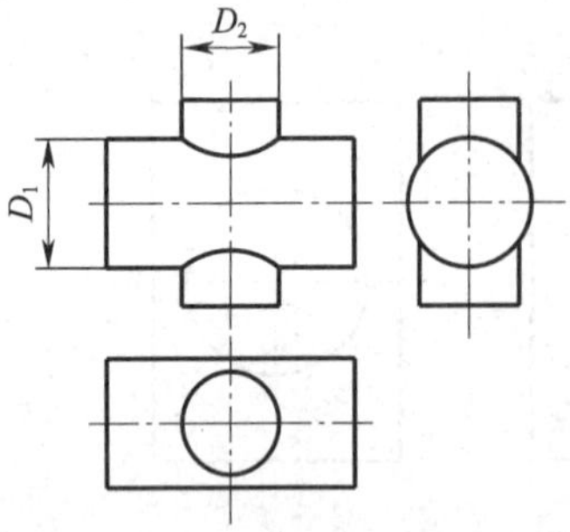 D_2 D_1	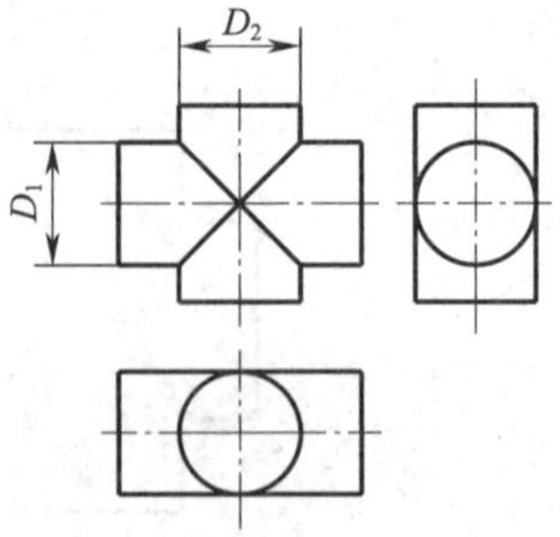 D_2 D_1 相贯线为平面曲线（椭圆）	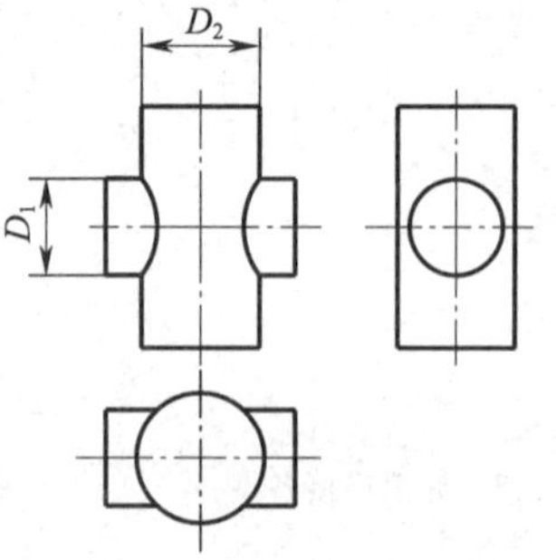 D_2 D_1
立体图	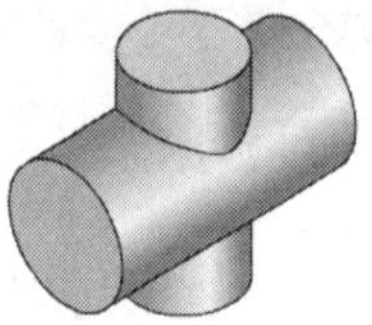	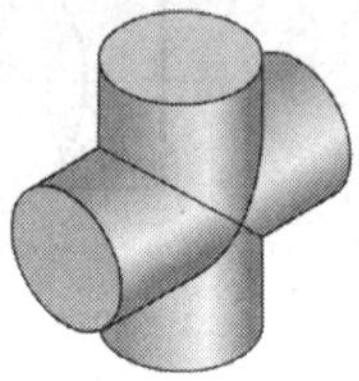	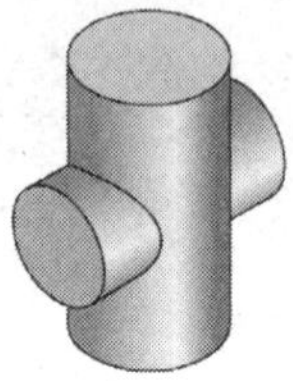

二、圆柱穿孔的相贯线

圆柱穿孔的相贯线的画法见表 4—6。

表 4—6　　圆柱穿孔的相贯线

形式	轴上圆柱孔	不等径圆柱孔	等径圆柱孔
三视图	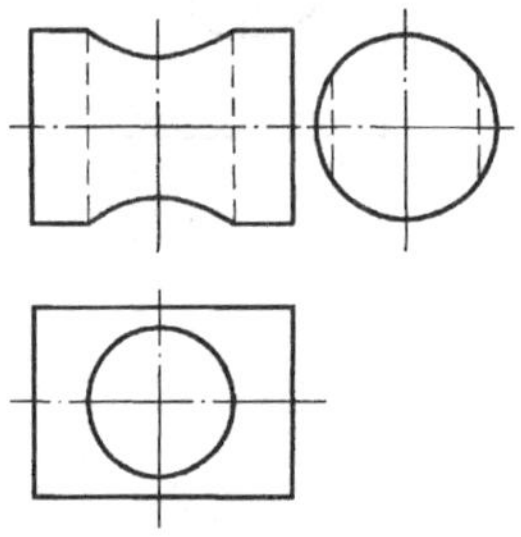	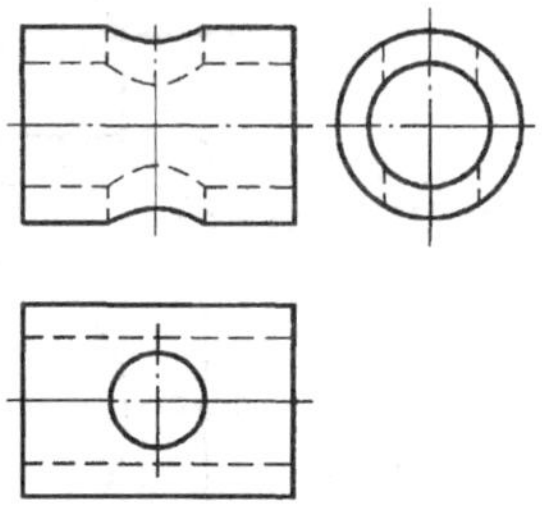	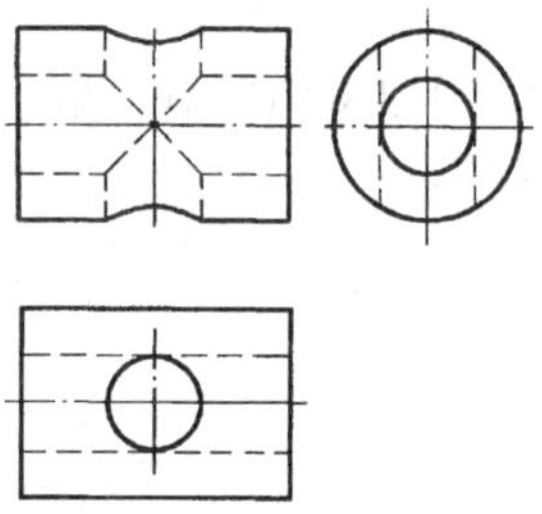

任务 2　补画键槽与圆柱面交线的投影

任务引入

如图 4—4 所示为在圆柱上加工了键槽，本任务的要求是：补画主视图上的缺线。

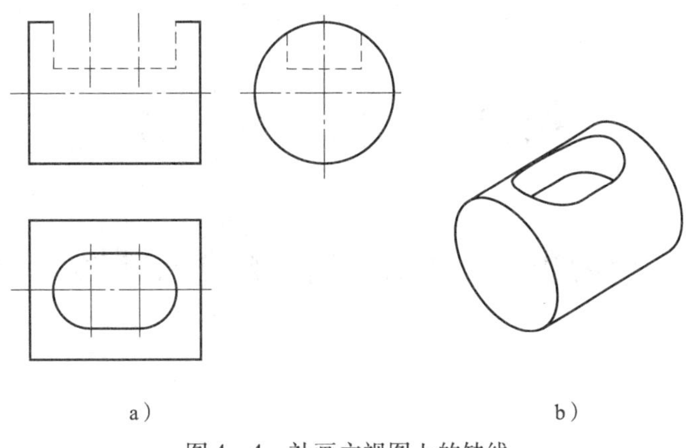

a）　　　　b）

图 4—4　补画主视图上的缺线

a）三视图　b）立体图

任务实施

一、分析形体

如图 4—4 所示，键槽的两边为半圆柱孔，中间为方槽，两边的半圆柱孔和外圆柱面相交产生相贯线，方槽和外圆柱面相交产生截交线。

二、作图

补画图 4—4 主视图上缺线的作图步骤见表 4—7。

表 4—7　　　　**补画主视图上的缺线**

步骤	1. 补画左侧半圆孔和外圆柱面的相贯线	2. 补画键槽中间平面和外圆柱面的截交线 注意：截交线与相贯线相连	3. 补画右侧半圆孔和外圆柱面的相贯线
图例	45°	45°	45°

模块五　组　合　体

课题一　绘制组合体的三视图

学习目标

¤ 掌握组合体的概念及其类型。
¤ 掌握组合体的表面连接关系。
¤ 掌握绘制组合体三视图的基本原则。
¤ 学会绘制叠加类组合体的三视图。
¤ 学会绘制切割类组合体的三视图。
¤ 学会绘制综合类组合体的三视图。

任何复杂的零件都可以看成是由若干基本几何体组合而成的。由两个或两个以上的基本几何体组成的形体称为组合体。按照形体特征，组合体可分为叠加类组合体、切割类组合体、综合类组合体，其概念及图例见表 5—1。

表 5—1　组合体的类型

类型	叠加类组合体	切割类组合体	综合类组合体
概念	由几个基本几何体叠加而成的组合体	在一个基本几何体上切割去某些形体而形成的组合体	既有叠加，又有切割的组合体
图例	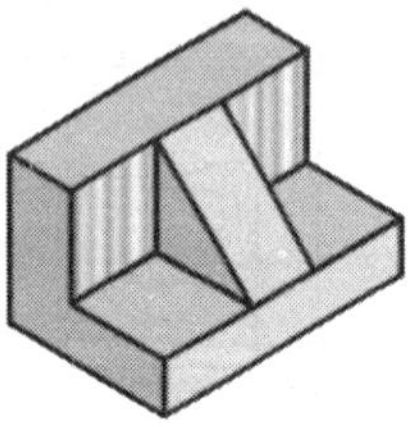	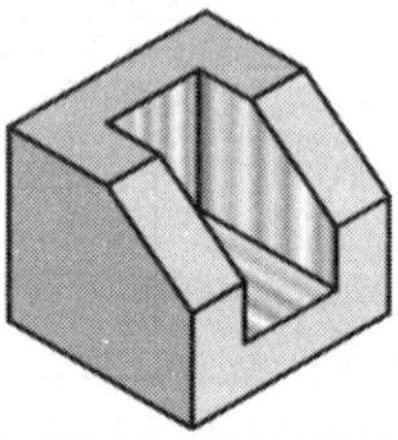	

任务 1　绘制叠加类组合体的三视图

任务引入

图 5—1 所示为支承座，该形体为叠加类组合体，下面根据图 5—1 所示支承座的正等轴测图绘制三视图。

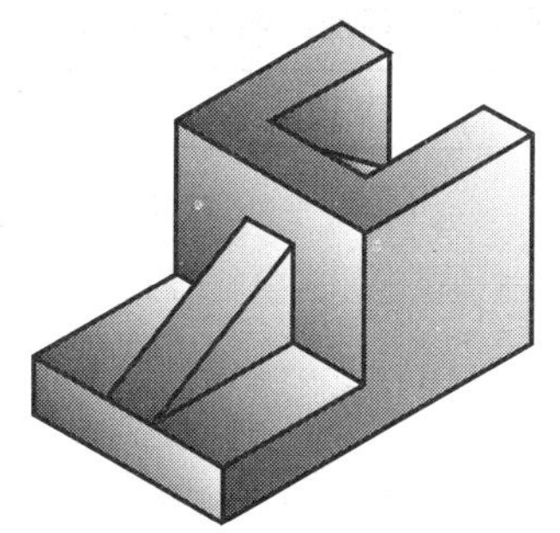

图 5—1　支承座

任务实施

画叠加类组合体的三视图时，首先要对组合体进行形体分析，然后逐个画出各个基本形体的三视图，最后分析各形体之间的相对位置和连接关系，擦去不必要的线，完成三视图。

一、分析形体

首先分析形成叠加类组合体的各基本形体的形状，然后分析各基本形体间的相对位置关系和表面连接形式。图 5—1 所示支承座可分解为平板、肋板、连接板和竖板（两块）5 个基本形体，如图 5—2 所示。支承座的结构特点是前后对称，各形体之间的位置关系是：平板和连接板同宽，连接板和竖板同高，平板、连接板和竖板的前、后面共面，肋板下靠平板，右靠连接板。

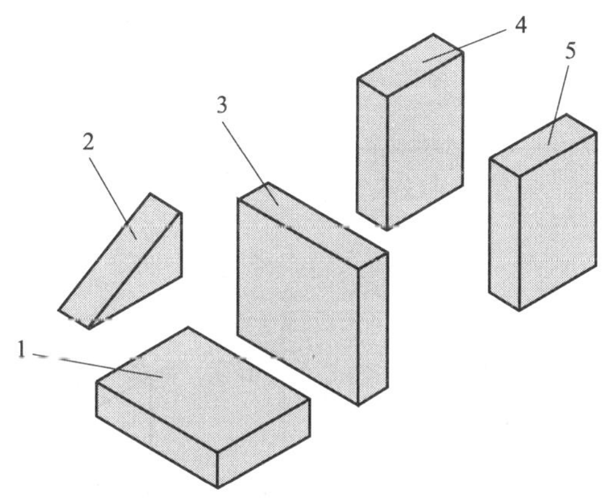

图 5—2　支承座的组成

1—平板　2—肋板　3—连接板　4、5—竖板

二、绘图步骤

在绘制支承座三视图时，应先绘制三视图的基准线，然后逐一绘制连接板、平板、竖板和肋板的三视图，最后检查校核、描深图形。支承座三视图的绘图方法和步骤见表 5—2。

表 5—2　　　　支承座三视图的绘图方法和步骤

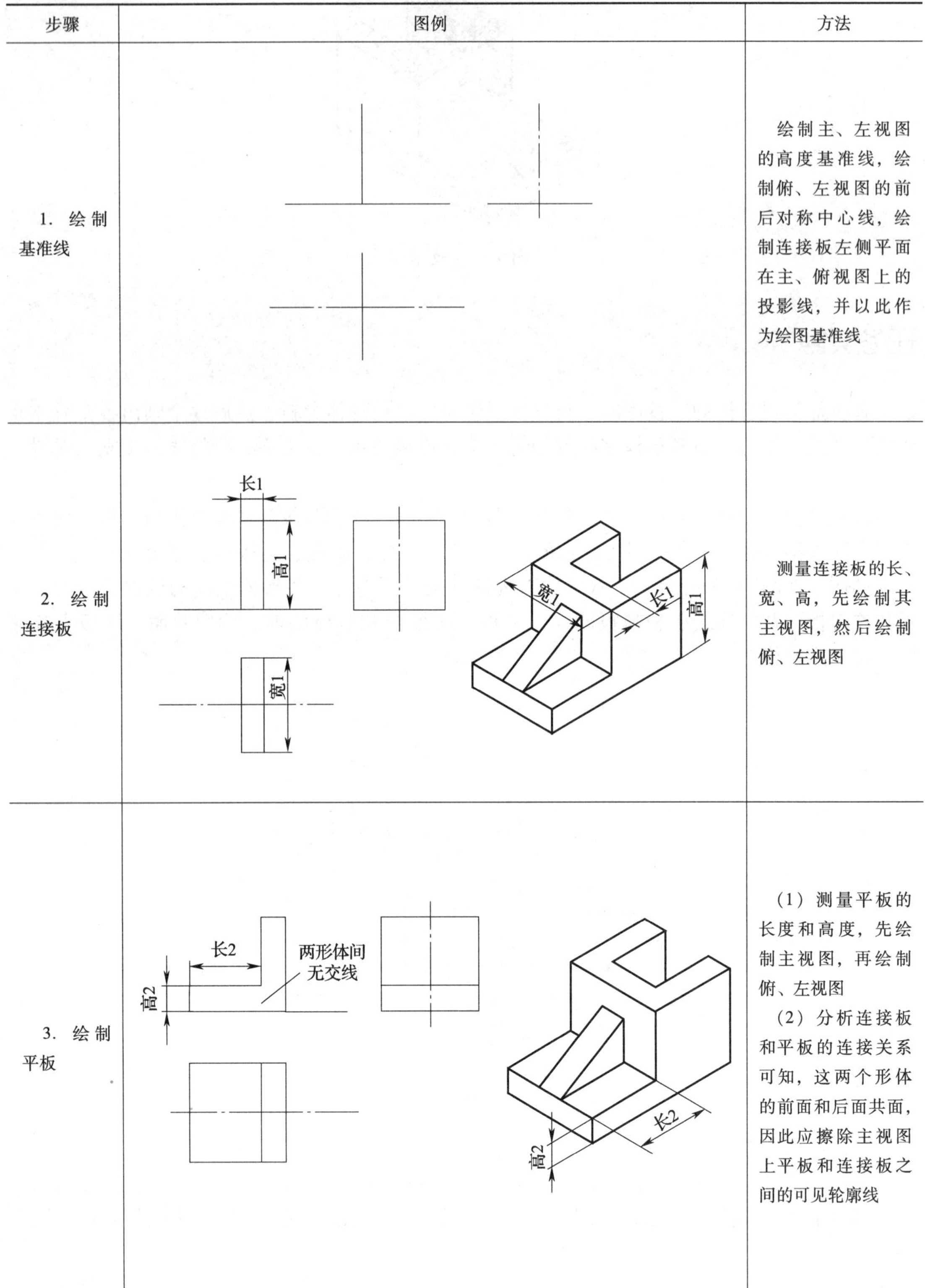

步骤	图例	方法
1. 绘制基准线		绘制主、左视图的高度基准线，绘制俯、左视图的前后对称中心线，绘制连接板左侧平面在主、俯视图上的投影线，并以此作为绘图基准线
2. 绘制连接板		测量连接板的长、宽、高，先绘制其主视图，然后绘制俯、左视图
3. 绘制平板		（1）测量平板的长度和高度，先绘制主视图，再绘制俯、左视图 （2）分析连接板和平板的连接关系可知，这两个形体的前面和后面共面，因此应擦除主视图上平板和连接板之间的可见轮廓线

续表

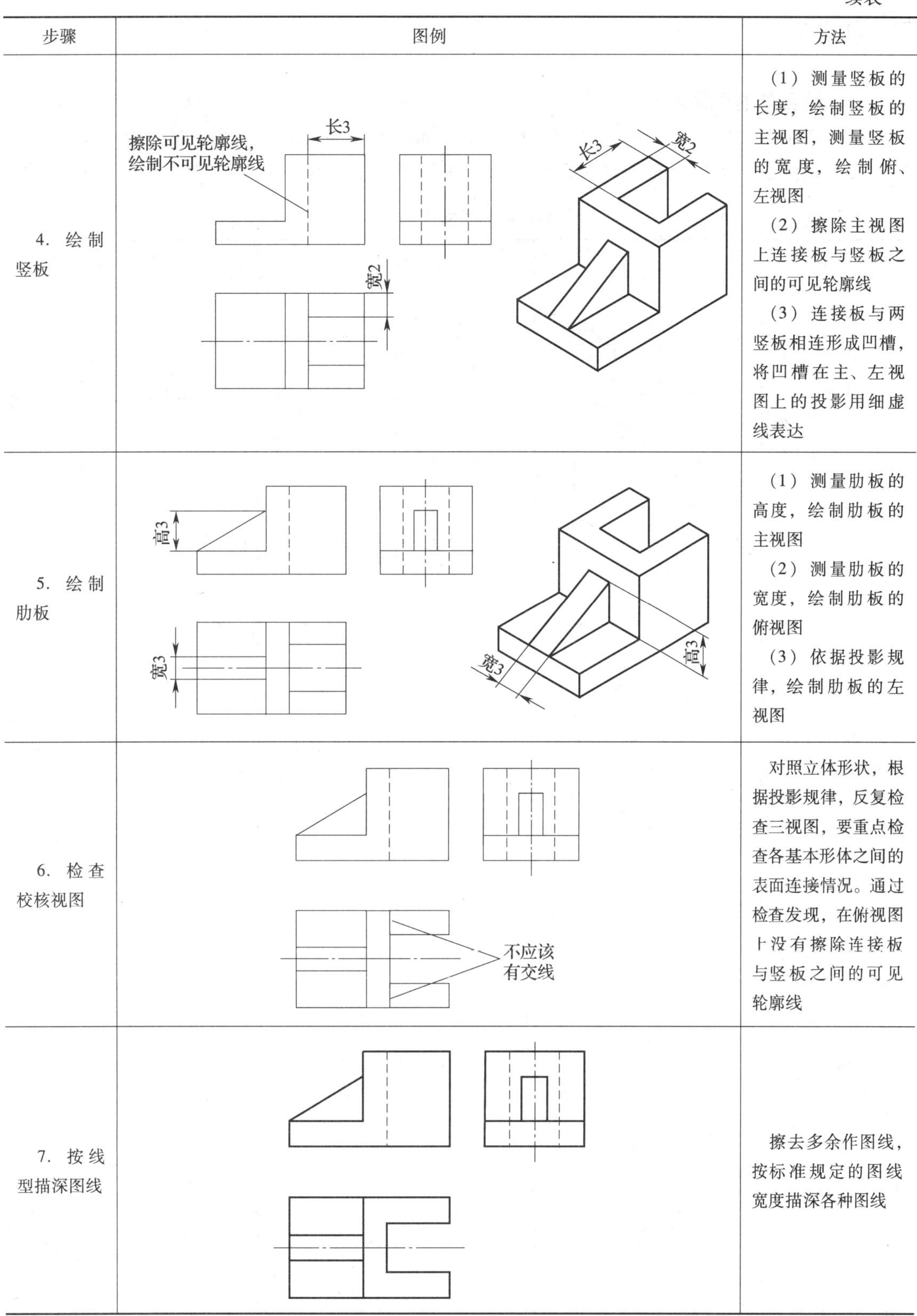

步骤	图例	方法
4. 绘制竖板		（1）测量竖板的长度，绘制竖板的主视图，测量竖板的宽度，绘制俯、左视图 （2）擦除主视图上连接板与竖板之间的可见轮廓线 （3）连接板与两竖板相连形成凹槽，将凹槽在主、左视图上的投影用细虚线表达
5. 绘制肋板		（1）测量肋板的高度，绘制肋板的主视图 （2）测量肋板的宽度，绘制肋板的俯视图 （3）依据投影规律，绘制肋板的左视图
6. 检查校核视图		对照立体形状，根据投影规律，反复检查三视图，要重点检查各基本形体之间的表面连接情况。通过检查发现，在俯视图上没有擦除连接板与竖板之间的可见轮廓线
7. 按线型描深图线		擦去多余作图线，按标准规定的图线宽度描深各种图线

知识探究

一、组合体的表面连接关系

在绘制组合体的三视图时，必须分析清楚形体相邻表面之间的关系，才能保证既不多画线，又不漏画线。形体上相邻两表面的连接关系有共面、相错、相切、相交等，见表5—3。

表5—3　　组合体的表面连接关系

形式	形体	正确画法	错误画法
1. 共面 两立体表面处于同一平面内，两相邻表面之间无分界线	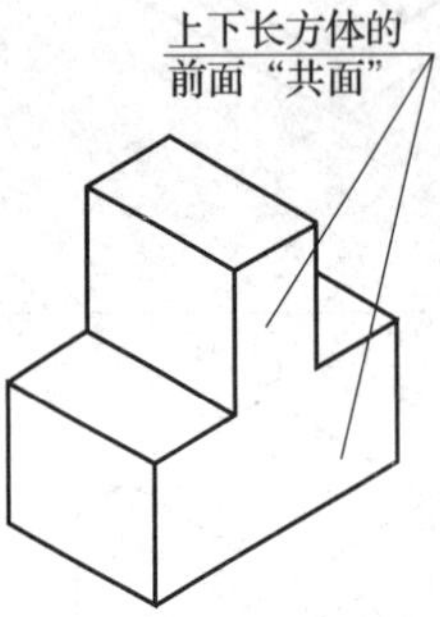	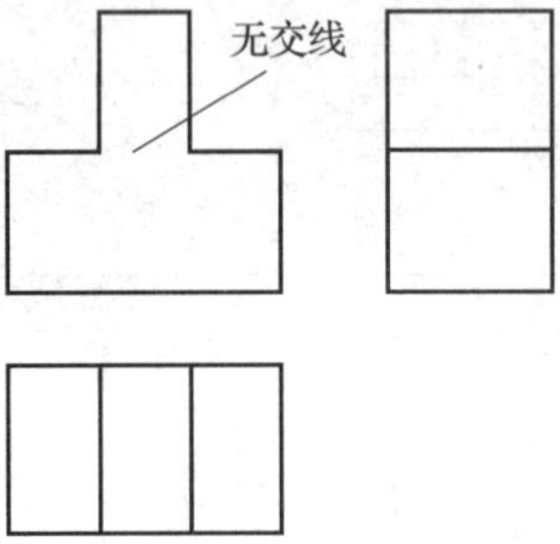	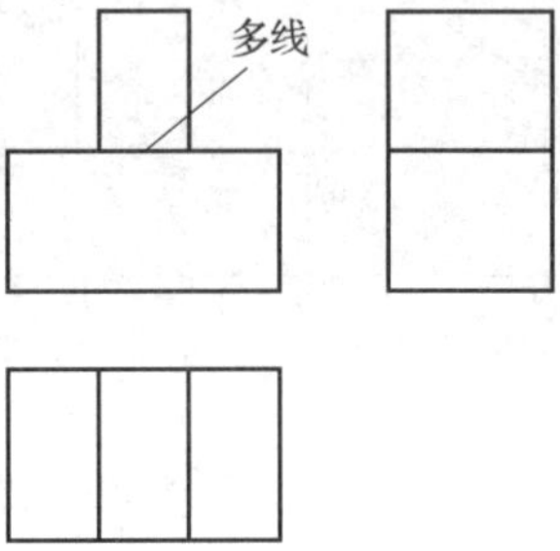
2. 相错 两表面不在同一平面内，两相邻表面之间有分界线	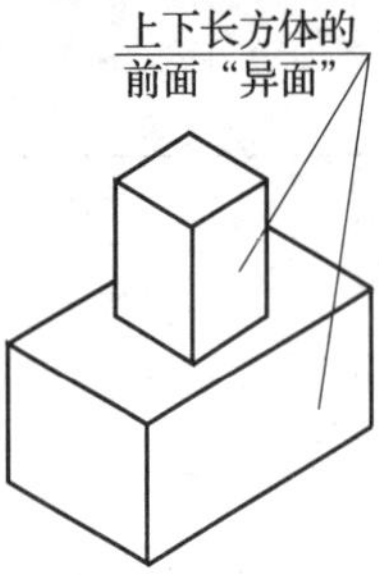	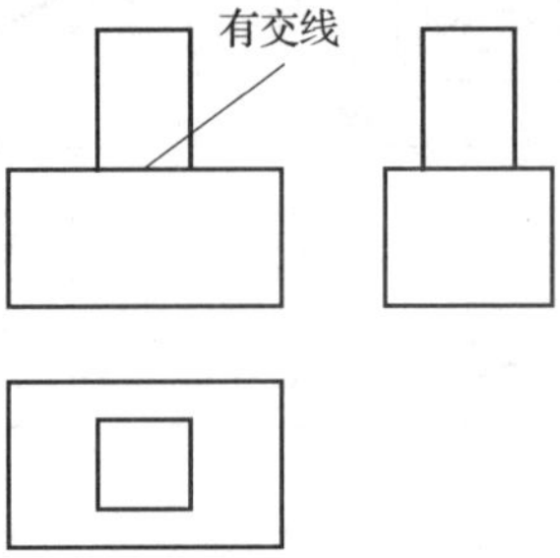	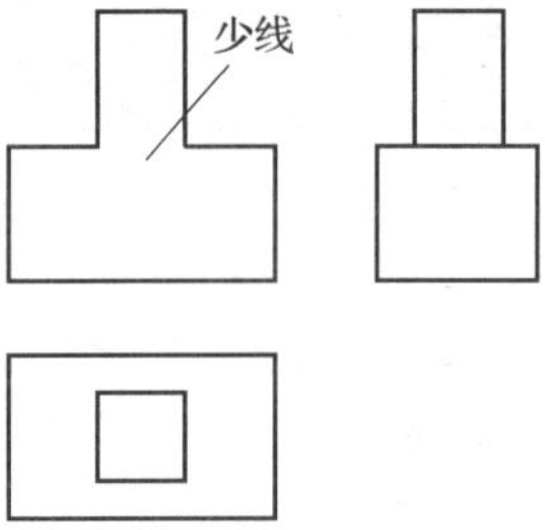
3. 相切 相邻两表面光滑过渡，在相切处不存在轮廓线，即在视图上的相切处不画线	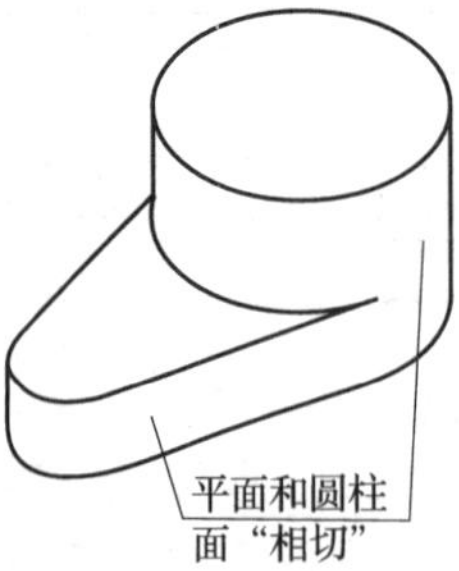	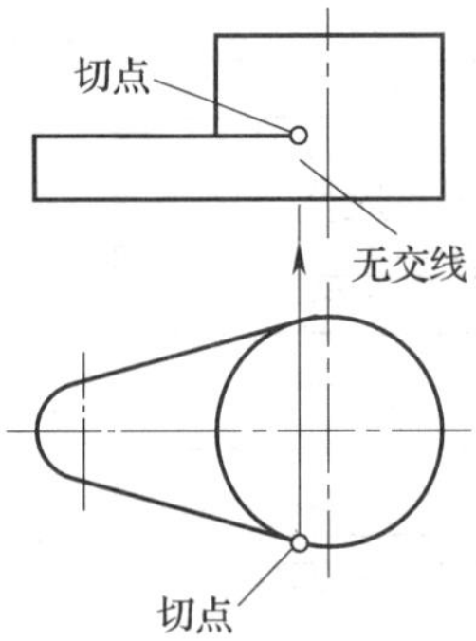	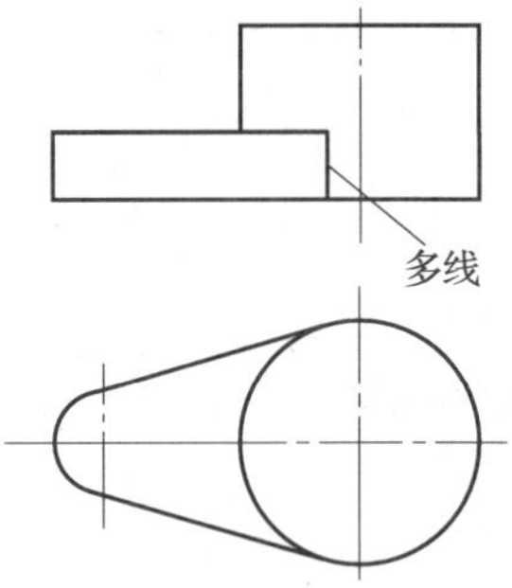

续表

形式	形体	正确画法	错误画法
4. 相交 相邻两表面之间在相交处产生交线（截交线或相贯线）	 平面和圆柱面“相交”	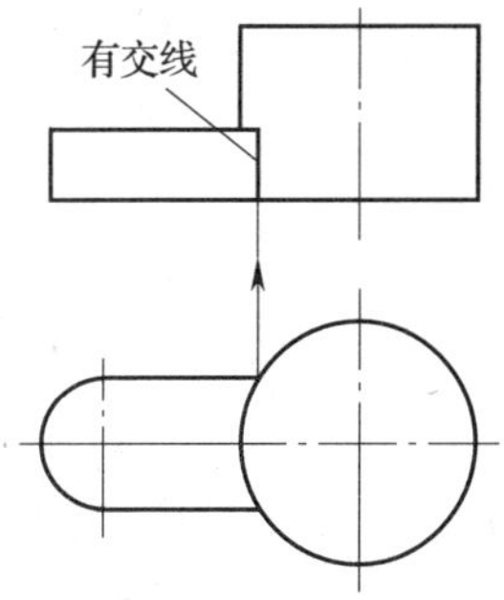 有交线	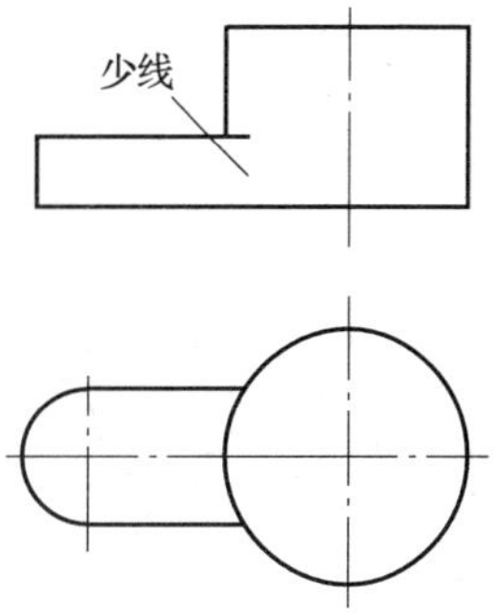 少线

二、绘制组合体三视图的基本原则

1. 先绘主要部分，后绘次要部分。
2. 先绘大形体，后绘小结构。
3. 先绘可见部分，后绘不可见部分。
4. 先绘特殊位置直线（平面），后绘一般位置直线（平面）。
5. 三个视图要同时绘制，不要先画完主视图再画其他视图。

任务2 绘制切割类组合体的三视图

任务引入

图5—3所示为支座，该形体为切割类组合体，本任务的要求是：根据图5—3所示支座的正等轴测图绘制三视图。

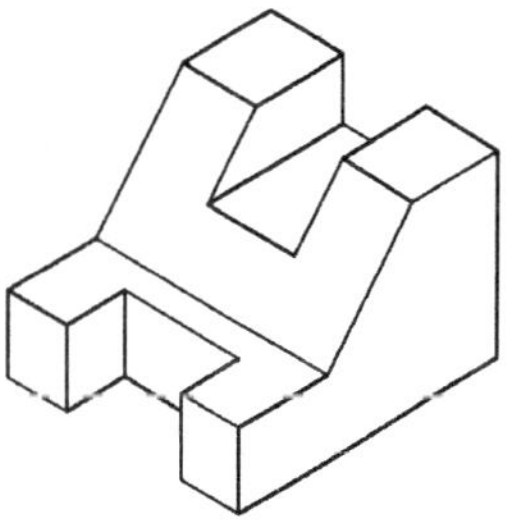

图5—3 支座正等轴测图

任务实施

一、分析形体

支座由长方体切割而成，如图5—4所示，在长方体的左上方切去一个梯形块，在其左下中部和右上中部开槽。

二、绘图步骤

在绘制切割类组合体的三视图时，一般先绘制切割前基本几何体的三视图，然后根据切割步骤逐步绘制组合体的三视图。支座三视图的绘图步骤见表5—4。

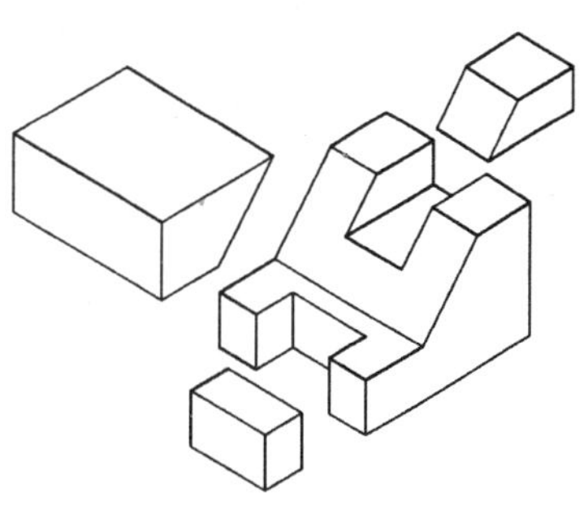

图5—4 支座的形成过程

表 5—4　　支座三视图的作图步骤

步骤	图例	方法
1. 绘制切割前长方体的三视图	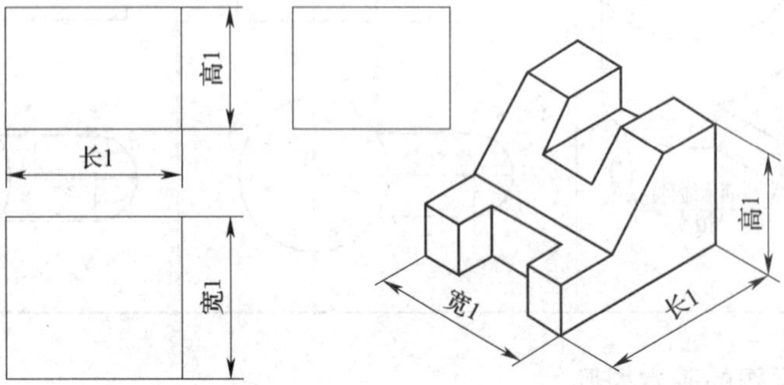 高1 长1 宽1 高1 宽1 长1	（1）测量支座尺寸“长 1”“宽 1”和“高 1” （2）按所测尺寸绘制长方体的三视图
2. 绘制形体左上方切梯形块后的三视图	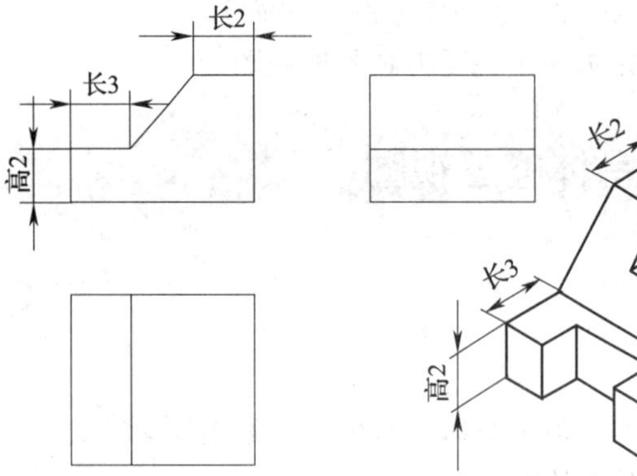 长2 长3 高2 长2 长3 高2	（1）测量切割后形体的尺寸“长 2”“长 3”和“高 2” （2）绘制切割后形体的主视图 （3）先绘制左视图，再绘制俯视图
3. 绘制形体左下中部开槽后的三视图	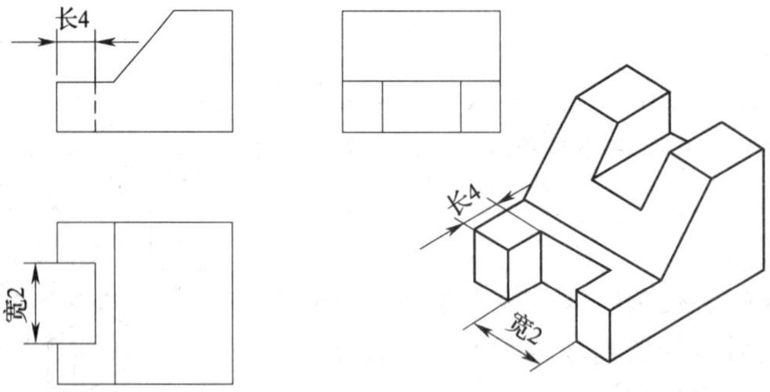 长4 宽2 长4 宽2	（1）测量开槽后的尺寸“宽 2”和“长 4” （2）绘制左下开槽后形体的俯视图 （3）绘制主、左视图

续表

步骤	图例	方法
4. 在形体的右上中部开槽		(1) 测量开槽后的尺寸“宽3”和“高3” (2) 绘制右上开槽后形体的左视图 (3) 绘制主视图，再绘制俯视图
5. 擦除作图线，校核三视图，按线型标准描深图线		检查发现，形体前后对称，但是图中没有绘制对称中心线，补画俯、左视图上的对称中心线

任务3 绘制综合类组合体的三视图

任务引入

图5—5所示座体是“既有叠加，又有切割”的综合类组合体，本任务的要求是：根据座体立体图绘制三视图。

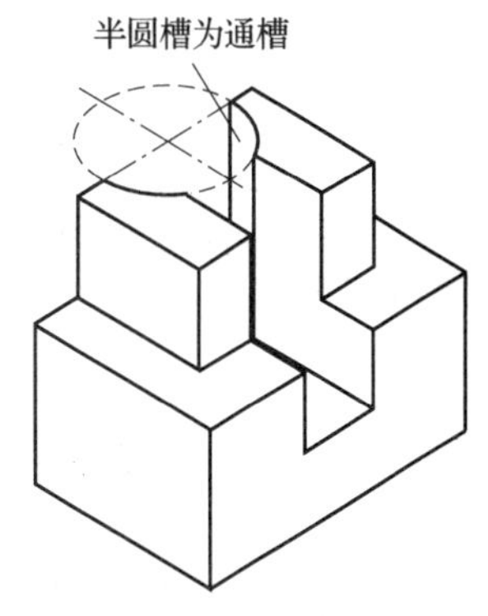

图5—5 座体立体图

任务实施

一、分析形体

座体形体由两个长方体叠加而成，在形体的后面开半圆槽，中间开矩形槽。该形体属于典型的综合类组合体。

二、绘图步骤

图5—5所示座体属于综合类组合体，绘制其三视图可采用“先叠加，后切割”的方法，具体作图方法和步骤见表5—5。

表5—5　　座体三视图的作图方法和步骤

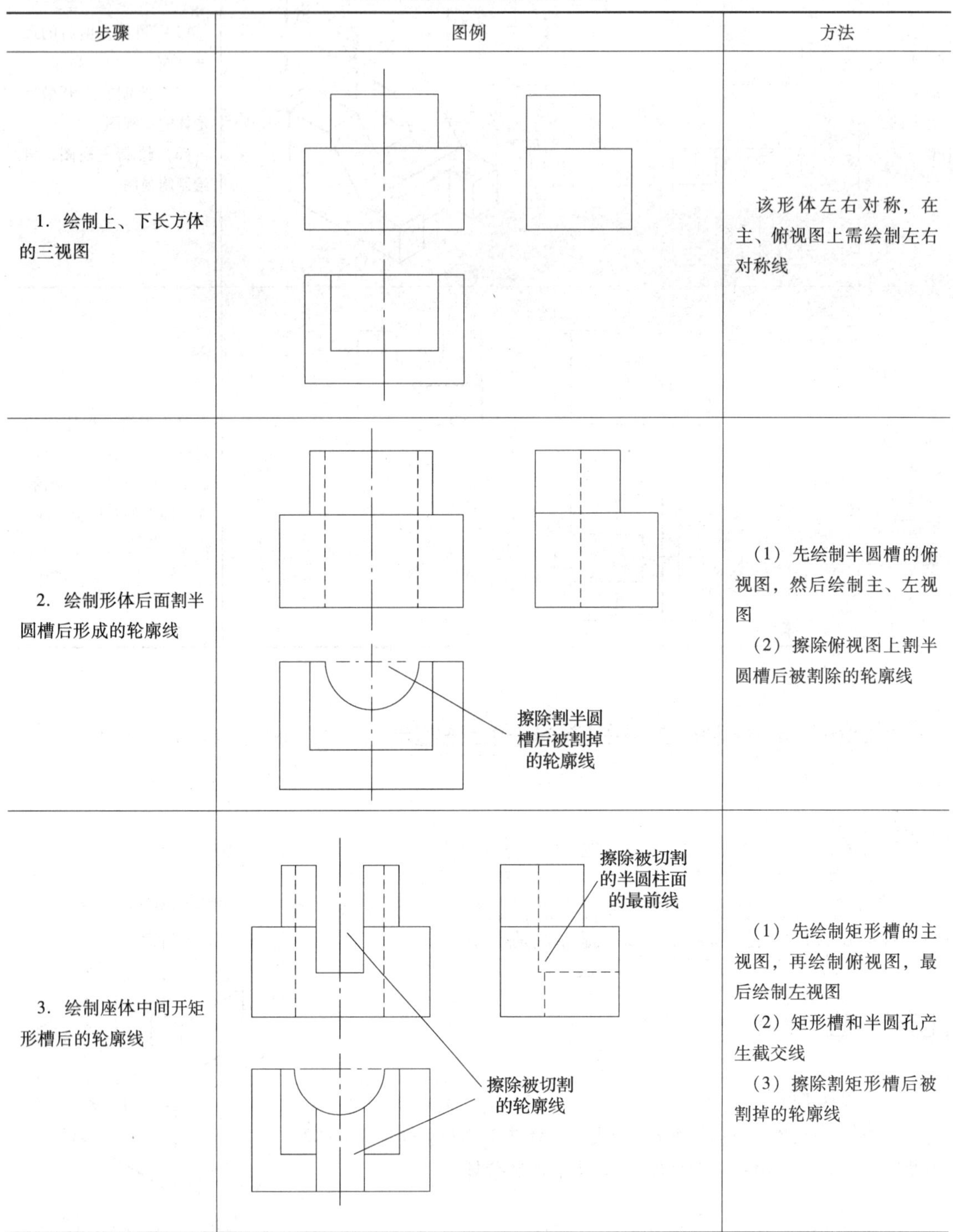

步骤	图例	方法
1. 绘制上、下长方体的三视图		该形体左右对称，在主、俯视图上需绘制左右对称线
2. 绘制形体后面割半圆槽后形成的轮廓线	擦除割半圆槽后被割掉的轮廓线	（1）先绘制半圆槽的俯视图，然后绘制主、左视图 （2）擦除俯视图上割半圆槽后被割除的轮廓线
3. 绘制座体中间开矩形槽后的轮廓线	擦除被切割的半圆柱面的最前线；擦除被切割的轮廓线	（1）先绘制矩形槽的主视图，再绘制俯视图，最后绘制左视图 （2）矩形槽和半圆孔产生截交线 （3）擦除割矩形槽后被割掉的轮廓线

续表

步骤	图例	方法
4. 检查校核，按线型描深图线	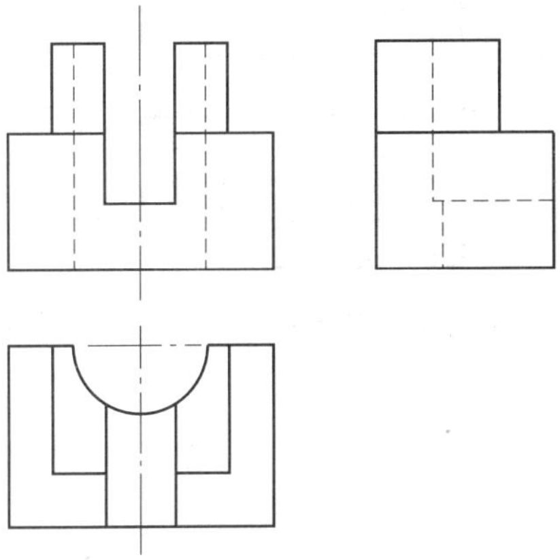	

课题二　识读组合体的视图

学习目标

- ¤ 掌握读图的基本要领。
- ¤ 掌握识读组合体视图的基本原则。
- ¤ 学会识读叠加类组合体的视图。
- ¤ 学会识读切割类组合体的视图。
- ¤ 学会识读综合类组合体的视图。
- ¤ 学会补画活动钳身三视图上的缺线。

读图和绘图是学习机械制图的两个重要环节，绘图是根据实物或立体图绘制三视图，读图则是按照投影规律和看图方法，根据三视图想象出物体的结构形状。

任务1　识读叠加类组合体的视图

任务引入

根据两视图补画第三视图，是培养看图能力和检验能否看懂视图的重要方法，图5—6所示为支承座的主、俯视图，由两视图不难看出，该形体为叠加类组合体。下面分析两视图，想象形体结构，补画左视图。

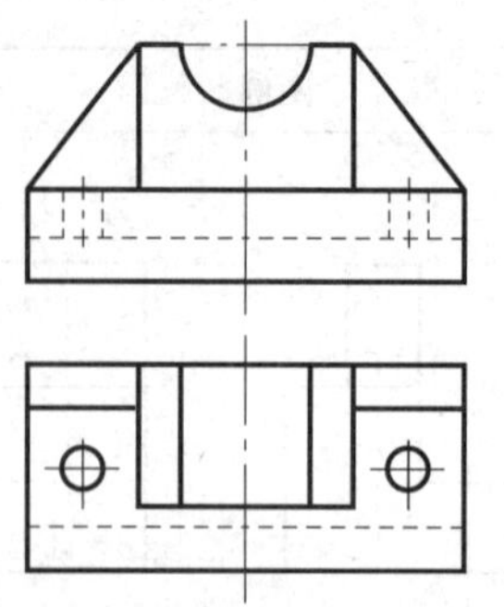

图 5—6　支承座的主、俯视图

相关知识

读图的基本要领

1．要把几个视图联系起来识读

表 5—6 列出了几种两视图相同，但物体结构形状不一样的情况。很显然，在某些情况下，两个视图也不能确定物体的形状，因此看图时一定要将三视图联系起来分析。

表 5—6　　视图相近物体的三视图

序号	三视图比较	三视图及轴测图	
1	主视图和左视图相同	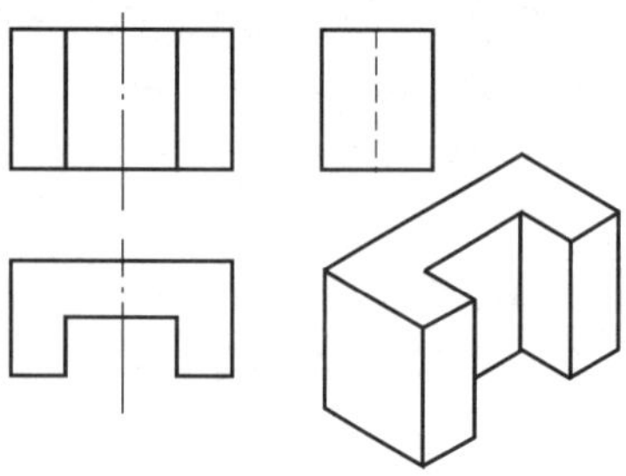	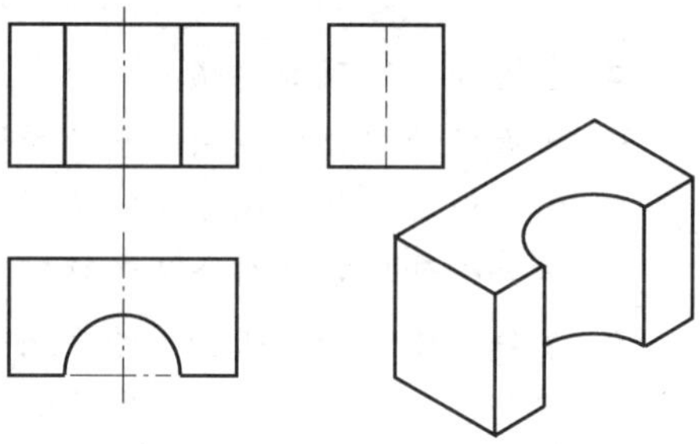
2	主视图和俯视图相同	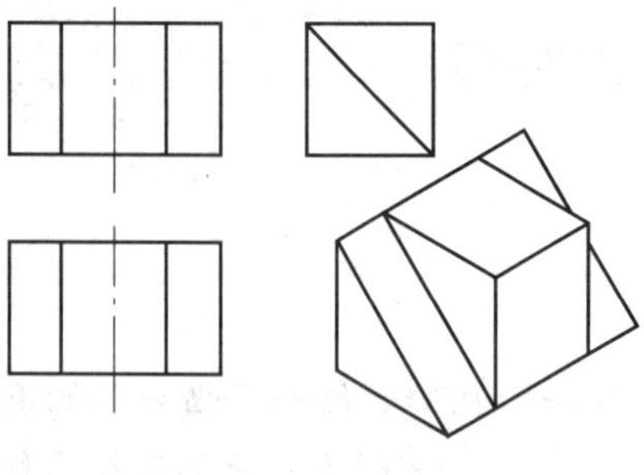	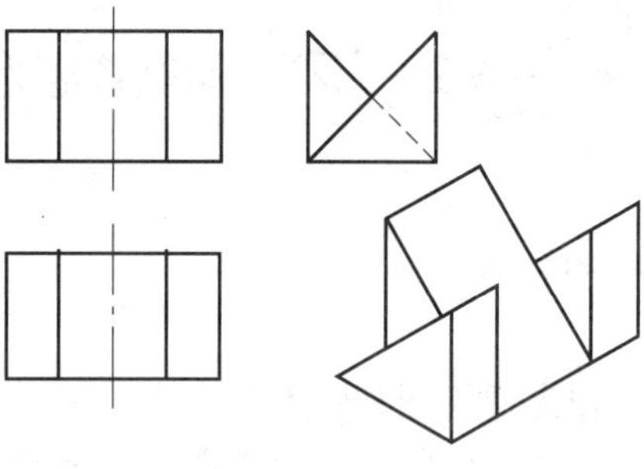

2．看图时要抓特征视图

抓特征视图就是要抓住物体的形状特征视图和位置特征视图。

（1）形状特征视图

形状特征视图是指最能反映物体形状特征的视图。从图 5—7 的主、左视图中除了能看出板厚外，其他形状基本反映不出来，而俯视图却能清楚地反映出孔和槽的形状，所以该物体的俯视图就是形状特征视图。

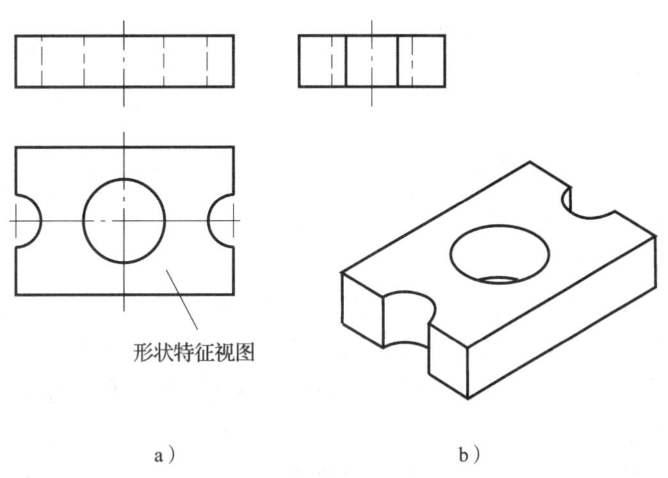

图 5—7　形状特征视图举例

a）三视图　b）立体图

（2）位置特征视图

位置特征视图是指最能反映组合体各形体间相互位置关系的视图。图 5—8a 的主、俯视图无法确定形体 1、2 两部分结构哪个是凸出的，哪个是凹进的，图 5—8a 既可以表示图 5—8b 的形体，也可以表示图 5—8c 的形体。如果像图 5—8d 那样给出主、左两个视图，则在左视图上形体 1、2 的位置表达得十分清楚，所以该物体的左视图就是位置特征视图。

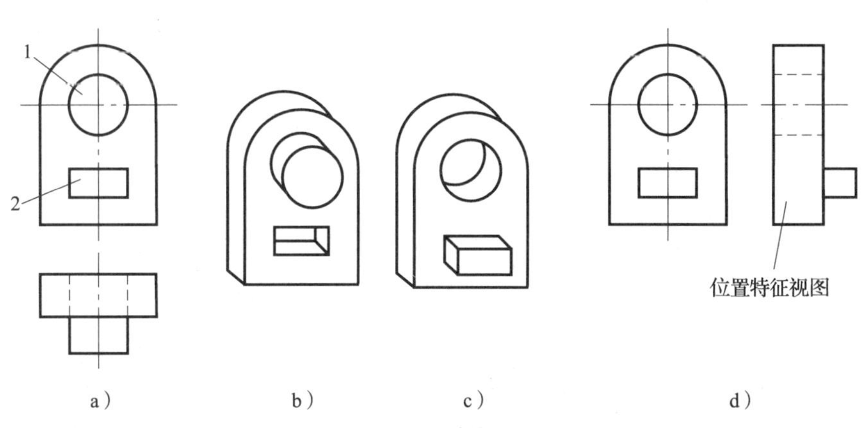

图 5—8　位置特征视图举例

a）两视图　b）形体一　c）形体二　d）特征视图

看图时，应抓住反映物体主要形状特征和位置特征的视图，运用三视图的投影规律，将几个视图联系起来进行识读。在看组合体的三视图时，要把表达物体形状的三视图作为一个整体来看待，切忌只抓住其中的一个视图不放，或把三个视图孤立看待。

任务实施

一、分析形体

支承座属于叠加类组合体，由底座、U形支承、左肋和右肋四部分叠加而成（表5—7），主视图是其位置特征视图，能反映四部分形体的位置。

二、补画左视图

根据两视图补画第三视图时，首先要看懂两视图，识读叠加类组合体的视图一般采用形体分析法。形体分析法是指：从最能反映物体形状、位置特征的主视图入手，将复杂的视图按线框分成几个部分；然后运用三视图的投影规律，找出各线框在其他视图上的投影，分析各组成部分的形状和它们之间的位置；最后综合起来，想象组合体的整体形状。

下面运用形体分析法识读支承座的主、俯视图，补画左视图，具体见表5—7。

表5—7　　支承座的看图方法和步骤

方法步骤		图例
1. 按线框分部分 从最能反映该组合体形状特征的主视图入手，将支承座划分成U形支承Ⅰ、右肋Ⅱ、底座Ⅲ、左肋Ⅳ四个部分		左肋Ⅳ　U形支承Ⅰ　右肋Ⅱ　底座Ⅲ
2. 对投影，想形状 运用投影规律，分别找出主视图上的四个线框在俯视图上的投影，然后逐一想象它们的形状，并分别绘制左视图	（1）补画底座Ⅲ的左视图 分析底座Ⅲ的主、俯视图可知，底座为在长方体的下方后部割去了一个小长方体，并在左、右各钻了一个小孔	底座Ⅲ

续表

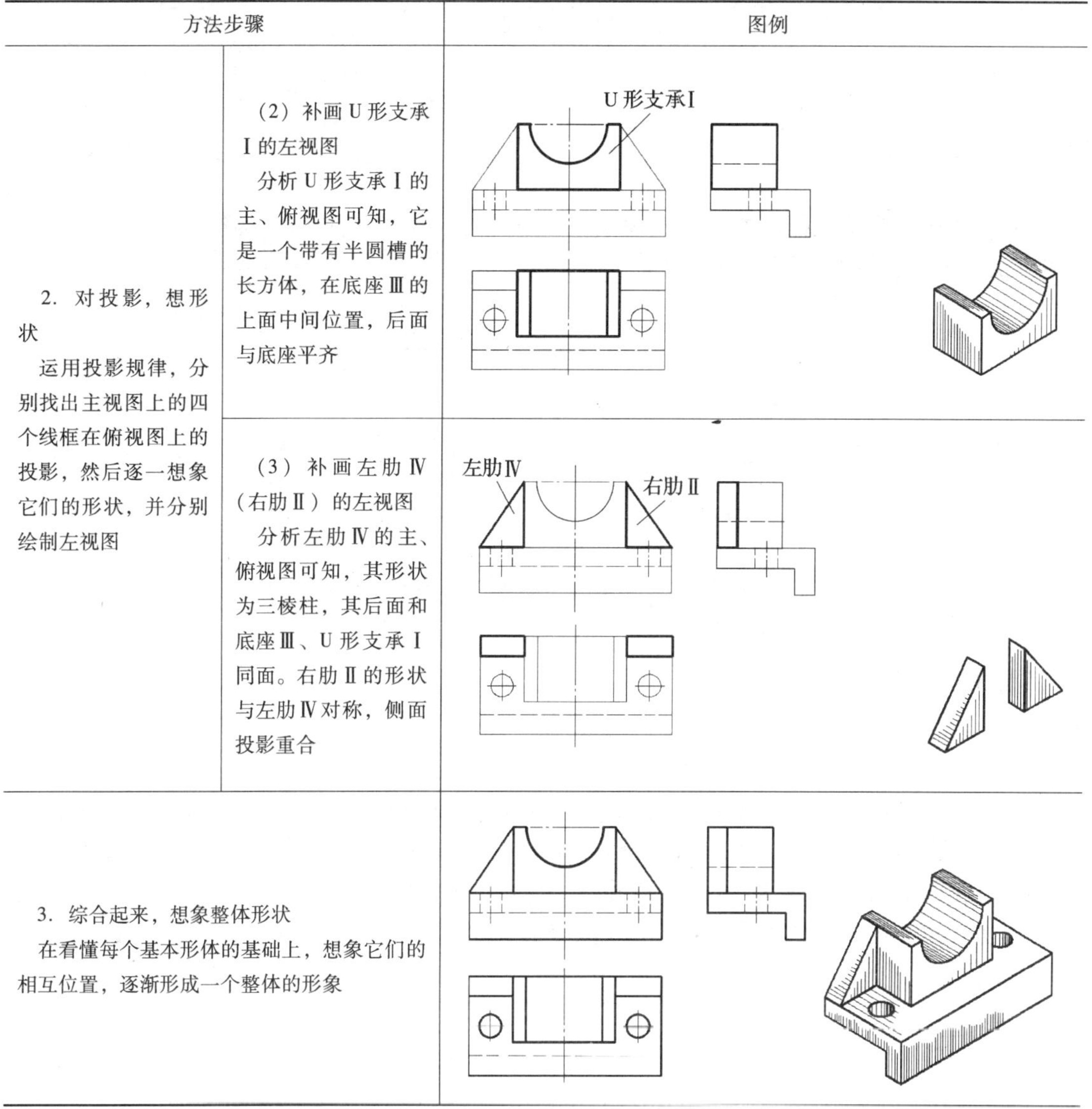

方法步骤		图例
2. 对投影，想形状 运用投影规律，分别找出主视图上的四个线框在俯视图上的投影，然后逐一想象它们的形状，并分别绘制左视图	（2）补画U形支承Ⅰ的左视图 分析U形支承Ⅰ的主、俯视图可知，它是一个带有半圆槽的长方体，在底座Ⅲ的上面中间位置，后面与底座平齐	
	（3）补画左肋Ⅳ（右肋Ⅱ）的左视图 分析左肋Ⅳ的主、俯视图可知，其形状为三棱柱，其后面和底座Ⅲ、U形支承Ⅰ同面。右肋Ⅱ的形状与左肋Ⅳ对称，侧面投影重合	
3. 综合起来，想象整体形状 在看懂每个基本形体的基础上，想象它们的相互位置，逐渐形成一个整体的形象		

知识探究

看组合体视图的基本原则

看组合体的视图时，应遵循以下基本原则：

1. 先看主要部分，后看次要部分。
2. 先看容易看懂的部分，后看难以确定的部分。
3. 先看整体形状，后看细小结构。
4. 先看外部结构，后看内部形状。

任务2　识读切割类组合体的视图

任务引入

图5—9所示为定位挡块的主、左视图，该形体是一个典型的切割类组合体，由长方体切割而成，下面识读两视图，补画俯视图。

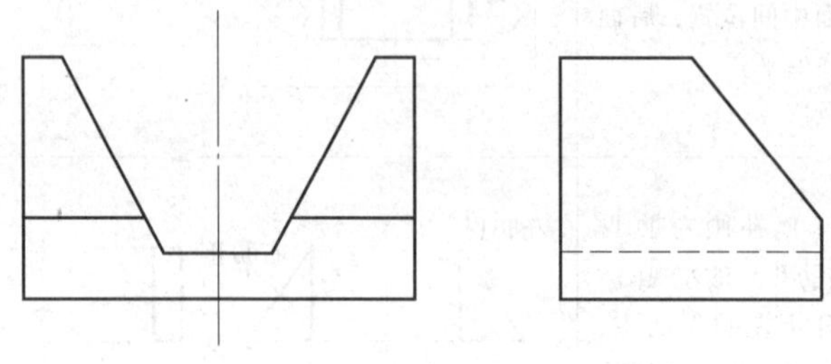

图5—9　定位挡块的主、左视图

任务实施

一、分析形体

由于定位挡块的左视图的前上方有一条斜线，可以设想该形体的上前方用侧垂面切割，通过对投影，可知在主视图上的相应位置有一条横线（图5—10），因此该设想成立。在主视图上有一个V形槽，可以设想在形体的中间用两个正垂面和一个水平面开槽，通过对投影可知在左视图上的相应位置有一条横线（图5—10，细虚线），因此该设想也成立。

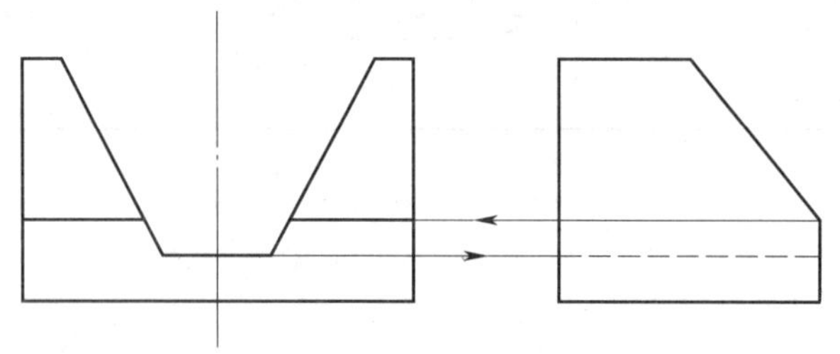

图5—10　对投影，分析切割情况

二、补画俯视图

识读切割类组合体的视图，一般应采用线面分析法。线面分析法是：假想把物体分解成点、线、面，运用点、线、面的投影规律，分析视图中线条、线框的含意和空间位置，以达到看懂视图的目的。

下面运用线面分析法识读定位挡块的主、左视图，补画俯视图，具体见表5—8。

表 5—8　　识读定位挡块三视图的方法和步骤

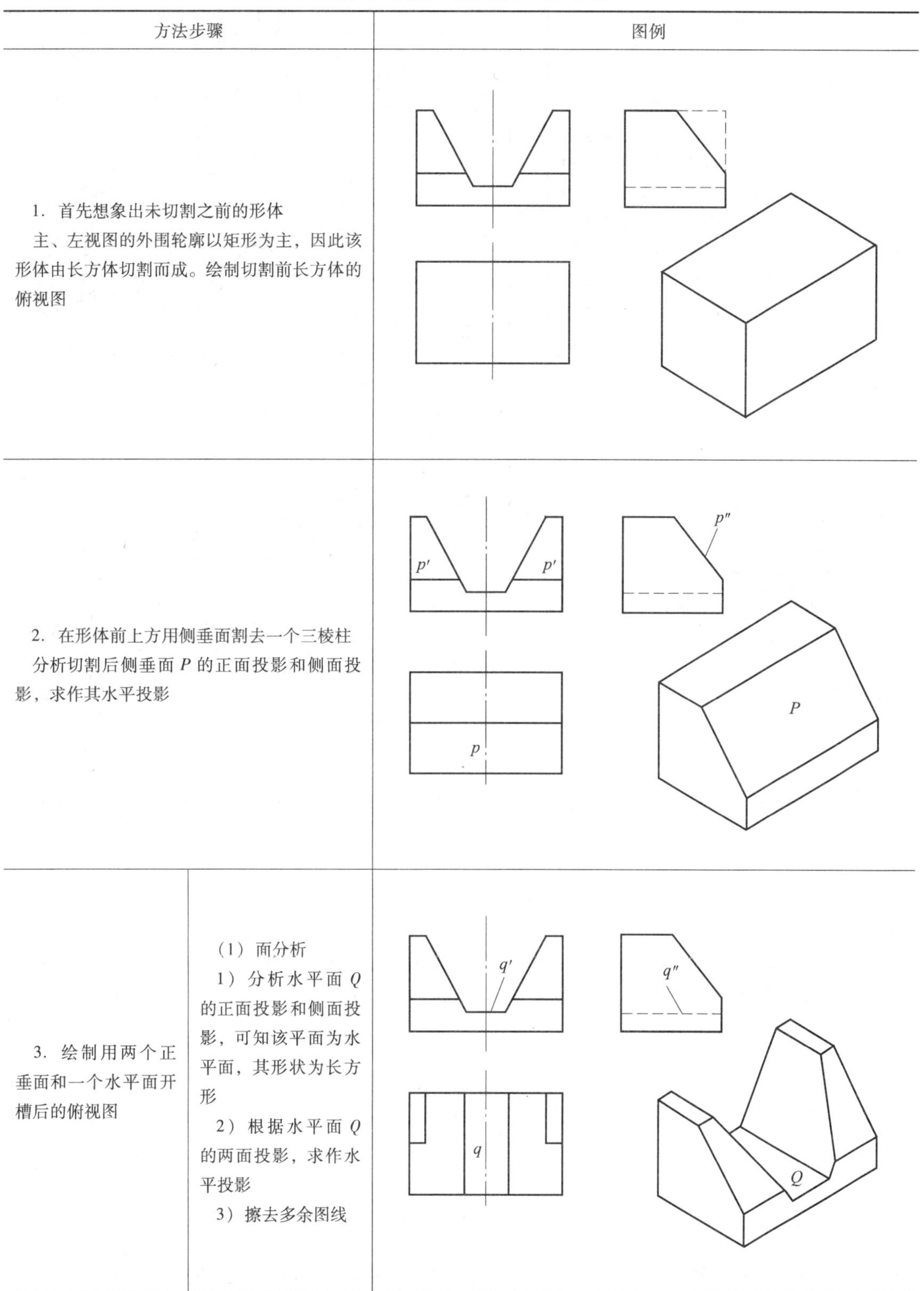

方法步骤		图例
1. 首先想象出未切割之前的形体 主、左视图的外围轮廓以矩形为主，因此该形体由长方体切割而成。绘制切割前长方体的俯视图		
2. 在形体前上方用侧垂面割去一个三棱柱 分析切割后侧垂面 *P* 的正面投影和侧面投影，求作其水平投影		
3. 绘制用两个正垂面和一个水平面开槽后的俯视图	（1）面分析 1）分析水平面 *Q* 的正面投影和侧面投影，可知该平面为水平面，其形状为长方形 2）根据水平面 *Q* 的两面投影，求作水平投影 3）擦去多余图线	

续表

方法步骤		图例
3. 绘制用两个正垂面和一个水平面开槽后的俯视图	（2）线分析 1）分析正垂面和侧垂面的交线（*AB*）的正面投影和侧面投影，可知该直线为一般位置直线 2）根据直线 *AB* 的两面投影求作其水平投影	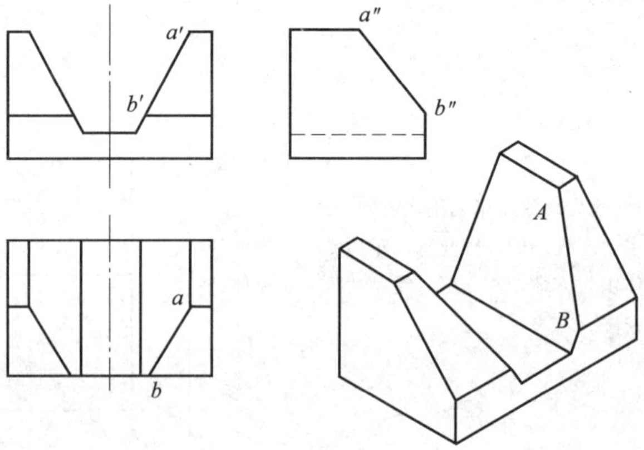
4. 检查校核 （1）通过分析直线 *BC* 的三面投影可知，该直线为正平线，它和直线 *AB* 不是一条直线 （2）分析正垂面 *ABCDE*，该平面是五边形，其正面投影为斜线，水平投影和侧面投影都是五边形 5. 综合想象立体的整体形状		

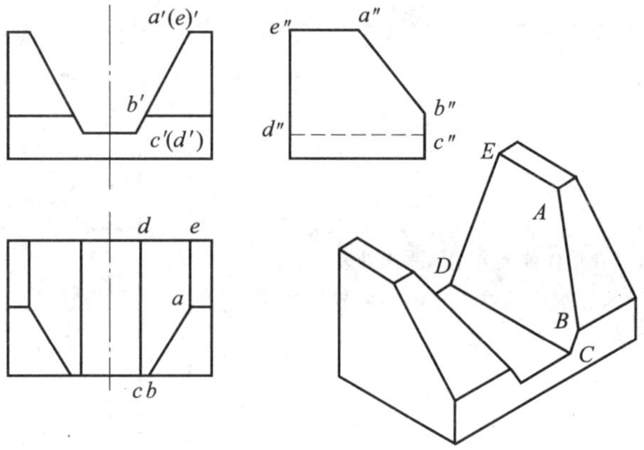

在用线面分析法看图时，并不是形体上所有的线、面都分析，而是重点分析看不懂的线、面。需要分析的平面大都是投影面垂直面或一般位置平面，需要分析的直线一般为投影面平行线或一般位置直线。

任务 3　识读综合类组合体的视图

任务引入

图 5—11 所示为某机座的主、俯视图，下面根据两视图补画第三视图。

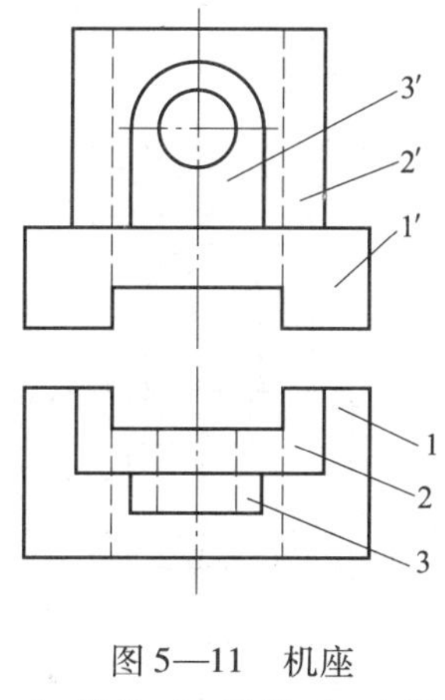

图 5—11　机座

1—底板　2—竖板　3—立板

任务实施

一、分析形体

图 5—11 所示机座是既有叠加，又有切割的综合类组合体，机座可分为底板、竖板、立板三个组成部分，在形体的下面和后面开矩形槽，中间前后钻孔。

二、补画左视图

识读综合类组合体的视图，也应本着“先叠加，后切割”的原则，先分析综合类组合体的叠加情况，然后分析切割情况。补画机座左视图的方法和步骤见表 5—9。

表 5—9　　**补画机座左视图的方法和步骤**

方法步骤	图例
1. 形体 I（底板）在主、俯视图中都是矩形线框，显然其形状是长方体	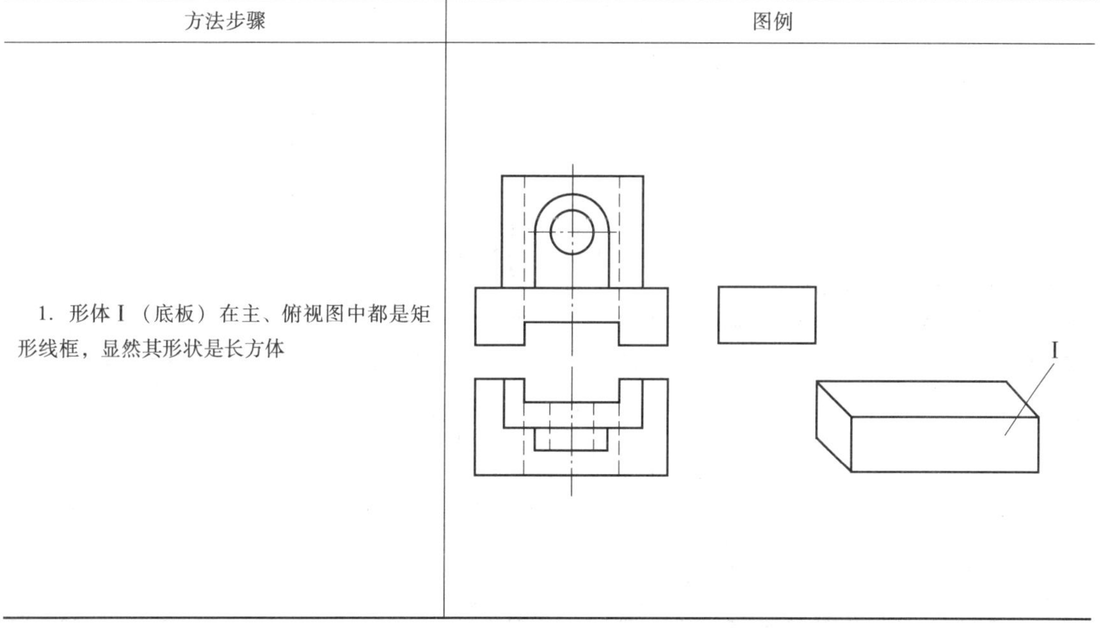

续表

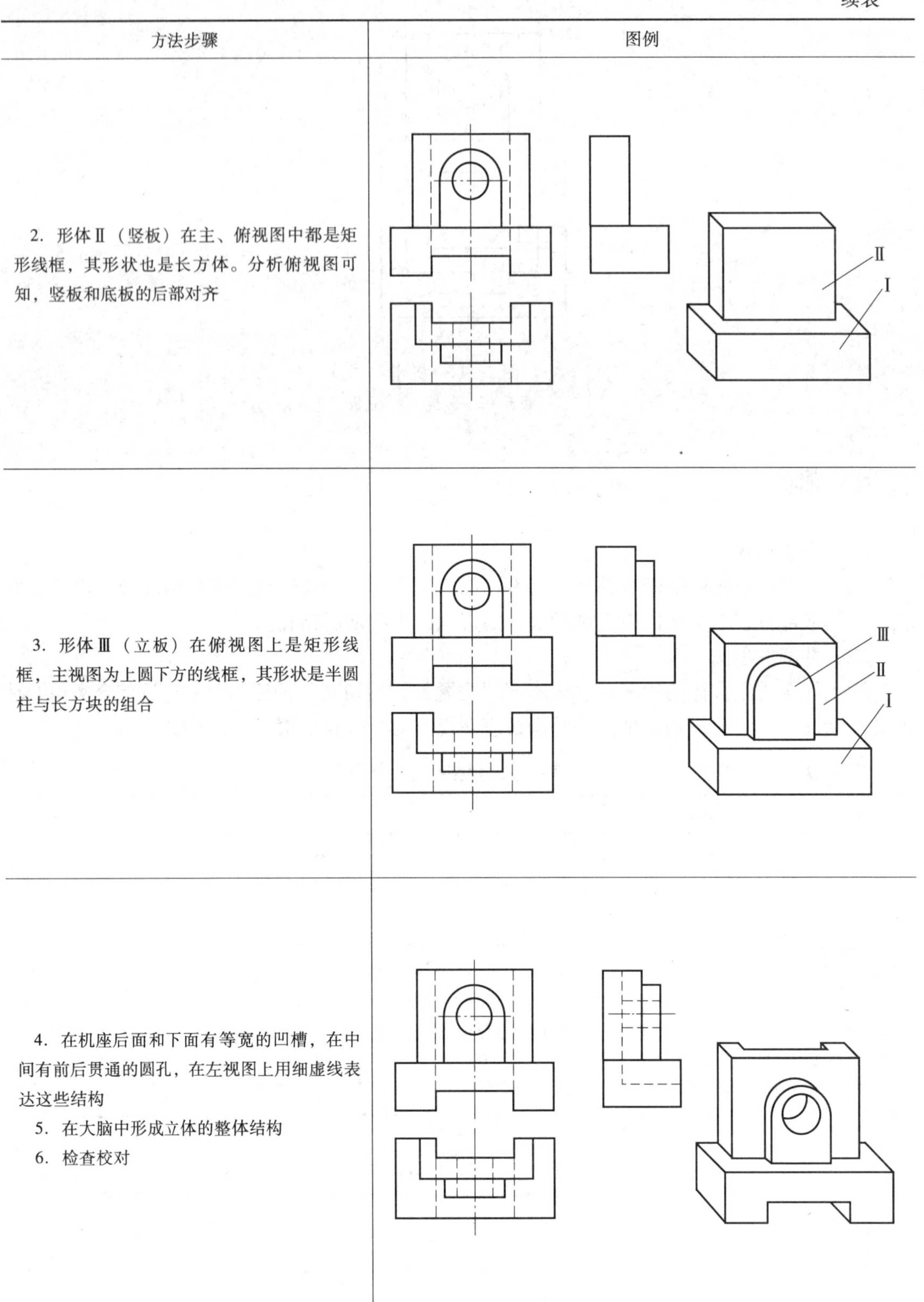

方法步骤	图例
2. 形体Ⅱ（竖板）在主、俯视图中都是矩形线框，其形状也是长方体。分析俯视图可知，竖板和底板的后部对齐	
3. 形体Ⅲ（立板）在俯视图上是矩形线框，主视图为上圆下方的线框，其形状是半圆柱与长方块的组合	
4. 在机座后面和下面有等宽的凹槽，在中间有前后贯通的圆孔，在左视图上用细虚线表达这些结构 5. 在大脑中形成立体的整体结构 6. 检查校对	

任务4 补画活动钳身三视图上的缺线

任务引入

如图5—12所示为机用虎钳活动钳身的三视图，在三视图中漏画了许多图线，下面根据三视图上的已知图线补画缺漏的图线。

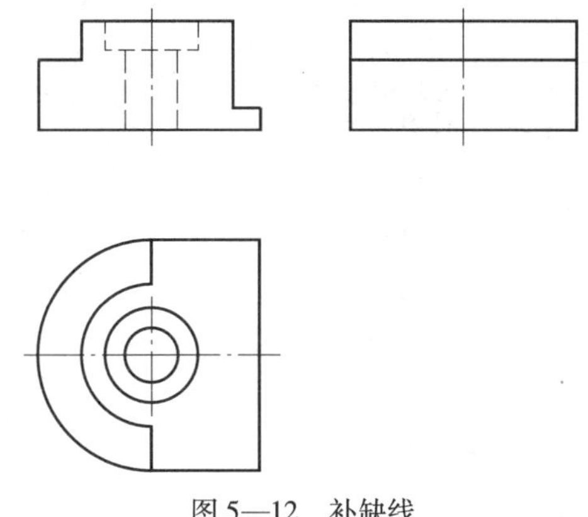

图5—12 补缺线

任务实施

一、分析形体

根据图5—12所示三视图中的已知线条，想象形体的结构和各部分的大致形状，可将该形体分解为大长方体、小长方体、大半圆柱、小半圆柱四部分，如图5—13所示。

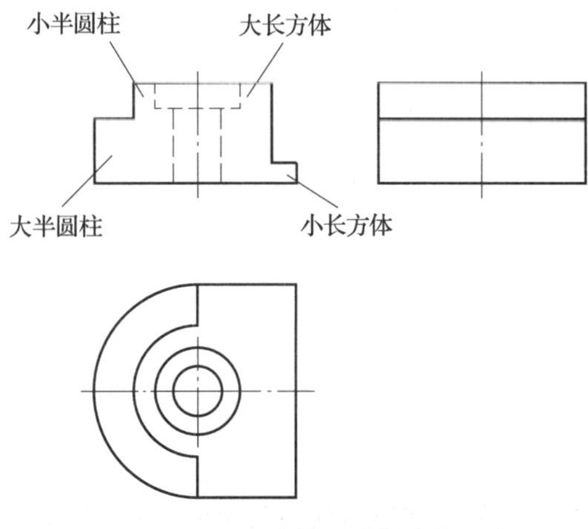

图5—13 机用虎钳活动钳身的组成

二、补画缺线

补缺线是根据三视图上的已知图线，看懂视图，想象物体的形状，找出并补画缺漏的图线。补画图 5—12 所示机用虎钳活动钳身的三视图上缺线的方法和步骤见表 5—10。

表 5—10　　补画三视图上的缺线

方法与步骤	1．补画大、小长方体之间交线的水平投影和侧面投影	2．补画中间阶梯孔的侧面投影
图例	大、小长方体之间交线的投影	阶梯孔的侧面投影
方法与步骤	3．补画小半圆在主视图上漏画的图线	4．检查与校核 经检查发现，在左视图上漏画了小圆柱的投影 注意：大半圆柱和大长方体相切，相切处不画线
图例	小半圆柱的正面投影	小半圆柱的侧面投影

补缺线容易出现的问题是不能全部找出漏画的图线，补缺线时要按照先易后难的原则补画图线，要反复检查、校核三视图才能保证将漏画的图线补全。

课题三　绘制组合体的尺寸标注

学习目标

¤ 掌握尺寸的组成及常用尺寸的标注方法。

¤ 掌握基本几何体的尺寸标注。

¤ 掌握常见结构的尺寸标注。

图样中的尺寸可以确定形体的形状和大小，它是加工制造零件的主要依据之一。如果尺寸标注错误、不完整或不合理，将给生产带来困难，甚至出现废品而造成浪费。作为一名工程技术人员必须学会标注尺寸，能看懂尺寸。

任务1　认识尺寸

任务引入

图 5—14 所示是一个模板，为确定其大小，标注了必要的尺寸，本任务的要求是：认识图中的尺寸，了解尺寸的组成，分析各个尺寸的作用。

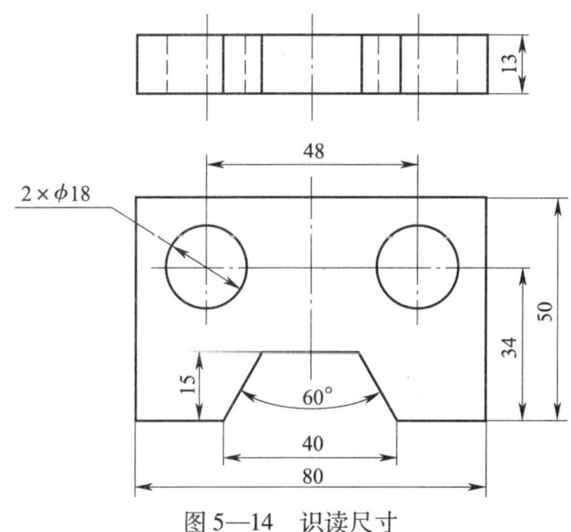

图 5—14　识读尺寸

相关知识

认识尺寸的组成

如图 5—15 所示，一个完整的尺寸由尺寸界线、尺寸线和尺寸数字三个要素组成。

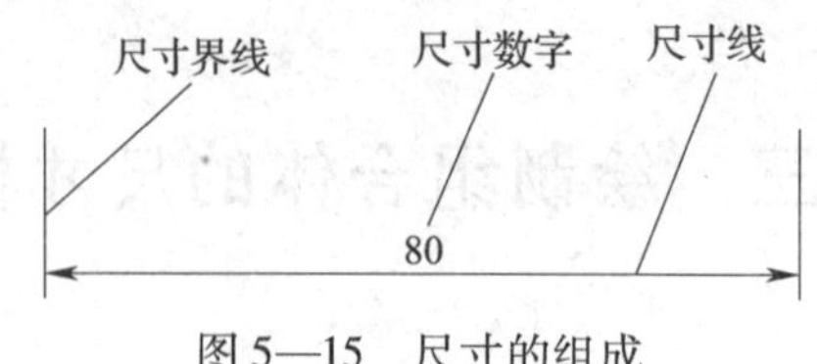

图 5—15　尺寸的组成

1. 尺寸界线

尺寸界线用细实线绘制，它由图形的轮廓线、对称中心线、轴线等处引出，也可利用轮廓线、轴线、对称中心线作为尺寸界线。

2. 尺寸线

尺寸线也用细实线绘制，但不能用其他图线代替，一般也不得与其他图线重合或画在其他图线延长线上。标注线性尺寸时，尺寸线必须与所注的线段平行。标注并列尺寸时，小尺寸在内、大尺寸在外，尽量避免尺寸线和尺寸界线相交。

尺寸线的终端有两种形式，如图 5—16 所示。图 5—16a 所示为箭头终端形式（图中 d 为粗实线宽度），图 5—16b 所示为斜线终端形式（图中 h 为尺寸数字的高度）。一般情况下，机械、电气图样多采用箭头终端形式，建筑图样采用斜线终端形式。

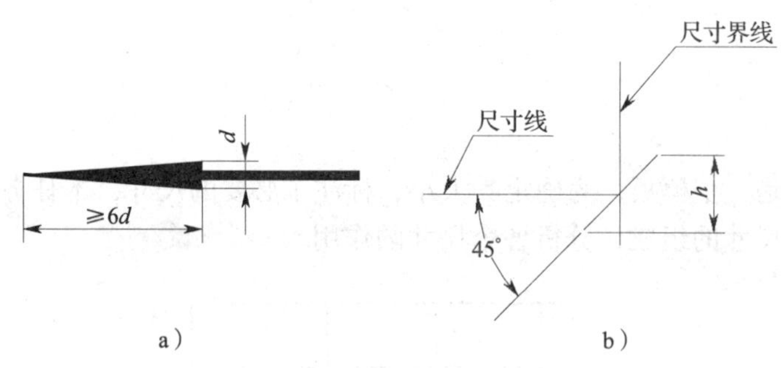

图 5—16　尺寸线的终端形式

a）箭头　b）斜线

3. 尺寸数字

尺寸分为线性尺寸和角度尺寸两种，尺寸数字是机件实际大小的数值，如图 5—14 所示。

（1）线性尺寸一般以 mm 作为尺寸单位，在图中不标单位符号；角度尺寸数字一般以“°、′、″”为单位，需要标单位符号。

（2）尺寸数字不允许被任何图线穿过，当无法避免时，可将图线在尺寸数字处断开。

任务实施

1. 认识模板的外形尺寸

如图 5—14 所示，模板的外形为长方体，图中标注了确定模板外形的尺寸，即长 80、宽

50、高 13。在图样上，这种确定形体上各基本结构的形状大小的尺寸称为定形尺寸。

2. 认识定位槽的尺寸

如图 5—14 所示，模板的前方中间有一个 V 形定位槽，图中标注了槽的长度尺寸 40 和宽度尺寸 15，它们也都是定形尺寸。

3. 识读两个小孔的尺寸

如图 5—14 所示，标注了两个小圆孔的直径 2 × ϕ18，还标注了确定小圆孔相对位置的尺寸，即长度尺寸 48，宽度尺寸 34，这种确定形体上各基本结构之间的相对位置的尺寸称为定位尺寸。

图样上的尺寸，按照作用不同，可分为定形尺寸和定位尺寸。

图样上多个直径相同的小孔可采用集中标注的方式，如“2 × ϕ18”。

知识探究

一、常用尺寸标注方法

在图样上经常标注的尺寸有线性尺寸、角度尺寸、圆、圆弧、小尺寸等。国家标准对其标注的方法有严格规定，表 5—11 为常用尺寸的注法。

表 5—11　　常用尺寸注法示例

标注内容	示例	说明
线性尺寸	30° 20 20 20 20 20 20 20 20 20 20 20 20 30° a) 20 20 b)	水平方向的线性尺寸数字注写在尺寸线上方，字头朝上；竖直方向的线性尺寸数字注写在尺寸线左侧，字头朝左；倾斜方向的尺寸，字头应有向上的趋势。尽量避免在图 a 所示 30° 范围内标注尺寸。当无法避免时，可按图 b 的形式标注
角度尺寸	60° 60° 30° 75° 45° 90° a) 60° 65° 55°30′ 4°30′ 15° 25° 20° 20° 5° 90° b)	尺寸界线按径向引出，尺寸线绘制成圆弧，圆心是角的顶点。尺寸数字一律水平书写，一般注写在尺寸线的中断处，必要时可标注在尺寸线的上方、外面，或引出标注

续表

标注内容	示例	说明
圆	$\phi30$　$\phi50$　$\phi40$	标注圆的直径时，应在尺寸数字前加注符号“ϕ”，尺寸线的终端应绘制成箭头。大于半圆的圆弧应标注直径
圆弧	$R15$　$R40$　$R35$	标注圆弧半径时，应在尺寸数字前加注符号“R”，尺寸线上的单箭头指向圆弧
小尺寸	5　2　5 3 5　3 4 3 $\phi5$　$\phi5$　$R3$　$R3$　$R3$	没有足够空间时，箭头可绘制在外面，或用小圆点代替箭头；尺寸数字也可注写在图形外面或引出标注

二、基本几何体的尺寸标注

1．平面立体的尺寸标注

如图 5—17 所示，长方体应标出其长、宽、高三个尺寸。六棱柱应标出其高度尺寸和底面尺寸，底面为正六边形时一般标注其对边尺寸，并标注对角尺寸作为参考尺寸（尺寸数字加括号）。四棱锥必须标注底面的长、宽尺寸和棱锥的高度尺寸。

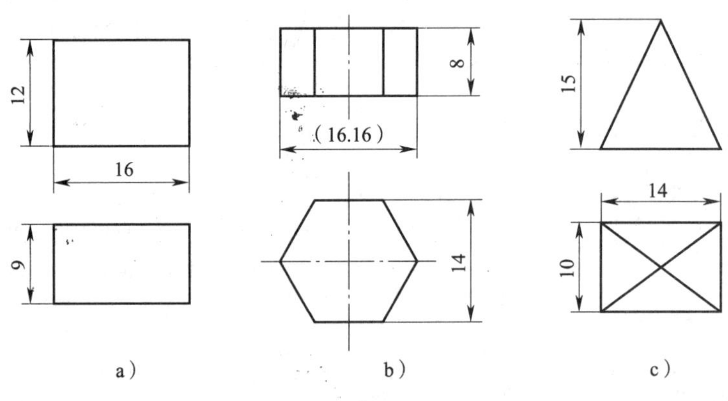

图 5—17　平面立体的尺寸标注

a）长方体　b）六棱柱　c）四棱锥

2. 曲面立体的尺寸标注

如图 5—18 所示，圆柱、圆锥等须标出底圆直径尺寸和高度尺寸；球只需标出球面的直径或半径，并在直径尺寸数字前加注“$S\phi$”，在半径尺寸数字前加注“SR”。

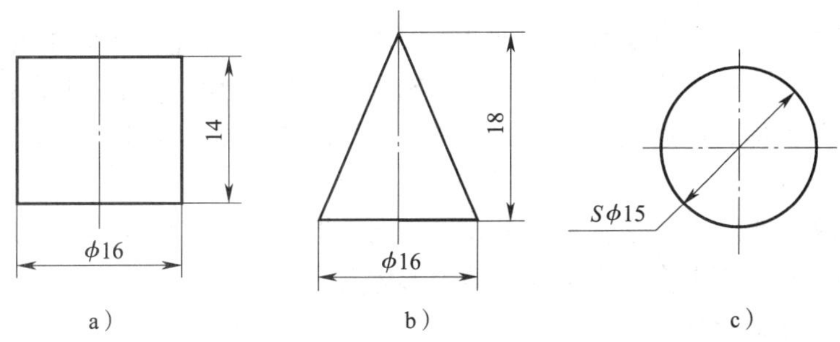

图 5—18 曲面立体的尺寸标注

a）圆柱 b）圆锥 c）球

任务 2 标注组合体尺寸

任务引入

组合体视图中标注尺寸应满足“完整、正确、清晰”的要求，如图 5—19 所示为轴承座的三视图和轴测图，本任务的要求是：在其视图上标注尺寸。

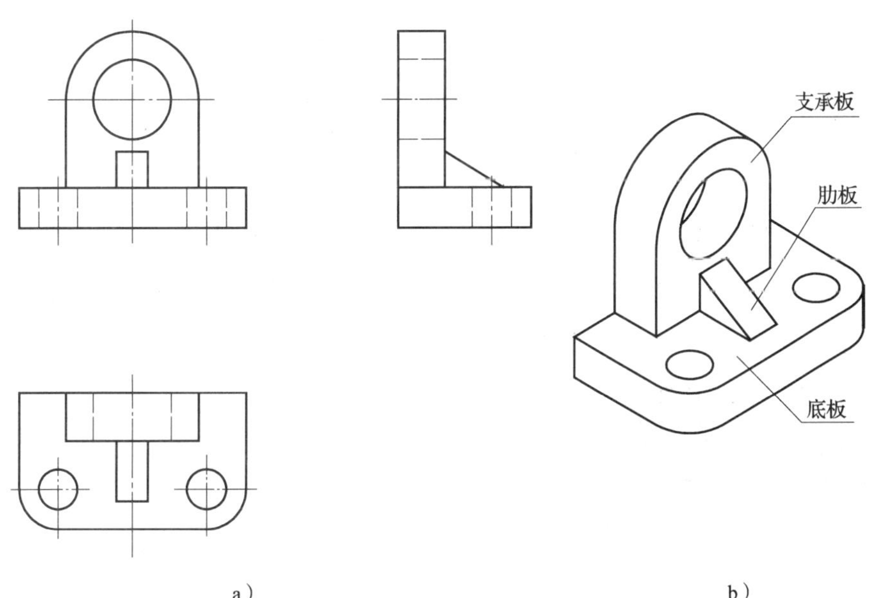

图 5—19 轴承座

a）视图 b）轴测图

任务实施

一、分析形体

标注尺寸出现最多的问题是漏注尺寸或重复标注尺寸，为此，在标注组合体的尺寸前，应进行认真的形体分析，分析形体的组成和形成过程。在标注尺寸时，可先将叠加类组合体分解成若干基本几何体，然后按照绘图的步骤逐一注出各基本几何体的定形尺寸和各基本几何体之间的定位尺寸。

分析图 5—19 不难看出，该轴承座由底板、支承板和肋板三部分组成。底板上有两个圆孔；支承板下方上圆，其上有一个圆孔；整个形体左右对称。

二、标注轴承座的尺寸

机件的每个尺寸，一般只在反映该结构最清楚的图形上标注一次。轴承座尺寸标注的步骤见表 5—12。

表 5—12　　标注轴承座的尺寸

<table>
<tr><td>步骤</td><td>1. 标注底板的长 58、宽 34、高 10 和圆角半径 R10。标注底板上两个小孔的定形尺寸 2 × φ10、长度方向的定位尺寸 38 和宽度方向的定位尺寸 24</td><td>2. 标注支承板上方半圆柱的半径 R17（该尺寸同时确定了下方长方体的长），标注支承板的宽 12，标注支承板上圆孔的直径 φ20，标注确定圆孔和半圆柱中心位置的定位尺寸 32</td></tr>
<tr><td>图例</td><td>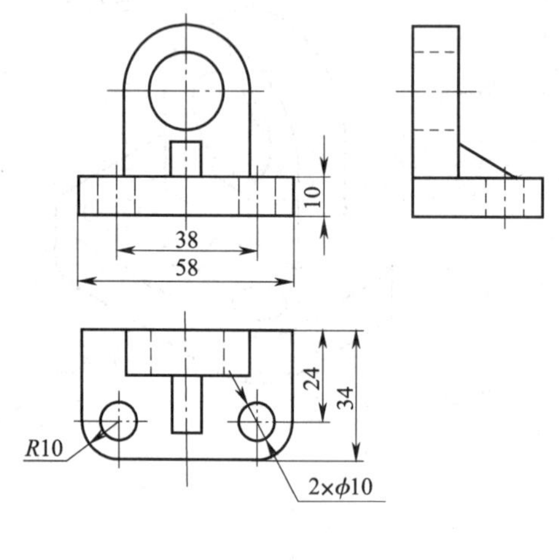
</td><td>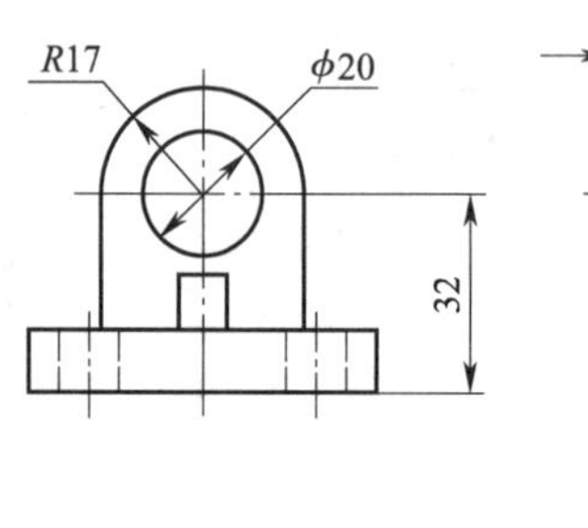

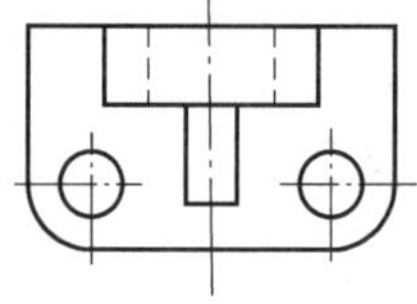</td></tr>
</table>

续表

步骤	3. 标注肋板的长度尺寸 8、宽度尺寸 15 和高度尺寸 9	4. 全面校核尺寸，补全漏注的尺寸，擦去多余的尺寸，达到“完整、正确、清晰”的要求
图例	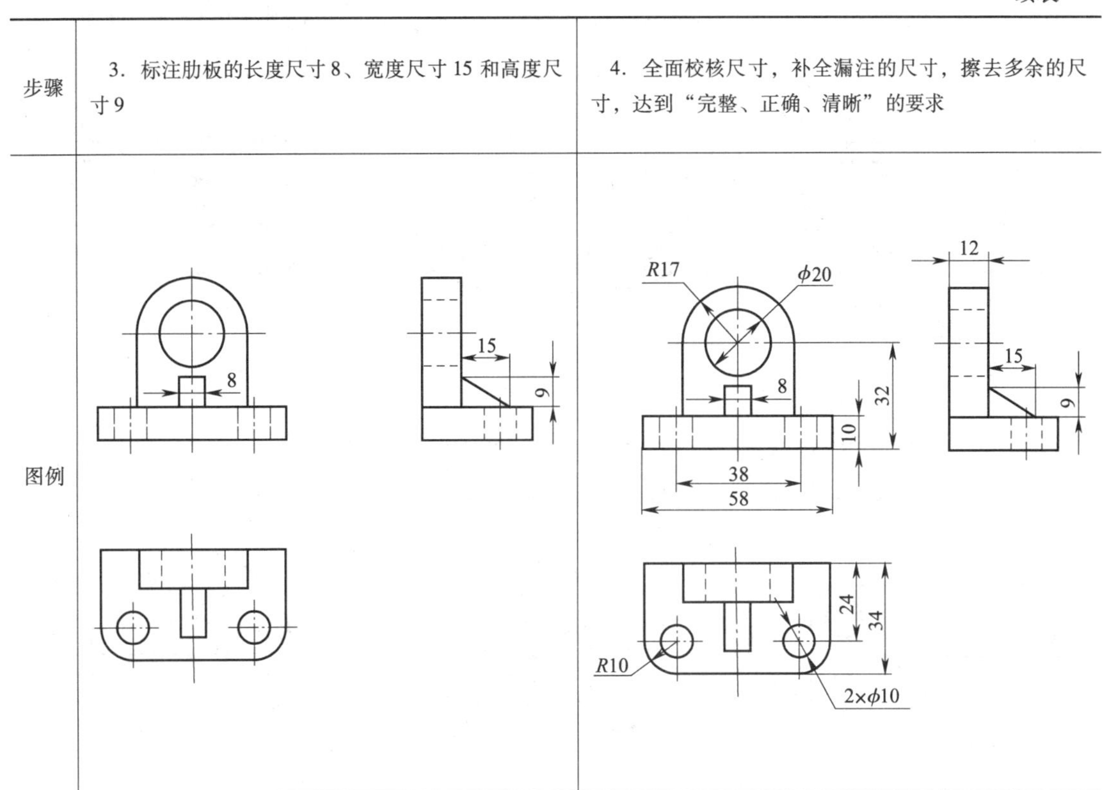	

(1) 在标注轴承座底板的尺寸时，无论两个圆角（$R10$）与小孔（$2\times\phi10$）是否同心，都要标注长方体的长（58）、宽（34）、圆角半径（$R10$），两个小孔的定位尺寸（38、24），当圆角与小孔同心时，应注意上述尺寸间不要发生矛盾（$38+R10+R10$ 等于线框的总长 58，$24+R10$ 等于线框的总宽 34）。

(2) 在不致引起误解的前提下，半径相同的圆弧可只标注一次，但不可标注成“$2\times R10$”的形式。

知识探究

常见结构的尺寸标注

对于图 5—20 所示的结构，除了标注定形尺寸外，确定圆、槽位置的定位尺寸是必不可少的。由于其基本形状和圆、槽的分布形式不同，圆、槽定位尺寸的标注形式也不一样。如图 5—20d 所示，四个小圆的定位尺寸按长、宽方向标注；如图 5—20e、f 所示，标注小孔中心定位圆的直径。

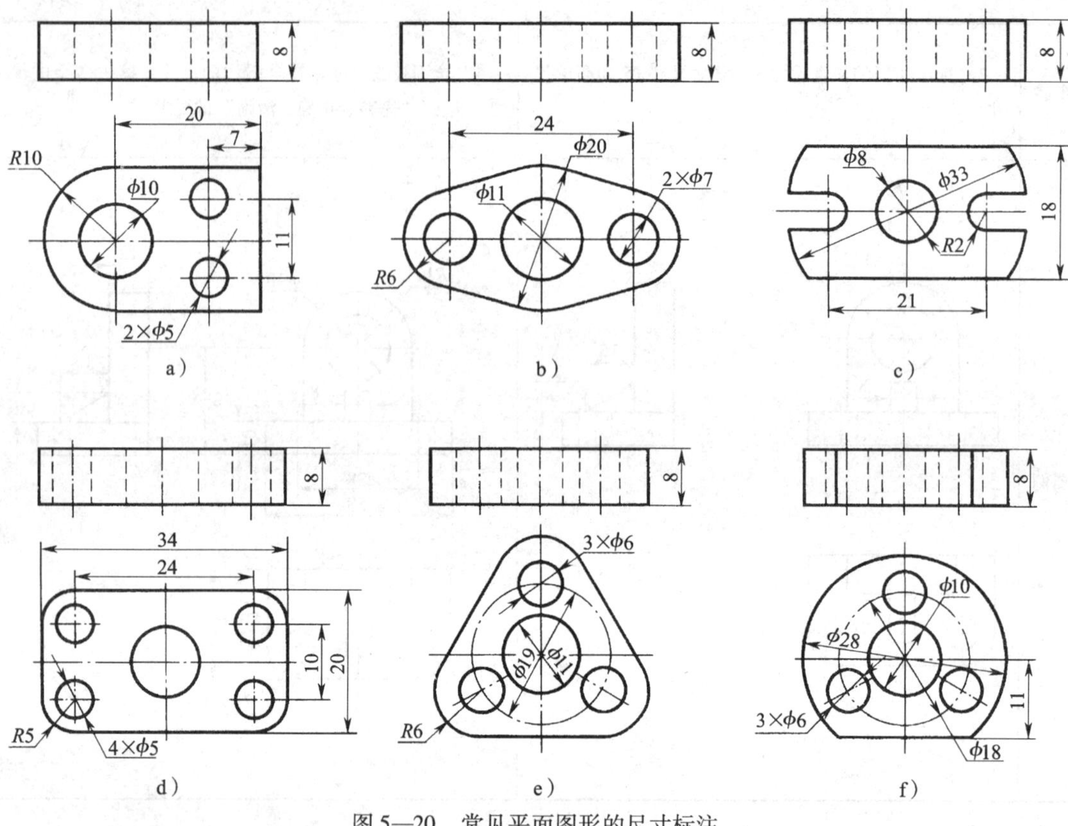

图 5—20　常见平面图形的尺寸标注

模块六　机件的表达方法

在生产实际中，机件的结构形状往往是多种多样、千变万化的。有些机件的结构比较简单，仅需一个或两个视图，再标注上尺寸就可以将其表达清楚，不必采用三视图表达；而有些机件的形状结构比较复杂，即使用三个视图也难以清楚地表达其内外结构，还须采用一些其他的表达方法，如各种视图、剖视图、断面图和局部放大图等。

课题一　识读与绘制视图

学习目标

¤ 掌握基本视图的概念，学会绘制挡块的六个基本视图。

¤ 学会绘制物体的向视图、局部视图和斜视图。

任务1　绘制基本视图

任务引入

表达物体形状最常用的方法是三视图，但是机件的形状是千变万化的，有时仅仅用三视图表达物体形状是不够的，有时还需要绘制从物体的右侧、下方和后面对物体进行投射的视图。图6—1所示为挡块的立体图，本任务的要求是：

1. 根据立体图绘制六个基本视图。
2. 分析六个基本视图的关系。

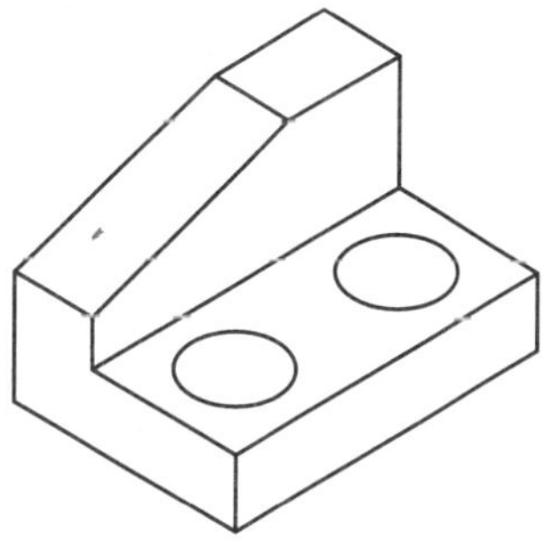

图6—1　挡块的立体图

相关知识

一、基本视图的概念

物体在三投影面体系中得到三视图，如果在原有三投影面体系的三个投影面的基础上，再增设三个互相垂直的投影面，使其构成一个正六面体，这六个投影面统称为基本投影面。如图6—2所示，将物体放入六个基本投影面体系中，分别由前、后、左、右、上、下六个方向，向六个基本投影面射影，即得六个基本视图。除主视图、俯视图、左视图外，新增加的三个基本视图为：

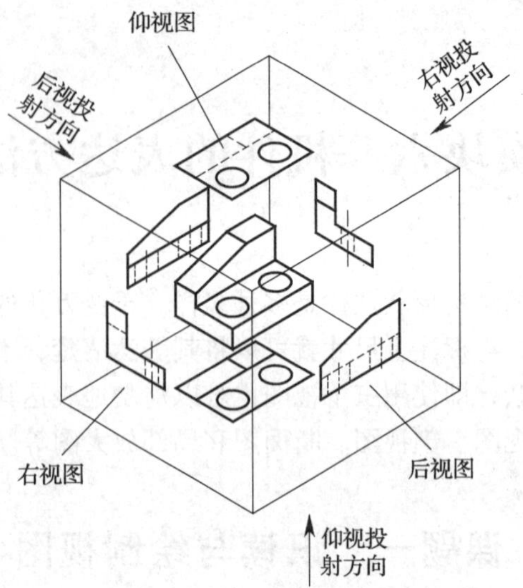

图 6—2　基本视图的形成

右视图——由右向左投射所得的视图；
仰视图——由下向上投射所得的视图；
后视图——由后向前投射所得的视图。

二、基本投影面的展开

六个基本投影面按照图 6—3 所示的方法展开到一个平面上。

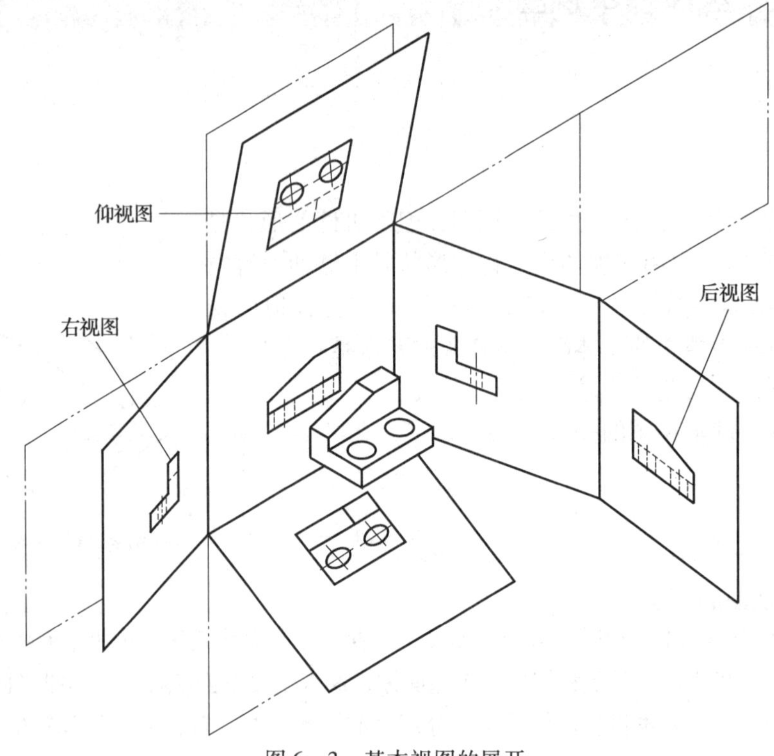

图 6—3　基本视图的展开

任务实施

一、绘制主、俯、左三视图

测量立体图上的尺寸，绘制挡块的三视图，如图 6—4 所示。

二、绘制右视图

右视图如图 6—5 中的图①所示，它绘制在主视图左侧，并与主视图“高平齐”，与俯视图“宽相等”。

三、绘制仰视图

仰视图如图 6—5 中的图②所示，仰视图绘制在主视图上方，并且与主视图“长对正”，与左视图“宽相等”。

四、绘制后视图

后视图如图 6—5 中的图③所示，后视图绘制在左视图右侧，并且与主视图和左视图“高平齐”，与主视图“长相等”。

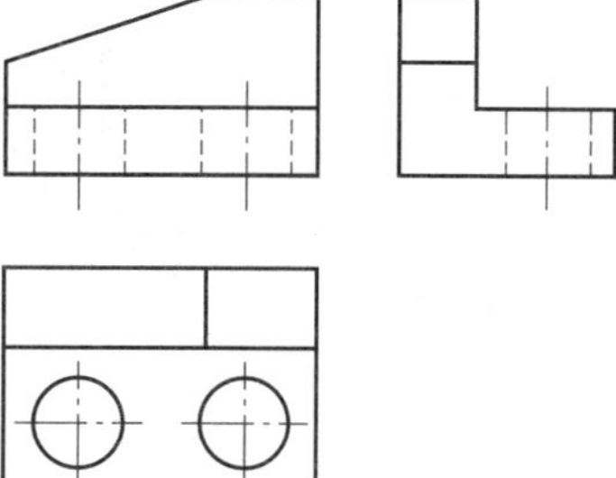

图 6—4　挡块的三视图

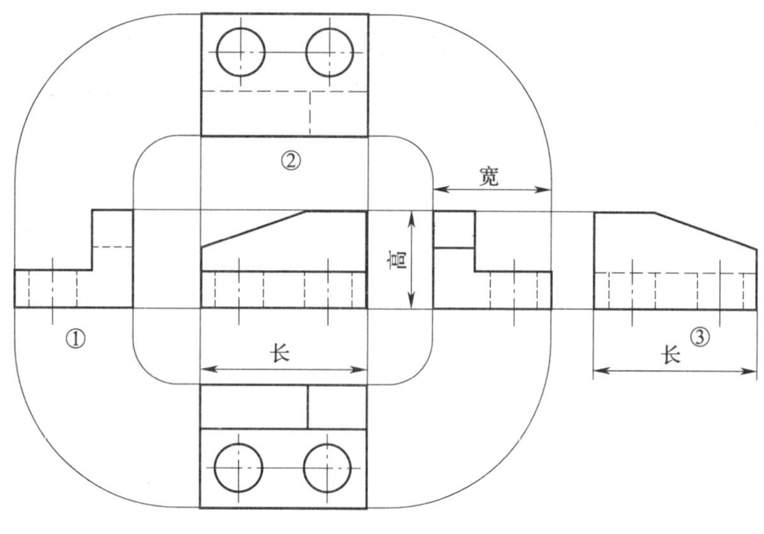

图 6—5　绘制基本视图

任务 2　绘制向视图

任务引入

图 6—6 所示为支架的三视图，本任务的要求是：在指定位置绘制 A、B、C 三个投射方向的视图。

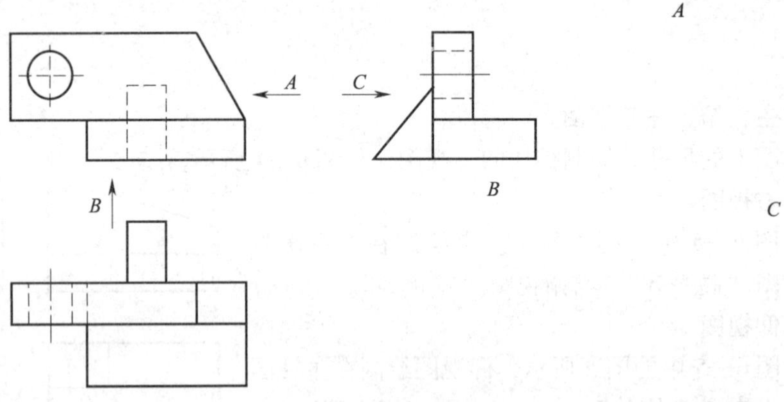

图 6—6　支架的三视图

任务实施

一、分析形体

分析支架的主、俯视图可知，支架由底板、立板、后支承板等组成，如图 6—7 所示。进一步分析视图可知，底板为长方体，立板为梯形块并在左侧钻孔，后支承板是三棱柱。

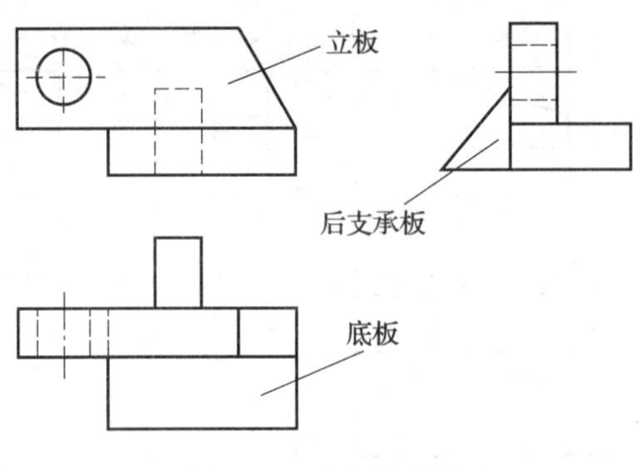

图 6—7　支架的结构

二、绘制 *A* 投射方向的视图

如图 6—8 所示，*A* 投射方向为右视图的投射方向，其视图的画法如 *A* 图所示，该图实际上是移动了位置的右视图，这种不按投影关系自由配置的视图称为向视图。

三、绘制 *B* 投射方向的视图

如图 6—8 所示，*B* 图的投射方向为仰视图的投射方向，*B* 向视图实际上是移位的仰视图，其画法如图 *B* 所示。

四、绘制 *C* 投射方向的视图

如图 6—8 所示，*C* 图的投射方向为后视图的投射方向，*C* 向视图实际上是移位的后视图，其画法如图 *C* 所示。

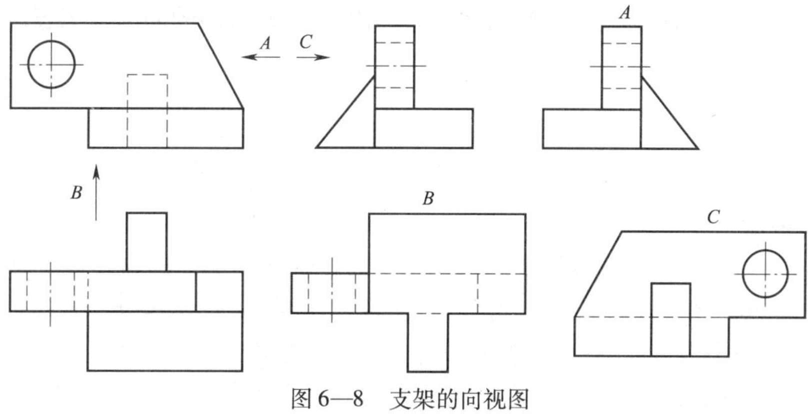

图 6—8　支架的向视图

知识探究

向视图的标注

国家标准规定：应在向视图的上方标注“×”（“×”为大写拉丁字母），在相应视图的附近用箭头指明投射方向，并标注相同的字母。

任务 3　绘制局部视图

任务引入

图 6—9 所示为阀体的立体图和三视图，本任务的要求是：结合立体图看懂三视图所表

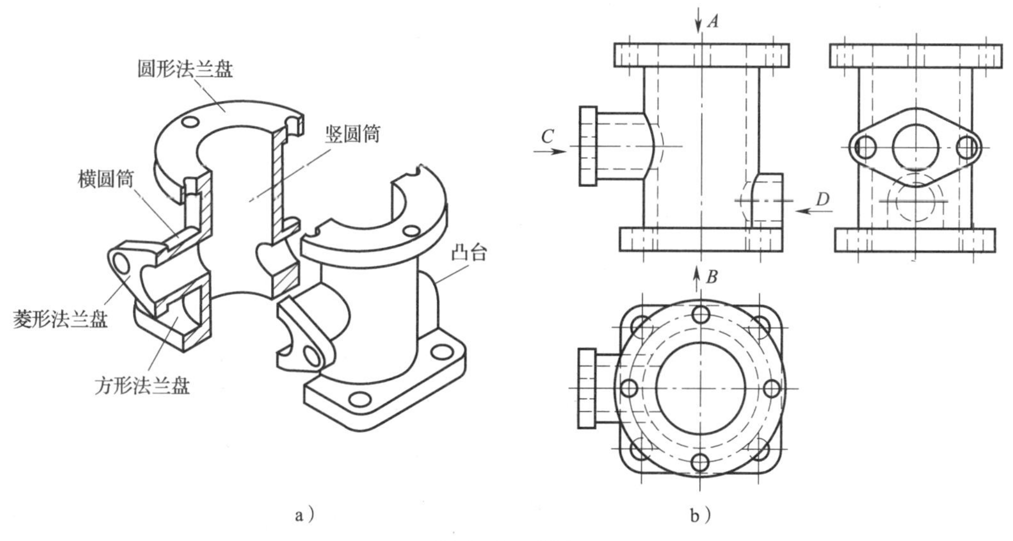

图 6—9　阀体

a）立体图　b）三视图

达的结构，分析三视图表达形体的缺点，绘制 *A*、*B*、*C*、*D* 方向的局部视图表达各个法兰盘和凸台的形状。

任务实施

一、分析形体

分析图 6—9 不难看出，该阀体的主体结构由竖圆筒和左侧横圆筒组成。竖圆筒的上方有一个圆形法兰盘，其上有 4 个均布的圆柱孔；下方有一个方形法兰盘，其四角倒圆，每个角上各有一个与倒圆同心的小孔。左侧横圆筒上有一个菱形法兰盘，其上有两个连接孔。阀体的右侧有一个凸台，其上有一个小圆孔与竖圆筒的内孔相连。

二、分析三视图的缺点

在形体的左、右和上、下都有法兰盘或凸台。在俯视图上，下面的法兰盘的部分轮廓被上面的法兰盘遮挡，左侧的圆筒在俯视图上被重复表达，增加了看图的难度。在左视图上，圆筒及上、下法兰被重复表达，只有左侧法兰盘和右侧凸台是需要表达的结构，但是右侧凸台用细虚线表达，给看图带来困难。

三、分析表达方案

阀体的主视图已经将其主要结构表达清楚，只需要用局部视图将阀体上、下、左侧的法兰盘和右侧凸台表达清楚即可。

四、绘制局部视图

1．绘制 *A* 向局部视图

将机件的某一部分向基本投影面投射所得的视图称为局部视图。*A* 向局部视图的画法如图 6—10 所示，*A* 视图的投射方向为俯视方向，用来表达上方圆形法兰盘的形状，*A* 向局部

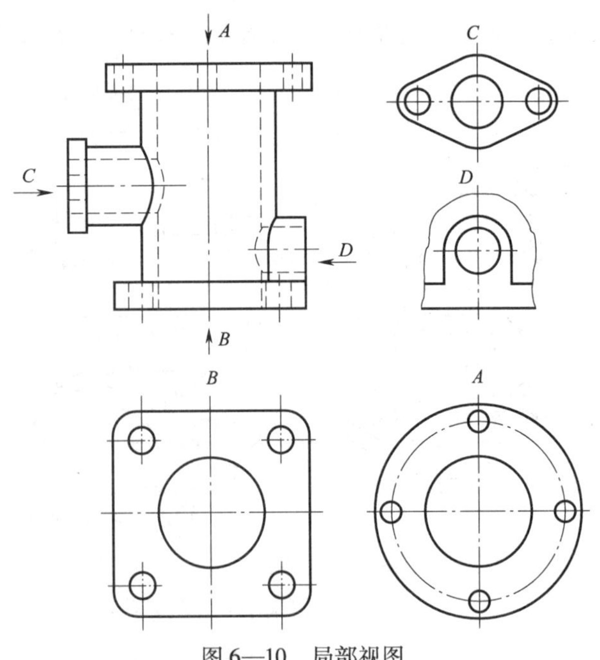

图 6—10　局部视图

视图上没有绘制波浪线。

国家标准规定：当所表示的局部视图外轮廓封闭时，可不必画出其断裂边界线。

2. 绘制 *B* 向局部视图

如图 6—10 所示，*B* 视图的投射方向为仰视方向，用来表达下部方形法兰盘的形状。

3. 绘制 *C* 向局部视图

如图 6—10 所示，*C* 向局部视图的投射方向为左视方向，用来表达左侧菱形法兰盘的形状。

4. 绘制 *D* 向局部视图

如图 6—10 所示，*D* 向局部视图的投射方向为右视方向，用来表达右侧凸台的形状。

在 *D* 向局部视图上绘制了波浪线，国家标准规定：在局部视图的断裂边界处绘制波浪线。

五、对局部视图进行标注

在主视图上，相应结构的附近用箭头指示投射方向，在箭头附近及相应的视图上方标注表示局部视图名称的字母，如图 6—10 所示。

国家标准规定：当局部视图按基本视图配置，中间又无其他图形隔开时，可不必标注。当局部视图按向视图的配置形式自由配置时，则需要按向视图的标注方法进行标注。

任务 4　绘制斜视图

任务引入

弯板的三视图如图 6—11 所示，右侧倾斜的结构在俯视图和左视图上发生了变形，图形

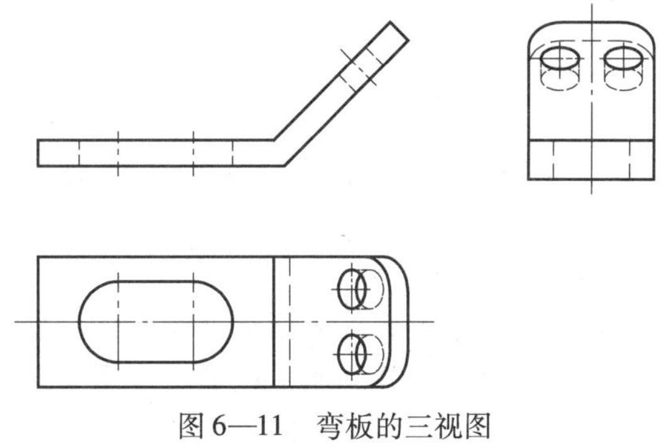

图 6—11　弯板的三视图

很难绘制，并且物体倾斜部分的结构形状在俯视图和左视图上的表达也不是非常准确、清楚。如何准确地表达弯板倾斜部分的结构呢？本任务的要求是：用斜视图表达倾斜部分的结构，用俯视方向的局部视图表达水平板的结构。

任务实施

一、设置倾斜的投影面

为了准确地表达弯板倾斜结构的形状，在右侧放置了一个倾斜的投影平面（与斜板平行的正垂面），将弯板倾斜部分的结构向该投影面投射，如图6—12所示。这种将机件的局部向不平行于任何基本投影面的平面投射所得的视图称为斜视图。

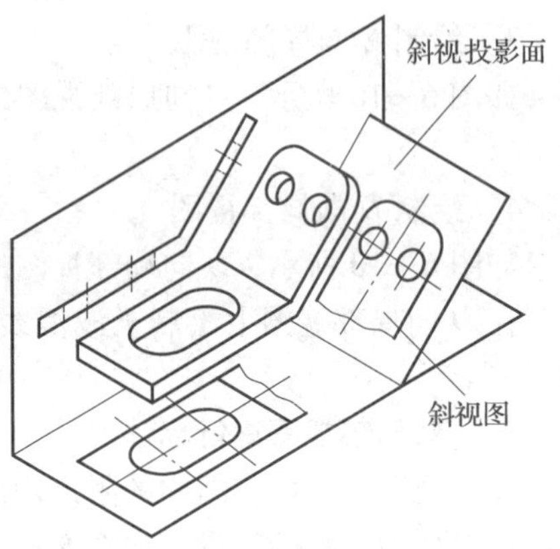

图6—12　弯板斜视图的形成

二、绘制右侧倾斜结构的斜视图

绘制斜视图时，通常只画出倾斜部分的局部形状，而断去其余部分，并按投影关系配置，如图6—13a所示，不难看出，在斜视图上准确表达了弯板右侧倾斜部分的结构形状。斜视图也可以按照向视图的配置形式自由配置在其他位置。

三、对斜视图进行标注

国家标准规定：必须在斜视图的上方标注出视图名称“×”，在相应的视图附近用箭头指明投射方向，并注写相同的字母。因此在图6—13a所示的斜视图上方标注斜视图的名称“*A*”，在主视图的右侧斜板附近用箭头表示投射方向，并在箭头附近标注字母*A*。

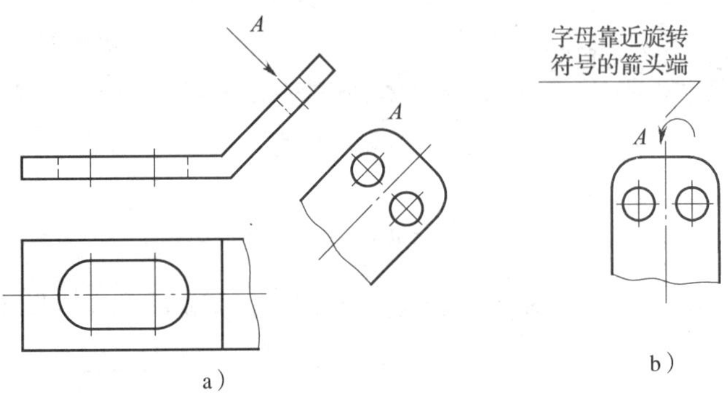

图6—13　弯板的局部视图和斜视图

国家标准规定：必要时，允许将斜视图旋转配置，此时要在斜视图名称上加注旋转符号（图6—13b），注意将字母标在旋转符号的箭头端。

四、将俯视图改画成局部视图

如图6—13a所示，将俯视图右侧删除，在断裂处绘制波浪线。该局部视图没有标注，国家标准规定：当局部视图按基本视图的配置形式配置，中间又无其他图形隔开时，则不必标注。

课题二　识读与绘制剖视图

学习目标

¤ 了解各种材料的剖面符号，学会绘制物体的全剖视图。

¤ 学会绘制物体的半剖视图、局部剖视图。

¤ 学会绘制单一剖切平面的全剖视图。

¤ 学会绘制几个平行剖切平面的全剖视图。

¤ 学会绘制几个相交剖切平面的全剖视图。

任务1　绘制全剖视图

任务引入

图6—14所示为某物体的三视图，物体的内部结构用细虚线表达，细虚线使图形很不清晰，给看图带来很大的困难，而且标注尺寸也很不方便。本任务的要求是：将主视图用全剖视表达其内部结构。

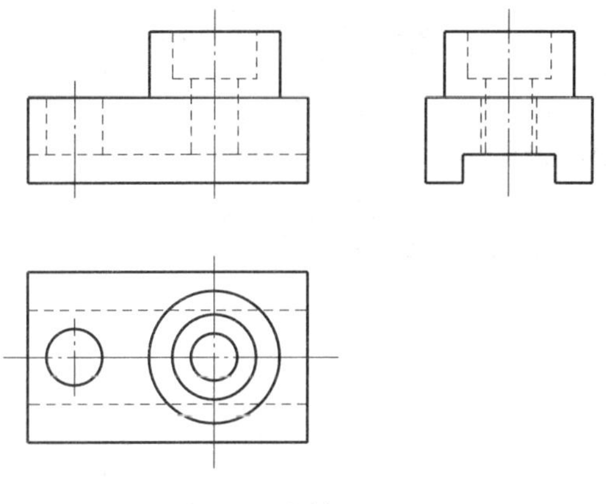

图6—14　物体的三视图

任务实施

一、分析形体

如图6—14所示，该形体的下方为长方体，上方右侧是圆柱体。在长方体的下方有一个矩形槽，圆柱体上有一个阶梯孔，长方体左侧有一个圆孔。

二、剖切物体

为了解决细虚线不能清楚地表达形体结构的问题，假想用剖切面剖开物体（图 6—15a），将处于观察者和剖切面之间的部分移去，将其余部分向投影面投射（图 6—15b），所得的图形就是剖视图，简称剖视。这种用剖切面完全地剖开物体所画的剖视图称为全剖视图。

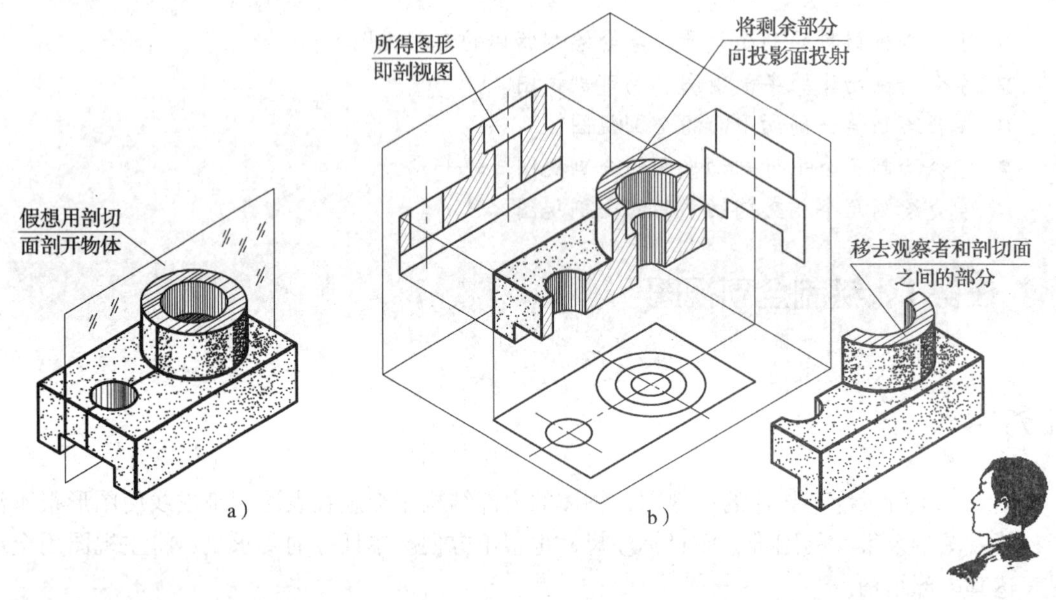

图 6—15　剖视图的形成

三、绘制全剖视图

全剖视图的绘图步骤见表 6—1。

表 6—1　　**全剖视图的绘图步骤**

绘图步骤	图例	画法规定
1. 绘制外形轮廓及孔的轴线	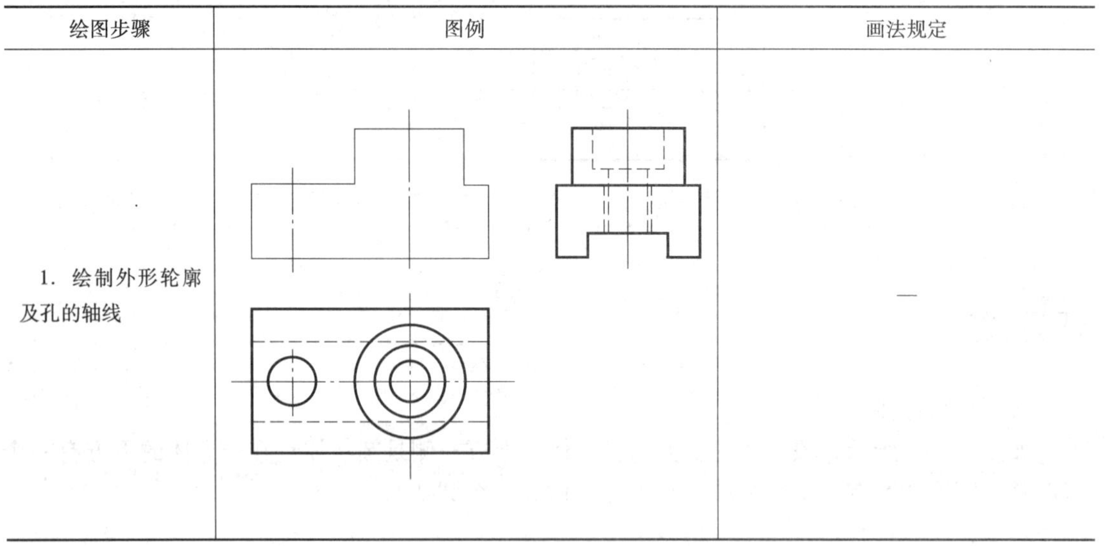	—

续表

绘图步骤	图例	画法规定
2. 绘制断面形状及剖切后的可见轮廓 注意：不要漏画剖切平面后面的可见轮廓线	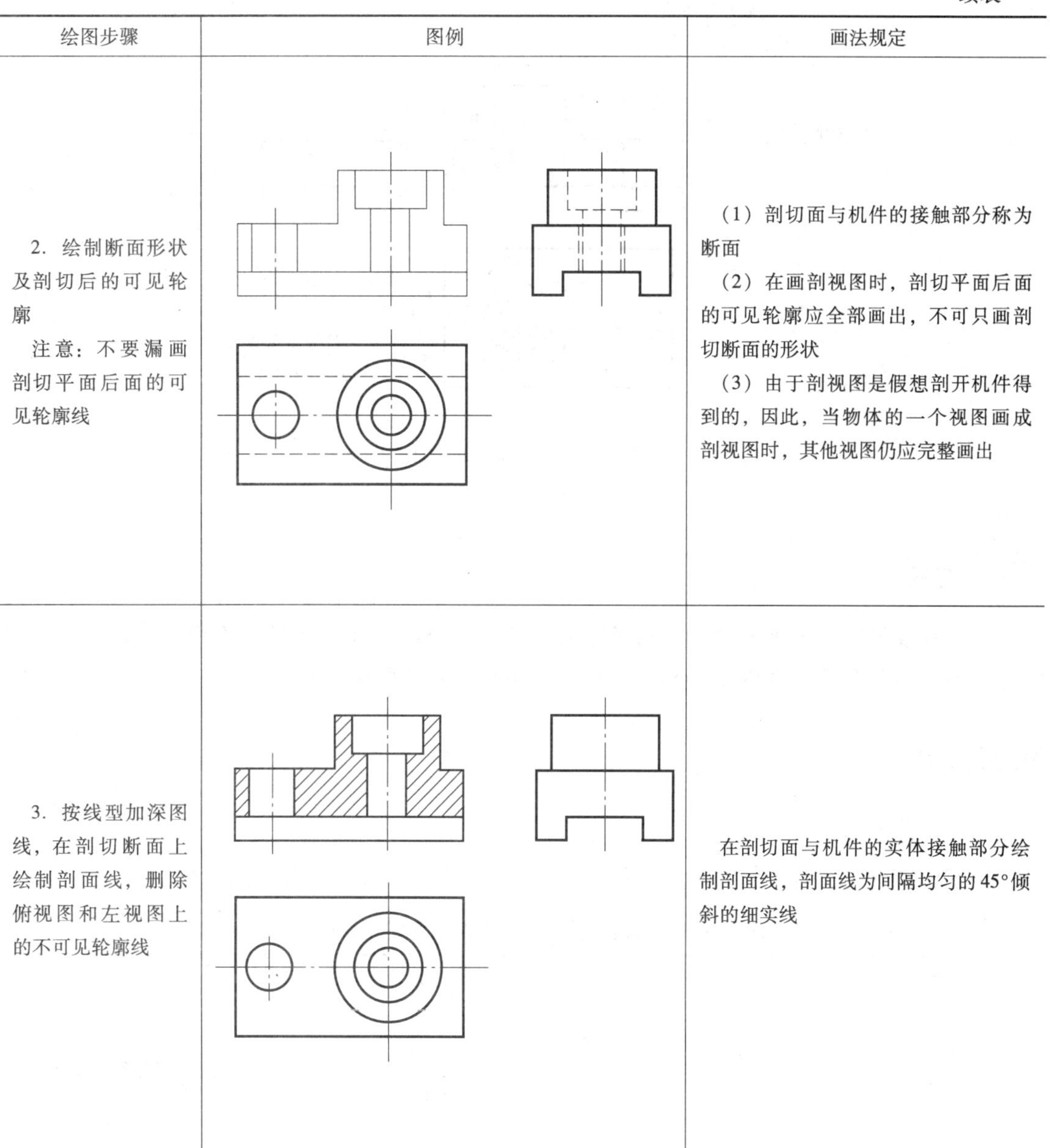	（1）剖切面与机件的接触部分称为断面 （2）在画剖视图时，剖切平面后面的可见轮廓应全部画出，不可只画剖切断面的形状 （3）由于剖视图是假想剖开机件得到的，因此，当物体的一个视图画成剖视图时，其他视图仍应完整画出
3. 按线型加深图线，在剖切断面上绘制剖面线，删除俯视图和左视图上的不可见轮廓线		在剖切面与机件的实体接触部分绘制剖面线，剖面线为间隔均匀的45°倾斜的细实线

四、标注剖视图

在剖视图上按照下列要求进行标注：

（1）在剖视图的上方用大写拉丁字母标出剖视图的名称“×—×”。

（2）在剖切面的起讫处用剖切符号（粗实线）表示剖切位置，并注上与剖视图名称相同的字母。

（3）在剖切符号两端用箭头表示投射方向。

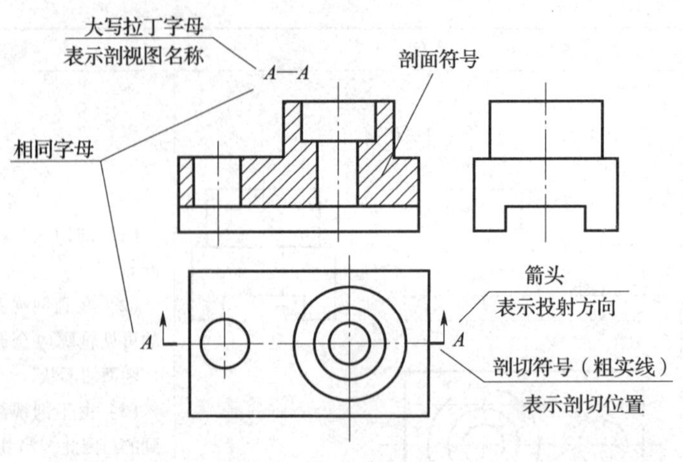

图 6—16　剖视图的标注

国家标准规定：当单一剖切平面通过物体的对称平面，且剖视图按投影关系配置，中间没有其他图形隔开时，可以省略标注。所以，图 6—16 中的剖视图可省略标注。

知识探究

一、剖面符号

国家标准规定了各种材料的剖面符号，表 6—2 所示为常用材料的剖面符号。

表 6—2　　**各种材料的剖面符号（摘自 GB/T 4457. 5—1984）**

材料名称	剖面符号	材料名称	剖面符号
金属材料（已有规定剖面符号者除外）		木质胶合板（不分层数）	
线圈绕组元件		基础周围的泥土	
转子、电枢、变压器和电抗器等的叠钢片		混凝土	

续表

材料名称		剖面符号	材料名称	剖面符号
非金属材料（已有规定剖面符号者除外）			钢筋混凝土	
型沙、填沙、粉末冶金、陶瓷刀片、硬质合金刀片等			砖	
玻璃及供观察者用的其他透明材料			格网（筛网、过滤网等）	
木材	纵剖面		液体	
	横剖面			

二、剖视图中细虚线的画法

在视图或剖视图中，机件的不可见轮廓线一般省略不画。当画少量细虚线可以减少视图数量时，允许画出必要的细虚线，如图 6—17 所示。

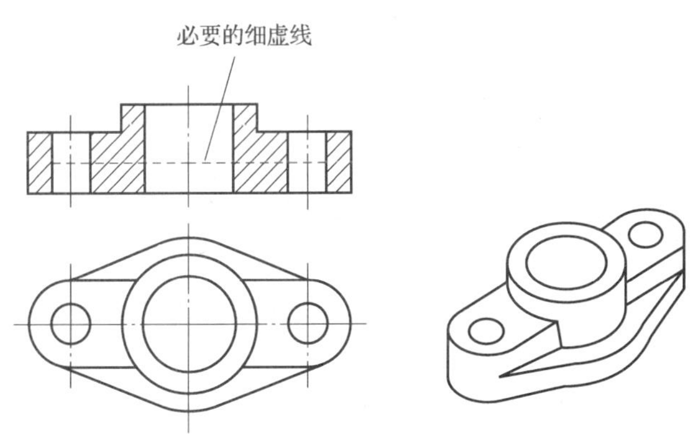

图 6—17　需要画出细虚线的剖视图

三、剖视图的分类

根据剖切范围的不同，可将剖视图分为全剖视图、半剖视图和局部剖视图三种。

任务 2　绘制半剖视图

任务引入

图 6—18 所示为支架的主、俯视图和轴测图，下面分析其结构形状，并用剖视图表达内部结构。

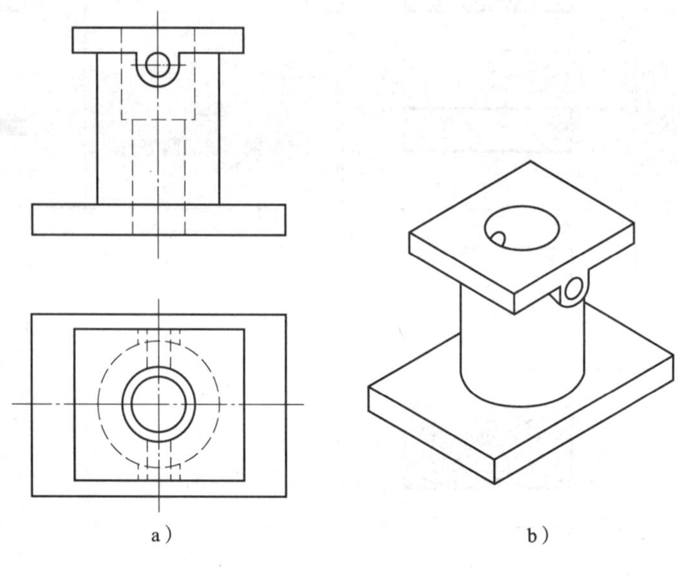

a）　　b）

图 6—18　支架
a）两视图　b）立体图

任务实施

一、分析形体

如图 6—18 所示，支架的上、下各有一个方板，中间是一个带阶梯孔的圆筒，前上方和后上方各有一个带孔的小凸台。如果主视图采用全剖表达其内部结构，则无法表达前面凸台的形状；如果俯视图采用全剖视图，则无法表达上面方板的形状。由于整个结构前后、左右对称，可以考虑一半画剖视图，表达内部形状；另一半画视图，表达外部形状。

二、将主视图改画成半剖视图

如图 6—19 所示，将主视图以对称中心线为界，右半部分画成剖视图（剖切平面通过前后对称面），左半部分画成视图，这种半个剖视图和半个视图的拼合图形称为半剖视图。即当物体具有对称平面时，向垂直于对称平面的投影面上投射所得的图形，可以对称中心线为界，一半画成剖视图，另一半画成视图。

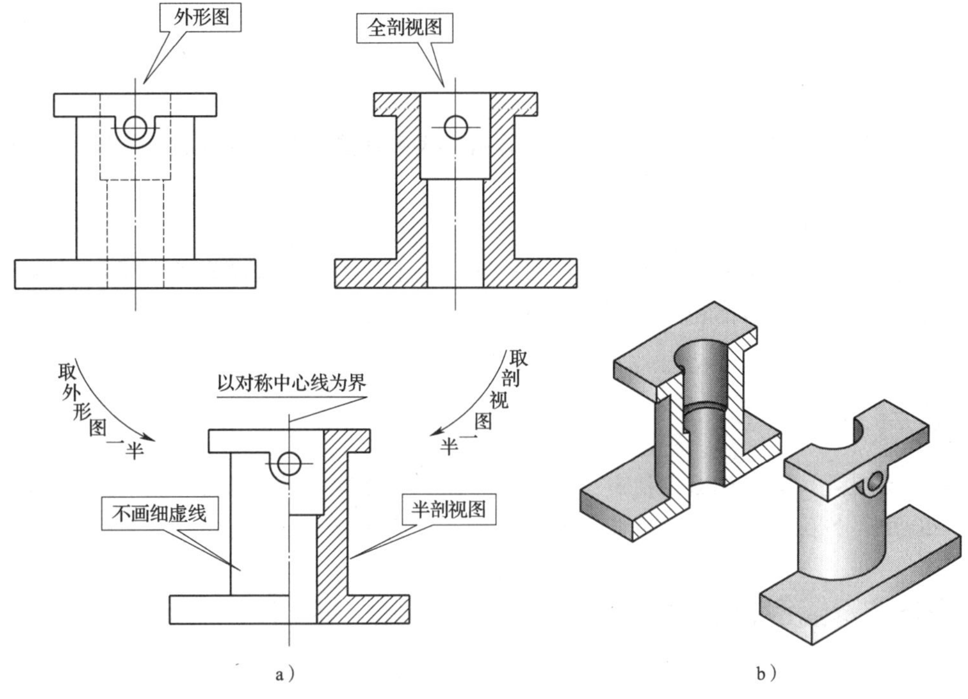

图6—19 将支架的主视图改画成半剖视图

a）半剖视图的形成 b）全剖的立体图

三、将俯视图改画成半剖视图

以俯视图上的前后对称中心线为界线，将俯视图绘制成半剖视图，具体作法是：将俯视图后半部分上的细虚线删除，使之变成视图。再用通过前面凸台上圆孔轴线的水平面作为剖切平面将机件剖开，将前半部分表示大圆筒外轮廓的细虚线圆弧和表示凸台外圆及其上小圆孔轮廓的细虚线改画成粗实线，在断面上画剖面线，即得半剖的俯视图，如图6—20所示。

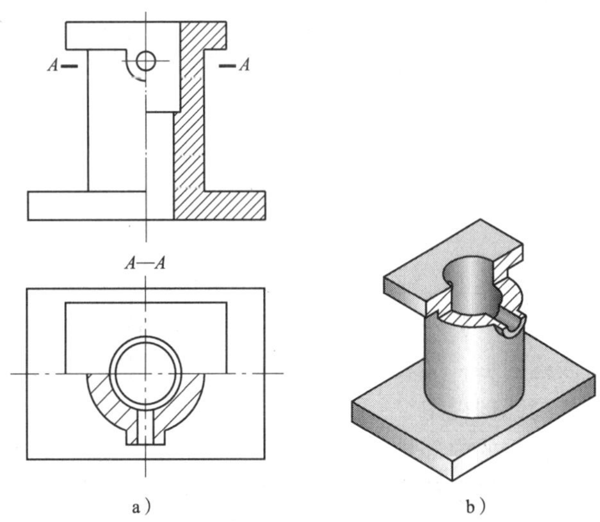

图6—20 将支架的俯视图改画成半剖视图

a）半剖视图 b）立体图

国家标准规定：同一物体各个剖面区域的剖面线画法应一致。因此图 6—20 中的主、俯视图剖面线的方向和间隔应一致。

四、标注剖视图名称

半剖视图标注方法与全剖视图相同。图 6—20 中主视图的剖视图省略了标注，俯视图的剖视图标注了剖视图的名称和剖切符号。

国家标准规定：当剖视图按投影关系配置，中间没有其他图形隔开时，可以省略箭头。在图 6—20 中，俯视图的剖视图的标注中，省略了表示投射方向的箭头。

任务 3　绘制局部剖视图

任务引入

图 6—21 所示为上箱体的两视图，上箱体是一个开口向下的长方形箱体，在下方的连接板上有四个连接孔；在上箱体的上方有一个矩形凸台，在矩形凸台上有一个矩形孔和箱体内腔相连；在箱体的前面，连接板的上方有一个半圆形凸台，其上圆孔和箱体内腔相通。下面在两视图上用恰当的剖切方法表达上箱体的内形，并在主视图上保留前凸台，在俯视图上保留上凸台等外形。

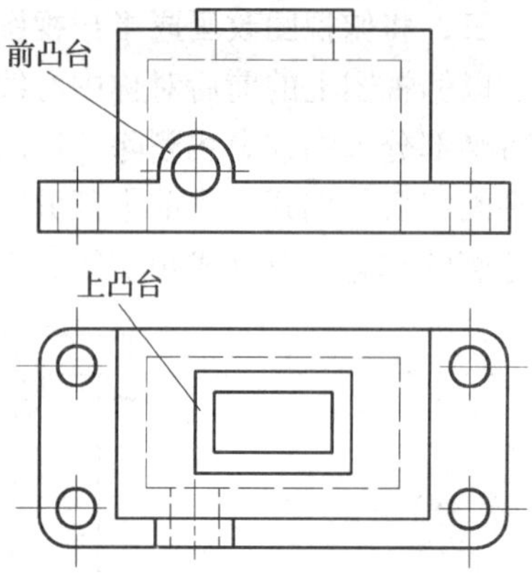

前凸台

上凸台

图 6—21　上箱体的主、俯视图

任务实施

一、分析形体

如图 6—21 所示，该形体上下、前后、左右都不对称，很显然，用全剖视图虽然能表达内部结构，但不能同时表达左下侧外部凸台的形状；形体结构不对称，不能用半剖视图。所以，要想在两视图上既表达内形，又表达外形，只能将上箱体的局部剖开。

二、将主视图改画成局部剖视图

在主视图上，为表达箱体的内部结构，可在右侧过机件的前后近似对称平面进行剖切，局部剖开内腔，在左侧用过连接孔轴线的正平面进行剖切，局部剖开连接孔。在主视图上保留前面半圆形凸台的外形，如图 6—22 所示。这种用剖切面局部地剖开物体所画出的剖视图称为局部剖视图。

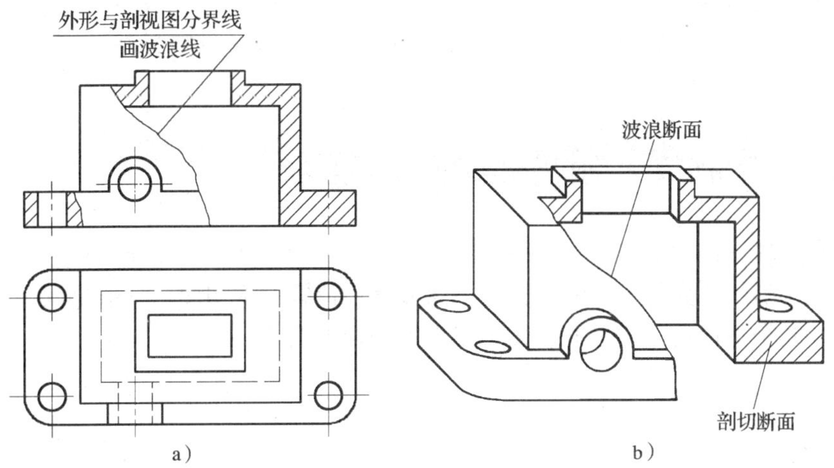

图 6—22　上箱体主视图的表达方案

a）视图　b）立体图

在将主视图改画成局部剖视图时，将剖切平面后面的可见轮廓用粗实线绘制，在剖切分界处绘制波浪线。

国家标准规定：局部剖视图的视图与剖视的分界处应绘制波浪线。波浪线应画在物体的实体上，不能画在物体的中空处或超出图形轮廓线。

三、将俯视图改画成局部剖视图

在俯视图上，用过前面半圆形凸台上轴孔轴线的水平面进行局部剖切，以表达半圆形凸台上圆孔及内腔的形状结构，如图 6—23 所示。

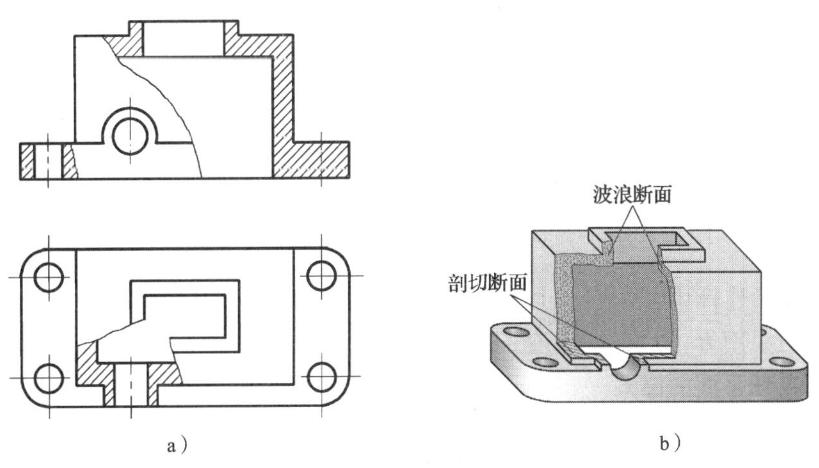

图 6—23　上箱体俯视图的表达方案

a）视图　b）立体图

四、标注剖视图名称

国家标准规定：对于剖切位置明显的局部剖视图，一般可省略标注。因此，上箱体主、俯视图上的局部剖视图没有进行标注。

任务4　绘制单一剖切平面的全剖视图

在前面介绍的三种剖视图中，所用的剖切面皆为平行于基本投影面的单一剖切平面，但机件的内部结构形状差异甚大，常需选用不同数量和位置的剖切面。一般情况下，可选择单一剖切平面、几个平行的剖切平面、几个相交的剖切平面等。

任务引入

如图6—24所示为连杆的三视图，本任务的要求是：绘制 *B*—*B* 全剖视图代替俯视图，绘制 *A*—*A* 全剖视图代替左视图。

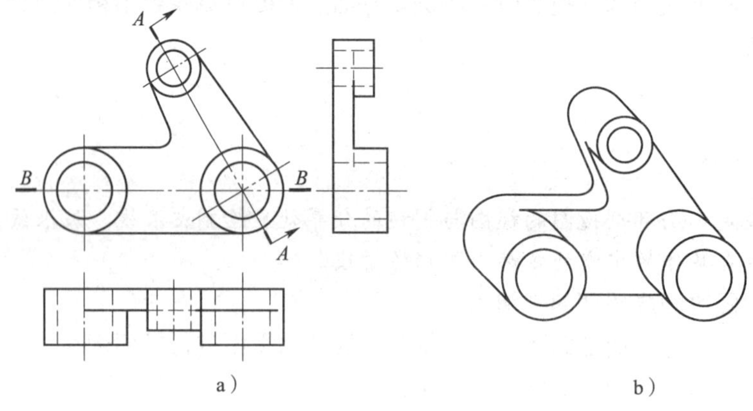

图6—24　连杆

a）三视图　b）立体图

任务实施

一、分析形体

图6—24所示连杆由左、右、上三个圆筒和连接臂组成，其内部结构主要是三个连接孔，表达它们可采用 *B*—*B* 和 *A*—*A* 全剖视图。

二、分析剖切平面的位置

B—*B* 剖切面为过左、右圆筒轴线的水平面，*A*—*A* 剖切面为过右圆筒和上圆筒轴线的正垂面。*B*—*B* 和 *A*—*A* 都是用一个剖切平面剖开机件，这种剖切平面称为单一剖切平面。单一剖切平面分为与基本投影面平行的单一剖切平面和不平行于任何基本投影面的单一剖切平面两种。很显然，*B*—*B* 剖切面是与基本投影面平行的单一剖切平面，前述的全剖视图、半剖

视图和局部剖视图也均为用与基本投影面平行的单一剖切平面剖切的剖视图；*A—A* 剖切面采用的是不平行于任何基本投影面的单一剖切平面。

三、绘制 *B—B* 单一剖切平面的全剖视图

B—B 单一剖切平面的全剖视图的画法如图 6—25 所示，在 *B—B* 剖视图中重点表达了两个圆筒的形状及连接臂的厚度。由于 *B—B* 剖视图是按投影关系配置的，所以没有绘制指示投射方向的箭头。

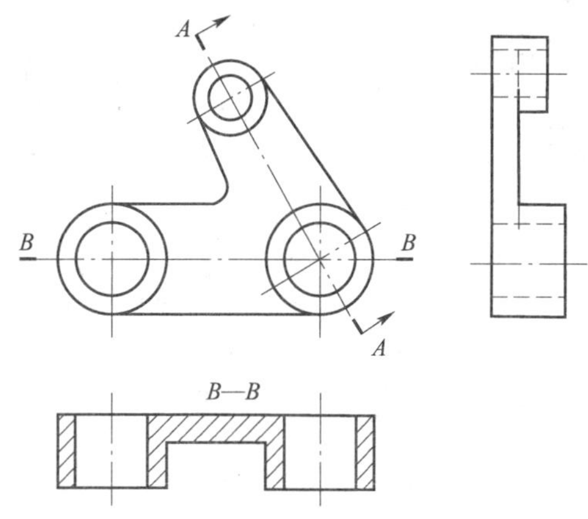

图 6—25　绘制 *B—B* 单一剖切平面的全剖视图

四、绘制 *A—A* 单一剖切平面的全剖视图

A—A 单一剖切平面的全剖视图的投影和展开过程如图 6—26 所示，用一个通过右圆筒轴线和上圆筒轴线的平面（正垂面）将连杆剖开，将机件左侧部分移走。按照斜视图的投影方式，将右侧部分向一个与剖切平面平行的投影面投射，即得 *A—A* 剖视图。*A—A* 剖视图的画法如图 6—27 所示，*A—A* 剖视图表达了右下方圆筒、上方圆筒的结构及连接臂的厚度。*A—A* 剖视图标注了剖切位置、投射方向和剖视图名称。

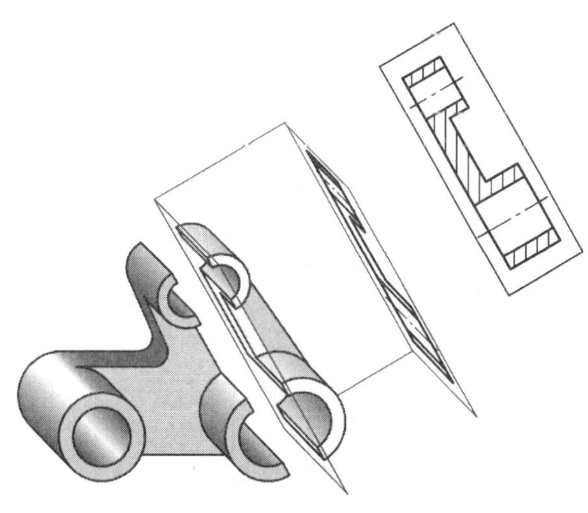

图 6—26　*A—A* 单一剖切平面的全剖视图的投影过程

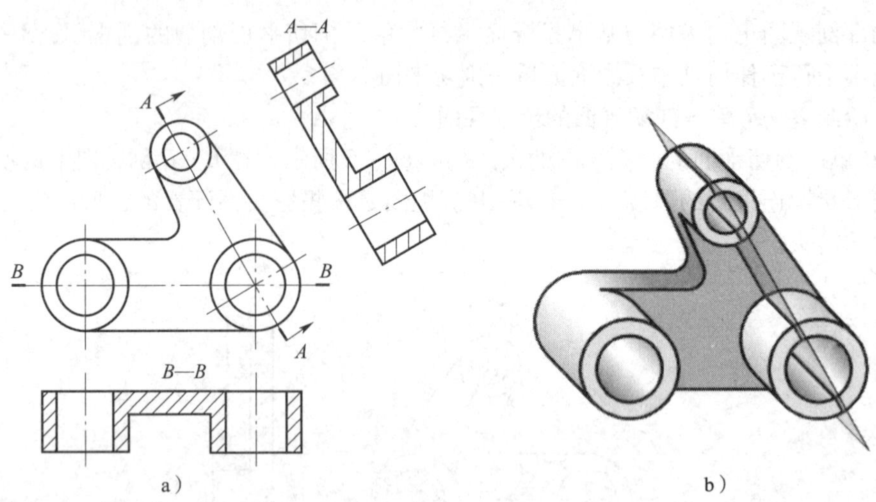

图 6—27　绘制 A—A 单一剖切平面的全剖视图

a）剖视图　b）立体图

采用不平行于任何基本投影面的单一剖切平面绘制的剖视图，通常比照斜视图的配置形式配置并标注。所以必须全部标注剖切位置、投射方向和剖视图名称。

知识探究

转正绘制的剖视图

为画图方便，可将采用不平行于任何基本投影面的剖切平面的剖视图旋转放正配置，并在剖视图名称旁按图形的旋转方向标注旋转符号。同斜视图一样，剖视图的名称应注写在旋转符号的箭头端，如图 6—28 所示。

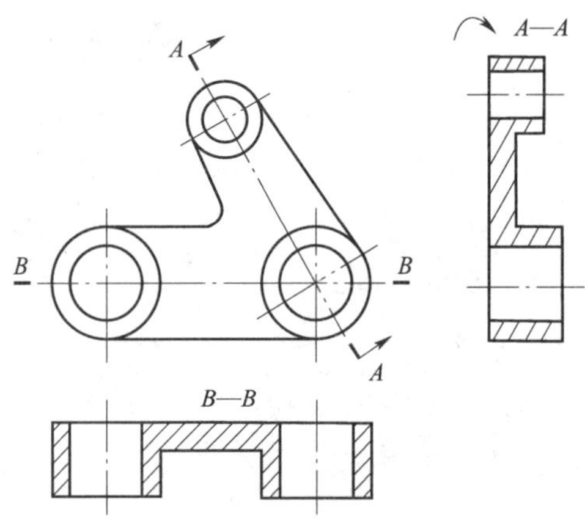

图 6—28　转正绘制 A—A 全剖视图

任务5　绘制几个平行剖切平面的全剖视图

任务引入

图6—29所示箱盖的两视图，本任务的要求是：看懂两视图，分析剖切平面的位置，绘制*A*—*A*剖视图。

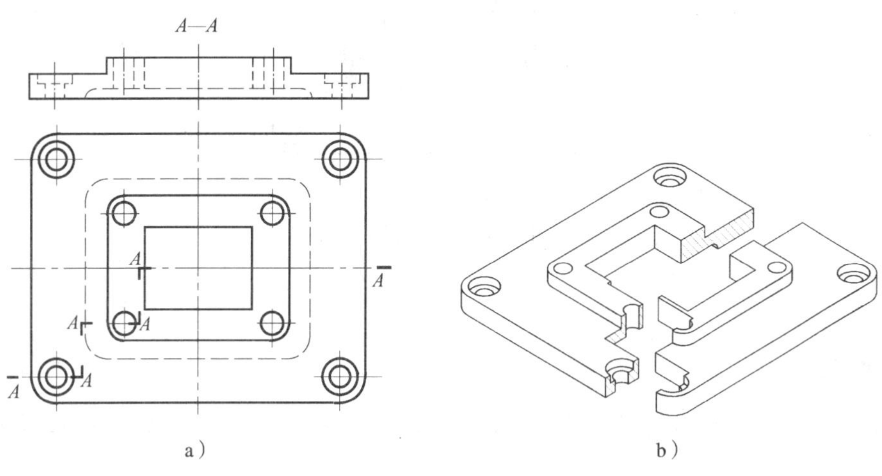

图6—29　箱盖

a）两视图　b）立体图

任务实施

一、分析形体

如图6—29所示箱盖的四个角上有阶梯孔，视口凸台的四角上有圆孔，视口中间为方孔，主视图为全剖视图。

二、分析剖切平面的位置

如图6—29所示，剖切平面为三个平行于正投影面的平面，这样可以使形体中不同层次的内部结构在一个剖视图中得到表达。这种剖开物体所用的两个或多个平行的剖切平面称为几个平行的剖切平面。

三、绘制剖视图

如图6—30所示，箱盖的*A*—*A*剖视图的画图步骤如下：

1. 用粗实线绘制主视图的外轮廓线。
2. 用细点画线绘制对称中心线和各个圆孔的轴线。
3. 用粗实线绘制剖切到的结构的轮廓线。
4. 在剖切断面上绘制剖面线。

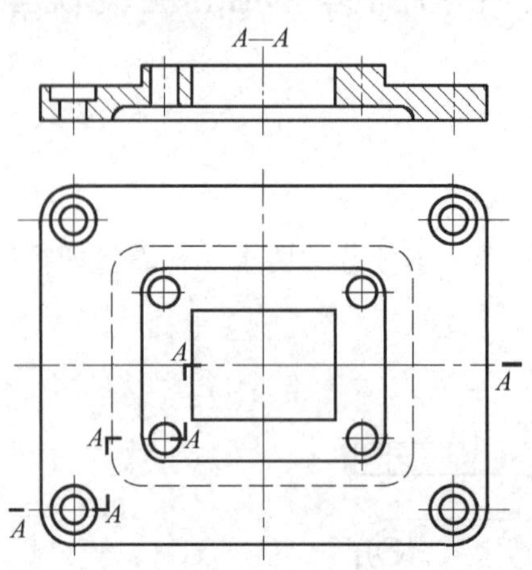

图 6—30　几个平行的剖切平面及剖切结果

绘制用几个平行的剖切平面剖切物体的剖视图时，不可画出剖切平面转折处的投影。

四、标注剖视图

如图 6—30 所示，由于剖视图按投影关系配置，所以只标注了剖切位置和剖视图名称，没有绘制表示投射方向的箭头。

国家标准规定：在几个平行的剖切平面的起讫和转折处应用剖切符号表示出剖切位置，并标注相同的字母。当剖视图按投影关系配置，中间无其他图形隔开时，可以省略箭头。

任务 6　绘制几个相交剖切平面的全剖视图

任务引入

图 6—31 为端盖，本任务的要求是：看懂两视图，分析剖切平面的位置，绘制剖视图。

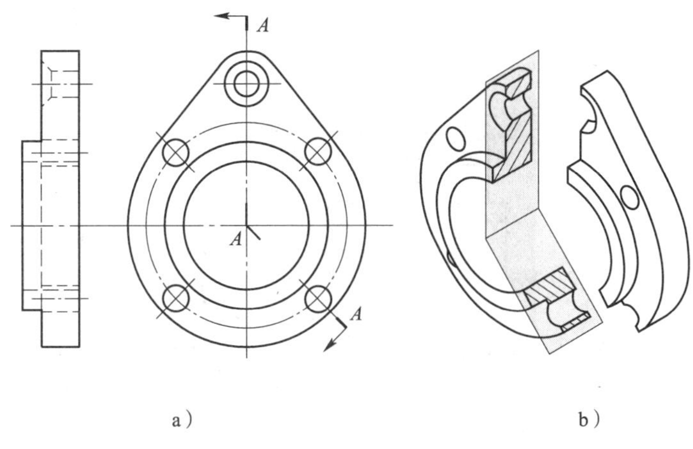

图 6—31　端盖
a）两视图　b）立体图

任务实施

一、分析形体

图 6—31 所示端盖的中间有圆孔，其周围有 4 个小孔，端盖上方有一个锥形沉孔。

二、分析剖切平面的位置

很显然，图 6—31 所示端盖不能用单一剖切平面，也不能用两平行剖切平面，只能用两相交的剖切平面。如图 6—31b 所示，端盖的主视图用了一个正平面和一个侧垂面作为剖切平面，两剖切平面的交线与回转孔的轴线重合。这种剖开物体所用的剖切平面称为几个相交的剖切平面，一般情况下剖切平面的交线垂直于某一个基本投影面。

三、绘制剖视图

如图 6—32 所示，端盖的 *A*—*A* 剖视图的画图步骤如下：

1. 用粗实线绘制主视图的外轮廓线。
2. 用细点画线绘制上方小沉孔和中间大孔的轴线。
3. 用粗实线绘制上方小沉孔和中间大孔的轮廓线。
4. 用粗实线绘制右下方小孔的轴线及轮廓线。

提示

在用两相交剖切平面剖开物体后，倾斜剖切平面所剖到的结构应旋转到与选定的投影面平行后再进行投射，如图 6—32 所示。此时，旋转部分的某些结构不再符合直接的投影关系。

5. 在剖切断面上绘制剖面线。

四、标注剖视图的名称

如图 6—32 所示，标注剖切位置、投射方向和剖视图名称。

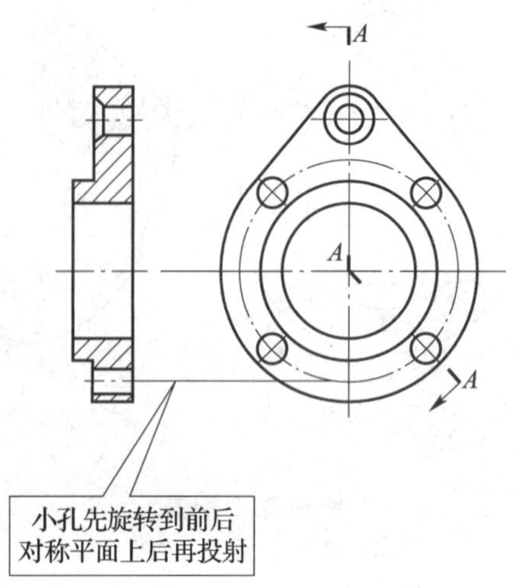

图 6—32　两相交剖切平面

国家标准规定：在采用几个相交的剖切平面剖切的剖视图中，必须标注剖切位置、投射方向和剖视图名称。表示投射方向的箭头与剖切位置线垂直。

课题三　绘制断面图

学习目标

¤ 学会绘制物体的移出断面图。
¤ 学会绘制物体的重合断面图。

任务 1　绘制移出断面图

任务引入

图 6—33 所示为主轴，本任务的要求是：分析表达方法的缺陷，用移出断面图表达平键槽、圆孔和矩形槽的结构。

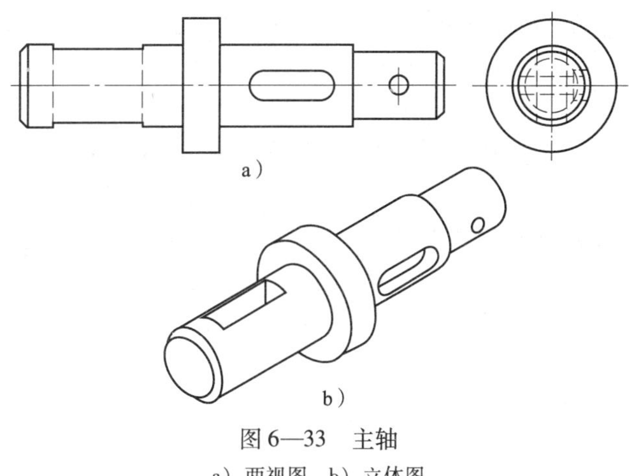
图 6—33　主轴
a）两视图　b）立体图

任务实施

一、分析形体

分析图 6—33 可知，主轴的轴径在主视图上已经表达清楚，其左视图主要用于表达平键槽、圆孔和矩形槽的断面形状。但是在左视图中，圆和细虚线较多，不便于看图。

二、绘制移出断面图

1. 绘制平键槽所在轴颈的移出断面图

如图 6—34 的断面图①所示，用垂直于轴线的剖切平面将平键槽所在轴颈断开，画出断

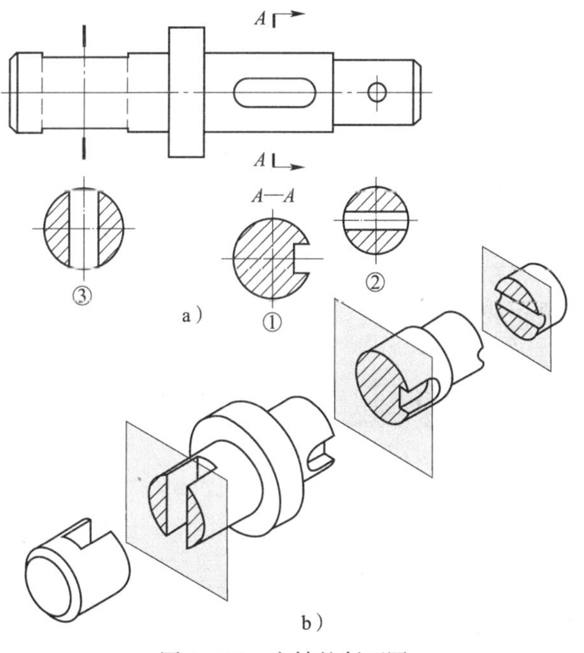

图 6—34　主轴的断面图
a）主视图和断面图　b）立体图

面形状的图形称为断面图，断面图分为移出断面图和重合断面图两种。画在视图轮廓之外的称为移出断面图，画在视图轮廓线以内的称为重合断面图。

键槽的轴颈的断面图为一个带缺口的圆，缺口表示键槽的宽度和深度，由于剖切平面将键槽剖开后断面向右投射，所以缺口按照投影规律绘制在图形右侧（图 6—34 的①）。

2. 绘制小孔所在轴颈的移出断面图

如图 6—34 的断面图②所示，右端小孔所在轴颈的移出断面图为在圆上绘制两条横粗实线，上下月牙形线框中绘制剖面线。

当剖切平面通过回转面形成的孔或凹坑的轴线时，这些结构应按剖视绘制，如图 6—34 的断面图②所示。

3. 绘制矩形孔所在轴颈的移出断面图

如图 6—34 的断面图③所示，左侧矩形槽所在轴颈的移出断面图为在圆上绘制两条竖粗实线，左右月牙形线框中绘制剖面线。

当剖切平面通过非圆孔，会导致出现完全分离的图形时，这些结构也应按剖视绘制，如图 6—34 的断面图③所示。

知识探究

移出断面图的标注

移出断面图也需要标注剖切位置符号、表示投射方向的箭头和断面图的名称等内容。移出断面图的标注方法与剖视图的标注方法类似，一般用剖切符号表示剖切位置，用箭头指明投射方向，并注上字母。在断面图上方用相同的字母标出断面图名称“ ×—×”。移出断面图在某些情况下也可以简化或省略。

任务 2　绘制重合断面图

任务引入

如图 6—35 所示为拨叉，本任务的要求是：分析拨叉连接板和肋板的形状，用重合断面图表示连接板和肋板的形状。

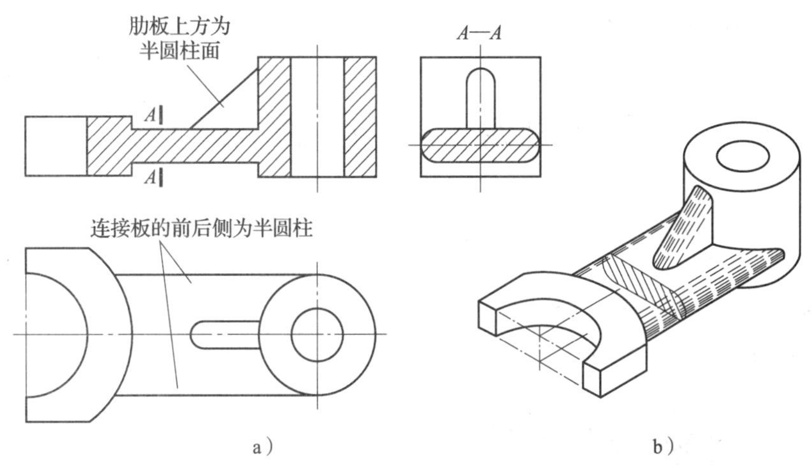

图 6—35　拨叉

a）三视图　b）立体图

任务实施

一、分析结构

如图 6—35 所示，拨叉的右侧为圆筒，左侧为半圆叉，中间用连接板相连，连接板上有肋板。在拨叉上的连接板的前、后侧为半圆柱，其形状在左视图上可以表达清楚；肋板的上方为半圆柱，通过俯视图和左视图可以分析出来。

二、绘制重合断面图

1. 绘制表达连接板形状的重合断面图

如图 6—36 所示，连接板的断面形状为两端为半圆，中间用直线相连，其断面图绘制在俯视图的轮廓线内，断面图的轮廓线用细实线绘制，断面内绘制剖面线。这种绘制在视图轮廓线之内的断面图称为重合断面图。重合断面图的轮廓线用细实线绘制。

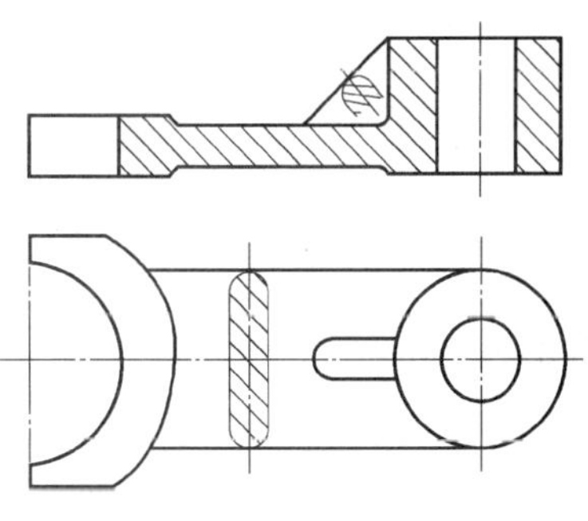

图 6—36　拨叉的重合断面图

2. 绘制表达肋板形状的重合断面图

如图 6—36 所示，表达肋板形状的重合断面图绘制了一部分，其断裂边界处绘制波浪线。

知识探究

一、重合断面图轮廓线与视图轮廓线重合时的画法

当视图中的轮廓线与重合断面图的轮廓线重叠时，视图的轮廓线完整画出，不能间断，如图 6—37 所示。

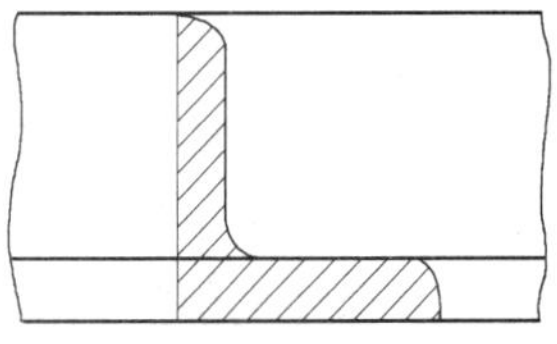

图 6—37　重合断面图的画法

二、重合断面图的标注

对称的重合断面图不必标注；不对称的重合断面图在不致引

起误解时可以省略标注，如图 6—37 所示。

课题四　其 他 画 法

学习目标

¤ 学会绘制局部放大图。
¤ 掌握肋板和均布孔的画法。

任务 1　绘制局部放大图

任务引入

图 6—38 所示为用 1∶1 的比例绘制的某轴的主视图，细实线圆Ⅰ、Ⅱ和Ⅲ内的结构非常小，圆Ⅱ内还有用细虚线表达的结构，在主视图上很难将结构表达清楚，更无法标注尺寸。如何表达主视图上的细小结构呢？本任务的要求是：绘制Ⅰ、Ⅱ、Ⅲ处的局部放大图。

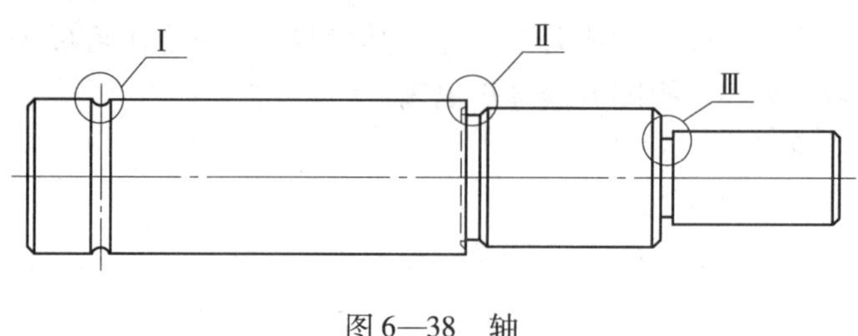

图 6—38　轴

任务实施

如果将图 6—38 所示的轴整体放大，则整个图形非常大。因此，只能将细实线圆Ⅰ、Ⅱ和Ⅲ内的结构放大绘制。将机件的局部结构用大于原图形所采用的比例画出的图形称为局部放大图。

一、绘制局部放大图

如图 6—39 所示，在主视图的下方绘制了 3 个局部放大图，Ⅰ号和Ⅲ号局部放大图的结构相对简单，采用了 2.5∶1 的放大比例绘图，并绘制外形图。Ⅱ局部放大图的结构相对复杂，采用了 4∶1 的放大比例，为使图形简单清晰，绘制成断面图。采用局部放大图后，主视图中的细虚线就可以省略不画了。

二、标注局部放大图名称及绘图比例

在局部放大图的上方用罗马数字依次标明名称，并标注绘图比例，如图 6—39 所示。

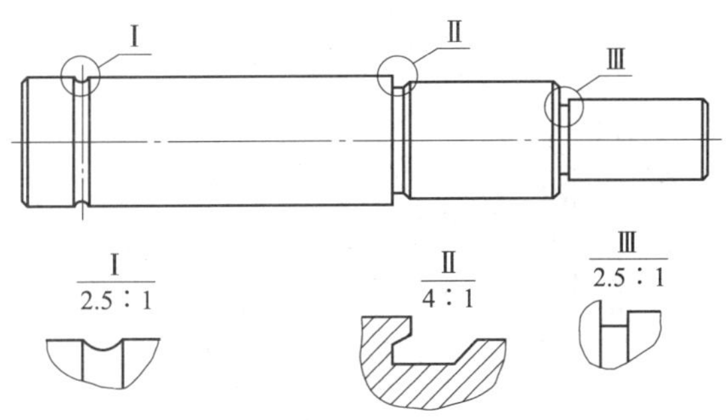

图 6—39　轴的局部放大图

知识探究

绘制局部放大图时的注意事项：

（1）绘制局部放大图时，一般用细实线圈出被放大部位（如图 6—39 主视图上的细实线圆），其放大的图形尽量配置在被放大部位附近。

（2）局部放大图断裂处的边界线用波浪线绘制。

（3）当物体上有多处被放大部位时，必须用罗马数字依次标明，并在相应局部放大图上方以分数形式标出相同的罗马数字和放大比例。仅有一个放大图时，只需标注比例即可，如图 6—40 所示。

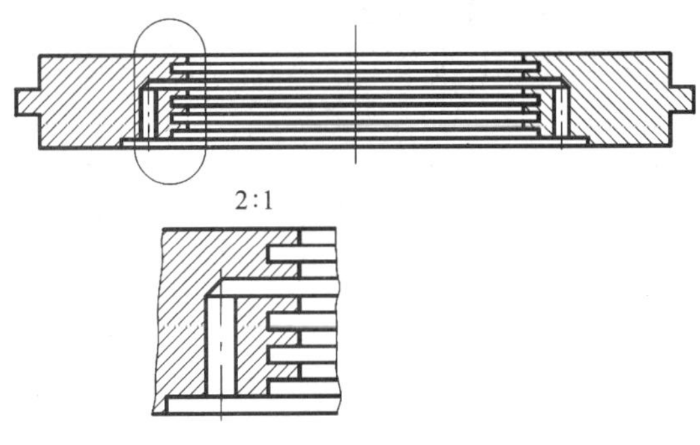

图 6—40　局部放大图

（4）局部放大图可画成视图、剖视图和断面图，它与被放大部位原来的表达方法无关。

任务 2　绘制轮盘（肋板和均布孔的画法）

任务引入

如图 6—41 所示为端盖，本任务的要求是：按照机械制图的有关规定画法及简化画法绘制其主视图（全剖视图）和俯视图（外形图）。

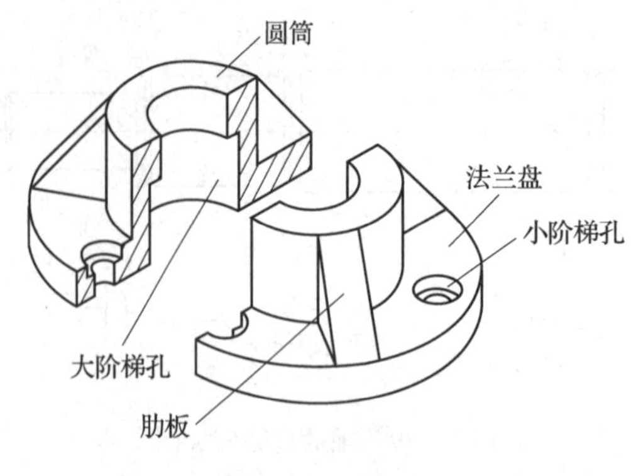

图 6—41　端盖

任务实施

一、分析形体

端盖由底部的法兰盘、上方的圆筒和均匀分布的三块肋板组成。圆筒中间为大阶梯孔，法兰盘上有三个均匀分布的小阶梯孔。

二、绘制主、俯视图

在如图 6—41 所示的端盖上有均匀分布的肋板和小阶梯孔，国家标准对肋板和呈规律分布的孔有专门的画法规定。端盖的画图方法及步骤如下：

1．绘制底部法兰盘、圆筒及其上的大阶梯孔

测量端盖底部法兰盘、圆筒及其上的大阶梯孔的尺寸，绘制其视图，如图 6—42a 所示。

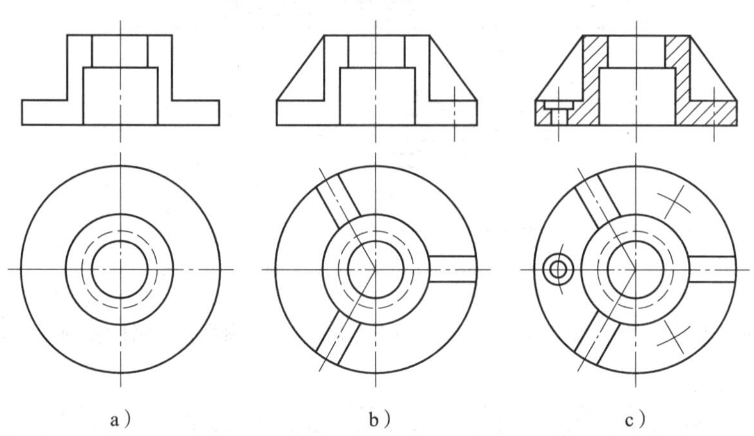

图 6—42　轮盘的画法

2．绘制肋板

测量肋板的宽度，绘制肋板的俯视图，再绘制其主视图，如图 6—42b 所示。主视图的肋板上没有画剖面符号，而是用圆筒的外轮廓线将肋板与圆筒分开。主视图的剖切平面为通过大圆孔轴线的正平面，不可能剖到左侧的肋板，但是该主视图要按照左右对称的形式绘制肋板。

国家标准规定：

（1）对于机件的肋、轮辐及薄壁等，如纵向剖切，这些结构都不画剖面符号，而用粗实线将它与其相邻接部分分开。

（2）当零件回转体上均匀分布的肋、轮辐、孔等结构不处于剖切平面上时，可将这些结构旋转到剖切平面上画出。

3．绘制均布的小阶梯孔

在轮盘上有三个均匀分布的阶梯孔，在绘制其俯视图时，可只画一个，其他两个绘制其中心线，如图6—42c所示。在主视图上的阶梯孔也只画一个，另一个按照对称结构绘制其中心线。

国家标准规定：若干直径相同且呈规律分布的孔，可以只画出一个或少量几个，其余只需用细点画线表示其中心位置。

模块七　标准件与常用件

在各种机器和设备中，经常需要用到螺栓、螺母、齿轮、键、滚动轴承、弹簧等标准件和常用件。这些零部件用途广、用量大，且结构与尺寸都已全部或部分标准化。如图7—1所示的齿轮泵中就使用了大量的标准件和常用件，如销、螺栓、垫圈、螺母、钢球、齿轮、弹簧等。

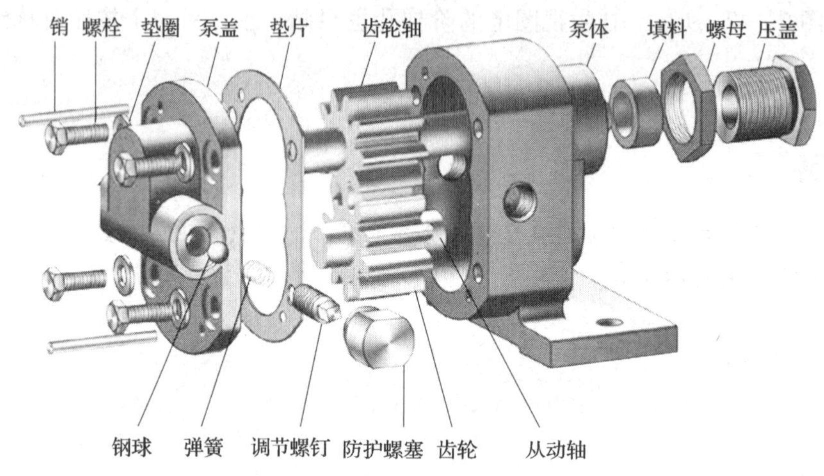

图7—1　齿轮泵中的标准件和常用件

在机械图样中，为简化作图，对标准件和常用件上的某些结构和形状不是按其真实投影画出，而是根据相应的国家标准所规定的简化画法进行绘制，本模块主要介绍标准件和常用件的有关规定画法。

课题一　绘制螺纹及螺纹紧固件

学习目标

¤ 了解螺旋线的概念及螺纹的形成。

¤ 了解螺纹的大径、小径及公称直径的概念。

¤ 学会绘制螺杆、机座上螺孔及螺纹的连接图。

¤ 掌握螺纹的种类及其要素，能正确识读螺纹的标记。

¤ 学会绘制螺栓、螺母、垫片及螺栓连接图。

¤ 学会绘制螺钉及其连接图。

¤ 学会绘制双头螺柱及其连接图。

任务1 绘制螺纹

任务引入

如图7—2所示为夹紧机构，螺杆通过螺纹将压块连接在座体上，本任务主要学习螺杆、螺孔及螺纹连接的画法。

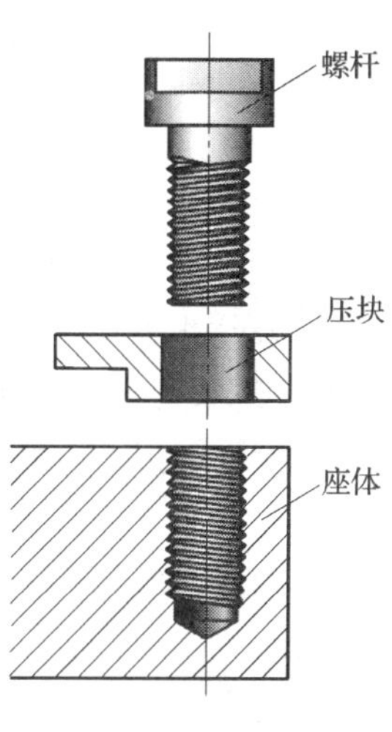

图7—2 螺纹

相关知识

一、螺旋线的概念

圆柱面上一动点绕圆柱轴线作等速转动的同时，又沿圆柱母线作等速直线运动，形成的复合运动轨迹称为螺旋线，如图7—3所示。螺旋线有右旋和左旋之分，当圆柱轴线直立时，右旋螺旋线的可见部分自左向右升高，如图7—3a所示；左旋螺旋线则自右向左升高，如图7—3b所示。

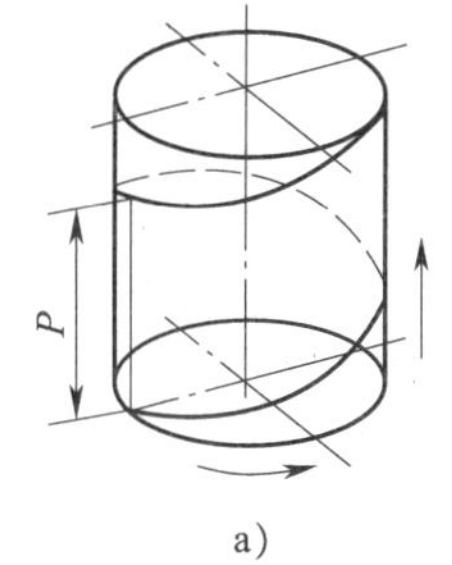

a)

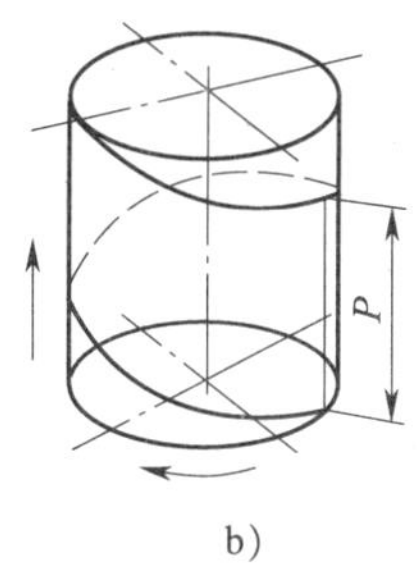

b)

图7—3 螺旋线的形成

a）右旋 b）左旋

二、螺纹的形成

某一平面图形（如三角形、梯形、锯齿形等）沿圆柱（或圆锥）表面上的螺旋线运动，形成的具有相同断面的连续凸起和沟槽称为螺纹。螺纹是零件上一种常见的标准结构要素，在圆柱（或圆锥）外表面上形成的螺纹称为外螺纹，如图7—4a所示；在圆柱（或圆锥）内表面上形成的螺纹称为内螺纹，如图7—4b所示。

三、螺纹直径

螺纹直径主要有螺纹大径、螺纹小径、公称直径等，如图7—4所示。

1. 螺纹大径

与外螺纹牙顶或内螺纹牙底相切的假想圆柱的直径称为螺纹大径，外螺纹大径用 d 表示，内螺纹大径用 D 表示。

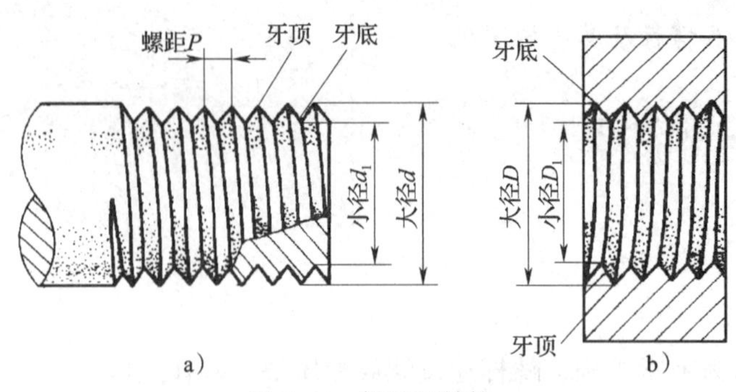

图 7—4　螺纹的结构
a）外螺纹　b）内螺纹

2．螺纹小径

与外螺纹牙底或内螺纹牙顶相切的假想圆柱的直径称为螺纹小径，外螺纹小径用 d_1 表示，内螺纹小径用 D_1 表示。

3．公称直径

公称直径是代表螺纹尺寸的直径，内、外螺纹的公称直径都是指螺纹大径（管螺纹除外）。

任务实施

一、绘制螺杆

螺杆的视图如图 7—5 所示，外螺纹的牙顶（大径）用粗实线绘制，牙底（小径）用细实线绘制。在图样上，小径尺寸取 $d_1 \approx 0.85\ d$，大径线与小径线之间的距离一般不小于 1 mm。在反映螺纹轴线的视图中，螺纹终止线用粗实线绘制，表示螺纹牙底的细实线画入倒角。在垂直于螺纹轴线的视图中，表示牙底的细实线圆只画约 3/4 圈，不画倒角圆。

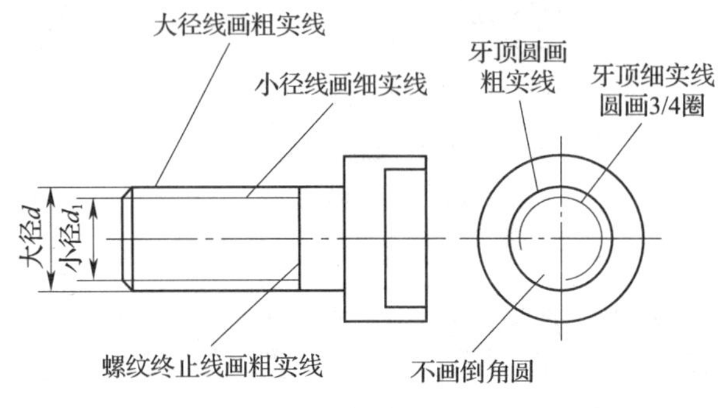

图 7—5　螺杆的画法

在外螺纹投影为圆的视图上，绘制表示小径的 3/4 细实线圆时，一般让其中的一端超过中心线大约 2 mm，另一端则留有大约 2 mm 的空隙。

二、绘制机座

在机座上加工不通螺孔的顺序为：先用钻头钻出圆孔（直径稍大于螺纹小径），如图7—6a 所示；然后用丝锥攻出螺纹，如图 7—6b 所示。

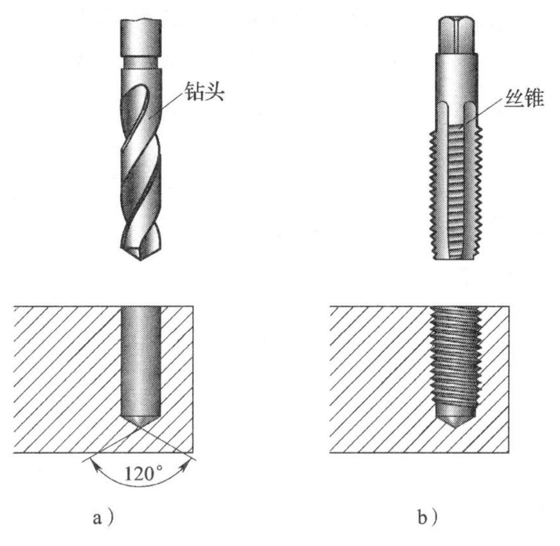

图 7—6 螺孔的加工

a）钻孔 b）攻螺纹

机座上螺孔的画法如图 7—7 所示，在剖视图中，内螺纹的牙顶（小径）用粗实线绘制，牙底（大径）用细实线绘制，剖面线画至牙顶粗实线处。在图样上，小径尺寸取 $D_1 \approx 0.85\ D$，大径线与小径线之间的距离一般不小于 1 mm。在垂直于螺纹轴线的视图中，用粗实线绘制牙顶圆，用细实线绘制牙底圆，表示牙底的细实线圆只画约 3/4 圈，不画倒角圆。

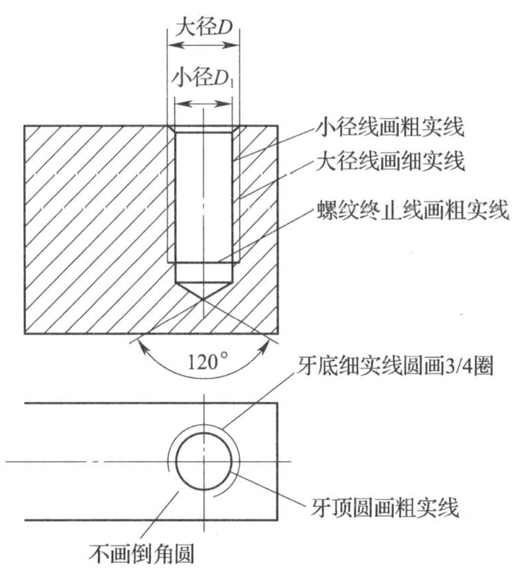

图 7—7 内螺纹的画法

1. 钻头端部的锥度为 118°，为作图方便钻孔底部的锥角画成 120°。

2. 用丝锥加工不通螺孔时，其底部加工不出有效螺纹，因此画图时应将钻孔深度和螺纹部分的深度分别画出。

三、绘制螺纹连接图

内、外螺纹连接图常以剖视图来表达，如图 7—8 所示。画图时，内、外螺纹的旋合部分应按外螺纹的画法绘制，其余部分仍按各自的画法绘制。应注意，表示内、外螺纹大、小径的粗、细实线必须分别对齐。

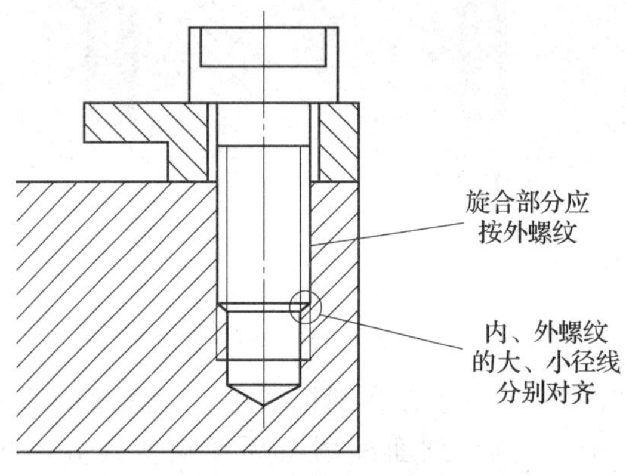

图 7—8　螺纹连接的画法

知识探究

一、不可见螺孔的画法

不可见螺孔的所有图线用细虚线绘制，如图 7—9 所示。

二、外螺纹在剖视图中的画法

在外螺纹的剖视图（或断面图）中，剖面线应画到粗实线，螺纹终止线只画大径线与小径线之间的部分，如图 7—10 所示。

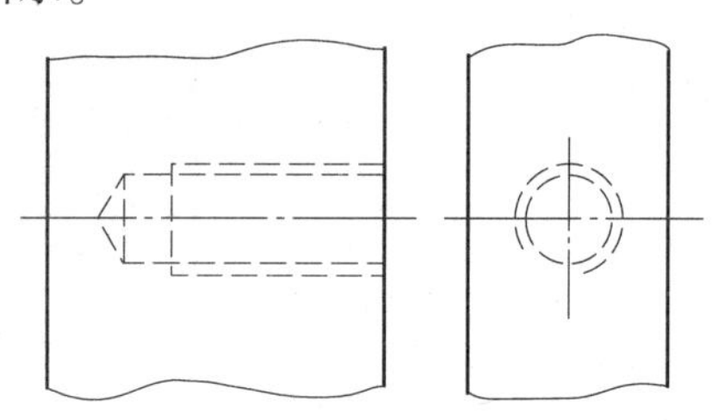

图 7—9　不可见螺纹的画法

三、螺纹连接在投影为圆的视图中的画法

内外螺纹的旋合部分应按外螺纹的画法绘制，如图 7—11 所示。

四、圆锥螺纹的画法

圆锥外螺纹的表示方法如图 7—12a 所示，圆锥内螺纹的表示方法如图 7—12b 所示。其共同的特点是，在垂直于螺纹轴线的视图中，只画出可见端的牙底圆，另一端的牙底不表示。

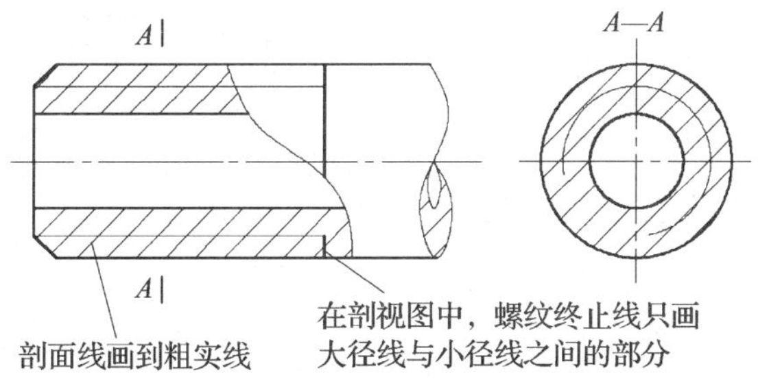

图 7—10　外螺纹在剖视图中的画法

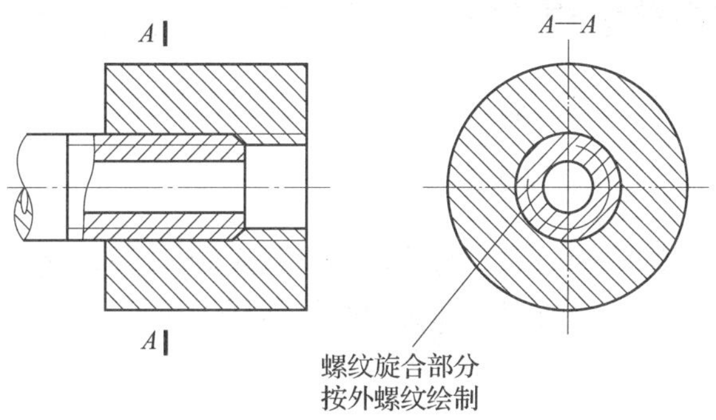

图 7—11　螺纹旋合部分的画法

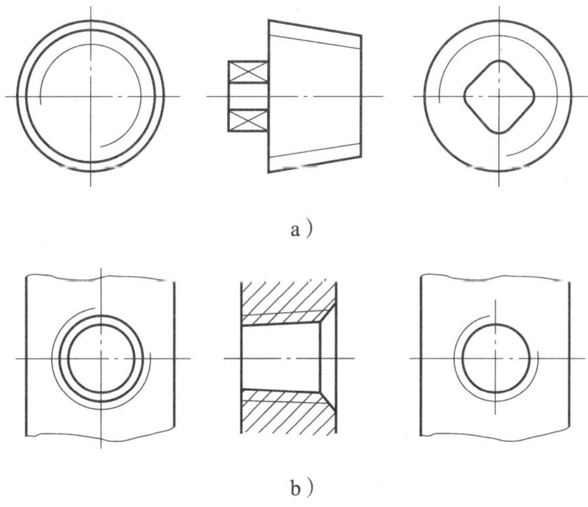

图 7—12　圆锥螺纹
a）圆锥外螺纹　b）圆锥内螺纹

五、螺纹牙型的表示方法

当需要表示螺纹牙型时，可用局部剖视图或局部放大图表示，如图 7—13 所示。

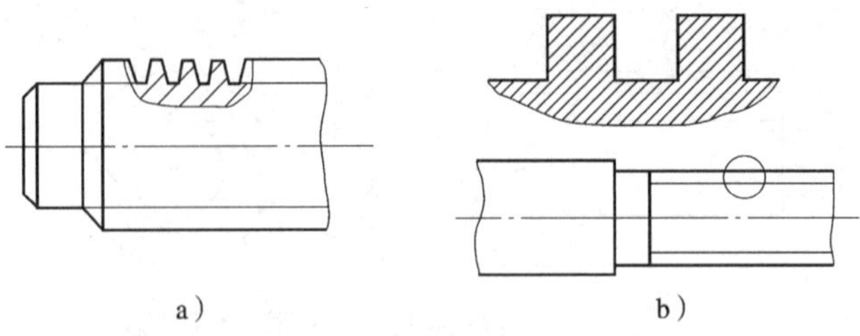

图 7—13　螺纹牙型的表示方法

a）用局部剖视图表示牙型　b）用局部放大图表示牙型

任务 2　识读螺纹的标记

任务引入

由于各种螺纹的画法都是相同的，为了在图样上区别不同的螺纹，标准螺纹必须用规定的标记进行标注。在图样上，普通螺纹和梯形螺纹的标记应标注在螺纹大径上，如图 7—14 所示。下面识读图中螺纹的标记。

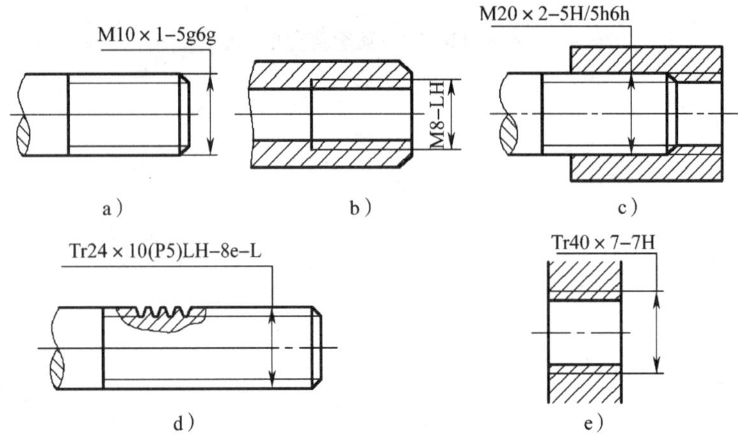

图 7—14　螺纹的标记

相关知识

一、螺纹的种类

螺纹的种类很多，常见的有普通螺纹、管螺纹和传动螺纹。在通过螺纹轴线的断面上，螺纹的轮廓形状称为螺纹牙型，常见的螺纹牙型有三角形、梯形、锯齿形等。常见螺纹的种类、特征代号和牙型见表 7—1。

表 7—1　　常见螺纹的种类、特征代号和牙型

种类			特征代号	牙型	用途
普通螺纹	粗牙普通螺纹		M	60°	最常用的一种连接螺纹，用于一般连接，应用广泛
	细牙普通螺纹				
管螺纹	55°非密封管螺纹		G	55°	管道连接中的常用螺纹
	55°密封管螺纹	圆柱内螺纹 与圆柱内螺纹配合的圆锥外螺纹	Rp R_1		
		圆锥内螺纹 与圆锥内螺纹配合的圆锥外螺纹	Rc R_2		
传动螺纹	梯形螺纹		Tr	30°	最常用的传动螺纹，可传递双向动力
	锯齿形螺纹		B	30° 3°	常用的传动螺纹，用来传递单向动力

二、螺纹要素

1．螺纹的线数 n

形成螺纹时，沿一条螺旋线形成的螺纹称为单线螺纹，如图 7—15a 所示；沿两条或两条以上螺旋线形成的螺纹称为多线螺纹，如图 7 15b 所示。

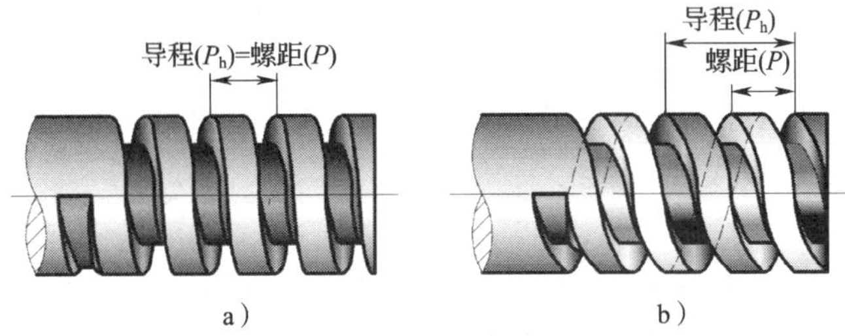

图 7—15　螺纹的线数

a）单线螺纹　b）双线螺纹

2. 螺距 P

螺纹相邻两牙之间两对应点的轴向距离称为螺距（用 P 表示），如图 7—15 所示。

3. 导程 P_h

同一条螺旋线上相邻两牙之间两对应点的轴向距离称为导程（用 P_h 表示），如图 7—15 所示。

螺距、导程、线数之间的关系是：导程（P_h）＝螺距（P）×线数（n）

对于单线螺纹：导程 P_h＝螺距 P

4. 旋向

根据形成螺纹时螺旋线的旋向，螺纹的旋向也分为右旋和左旋两种，如图 7—16 所示。螺纹旋向的判别方式与螺旋线相同，当螺纹的轴线竖直放置时，左旋螺纹的可见部分自右向左升高，如图 7—16a 所示；右旋螺纹的可见部分则自左向右升高，如图 7—16b 所示。

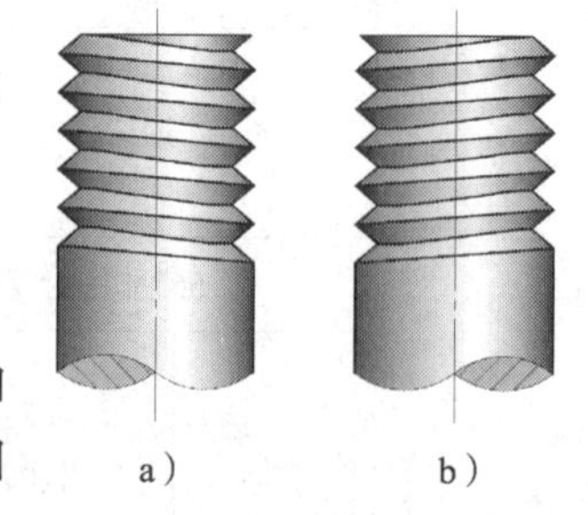

图 7—16 螺纹的旋向及判别方法
a）左旋螺纹 b）右旋螺纹

任务实施

一、识读普通螺纹的标记

1. 普通螺纹的标记规定

标准螺纹，应注出相应标准所规定的螺纹标记。普通螺纹的完整标记由螺纹特征代号、尺寸代号、公差带代号及其他有必要做进一步说明的个别信息（如螺纹旋合长度代号、旋向等）组成，各部分之间用“－”分开，普通螺纹的完整标记的格式为：

螺纹特征代号　公称直径×螺距－螺纹公差带代号－旋合长度代号－旋向

（1）单线螺纹的尺寸代号为“公称直径×螺距”。粗牙普通螺纹不标螺距，细牙普通螺纹必须注出螺距。

（2）中径公差带代号在前，顶径公差带代号在后。每个公差带代号由表示公差等级的数值和表示公差带位置的字母所组成。内螺纹用大写字母，外螺纹用小写字母。

（3）若中径公差带代号和顶径公差带代号相同，只需标注一个公差带代号。

（4）长旋合长度和短旋合长度在公差带代号后标注“L”和“S”，并与公差带代号间用“－”分开。中等旋合长度“N”不标注。

（5）对于左旋螺纹，应在旋合长度代号之后标注“LH”。

（6）最常用的中等公差精度螺纹（公称直径≤1.4 mm 的 5H、6h 和公称直径≥1.6 mm 的 6H、6g）不标注公差带代号。

2. 识读 M10×1－5g6g

如图 7—14a 所示的 M10×1－5g6g 表示：细牙普通外螺纹，公称直径（螺纹大径）为 10 mm，螺距 P＝1 mm，中径公差带代号为 5g，顶径公差带代号为 6g，中等旋合长度，右旋。

3. 识读 M8－LH

如图 7—14b 所示的 M8－LH 表示：粗牙普通螺纹（从图中可以看出，该螺纹为内螺纹)，公称直径（螺纹大径）为8 mm，螺距 $P=1.25$ mm（查附录2），中径公差带代号和顶径公差带代号均为6H，中等旋合长度，左旋。

4. 识读 M20×2－5H/5h6h

如图7—14c所示的 M20×2－5H/5h6h 表示：内、外螺纹旋合，细牙普通螺纹，公称直径（螺纹大径）为20 mm，螺距 $P=2$ mm，内螺纹中径公差带代号和顶径公差带代号均为5H，外螺纹中径公差带代号为5h，顶径公差带代号为6h。

在装配图中标注螺纹副的标记时，内、外螺纹的公差带代号用斜线分开，斜线前为内螺纹的公差带代号，斜线后为外螺纹的公差带代号。

二、识读梯形螺纹的标记

1. 梯形螺纹的标记规定

梯形螺纹的标记和普通螺纹类似，也是由螺纹代号、螺纹公差带代号和螺纹旋合长度代号三部分组成，三者之间用短横线“－”隔开。其格式如下：

螺纹特征代号　公称直径×导程（P螺距）旋向－螺纹公差带代号－旋合长度代号

（1）单线螺纹只标出螺距。

（2）梯形螺纹只标注中径公差带代号。

（3）为确保传动的平稳性，旋合长度不宜太短，所以规定中没有短旋合长度。中等旋合长度“N”不标注。

（4）左旋梯形螺纹，应在螺纹代号的尾部加注“LH”。

（5）多线螺纹应同时标注导程和螺距。

2. 识读 Tr24×10（P5）LH－8e－L

如图7—14d中的 Tr24×10（P5）LH－8e－L 表示：梯形外螺纹，公称直径为24 mm，导程为10 mm，螺距为5 mm，双线，左旋，中径公差带代号为8e，长旋合长度。

左旋普通螺纹的“LH”标注在代号的最后，并用“－”和前面的内容隔开。左旋梯形螺纹的“LH”直接标注在“导程（P螺距）”的后面，不用“－”和前面的内容隔开。

3. 识读 Tr40×7－7H

如图7—14e中的 Tr40×7－7H 表示：梯形内螺纹，公称直径为40 mm，导程（螺距）为7 mm，单线，右旋，中径公差带代号为7H，中等旋合长度。

知识探究

一、管螺纹的标记

管螺纹的标记由螺纹特征代号、尺寸代号、公差等级代号和旋向代号等组成。

如 G2A－LH 表示：尺寸代号为 2，公差等级代号为 A，非螺纹密封，左旋（右旋不标注）圆柱管螺纹。

如 $R_1$3 表示：尺寸代号为 3，与圆柱内螺纹配合的右旋圆锥外螺纹。

尺寸代号是管螺纹的一个重要参数，但它不是管螺纹的螺纹大径。根据管螺纹的尺寸代号，查阅相关国家标准，可得到管螺纹的各部分尺寸和管子的有关尺寸。

二、管螺纹标记在图样上的标注

管螺纹的标记一律标注在引出线上，如图 7—17 所示，引出线从大径处或中心处引出。

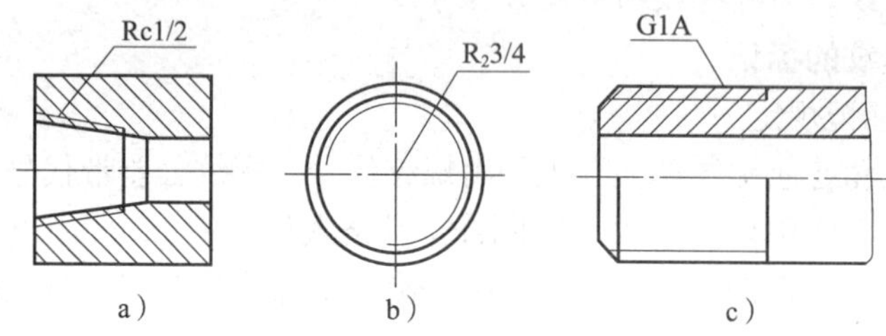

图 7—17　管螺纹标记在图样上的标注

任务 3　绘制螺栓连接图

任务引入

如图 7—18 所示为用螺栓、螺母和垫圈连接两个零件，下面识读螺栓、螺母和垫圈的视图及标记，绘制螺栓连接图。

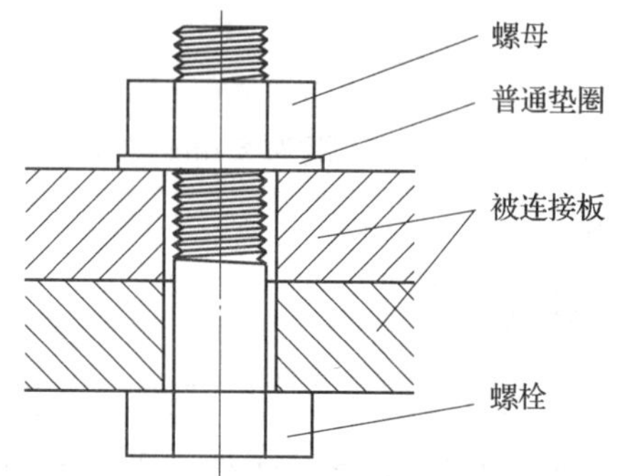

图 7—18　螺栓连接

任务实施

一、识读螺栓的视图和标记

六角头螺栓是一种常用的螺纹紧固件，也是一种标准件，其结构如图 7—19a 所示，它由头部和杆身组成，头部近似为正六棱柱，杆身上加工了外螺纹。在绘制螺栓的视图时，为了作图方便，通常将各部分的尺寸近似换算成一定比例的螺纹大径 d，近似地将螺栓画出，如图 7—19b 所示，这种作图方法称为比例画法。

所有标准件都有标记，螺栓的规定标记式样为：

名称　标准代号　螺纹代号 × 公称长度

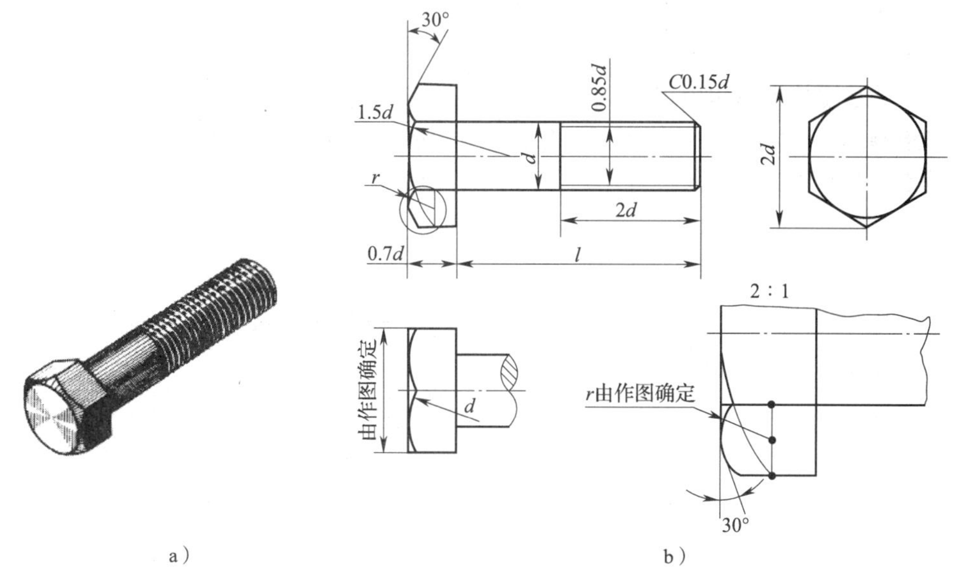

图 7—19　螺栓

a）立体图　b）比例画法

螺栓的标记示例：螺栓　GB/T 5780　M10 × 40

查附录 3 可知，该标记表示：C 级六角头螺栓，规格尺寸（螺纹大径 d）为 10 mm，公称长度（螺栓杆身长度）l 为 40 mm。

二、识读螺母的视图和标记

螺母也是一种常用的连接件，其结构如图 7—20a 所示，螺母的外形近似为正六棱柱，其内部加工有螺孔，其视图如图 7—20b 所示，螺母外形的画法和螺栓头部的画法类似，只是螺母厚度的绘图比例不同。

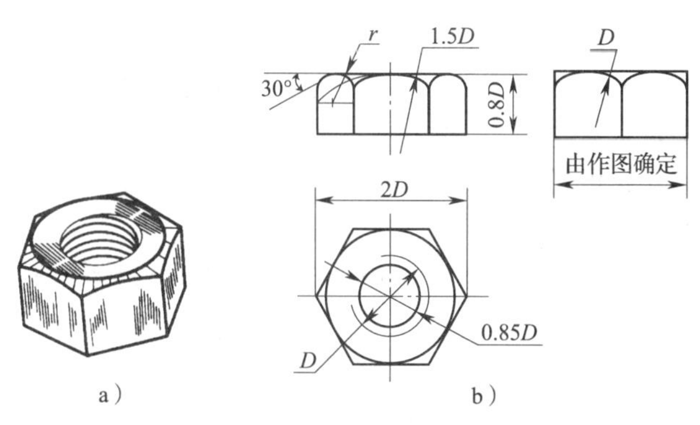

图 7—20　螺母

a）立体图　b）比例画法

螺母的规格尺寸是螺纹大径，其规定标记式样为：

名称　标准代号　螺纹代号

螺母的标记示例：螺母　GB/T 41　M10。

查附录 5 可知，该标记表示：Ⅰ型六角螺母，产品等级为 C 级，规格尺寸（螺纹大径 *D*）为 10 mm。

三、识读垫圈的视图和标记

平口垫圈的结构如图 7—21a 所示，绘图时，垫圈的内圆直径取 1. 1 *d*（*d* 为垫圈的公称尺寸，是指与其配用螺栓的公称直径），外圆直径取 2. 2 *d*，厚度取 0. 15 *d*。

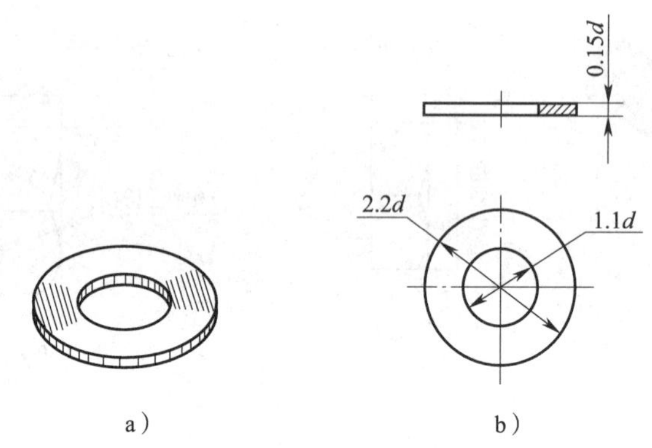

图 7—21　平口垫圈

a）立体图　b）比例画法

垫圈的规定标记式样为：

名称　标准代号　公称尺寸

垫圈的标记示例：垫圈　GB/T 95　10

查附录 6 可知，该标记表示：平垫圈，公称尺寸为 10 mm，产品等级为 C 级，不经表面处理。

四、绘制螺栓连接图

螺栓连接图的绘图方法与步骤如下：

1. 画被连接零件的视图

两个零件接触面处只画一条粗实线，不得将轮廓线特意加粗，如图 7—22a 所示。

2. 画螺栓的视图

凡不接触的表面，不论间隙多小，在图上应画出两条轮廓线，如图 7—22b 所示。

3. 画螺母、垫圈的视图

通孔内的螺栓杆上应画出牙底线和螺纹终止线，表示拧紧螺母时有足够的螺纹长度，如图 7—22c 所示。

4. 画剖面线

在剖视中，相互接触的两个零件其剖面线方向应相反。而同一个零件在各剖视图中的剖面线的倾斜方向和间隔应相同，如图 7—22d 所示。

5. 检查、校对，按线型描深图线

当剖切平面通过螺栓、螺柱、螺钉、螺母及垫圈等紧固件的轴线时，应按未剖切绘制，即画外形，如图 7—22e 所示。

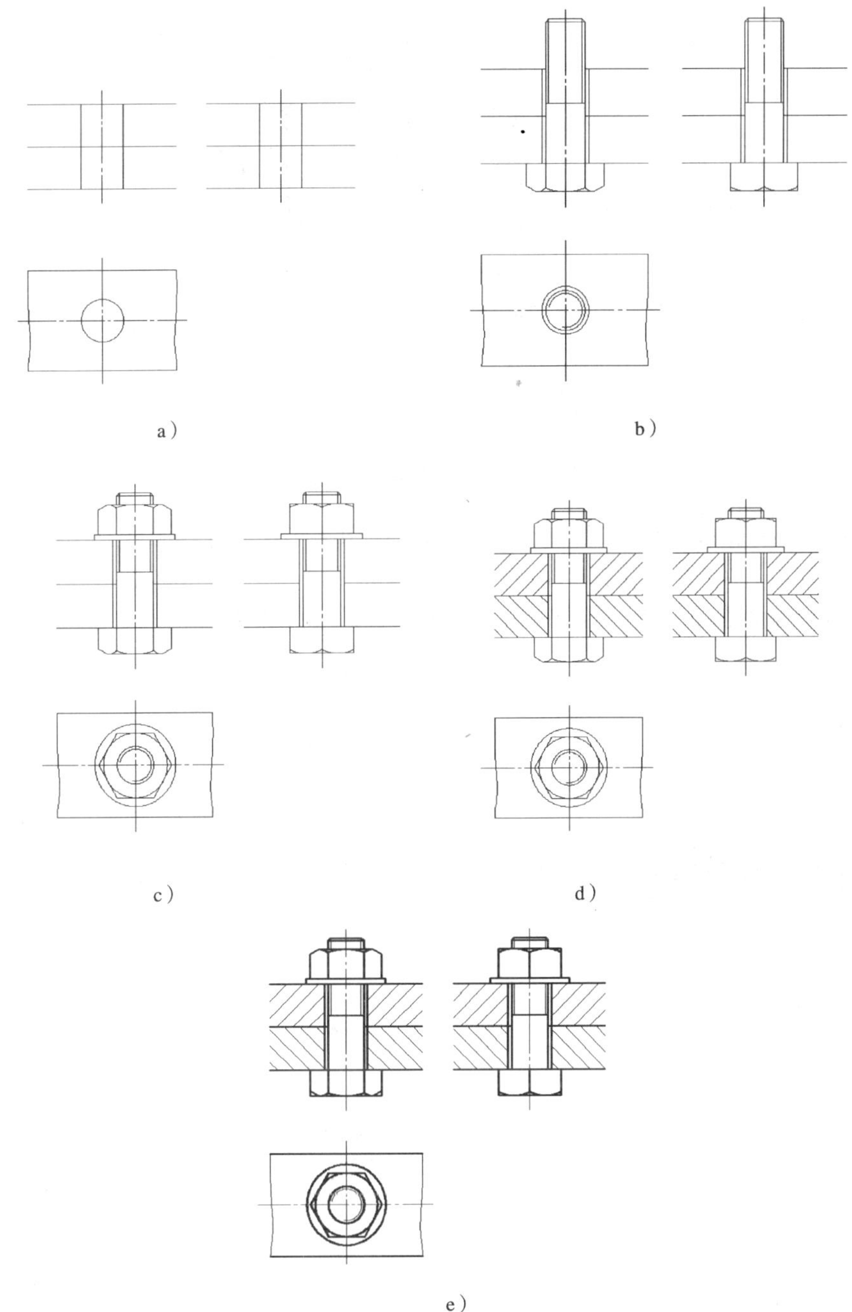

图 7—22　绘制螺栓连接图的方法与步骤

知识探究

螺栓连接图的简化画法

如图 7—23 所示为采用简化画法绘制的螺栓连接图，在图中省略了螺栓和螺母的倒角。

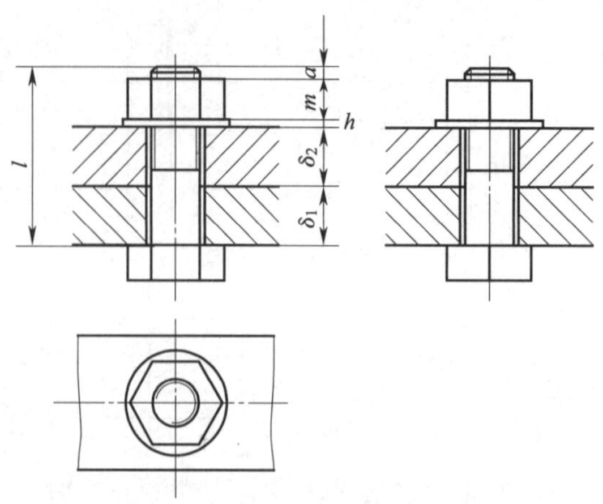

图 7—23　螺栓连接的简化画法

绘制螺栓连接图时，需要知道螺栓的长度 l，由图 7—23 可得其计算公式：

$$l=\delta_1+\delta_2+h+m+a$$

式中“a”为螺栓伸出螺母的长度，一般取（0.2～0.3）d。

螺纹紧固件上的工艺结构，如倒角、退刀槽、缩颈、凸肩等均可省略不画。

任务 4　绘制螺钉连接图

任务引入

螺钉可将一较薄的零件连接到一较厚的零件上。如图 7—24 所示，较薄的零件加工出通孔，较厚的零件加工出不通的螺孔。用螺钉连接时，为了保证连接牢固，螺钉上的螺纹要高出螺孔，并且螺孔中也不能全部旋入螺杆。下面绘制螺钉连接图。

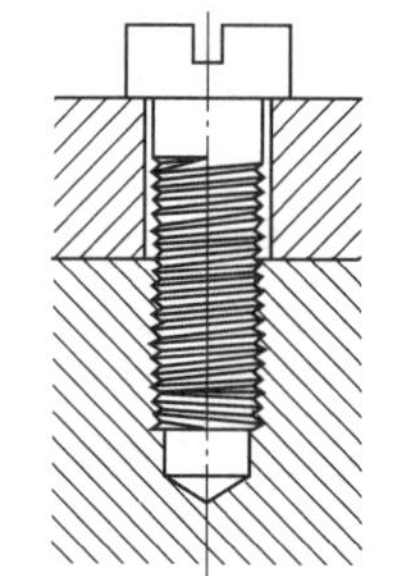

图 7—24　螺钉连接

相关知识

一、螺钉的种类

螺钉的种类很多，主要有开槽圆柱头螺钉、开槽沉头螺钉、内六角圆柱头螺钉等，其结构如图 7—25 所示。

二、螺钉的画法

由图 7—25 可知，螺钉由螺钉头和螺杆组成。开槽圆柱头螺钉和内六角圆柱头螺钉的螺钉头皆为圆柱状，开槽沉头螺钉的螺钉头为圆锥状，其视图的比例画法如图 7—26 所示。绘

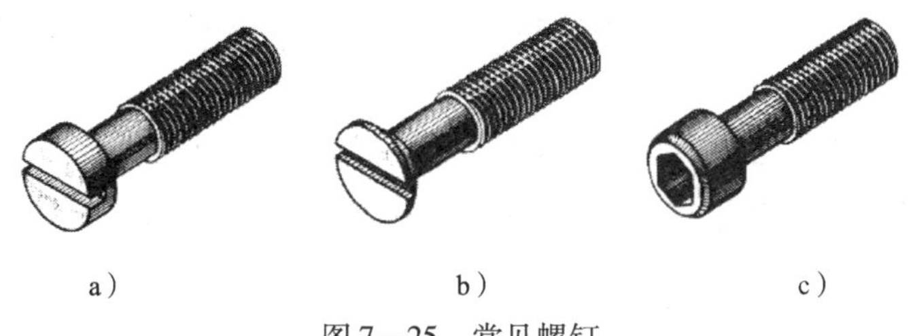

a）　b）　c）

图 7—25　常见螺钉

a）开槽圆柱头螺钉　b）开槽沉头螺钉　c）内六角圆柱头螺钉

图时，螺钉各部分的尺寸可按螺纹大径（d）的一定比例进行计算。圆柱头螺钉和沉头螺钉的头部一字槽的投影用粗线（宽度为粗实线的两倍）表示，一字槽在反映轴线的视图上画在正中间的位置，在投影为圆的视图上画成45°斜线。内六角圆柱头螺钉的头部可采用简化画法，螺钉头部的内六角用粗实线表示。

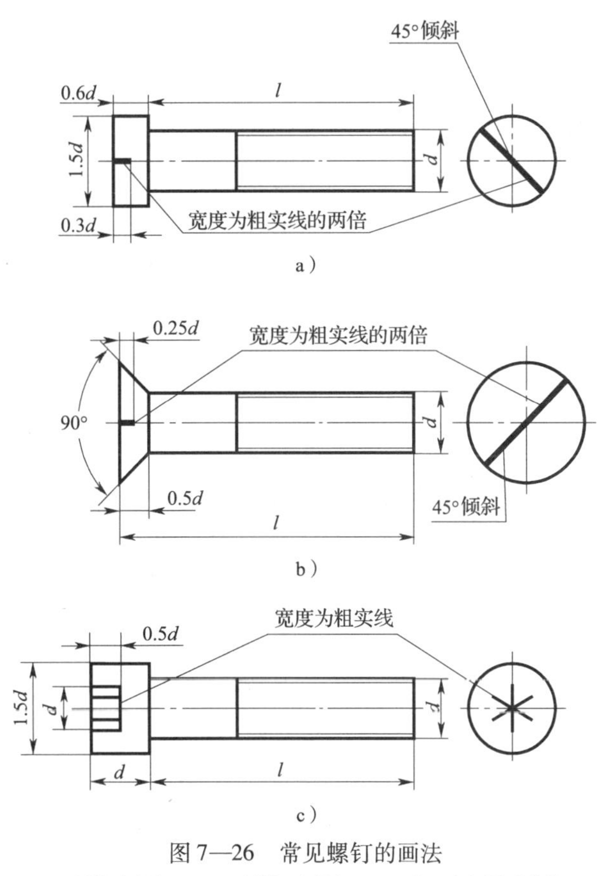

图 7—26　常见螺钉的画法

a）圆柱头螺钉　b）开槽沉头螺钉　c）内六角圆柱头螺钉

任务实施

一、识读螺钉的标记

螺钉的规定标记式样为：

名称　标准代号　公称尺寸×公称长度

螺钉的标记示例：螺钉　GB/T 68　M10×45

查附录 7 可知，该标记表示：开槽沉头螺钉，其螺纹的规格尺寸（螺纹大径 d）为 10 mm，公称长度 l 为 45 mm。

二、绘制螺钉连接图

螺钉连接图的绘图方法与步骤如下：

1. 画被连接零件的通孔和不穿通螺纹孔。主视图绘制剖视图，俯视图和左视图绘制外形图。俯视图上各板的通孔和螺孔在最后会被螺钉头遮挡，故省略不画，如图 7—27a 所示。

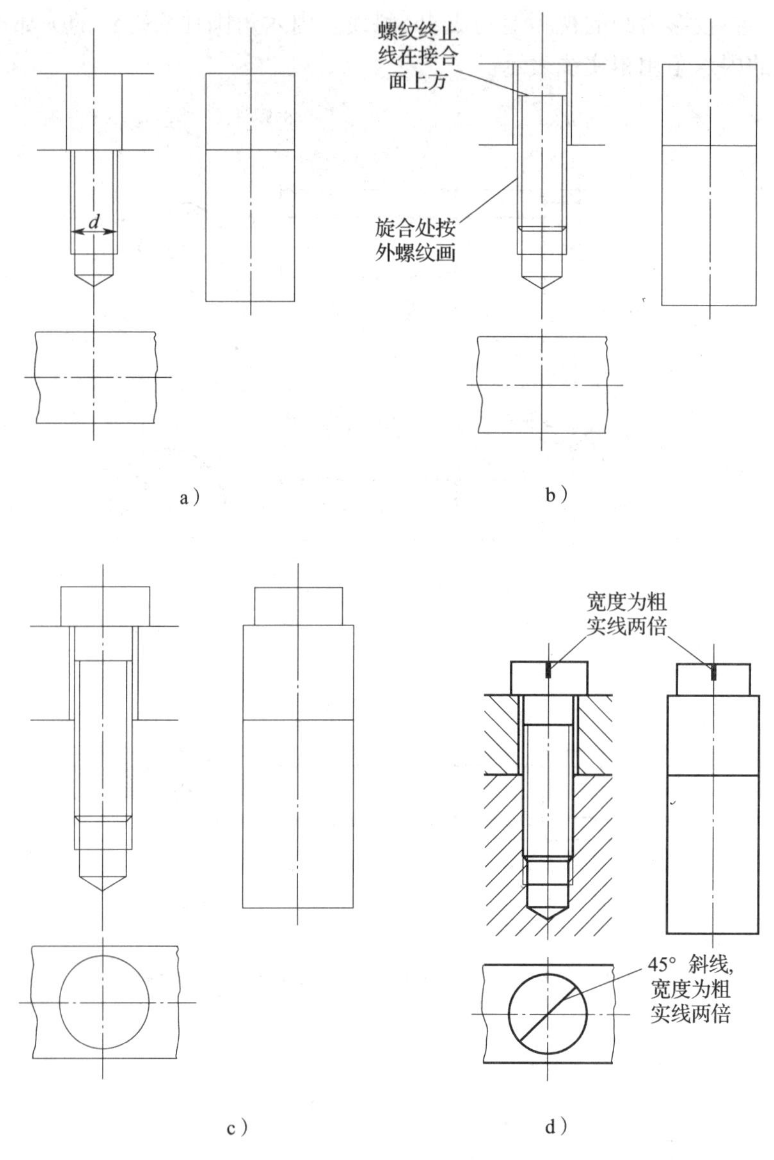

图 7—27　绘制螺钉连接视图的步骤与方法

2. 画螺钉的螺杆部分在主视图上的投影。

提示

(1) 螺钉的螺纹终止线在两被连接件的接合面之上。

(2) 内、外螺纹的大径、小径线必须分别对齐，如图 7—27b 所示。

3. 绘制螺钉头外形结构的三视图（图 7—27c）。

4. 绘制螺钉头部一字槽。

提示

(1) 螺钉一字槽在主、左视图上的画法相同。

(2) 螺钉一字槽的水平投影与水平方向成 45°角。

5. 画剖面线。

6. 检查、校对，按线型描深图线，如图 7—27d 所示。

知识探究

一、开槽沉头螺钉连接图的画法

开槽沉头螺钉连接图的画法如图 7—28a 所示。

二、内六角圆柱头螺钉连接图的画法

内六角圆柱头螺钉连接图的画法如图 7—28b 所示。

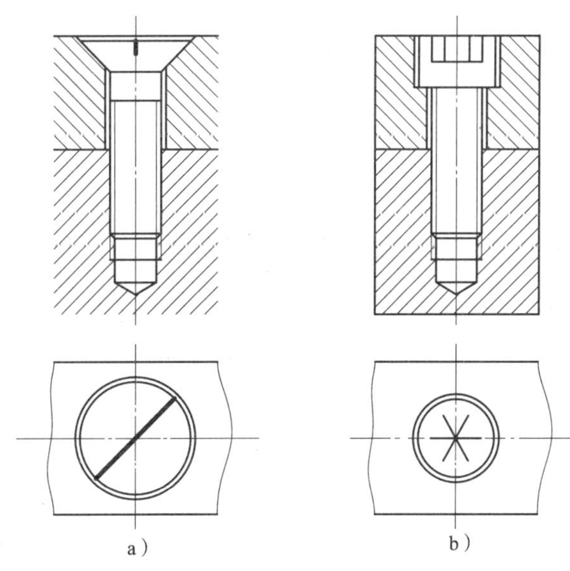

图 7—28 螺钉连接图

a）开槽沉头螺钉连接图 b）内六角圆柱头螺钉连接图

任务5　绘制双头螺柱连接图

任务引入

当被连接的两零件之一较厚，或不允许钻成通孔而难用螺栓连接；或因拆装频繁，为保护箱体上的螺纹，不宜采用螺钉连接时，可采用双头螺柱连接。双头螺柱连接如图7—29所示。

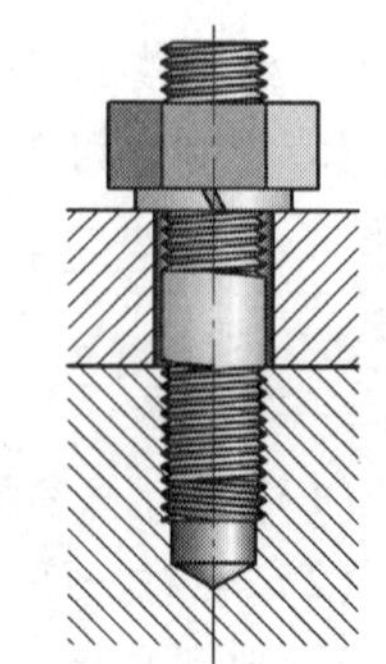

图7—29　双头螺柱连接

任务实施

一、认识双头螺柱

双头螺柱是在圆柱体的两端制有螺纹，如图7—30所示。用双头螺柱连接时，其一端旋入机体上的螺孔内，另一端旋螺母。根据双头螺柱的细部结构，可分为A型和B型两种，如图7—31所示。双头螺柱的一端旋入螺孔，另一端安装螺母，分别称为旋入端和旋螺母端。双头螺柱旋入端的长度 b_m 有四种，其国家标准分别是GB/T 897—1988（$b_m=1d$），GB/T 898—1988（$b_m=1.25d$），GB/T 899—1988（$b_m=1.5d$）和GB/T 900—1988（$b_m=2d$）。根据被旋入零件的材料不同，双头螺柱旋入端采用不同的长度，一般钢或青铜用 $b_m=1d$；铸铁用 $b_m=1.25d$ 或 $b_m=1.5d$；铝合金用 $b_m=2d$。

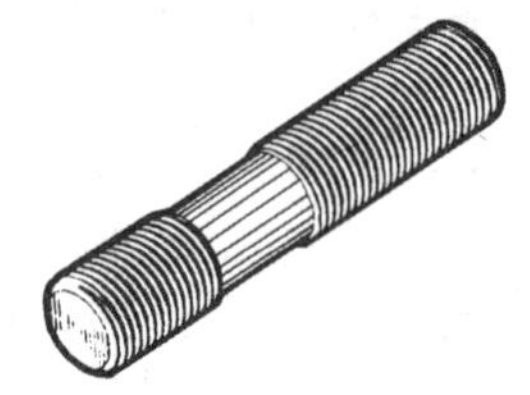

图7—30　双头螺柱

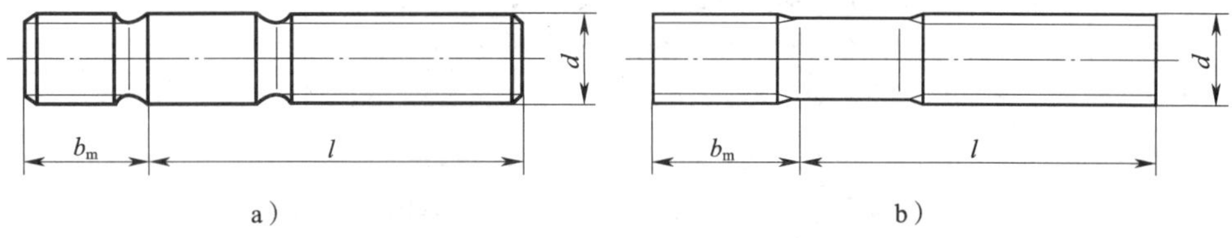

图7—31　双头螺柱的视图

a）A型　b）B型

双头螺柱的规格尺寸是螺纹大径 d 和公称长度 l。其规定标记式样为：

名称　标准代号　类型　螺纹代号×公称长度

双头螺柱的标记示例：螺柱　GB/T 899　M10×40

查附录 8 可知，该标记表示：双头螺柱的两端皆为粗牙普通螺纹，螺纹规格尺寸为 $d=10$ mm，公称长度 $l=40$ mm，性能等级为 4.8 级，不经表面处理，B 型（B 型省略不标），$b_m=1.5\ d$。

二、认识弹簧垫圈

弹簧垫圈是一种具有一定防松作用的垫圈，多用于双头螺柱连接，其形状如图 7—32a 所示。在装配图中，弹簧垫圈同样可采用比例画法，其画图所需的各部分尺寸如图 7—32b 所示。

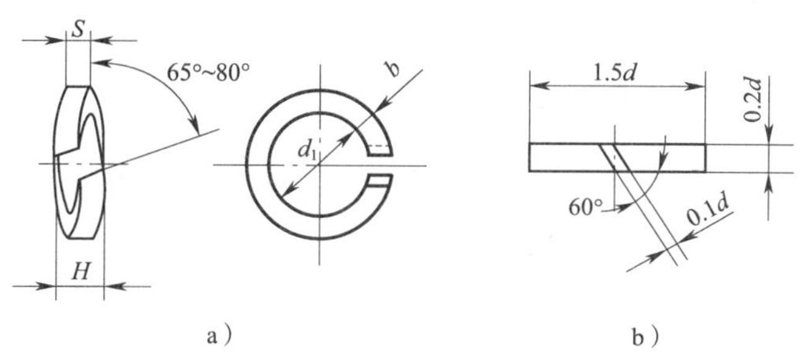

图 7—32　弹簧垫圈

a）形状　b）比例画法

弹簧垫圈的标记形式和平垫圈相同，其标记示例：垫圈　GB/T 93　10

查附录 6 可知，该标记表示：弹簧垫圈，公称尺寸为 10 mm。

三、绘制双头螺柱连接图

双头螺柱连接图的绘图方法与步骤如下：

1. 在两被连接板的主视图上绘制双头螺柱。为了保证连接牢固，双头螺柱的旋入端应全部旋入螺孔内，所以旋入端的螺纹终止线应与螺孔件的孔口平齐，如图 7—33a 所示。

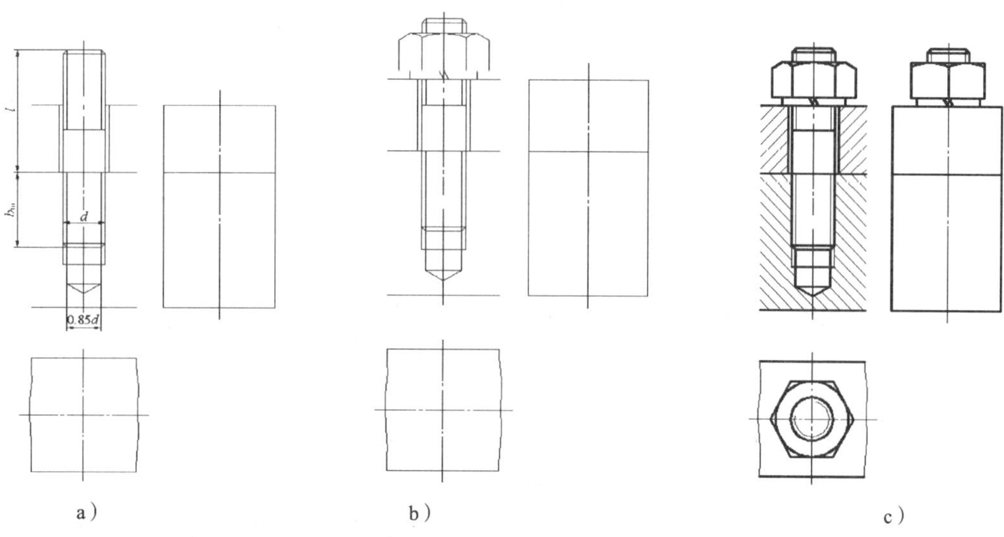

图 7—33　绘制双头螺柱连接图的步骤

2．在主视图上绘制弹簧垫圈和螺母。螺栓、螺母和弹簧垫圈绘制外形图，如图 7—33b 所示。

3．绘制螺母、双头螺柱在俯视图上的投影。

4．绘制弹簧垫圈、螺母和双头螺柱在左视图上的投影。

5．画剖面线。

6．检查、校对，按线型描深图线。

左视图上，弹簧垫圈开口的画法与主视图相同，如图 7—33c 所示。

课题二　绘制齿轮的视图

学习目标

¤ 掌握直齿圆柱齿轮主要几何要素的名称和尺寸计算。

¤ 掌握锥齿轮的几何尺寸计算。

¤ 学会绘制直齿圆柱齿轮的视图和啮合图。

¤ 学会绘制锥齿轮的视图及啮合图。

齿轮是机械中应用最广泛的一种传动零件，它们成对使用，可用来传递动力，改变转速和运动方向。常用的齿轮传动形式有圆柱齿轮传动、锥齿轮传动和蜗轮蜗杆传动等，如图 7—34 所示。

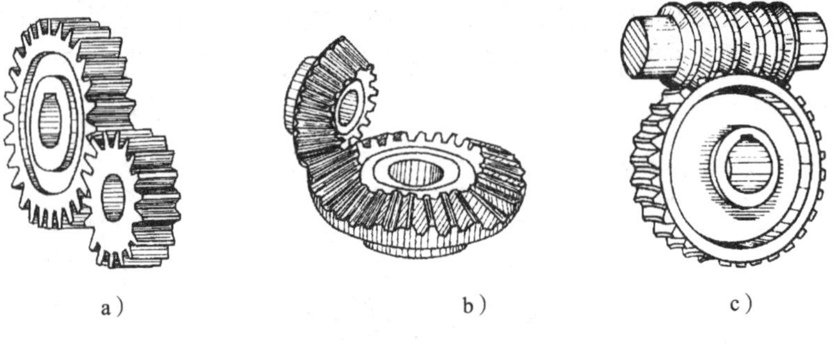

a）　　b）　　c）

图 7—34　常见的齿轮传动形式

a）圆柱齿轮　b）锥齿轮　c）蜗轮蜗杆

任务 1　绘制直齿圆柱齿轮的视图

任务引入

圆柱齿轮传动主要用于两平行轴之间的传动，一般分为直齿圆柱齿轮传动、斜齿圆柱齿轮传动、人字齿轮传动、齿轮齿条传动等。如已知相互啮合的两齿轮的模数 $m=2.5$ mm，小

齿轮的齿数 $z_1=18$，齿坯宽度 $B_1=16$ mm；大齿轮的齿数 $z_2=35$ mm，齿坯宽度 $B_2=14$ mm。本任务的要求是：绘制直齿圆柱齿轮的视图和啮合图。

相关知识

直齿圆柱齿轮主要几何要素的名称和尺寸计算

圆柱齿轮是在圆柱面上制有轮齿，其齿廓一般为渐开线，直齿圆柱齿轮的结构及各部分的名称如图 7—35 所示。

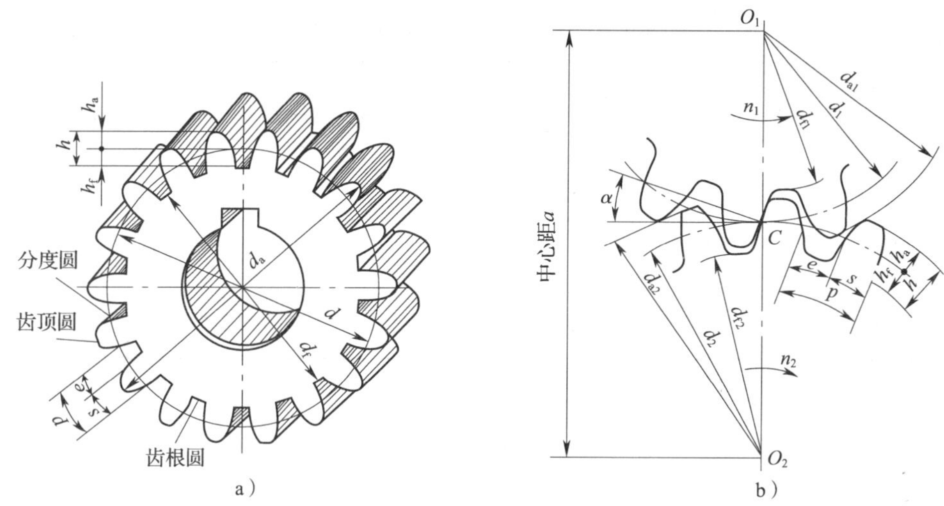

图 7—35　直齿圆柱齿轮的结构

1．齿顶圆

过齿轮各轮齿顶部的圆称为齿顶圆，其直径用 d_a 表示。

2．齿根圆

过齿轮各齿槽底部的圆称为齿根圆，其直径用 d_f 表示。

3．齿厚和齿槽宽

在齿轮的任意圆周上，一个轮齿两侧齿廓间的弧长称为该圆上的齿厚，用 s 表示；齿槽两齿廓间的弧长称为齿槽宽，用 e 表示。一般所说的齿厚和齿槽宽是指分度圆上的齿厚和齿槽宽。

4．分度圆

齿厚与齿槽宽相等的圆称为分度圆，其直径用 d 表示。

5．模数（m）

模数是计算齿轮各部分尺寸的一个重要参数，单位是 mm，使用时可查阅有关手册。模数与分度圆直径和齿数（轮齿数目）之间的关系为：$d=mz$。圆柱齿轮的模数见表 7—2。

表 7—2　渐开线圆柱齿轮模数（摘自 GB/T 1357—1987） mm

第一系列	1　1.25　1.5　2　2.5　3　4　5　6　8　10　12　16　20　25　32　40　50
第二系列	1.75　2.25　2.75　（3.25）　3.5　（3.75）　4.5　5.5　（6.5）　7　9　（11）　14　18　22　28　36　45

注：1. 斜齿轮是指法向模数。
2. 应优先采用第一系列，括号内的模数尽可能不用。

直齿圆柱齿轮主要几何要素的计算公式见表 7—3。

表 7—3　直齿圆柱齿轮主要几何要素的计算公式

名称	代号	公式
分度圆直径	d	$d=mz$
齿顶圆直径	d_a	$d_a=m(z+2)$
齿根圆直径	d_f	$d_f=m(z-2.5)$
中心距	a	$a=\frac{1}{2}d_1+\frac{1}{2}d_2=\frac{1}{2}m(z_1+z_2)$

任务实施

一、绘制小齿轮

1. 尺寸计算

如图 7—35a 所示，根据小齿轮的模数 2.5 mm、齿数 18、齿坯宽度 16 mm，可计算齿轮各部分的尺寸。

分度圆直径：$d_1=mz_1=2.5\times18=45$ mm

齿顶圆直径：$d_{a1}=m(z_1+2)=2.5\times(18+2)=50$ mm

齿根圆直径：$d_{f1}=m(z_1-2.5)=2.5\times(18-2.5)=38.75$ mm

2. 绘制视图

在视图上一般不需绘制其详细结构，而是用不同的图线表示其齿顶、齿根及分度圆的位置等。单个圆柱齿轮的绘图步骤如下：

（1）画齿轮中心线、定位辅助线。

（2）画分度圆、分度线。

分度圆和分度线用细点画线绘制，如图 7—36a 所示。

3. 画齿顶圆、齿顶线

齿顶圆和齿顶线用粗实线绘制，如图 7—36b 所示。

4. 画齿根圆、齿根线

在外形图中，齿根圆和齿根线用细实线绘制，也可省略不画，如图 7—36c 所示。在剖

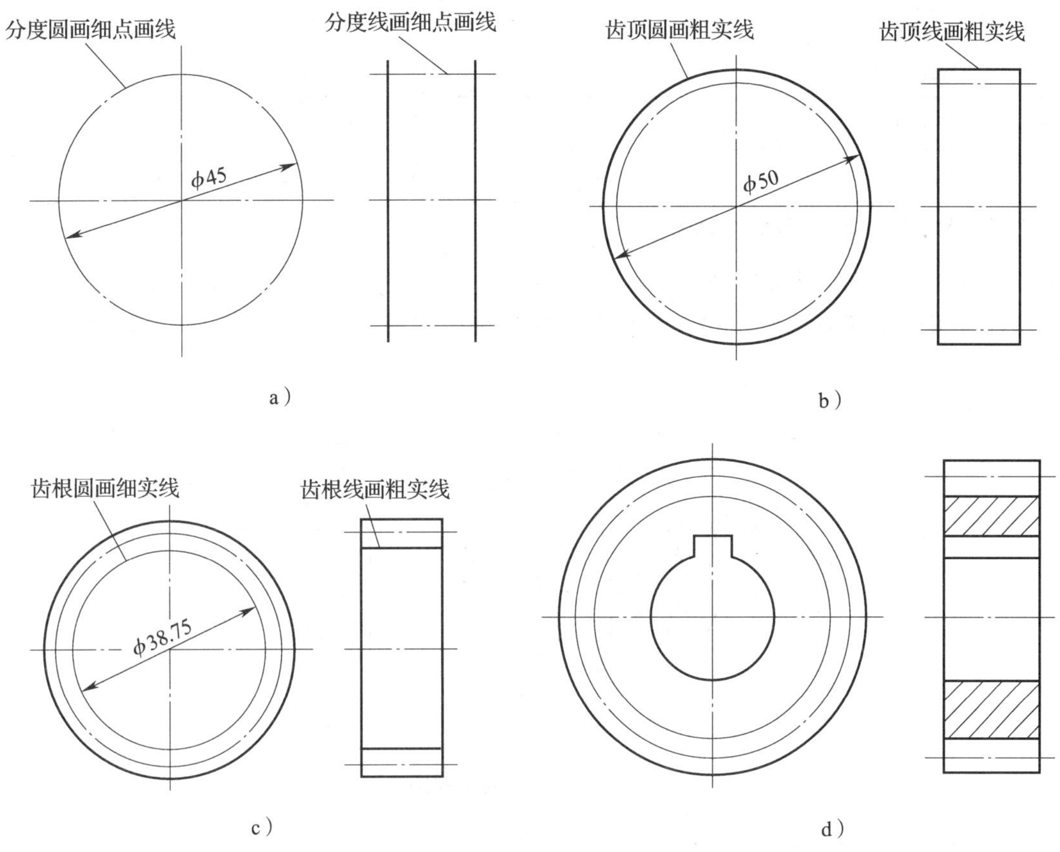

图 7—36　绘制直齿圆柱齿轮视图的步骤与方法

视图中，齿根线用粗实线绘制，如图 7—36c 所示。

5. 画孔、键槽等。

6. 检查校核，按线型描深图线，绘制剖面线。

在剖视图中轮齿部分按不剖绘制，如图 7—36d 所示。

二、绘制大齿轮

1. 尺寸计算

大齿轮的几何尺寸计算见表 7—4。

表 7—4　　大齿轮的几何尺寸计算

主要参数	计算公式及结果
模数	$m=2.5$ mm
齿数	$z_2=35$
分度圆直径	$d_2=mz_2=2.5\times35=87.5$ mm
齿顶圆直径	$d_{a2}=m(z_2+2)=2.5\times(35+2)=92.5$ mm

续表

主要参数	计算公式及结果
齿根圆直径	$d_{f2}=m\ (z_2-2.5)\ =2.5\times\ (35-2.5)\ =81.25$ mm
齿坯厚度	$B_2=14$ mm
中心距	$a=\frac{1}{2}m\ (z_1+z_2)\ =\frac{1}{2}\times2.5\ (18+35)\ =66.25$ mm

注：一对相互啮合的圆柱齿轮的模数相等。

2. 绘制大齿轮的视图

大齿轮的视图如图 7—37 所示，绘图步骤与小齿轮类似，只是齿坯部分的结构有所不同。

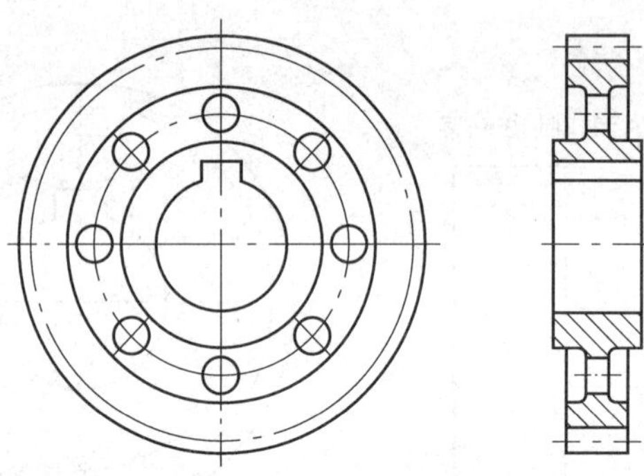

图 7—37　大齿轮的视图

三、绘制齿轮啮合图

两直齿圆柱齿轮啮合图绘图步骤与方法如下：

1. 画齿轮中心线、定位辅助线（图 7—38a）。

2. 画齿轮轮齿（图 7—38b）。

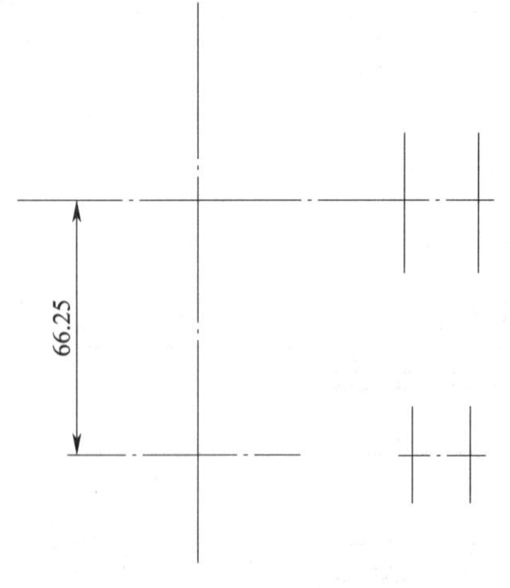

a）

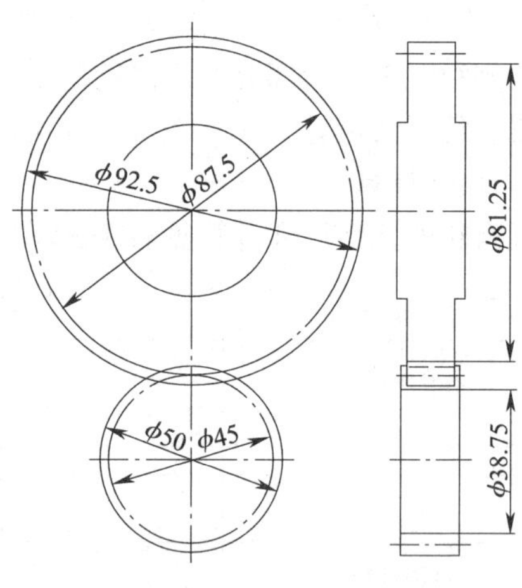

b）

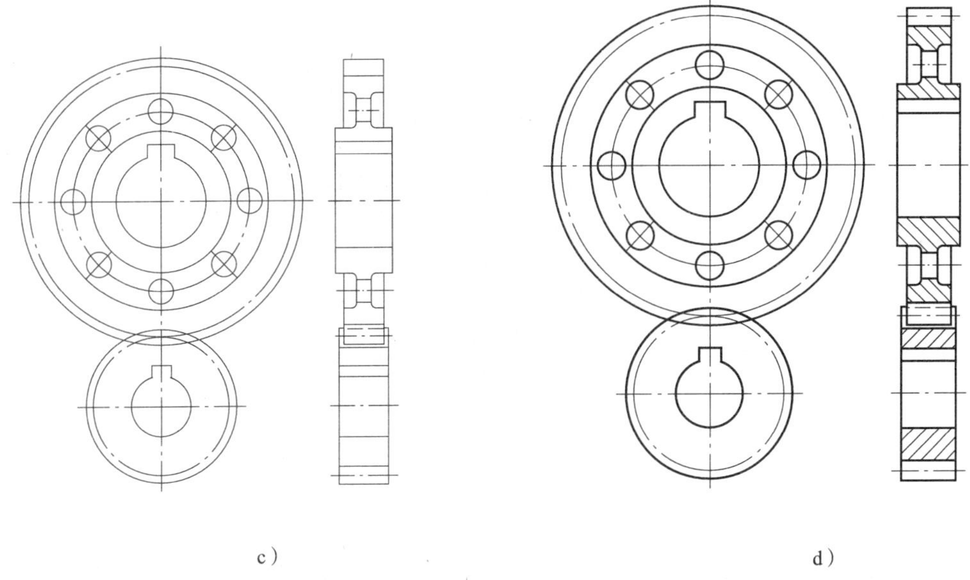

图 7—38 绘制标准直齿圆柱齿轮啮合图的步骤与方法

3. 画轮毂、辐板等（图 7—38c）。

4. 检查校核，按线型描深图线，绘制剖面线（图 7—38d）。

在绘制齿轮啮合图时，将一个齿轮的齿顶用粗实线绘制，另一齿轮的轮齿被遮挡部分用细虚线绘制，也可省略不画，齿轮啮合区的画法如图 7—39 所示。

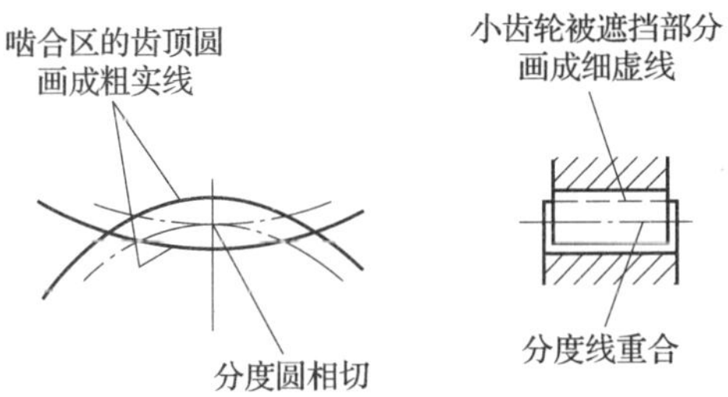

图 7—39 齿轮啮合区的画法

知识探究

一、直齿圆柱齿轮啮合的外形图的画法

直齿圆柱齿轮啮合的外形图的画法如图 7—40 所示，在主视图上啮合区内的齿顶圆可以不画，在左视图上重合的分度线画成粗实线，大、小齿轮的齿坯宽度按一个尺寸绘制。

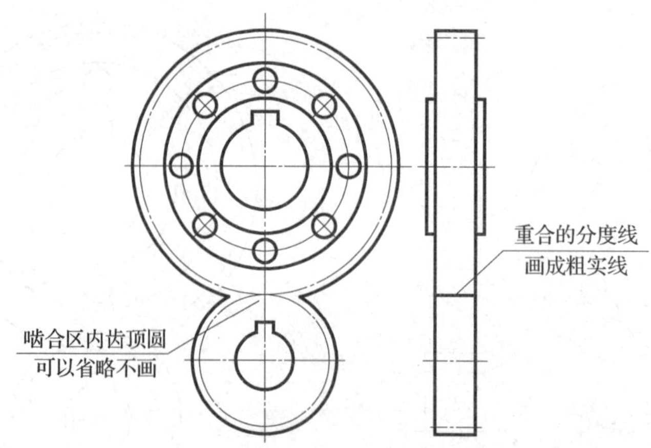

图 7—40　直齿圆柱齿轮啮合图的画法

二、斜齿轮和人字齿轮的画法

斜齿轮和人字齿轮的画法与直齿轮类似，当需要表达齿轮的轮齿方向时，可在未剖处用三条平行的细实线表示轮齿的方向，如图 7—41 所示。

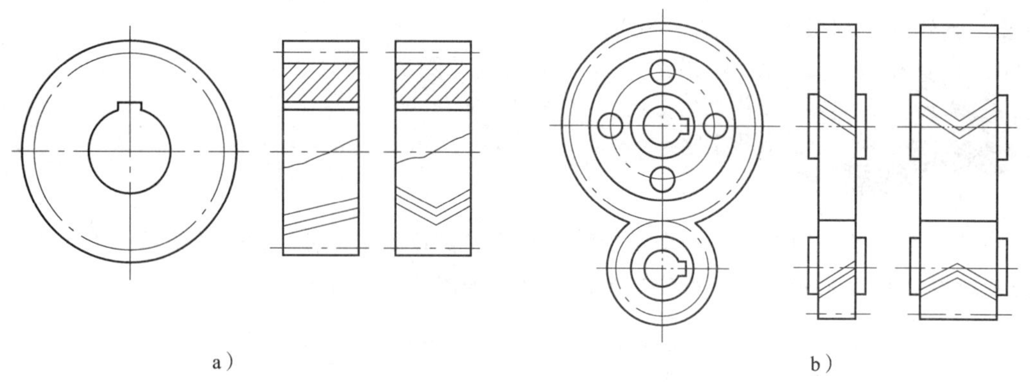

图 7—41　斜齿轮和人字齿轮的画法
a）单个齿轮　b）啮合图

按照国家标准的有关规定，图 7—40 和图 7—41 中省略了外形图中的齿根圆和齿根线。

任务 2　绘制锥齿轮的视图

任务引入

锥齿轮传动主要用于两相交轴之间的传动，如果已知小锥齿轮的主要参数 $m_1=3.5$ mm，

$z_1=25$，$\delta_1=30°10'25''$；大锥齿轮的主要参数 $m_2=3.5$ mm，$z_2=43$，$\delta_2=59°49'35''$。本任务的要求是：绘制锥齿轮的视图及啮合图。

任务实施

一、分析锥齿轮的形状结构

如图 7—42 所示，锥齿轮的齿形是在圆锥体上形成的，所以锥齿轮一端大、另一端小，它的齿厚是逐渐变化的。为了便于设计制造，国家标准规定以大端参数为标准值。

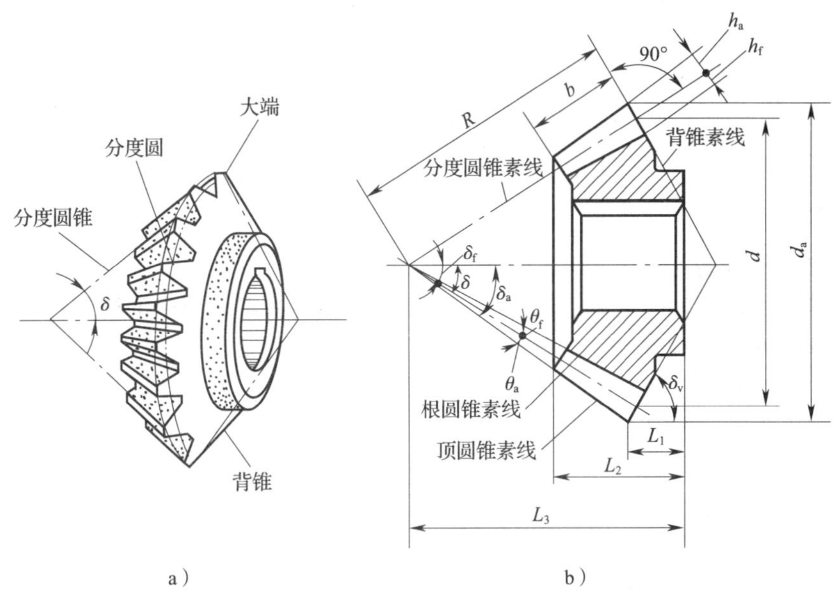

图 7—42 锥齿轮

锥齿轮的背锥素线与分度圆锥素线垂直。锥齿轮轴线与分度圆锥素线间的夹角称为分度圆锥角（δ），当相啮合的两锥齿轮轴线垂直时，$\delta_1+\delta_2=90°$。

二、计算锥齿轮的几何尺寸

当锥齿轮的齿数、模数确定后，即可计算出锥齿轮的各部分尺寸。如图 7—42 所示的锥齿轮的各部分几何尺寸的计算见表 7—5。

表 7—5　　锥齿轮各部分的几何尺寸计算

名称	符号	计算公式	小锥齿轮	大锥齿轮
模数	m		3.5 mm	
齿数	z		$z_1=25$	$z_2=43$
齿顶高	h_a	$h_a=m$	$h_a=3.5$ mm	
齿根高	h_f	$h_f=1.2m$	$h_f=4.2$ mm	
全齿高	h	$h=h_a+h_f=2.2m$	$h=7.7$ mm	
分度圆直径	d	$d=mz$	$d_1=87.5$ mm	$d_2=150.5$ mm

续表

名称	符号	计算公式	小锥齿轮	大锥齿轮
齿顶圆直径	d_a	$d_a=m\ (z+2\cos\delta)$	$d_{a1}=93.55$ mm	$d_{a2}=154.02$ mm
齿根圆直径	d_f	$d_f=m\ (z-2.4\cos\delta)$	$d_{f1}=80.24$ mm	$d_{f2}=146.28$ mm
外锥距	R	$R=\dfrac{mz}{2\sin\delta}$	$R=87.05$ mm	
齿顶角	θ_a	$\tan\theta_a=\dfrac{2\sin\delta}{z}$	$\theta_a=2°18'9''$	
齿根角	θ_f	$\tan\theta_f=\dfrac{2.4\sin\delta}{z}$	$\theta_f=2°45'45''$	
分度圆锥角	δ	$\delta_1+\delta_2=90°$	$\delta_1=30°10'25''$	$\delta_2=59°49'35''$
顶锥角	δ_a	$\delta_a=\delta+\theta_a$	$\delta_{a1}=32°28'34''$	$\delta_{a2}=62°7'44''$
根锥角	δ_f	$\delta_f=\delta-\theta_f$	$\delta_{f1}=27°24'40''$	$\delta_{f2}=57°3'50''$
齿宽	b	$b\leqslant R/3$	$b=16$ mm	

三、绘制小锥齿轮

单个锥齿轮通常用两个视图表达，并且其反映轴线的视图采用全剖视图；在投影为圆的视图中只画大、小端齿顶圆和大端分度圆。锥齿轮的画图步骤如下：

1．画分度圆锥和背锥（图 7—43a）。

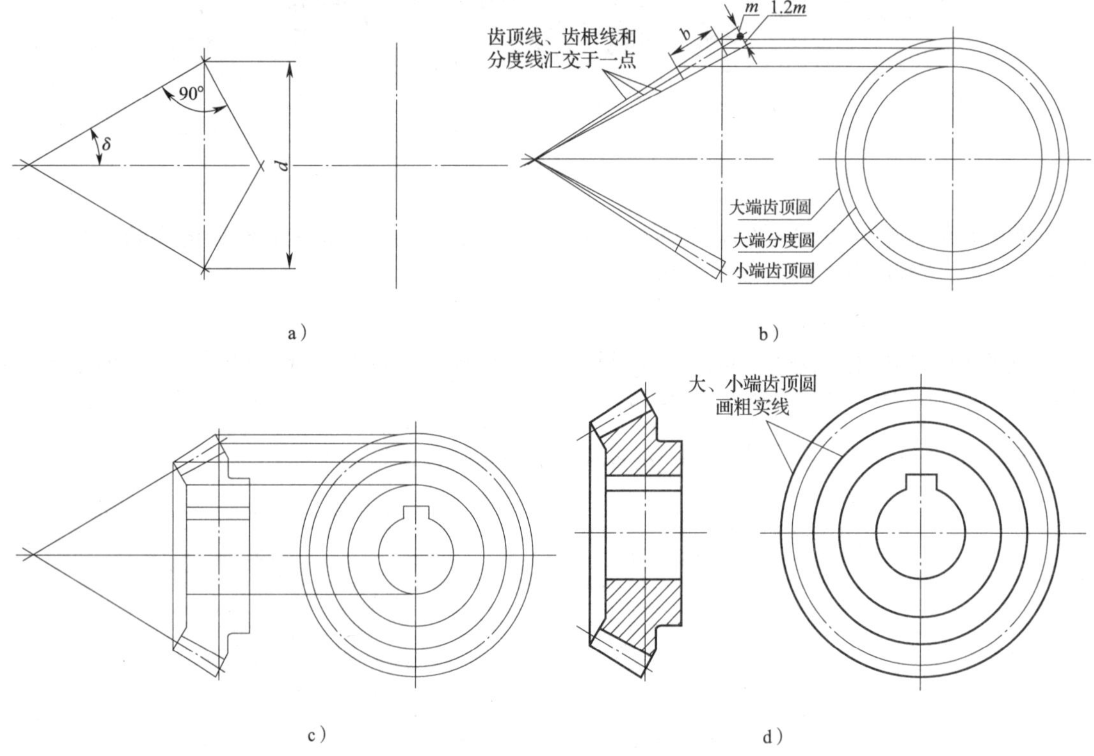

图 7—43　锥齿轮的画图步骤

2. 画齿形部分（图 7—43b）。

在主视图上齿顶线、齿根线和分度线汇交于一点，在左视图上只画大、小端齿顶圆和大端分度圆。

3. 画其他部分（图 7—43c）。

4. 检查校核，按线型描深图线，绘制剖面线（图 7—43d）。

大、小端齿顶圆画粗实线。

四、绘制大锥齿轮

小锥齿轮和如图 7—44 所示大锥齿轮啮合，用于传递垂直相交的两轴之间的运动，两锥齿轮啮合图的绘图步骤如图 7—45 所示。

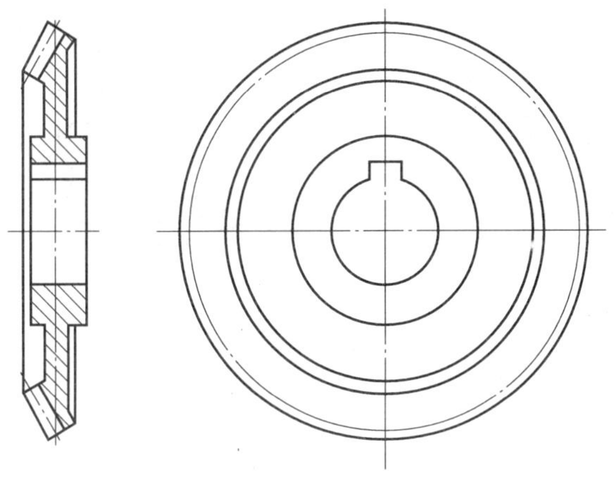

图 7—44　大锥齿轮

五、绘制锥齿轮啮合图

锥齿轮啮合图的画法与圆柱齿轮啮合图基本相同，其画图步骤如下：

1. 画分度圆锥（图 7—45a）。

2. 画齿形部分（图 7—45b）。

3. 画其他部分（图 7—45c）。

将主视图上啮合区内小锥齿轮的齿顶线画成细虚线。

4. 画左视图（图 7—45d）。

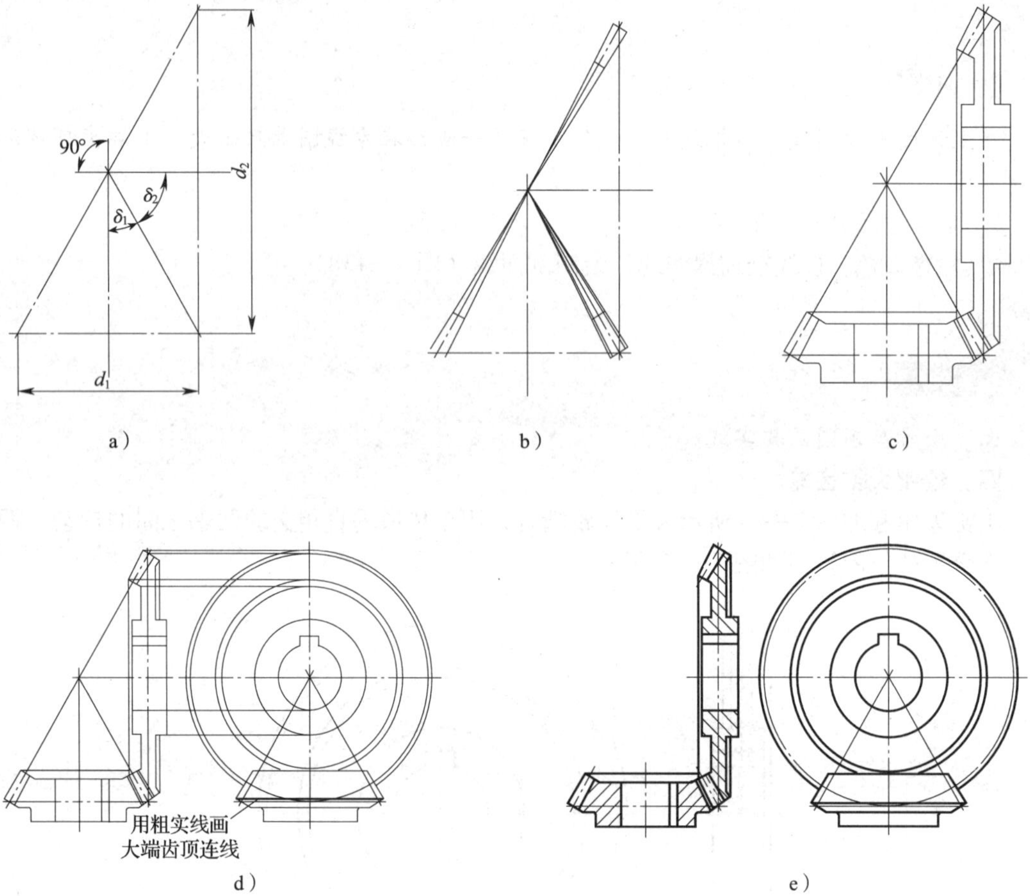

90°　δ_1　δ_2　d_1　d_2

a）　b）　c）

用粗实线画
大端齿顶连线

d）　e）

图 7—45　锥齿轮啮合图的画图步骤

（1）小锥齿轮绘制外形图，大端齿顶连线绘制粗实线。

（2）左视图上大齿轮被小齿轮遮挡部分的轮廓线不画。

5. 检查校核，按线型描深图线，绘制剖面线（图 7—45e）。

知识探究

锥齿轮啮合（外形图）的画法

锥齿轮啮合的外形图如图 7—46 所示，在反映两锥齿轮轴线的主视图上，啮合区的分度圆锥用粗实线绘制。

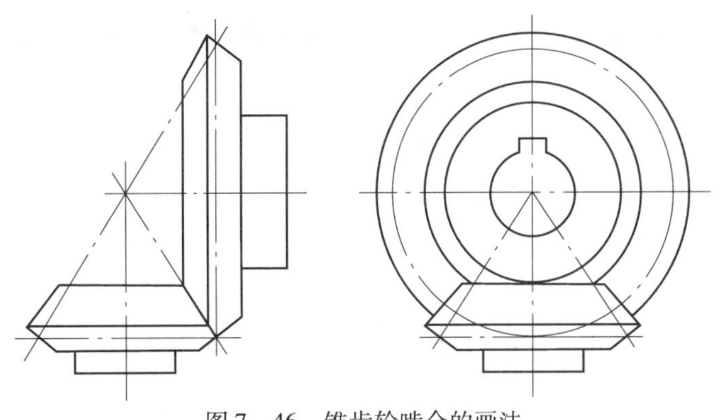

图 7—46　锥齿轮啮合的画法

课题三　识读键、销连接图

学习目标

¤ 掌握普通平键的类型及其标记。
¤ 学会识读普通平键连接图。
¤ 掌握半圆键及连接图的画法。
¤ 掌握钩头楔键及连接图的画法。
¤ 学会识读外花键、内花键和花键连接的视图。
¤ 掌握销的结构形状和连接图的画法。

任务 1　识读普通平键连接图

任务引入

图 7—47 所示为用普通平键连接轴与 V 带轮的结构图。在被连接的轴上和轮毂孔中加工了键槽，先将键嵌入轴上的键槽内，再对准轮毂孔中的键槽（该键槽是穿通的)，将它们装配在一起，便可达到连接的目的。下面认识普通平键、V 带轮上的键槽、轴上键槽的形状，识读普通平键连接图。

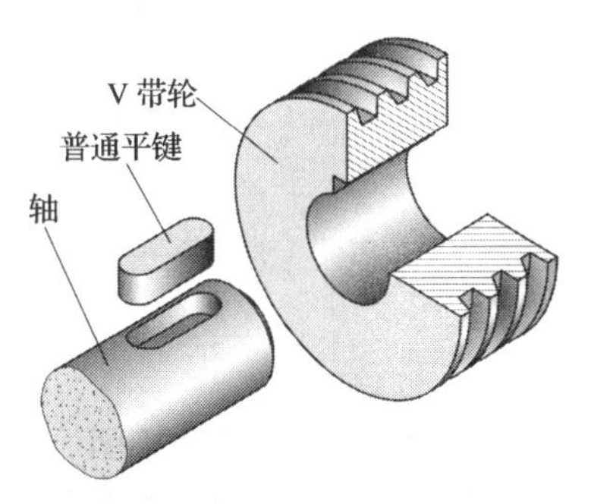

图 7—47　普通平键连接

相关知识

键主要用于轴和轴上零件（如齿轮、带轮等）间的周向连接，以传递转矩和运动。键连接主要有普通平键连接、半圆键连接、钩头楔键连接、花键连接等。

任务实施

一、认识普通平键

1. 认识普通平键的种类

普通平键有 A 型（圆头）、B 型（方头）和 C 型（单圆头）三种，如图 7—48 所示。

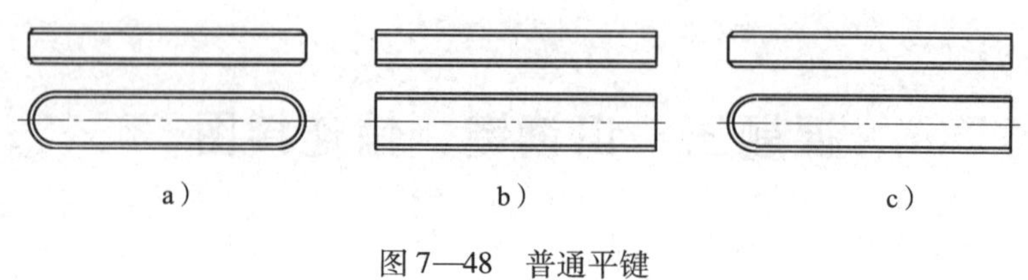

图 7—48 普通平键

a）A 型 b）B 型 c）C 型

2. 识读普通平键的标记

普通平键的标记示例：GB/T 1096 键 16×10×100

查附录 9 可知，该标记表示：普通 A 型平键、$b=16$ mm、$h=10$ mm、$L=100$ mm。

"GB/T 1096 键 B16×10×100"和"GB/T 1096 键 C16×10×100"则分别表示的是普通 B 型平键和普通 C 型平键。

二、认识键槽

轴和 V 带轮的视图如图 7—49 所示，轴上键槽的形状和键的形状相同，V 带轮上的键槽为通槽。键槽的宽度和键宽度的公称尺寸相同。

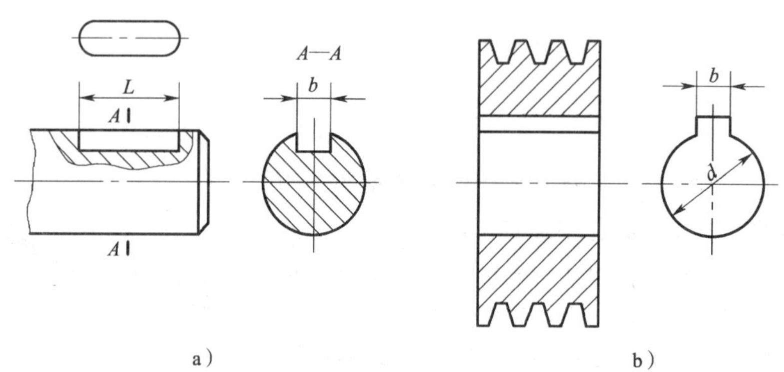

图 7—49 轴和 V 带轮

a）轴 b）V 带轮

三、识读普通平键连接图

用普通平键连接轴和 V 带轮的视图如图 7—50 所示，从图中可以看出：

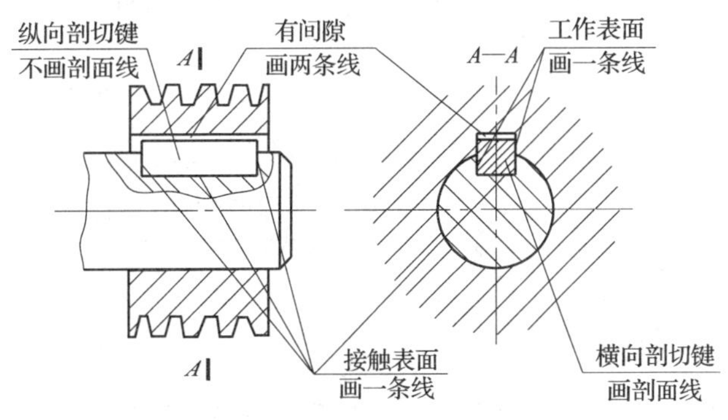

图 7—50　普通平键连接图

1. 普通平键的侧面和键槽的侧面共用一条轮廓线，这是因为：普通平键（或半圆键）的侧面是工作表面，连接时与键槽接触，机械制图国家标准规定，接触表面应画一条线。

2. 键与轴上键槽的底面共用一条轮廓线，这是因为：键在安装时应首先嵌入轴上的键槽中，因此键与轴上键槽的底面之间也是接触表面，也应画一条线。

3. 普通平键的顶面和孔上键槽底面分别绘制轮廓线，这是因为：键的顶端与孔上的键槽底面之间有间隙，应画两条线，即分别画出它们的轮廓线。

4. 普通平键在主视图上没有画剖面线，在左视图上绘制了剖面线，这是因为：纵向剖切键时，键按不剖处理；横向剖切键时，应画剖面线。

知识探究

一、半圆键及连接图的画法

半圆键也是一种常用的连接键，其结构、尺寸、标记见附录 10，半圆键及其连接图的画法如图 7—51 所示，其画法原理与普通平键相同。

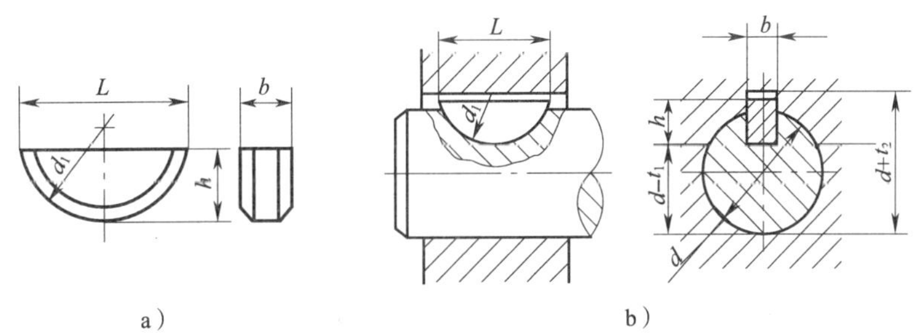

图 7—51　半圆键及连接图

a）半圆键　b）半圆键连接图

二、钩头楔键及连接图的画法

钩头楔键的形状如图 7—52 所示，其顶面有 1∶100 的斜度，装配时沿轴向将键打入键槽内，直至打紧为止。连接图的画法如图 7—53 所示，钩头楔键的顶面和底面是工作面，工作时依靠顶面和底面分别与轮毂和轴之间的挤压来传递动力，故绘图时上下表面都画一条线。

钩头楔键两侧面与键槽之间有由公差控制的间隙，但键宽与槽宽的基本尺寸相同，故也应画一条线。

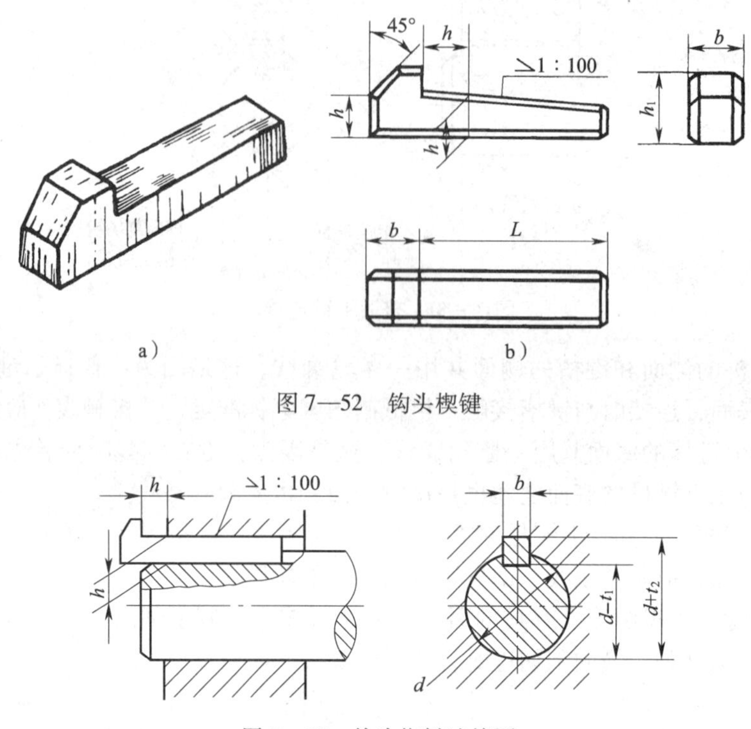

图 7—52　钩头楔键

图 7—53　钩头楔键连接图

任务 2　识读花键的视图

任务引入

花键连接适用于载荷较大、定心精度较高或导向性要求好的连接，其结构和尺寸已标准化。如图 7—54 所示为矩形花键，在花键轴上有 6 个矩形齿，在花键孔上有 6 个形状相同的

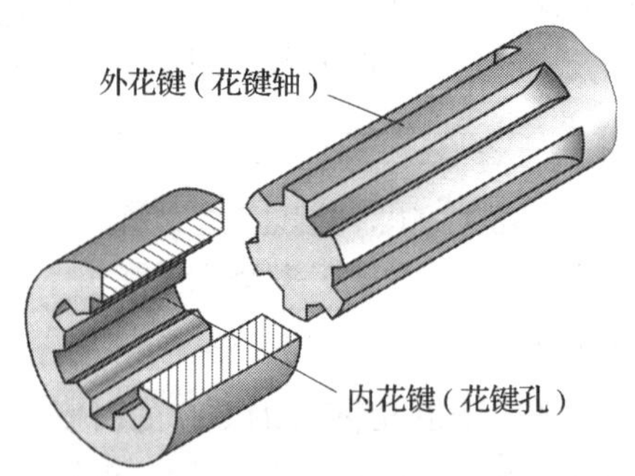

图 7—54　花键连接

矩形槽。工作时，内花键可以在花键轴上滑动，并且和花键轴一起转动，花键连接常用于滑移齿轮和轴之间的连接。下面认识花键的形状，识读外花键、内花键和花键连接的视图。

任务实施

一、识读外花键的视图

外花键的视图如图 7—55 所示。在与花键轴线平行的视图上，大径用粗实线绘制，小径用细实线绘制；花键工作长度的终止端和尾部长度的末端也用细实线绘制，尾部画成与轴线成 30°倾斜的细实线。在垂直于花键轴线剖切后画的断面图上可画出一部分或全部齿形。在垂直于花键轴线的外形视图（图 7—56）上，花键小径画成完整的细实线圆，花键端部的倒角圆不画。

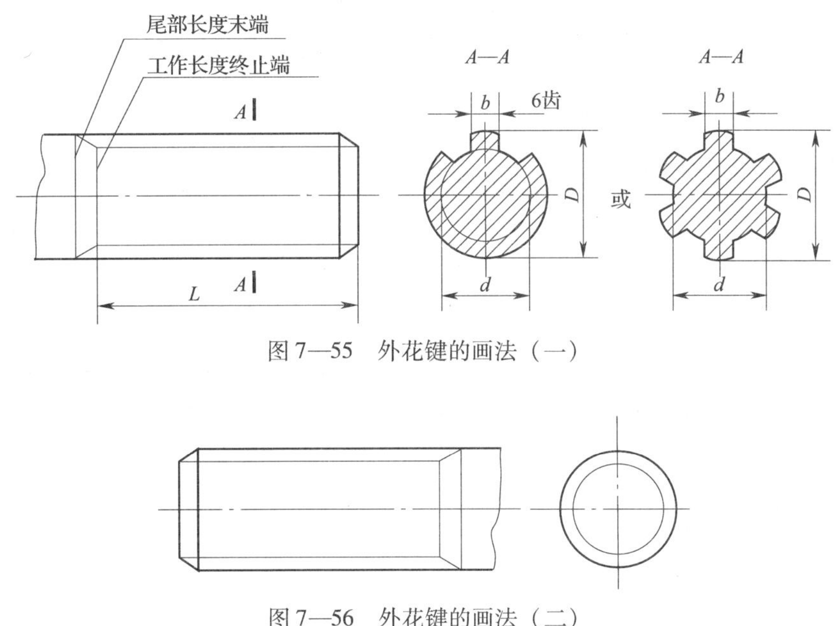

图 7—55　外花键的画法（一）

图 7—56　外花键的画法（二）

二、识读内花键的视图

内花键的画法如图 7—57 所示。在与内花键轴线平行的视图上，大径和小径均用粗实线绘制，在端视图上用局部视图画出一部分或全部齿形。

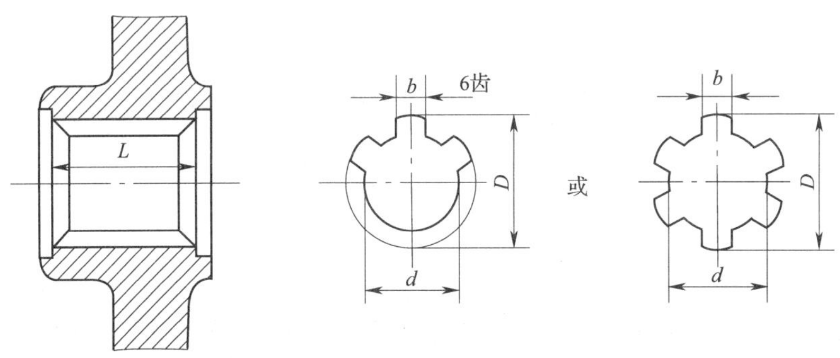

图 7—57　内花键的画法

三、识读花键连接图

花键连接的画法如图 7—58 所示。在花键连接的剖视图中，其连接部分按外花键绘制。

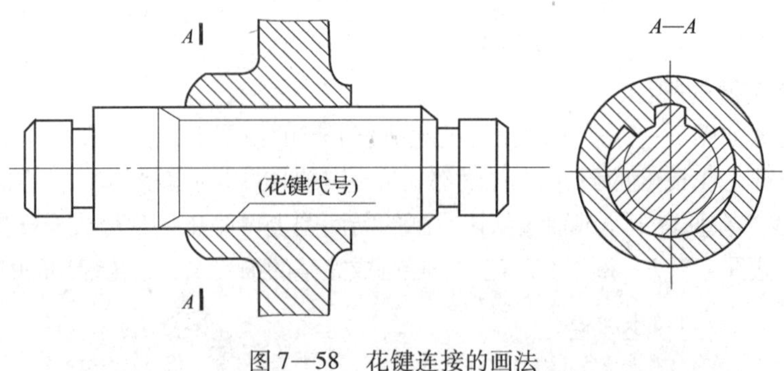

图 7—58　花键连接的画法

任务 3　识读销连接图

任务引入

如图 7—59 所示为圆柱销和圆锥销连接图，销主要用于两零件间的定位，工作时，销的圆柱面（或圆锥面）和被连接件的孔配合。下面分析销的结构形状和连接图的画法。

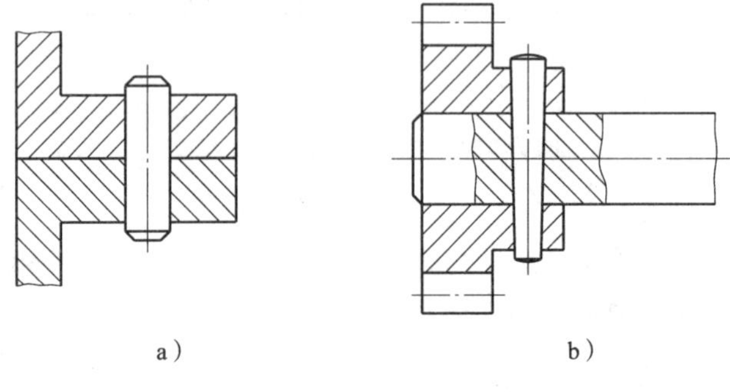

图 7—59　销连接
a）圆柱销连接　b）圆锥销连接

任务实施

一、认识销的形状

圆柱销和圆锥销的形状如图 7—60 所示，圆柱销为圆柱体两头倒角，圆锥销为圆锥体两头倒圆。销是标准件，其标记、尺寸和有关技术参数可查阅附录 11 和附录 12。

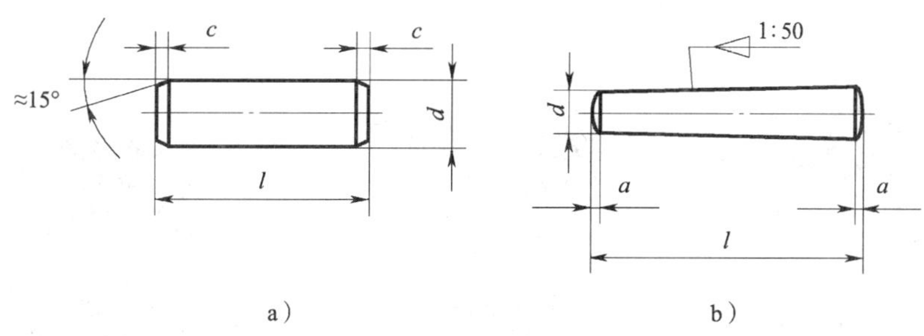

图 7—60　销的形状
a）圆柱销　b）圆锥销

二、分析销连接图画法

分析图 7—59 可以看出，销在装配图中的画法遵循机械制图的有关规定，当剖切平面通过销的轴线剖切时，销按未剖切绘制。

若剖切平面垂直于销的轴线剖切时，销上要画剖面线。

课题四　滚动轴承和弹簧

学习目标

¤ 学会识读滚动轴承的标记和通用画法。
¤ 学会用规定画法绘制滚动轴承。
¤ 了解弹簧的种类及其各部分的名称，学会绘制弹簧。

任务 1　认识滚动轴承的标记和通用画法

任务引入

滚动轴承是一种支承传动轴的标准件。滚动轴承的种类很多，结构也不尽相同。但一般由内圈（或上圈）、外圈（或下圈）、滚动体、保持架四部分组成。由于它能大大减小轴与孔之间的摩擦力，而在机器中得到广泛使用。如图 7—61 所示为几种最常用的滚动轴承，下面认识滚动轴承的标记和通用画法。

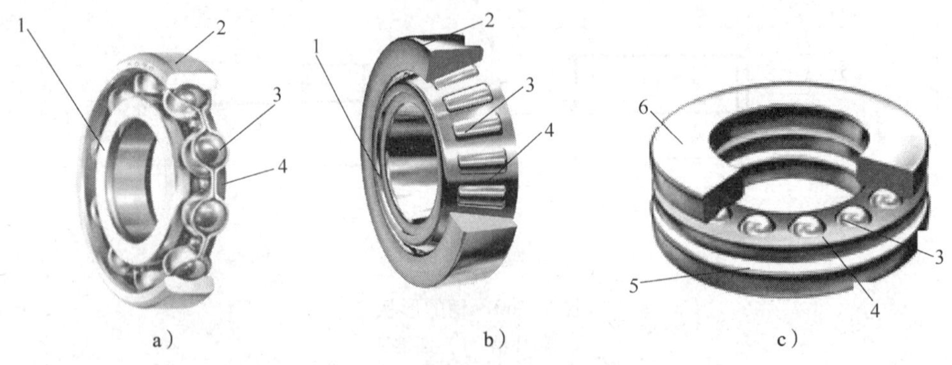

图 7—61　滚动轴承

a）深沟球轴承　b）圆锥滚子轴承　c）推力球轴承

1—内圈　2—外圈　3—滚动体　4—保持架　5—下圈　6—上圈

任务实施

一、识读滚动轴承的标记

每一种滚动轴承都有规定的标记，一般由其名称、代号、国标代号三部分组成。

标记示例：滚动轴承　6208　GB/T 276—1994。

查附录 13 可知："GB/T 276—1994"是深沟球轴承的国家标准代号，6208 是滚动轴承的代号，查表可得该深沟球轴承的有关尺寸，如：轴承的宽度 $B=18$ mm、内径 $d=40$ mm、外径 $D=80$ mm。

二、认识滚动轴承的通用画法

国家标准规定的滚动轴承的表达方法有通用画法、规定画法和特征画法三种，通用画法是一种最简单的画法，可以表达各种类型的滚动轴承。在装配图中，若不必确切地表示滚动轴承的外形轮廓、载荷特性及结构特征时，可采用通用画法。通用画法是在轴的两侧用矩形线框（为粗实线）及位于线框中央正立的十字形符号（为粗实线）表示，如图 7—62 所示。

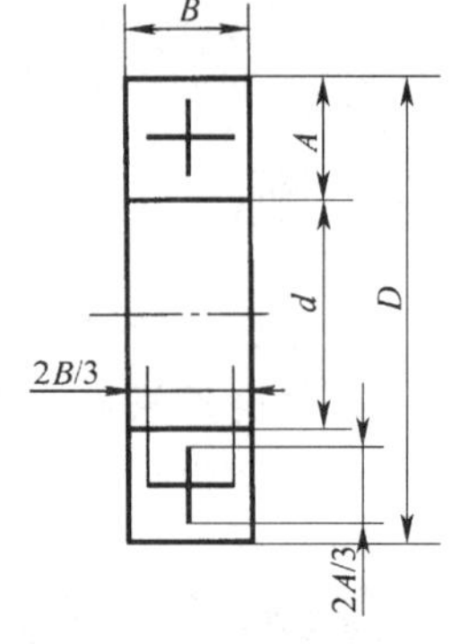

图 7—62　滚动轴承的通用画法

知识探究

滚动轴承的特征画法

在装配图的剖视图中，若需要形象地表达滚动轴承的结构特征时，可采用特征画法。滚动轴承的特征画法是在表达轴承的矩形线框（粗实线）内，用粗实线画出表示滚动轴承结构特征和载荷特性的要素符号，如图 7—63 所示。

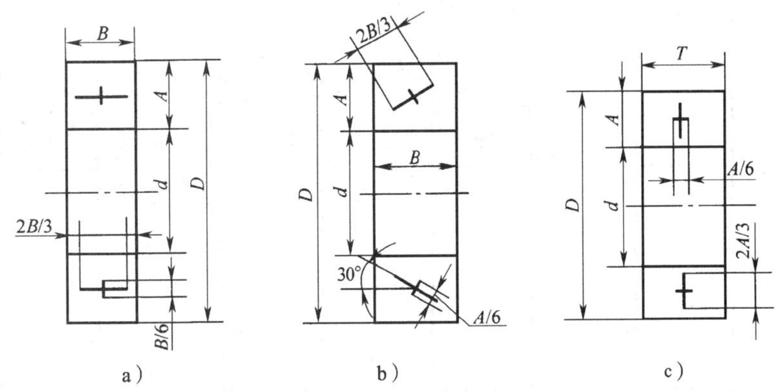

图 7—63 滚动轴承的特征画法

a）深沟球轴承 b）圆锥滚子轴承 c）推力球轴承

任务2 用规定画法绘制滚动轴承

任务引入

滚动轴承的通用画法和特征画法不能反映滚动轴承的结构，在机器的装配图中需要表达滚动轴承的结构。这就需要将内圈、外圈、滚动体的大致形状绘制出来。当需要表达滚动轴承的主要结构时，可采用规定画法。下面用规定画法绘制标记为“滚动轴承 6208 GB/T 276—1994”的滚动轴承。

任务实施

用规定画法绘制标记为“滚动轴承 6208 GB/T 276—1994”的深沟球轴承的方法和步骤如下：

1. 绘制滚动轴承内、外圈的轮廓线（图 7—64a）。
2. 绘制滚动体的轮廓线（图 7—64b）。
3. 绘制内外圈剖切后的视图（图 7—64c）。
4. 用通用画法绘制轴承的另一半（图 7—64d）。

提示

（1）绘图尺寸可根据标记查阅有关国家标准。

（2）在滚动体上不画剖面线。

（3）内、外圈的剖面线应方向一致、间隔相同。

（4）规定画法一般只用在图的一侧，在图的另一侧应按通用画法绘制。

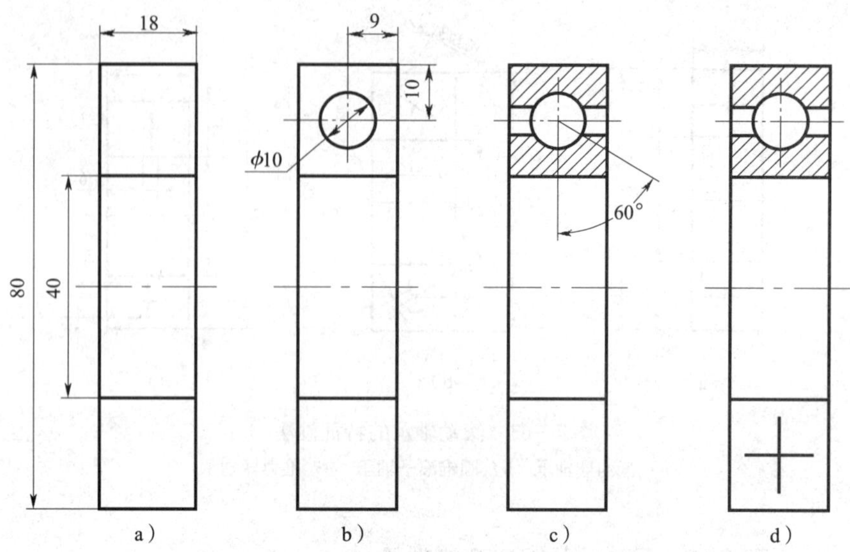

图 7—64　绘制深沟球轴承视图的方法和步骤

知识探究

常见滚动轴承的规定画法

常见滚动轴承的规定画法如图 7—65 所示。

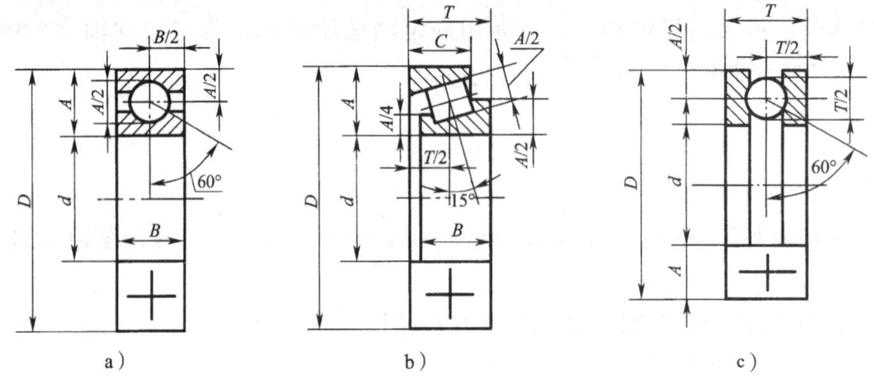

图 7—65　常见滚动轴承的规定画法

a）深沟球轴承　b）圆锥滚子轴承　c）推力球轴承

任务 3　绘制弹簧

任务引入

弹簧属于常用件，在机械工程中应用非常广泛，主要用于减振、夹紧、复位、调节等。

本任务的要求是绘制圆柱螺旋压缩弹簧的视图。

相关知识

一、弹簧的种类

弹簧的种类很多，常见的圆柱螺旋弹簧有压缩弹簧、拉伸弹簧和扭转弹簧等，如图 7—66 所示。

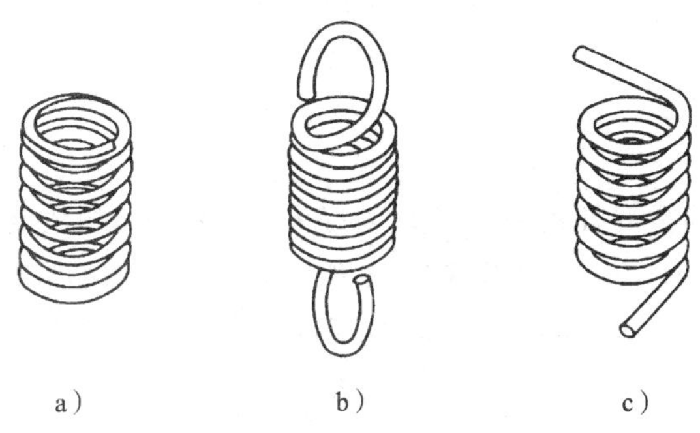

图 7—66 常见圆柱螺旋弹簧

a）压缩弹簧 b）拉伸弹簧 c）扭转弹簧

二、弹簧各部分名称

圆柱螺旋压缩弹簧各部分的名称及代号如图 7—67 所示。

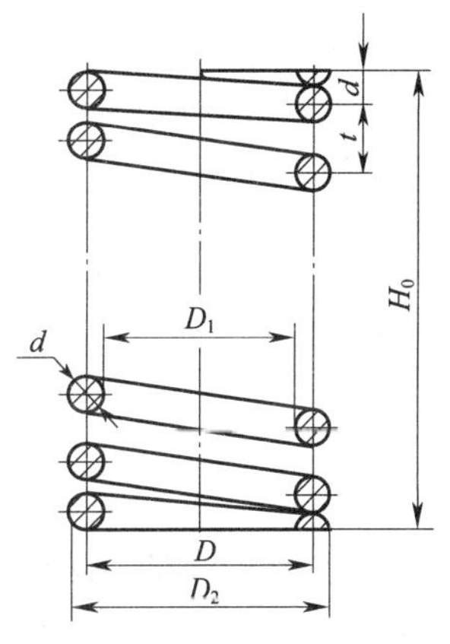

图 7—67 弹簧各部分的名称及代号

1. 线径（d）

线径是指弹簧丝的直径，用 d 表示。

2. 弹簧外径（D_2）

弹簧外径是指弹簧的最大直径，用 D_2 表示。

3. 弹簧内径（D_1）

弹簧内径是指弹簧的最小直径，用 D_1 表示。

4. 弹簧中径（D）

弹簧中径是指弹簧的平均直径，用 D 表示。

$$D = (D_1 + D_2)/2 = D_1 + d = D_2 - d$$

5. 节距（t）

节距是指除两端支承圈外，螺旋弹簧两相邻有效圈截面中心线的轴向距离，用 t 表示。

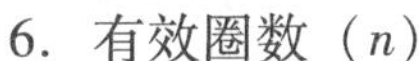

6. 有效圈数（n）

有效圈数是指弹簧能保持相同节距的圈数，用 n 表示。

7. 支承圈数（n_z）

支承圈数是指为使弹簧工作平稳，将弹簧两端并紧磨平的圈数，用 n_z 表示。支承圈仅起支承作用，常用的有 1.5 圈、2 圈和 2.5 圈三种。

8. 总圈数（n_1）

总圈数是指弹簧的有效圈数与支承圈数之和，用 n_1 表示。

$$n_1 = n + n_z$$

9. 弹簧的自由高度

弹簧的自由高度是指弹簧未受载荷时的高度，用 H_0 表示。

$$H_0 = nt + (n_z - 0.5)\ d$$

10. 弹簧展开长度

弹簧展开长度是指制造弹簧所需簧丝的长度，用 L 表示。

$$L \approx n_1 \sqrt{(\pi D)^2 + t^2}$$

任务实施

根据圆柱螺旋压缩弹簧的外径 D_2、簧丝直径 d、节距 t 和圈数等即可计算出弹簧的中径 D 和自由高度 H_0，从而绘制出弹簧的视图，其作图方法和步骤如下：

1. 根据弹簧的中径 D 和自由高度 H_0 绘制图形的基准线（图 7—68a）。

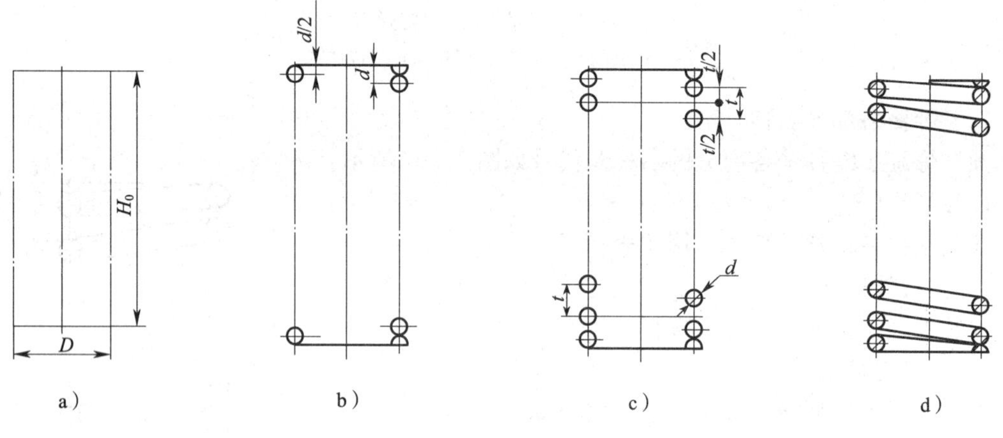

图 7—68　绘制圆柱螺旋压缩弹簧

2. 绘制弹簧的支承圈（图 7—68b）。

（1）不论支承圈的圈数多少和末端紧贴情况如何，均按图 7—68b 绘制。必要时，也可按支承圈的实际结构绘制。

（2）左、右螺旋弹簧均可画成右旋，但左旋弹簧无论画成左旋或右旋，一律要注明旋向。

3. 绘制有效圈（图 7—68c）。

有效圈数在4圈以上的螺旋弹簧，可只画出其两端的1～2圈，中间用通过簧丝断面中心的细点画线相连，且可适当缩短图形长度。

4. 绘制各圈轮廓线，完成视图（图7—68d）。

在反映螺旋压缩弹簧轴线的视图中，各圈的轮廓线画成直线。

知识探究

一、圆柱螺旋弹簧的画法

圆柱螺旋弹簧的视图、剖视图和示意图见表7—6。

表7—6　圆柱螺旋弹簧的视图、剖视图和示意图

名称	压缩弹簧	拉伸弹簧	扭转弹簧
视图	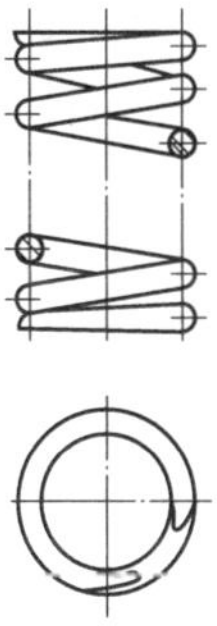	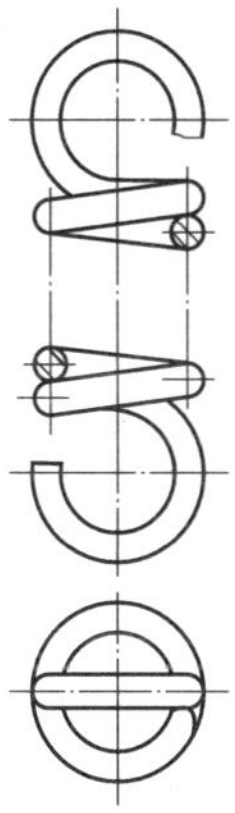	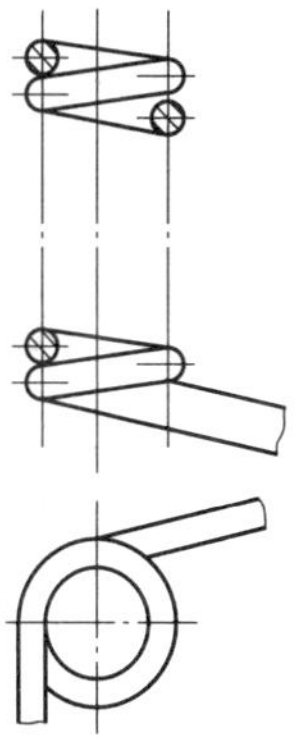
剖视图	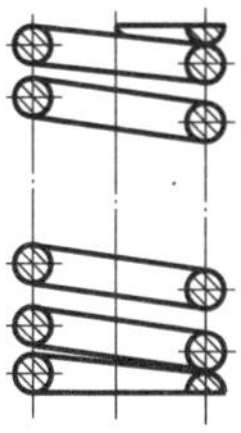	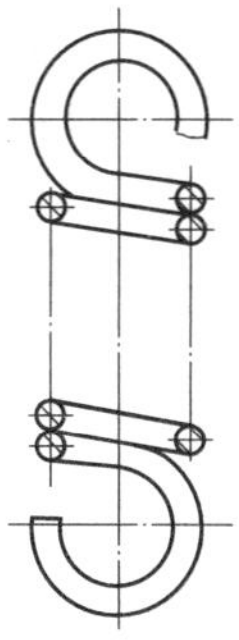	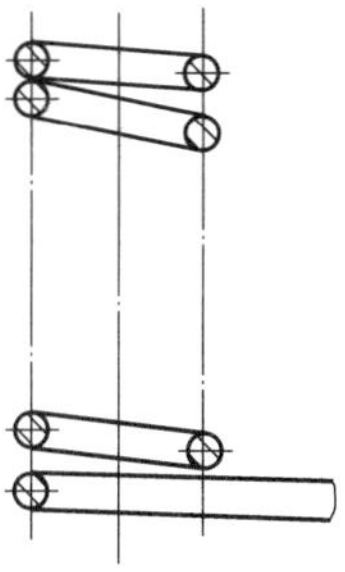

续表

名称	压缩弹簧	拉伸弹簧	扭转弹簧
示意图			

二、弹簧在装配图中的画法

弹簧在装配图中的普通画法、示意画法和涂黑表示方法见表 7—7。

表 7—7　　弹簧在装配图中的画法

画法种类	普通画法	示意画法	涂黑表示
图例			
画法规定	被弹簧遮挡的结构一般不画出，可见部分的轮廓线画至弹簧外轮廓线或钢丝断面中心线	当弹簧的钢丝断面直径在图形上≤2 mm 时，可用示意画法或采用涂黑表示	

模块八　机 械 图 样

机械图样包括零件图和装配图，用于表达机械和电气设备，本模块简要介绍零件图和装配图的内容及看图方法。

课题一　零　件　图

学习目标

¤ 掌握零件图的主要内容。
¤ 掌握公差的基本概念及公差带代号。
¤ 掌握几何公差的类型、名称及符号。
¤ 掌握表面结构代号的含义及其标注。
¤ 学会识读零件图的技术要求。
¤ 学会识读零件图。

任何机器都是由各种零件装配而成的，制造机器必须首先加工零件。表达零件的形状结构、尺寸和技术要求的图样称为零件图。零件图可用于指导加工制造和检验零件。

任务1　认识零件图

任务引入

图8—1所示为端盖零件图。本任务要求是：认识端盖零件图所表达的主要内容。

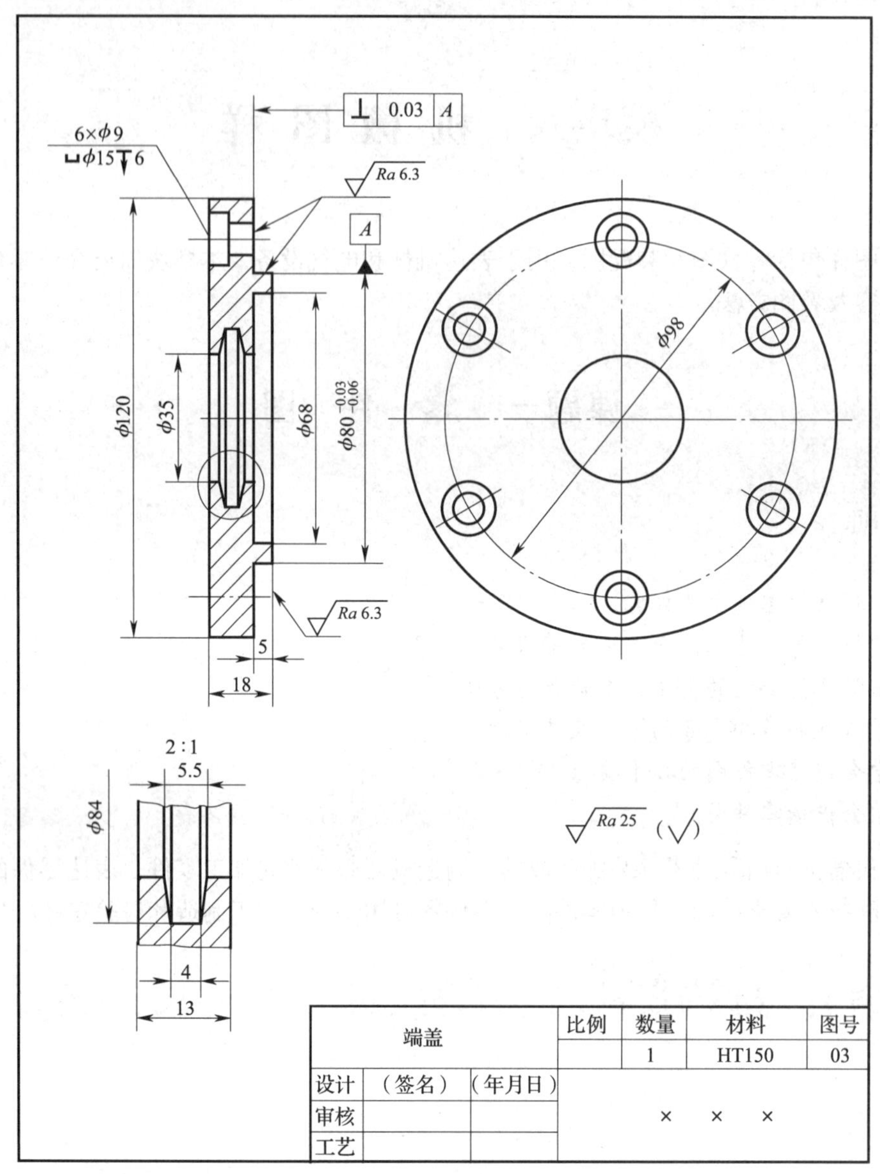

图 8—1　端盖的零件图

任务实施

该零件图上的主要内容有：

一、一组图形

在零件图中，可以采用适当的视图、剖视图、断面图等表达方法，以一组图形完整、清晰地表达零件各部分的形状和结构。

零件图的视图应根据零件的结构形状合理选择，图 8—1 所示的零件图上有三个图形，分别是主视图、左视图和局部放大图。其中主视图采用全剖视；左视图绘制外形图。分析视图可以看出，该零件为回转体零件，零件的外形为两个圆柱体，内形为一组圆柱孔和圆锥孔，在大圆盘的四周加工了 6 个沉孔。

二、一组尺寸

为表达零件各部分的形状大小和相对位置关系，在零件图上标注了一组尺寸，以满足零件制造和检验的需要。零件图上尺寸的类型与组合体上的尺寸类型相同，即零件图上的尺寸也分为定形尺寸和定位尺寸两类。

在图 8—1 中标注了反映端盖各结构大小和位置的定形尺寸和定位尺寸。如标注了反映大、小圆柱外形的定形尺寸 $\phi120$ mm、$\phi80^{-0.03}_{-0.06}$ mm、18 mm、5 mm 等，标注了 6 个沉孔的定形尺寸"$\frac{6\times\phi9}{⌴\phi15↧6}$"和定位尺寸 $\phi98$ mm。

其他尺寸请读者自行分析。

三、技术要求

在图 8—1 中，$\phi80$ mm 外圆柱面需要和孔配合，属于重要的尺寸，所以标注了尺寸公差，在图中标注为"$\phi80^{-0.03}_{-0.06}$"。

在端盖零件图中标注了几何公差"| ⊥ | 0.03 | A |"，其含义是：$\phi120$ mm 圆柱右端面相对于 $\phi80^{-0.03}_{-0.06}$ mm 圆柱轴线的垂直度公差不大于 0.03 mm。

在端盖的零件图中还标注了各个表面的表面结构要求，从图中可以看出，$\phi80^{-0.03}_{-0.06}$ mm 圆柱面及其右端面、$\phi120$ mm 圆柱右端面的表面结构要求最高，其表面结构代号为"$\sqrt{Ra\,3.2}$"，其他表面的表面结构代号为"$\sqrt{Ra\,25}$"。

四、标题栏

在端盖零件图的右下角绘制标题栏，在标题栏中写明单位名称、图样名称、图样代号、材料、比例，以及设计、审核、工艺、批准人员签名和签名时间等。看图 8—1 的标题栏可知，该零件的名称是端盖，制造零件所用的材料是 HT150。

任务 2　认识零件图的技术要求

任务引入

图 8—2 所示为托架零件图，本任务要求是：认识托架零件图的技术要求。

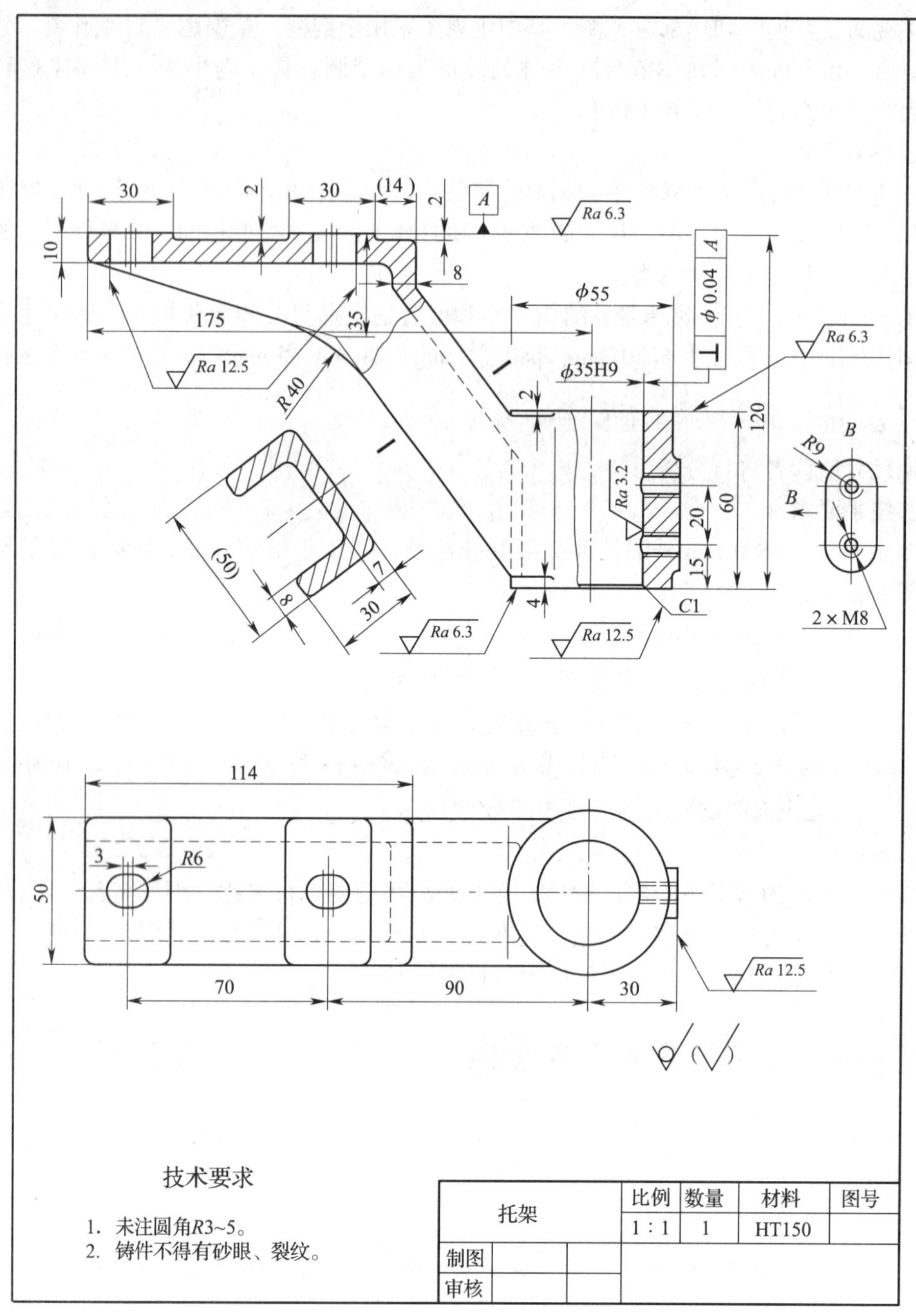

图 8—2　托架零件图

相关知识

一、尺寸公差

在生产过程中，由于机床精度、刀具磨损、测量误差、工人技术水平等因素，所加工的零件尺寸总是存在着一定的误差，为保证零件能够使用，就必须将零件的尺寸控制在一定的范围内。

1. 公差的基本概念

（1）公称尺寸。设计时给定的尺寸称为公称尺寸，如图 8—3 中的“ϕ75”。

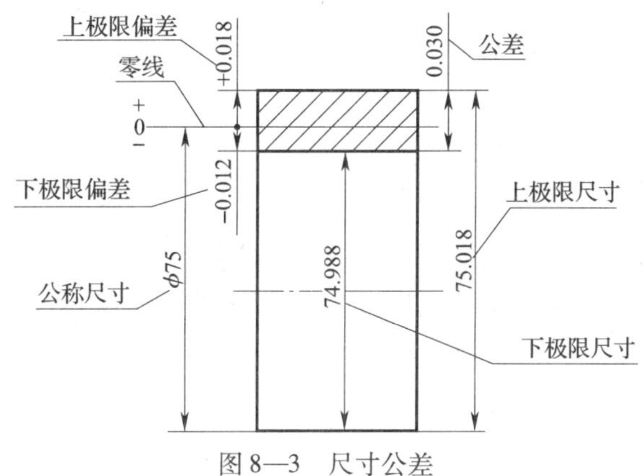

图 8—3　尺寸公差

（2）极限尺寸。允许尺寸变化的两个界限值称为极限尺寸。加工时允许的最大尺寸称为上极限尺寸，图 8—3 中的尺寸“75. 018”为上极限尺寸；加工时允许的最小尺寸称为下极限尺寸，图 8—3 中的尺寸“74. 988”称为下极限尺寸。

（3）极限偏差。极限偏差分为上极限偏差和下极限偏差。在加工时允许超出公称尺寸的最大量称为上极限偏差，图 8—3 中“ +0. 018”是上极限偏差；在加工时允许小于公称尺寸的最大量称为下极限偏差，图 8—3 中的“ −0. 012”是下极限偏差。极限偏差、极限尺寸和公称尺寸之间的关系为：

上极限偏差 = 上极限尺寸 − 公称尺寸

下极限偏差 = 下极限尺寸 − 公称尺寸

（4）公差。允许尺寸的变动范围称为尺寸公差，简称公差。极限尺寸、极限偏差与公差之间的关系为：

尺寸公差 = ｜上极限尺寸 − 下极限尺寸｜ = ｜上极限偏差 − 下极限偏差｜

注意：上极限偏差和下极限偏差可以是正值、负值或零；公差是绝对值，只能是正值。

（5）尺寸公差在图样上的标注形式。如图 8—4 所示，尺寸公差在图样上一般标注其上、下极限偏差。

2. 公差带代号

零件图上标注的尺寸极限偏差数值可以用公差带代号来代替。图 8—5 中的尺寸 ϕ75j7 即用公差带代号表示极限偏差，尺寸 ϕ75j7 中“j7”称为公差带代号，其中“7”为公差等级代号，“j”为基本偏差代号。

（1）公差等级。国家标准规定的公差为 20 级，即 IT01、IT0、IT1…IT18。IT01 公差值最小，精度最高；IT18 公差值最大，精度最低。同一精度的公差，尺寸越小，公差值越小；尺寸越大，公差值越大。

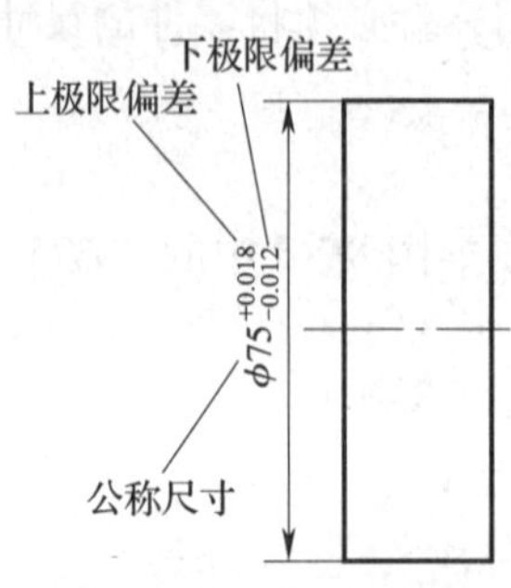

图 8—4　尺寸公差的标注形式

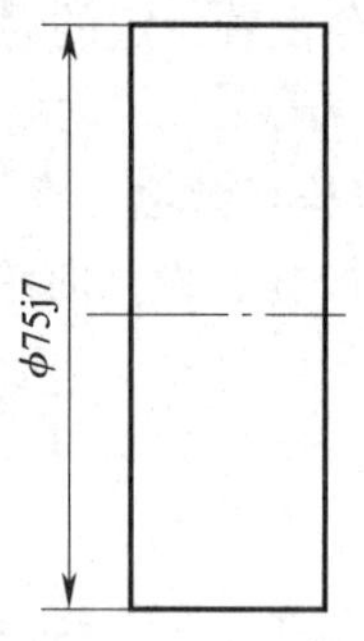

图 8—5　公差代号

（2）基本偏差。基本偏差是指靠近零线的极限偏差，它可能是上极限偏差，也可能是下极限偏差。图 8—6 所示为国家标准规定的基本偏差系列。国家标准规定：孔的基本偏差用大写字母表示，轴的基本偏差用小写字母表示。

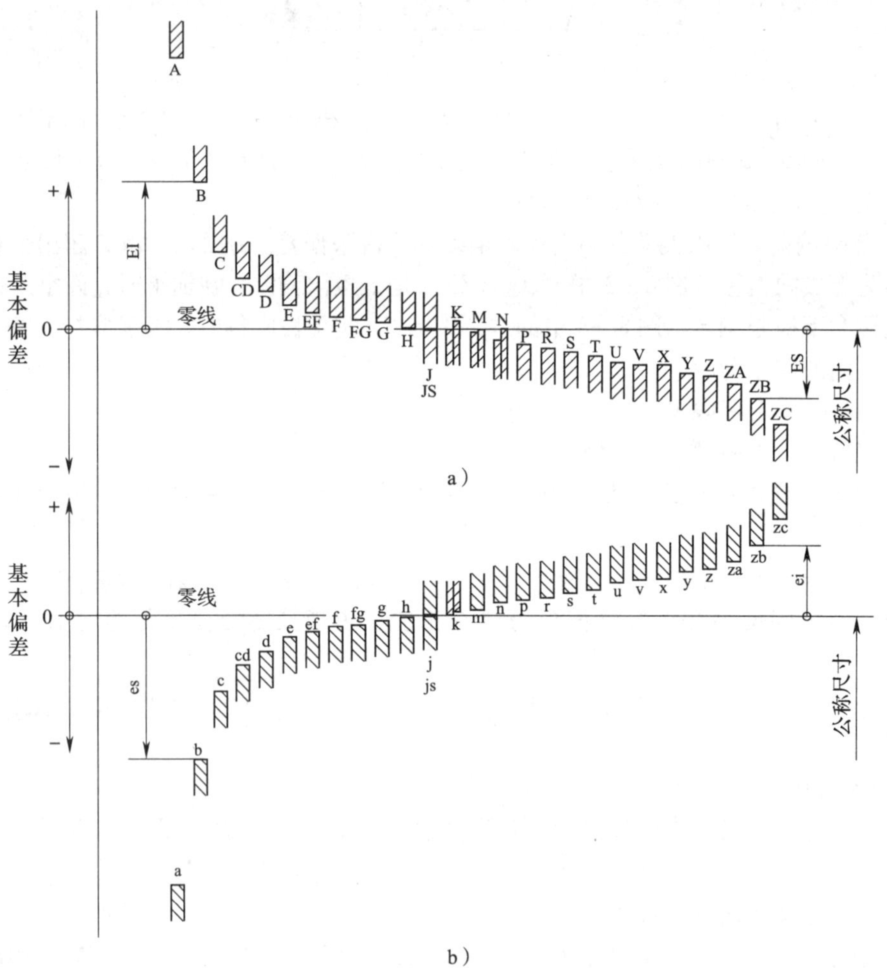

图 8—6　基本偏差系列

a）孔　b）轴

3．标注公差和配合代号的注意事项

（1）当上极限偏差（或下极限偏差）为 0 时，要将上、下极限偏差的个位“0”对齐，如“$\phi25^{+0.021}_{\ \ 0}$”和“$\phi30^{\ \ 0}_{-0.013}$”。

（2）当尺寸公差的上、下极限偏差的数字相同，正负相反时，只需注写一次数字，且高度与公称尺寸相同，并在偏差与公称尺寸之间注出符号“±”，如“18 ±0.01”。

（3）标注公差带代号时，公差带代号要与公称尺寸的数字高度相同，如“60H7”和“ϕ30g6”。

二、几何公差

零件在生产加工过程中，由于机床的运动精度、工件装夹方法以及材料变形等诸多因素的影响，实际加工出的零件不仅会产生尺寸误差，还会产生形状、位置、方向、跳动等几何误差，它同样影响零件的使用功能。几何公差是指实际要素对图样上给定的理想形状、理想方位的允许变动量，包括形状公差、方向公差、位置公差和跳动公差。

1．几何公差的类型、名称及符号

几何公差的类型、名称及符号见表 8—1。

表 8—1　　几何公差

公差类型	特征项目	符号	有无基准	公差类型	特征项目	符号	有无基准
形状公差	直线度	—	无	方向公差	面轮廓度	⌓	有
	平面度	⏥	无	位置公差	位置度	⌖	有或无
	圆度	○	无		同心度（用于中心）	◎	有
	圆柱度	⌭	无		同轴度（用于轴线）	◎	有
	线轮廓度	⌒	无		对称度	⌯	有
	面轮廓度	⌓	无		线轮廓度	⌒	有
方向公差	平行度	//	有		面轮廓度	⌓	有
	垂直度	⊥	有	跳动公差	圆跳动	↗	有
	倾斜度	∠	有		全跳动	⌰	有
	线轮廓度	⌒	有				

2. 几何公差框格和基准符号

几何公差要求在图样中一般以矩形框格的形式给出，如图 8—7a 所示，几何公差框格由几何特征符号、公差值、基准字母等组成。基准符号如图 8—7b、c 所示，它由带大写字母的方框、直线和三角形（涂黑或空白）组成。几何公差框格和基准符号皆画细实线。

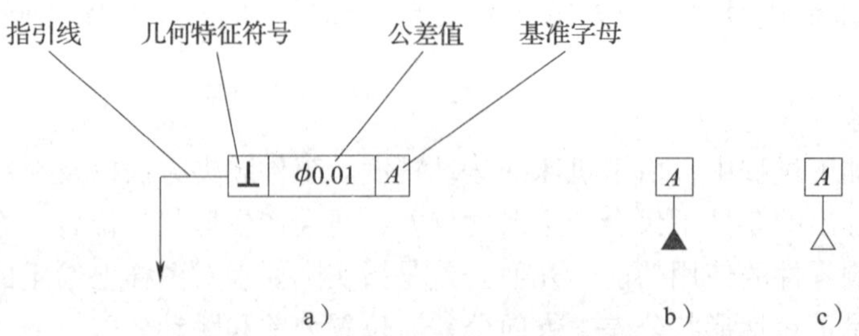

图 8—7　几何公差框格和基准符号

a）几何公差框格　b）、c）基准符号

（1）被测要素的标注。当被测要素为轮廓线或轮廓面时，指引线的箭头直接指向该要素的轮廓线或其延长线，且与尺寸线明显错开，如图 8—8a 所示。当被测要素为轴线或对称平面时，指引线的箭头应与相应轮廓的尺寸线对齐，如图 8—8b 所示。

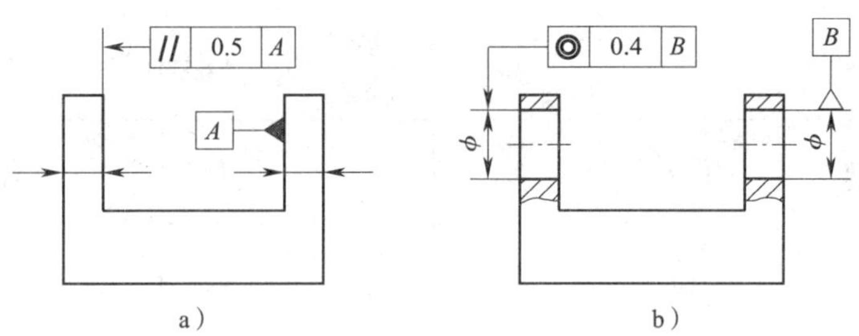

图 8—8　被测要素和基准要素的标注

a）被测要素和基准要素为轮廓线或轮廓面　b）被测要素或基准要素为轴线或对称平面

（2）基准要素的标注。当基准要素是轮廓线或轮廓面时，基准三角形放置在要素的轮廓线或其延长线上，并与尺寸线明显错开，如图 8—8a 所示。当基准是轴线或对称平面时，基准三角形应放置在尺寸线的延长线上，如图 8—8b 所示。

三、表面结构代号

1. 表面结构代号的含义

零件表面经加工后，在微小区间内会形成高低不平的痕迹，如图 8—9 所示。在图样上，零件的表面结构要求用表面结构代号表示，在表面结构代号中一般需要标注表面结构要求的评定参数，其中最常用的评定参数为轮廓算术平均偏差 Ra 值。图样上常用表面结构代号的含义见表 8—2。

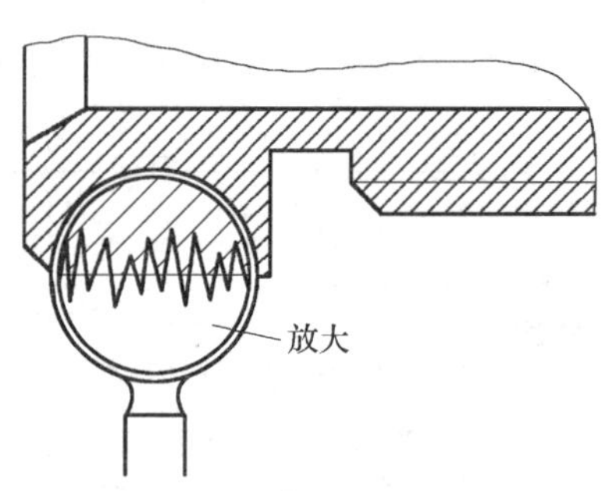

图 8—9　表面局部放大示意图

表 8—2　　表面结构代号的含义

代号	含义
√	由两条不等长的与标注表面成60°夹角的直线构成，仅用于简化代号标注，没有补充说明时不能单独使用
√○	表示指定表面是用不去除材料方法获得，在图样上常用于表达铸造、锻造和冲压表面
√Ra 3.2	表面是用去除材料的方法（如车、铣、磨、镗、钻）获得，单向上限值，算术平均偏差为3. 2 μm

2．表面结构代号的标注

表面结构代号常用的标注方法见表 8—3。

表 8—3　　表面结构代号的标注

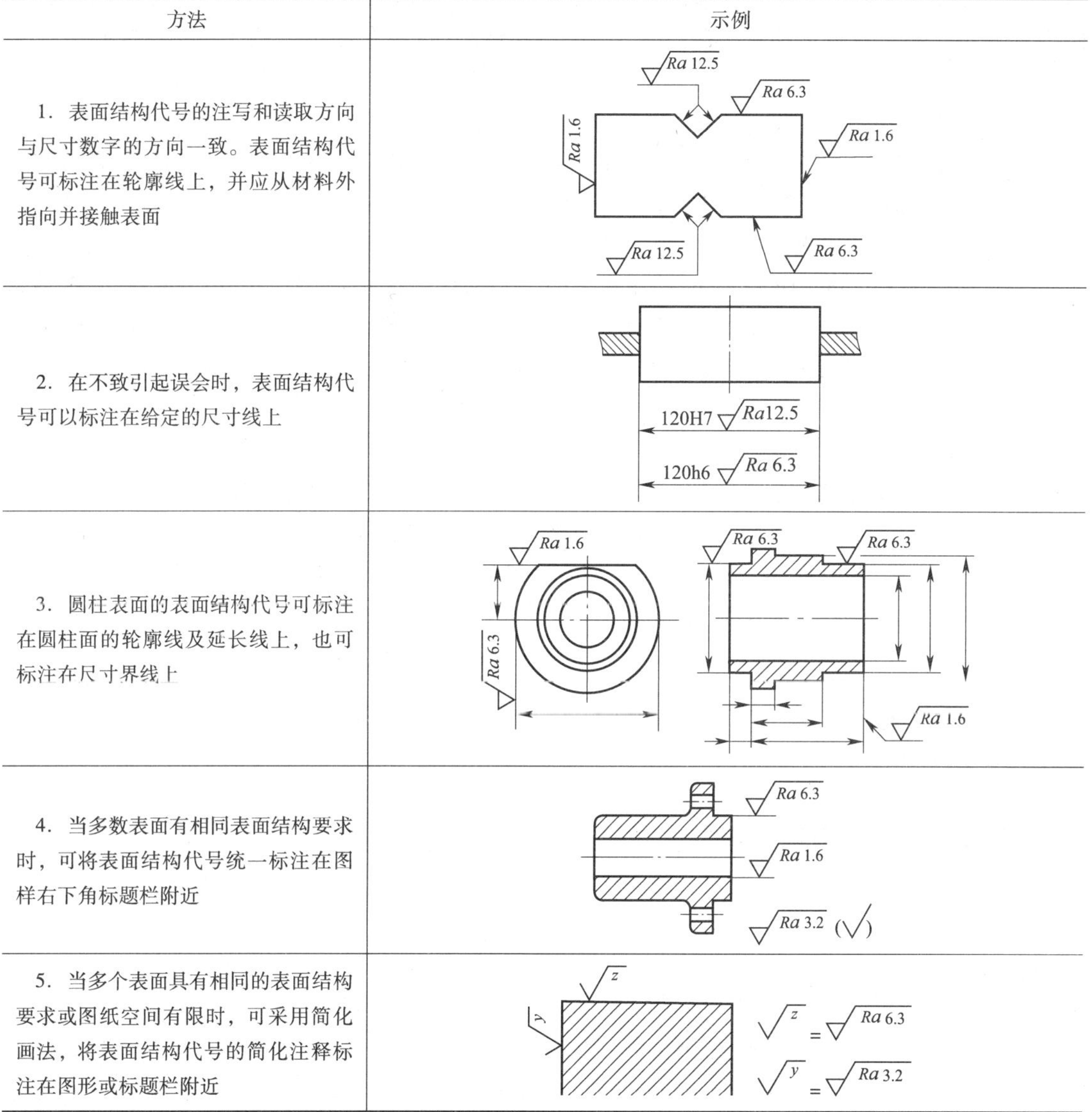

方法	示例
1．表面结构代号的注写和读取方向与尺寸数字的方向一致。表面结构代号可标注在轮廓线上，并应从材料外指向并接触表面	
2．在不致引起误会时，表面结构代号可以标注在给定的尺寸线上	
3．圆柱表面的表面结构代号可标注在圆柱面的轮廓线及延长线上，也可标注在尺寸界线上	
4．当多数表面有相同表面结构要求时，可将表面结构代号统一标注在图样右下角标题栏附近	
5．当多个表面具有相同的表面结构要求或图纸空间有限时，可采用简化画法，将表面结构代号的简化注释标注在图形或标题栏附近	

任务实施

一、分析视图

图 8—2 所示的托架零件图用了两个基本视图、一个局部视图、一个移出断面图等表达零件的结构形状。在主视图上有两处局部剖视，一处表达托架上部的凸台、长圆孔的内部结构及板厚等；另一处则表达了托架下部 ϕ35H9 孔和 2 × M8 螺孔的内形。俯视图主要表达托架的整体外形结构及长圆孔的位置。局部视图 *B* 主要表达托架右下侧凸台的端面形状及两个螺孔的分布位置。移出断面图表达 U 形支承板的断面结构。

分析托架的视图可知，托架的结构可分为上、中、下三部分。托架的上部为长方形托板，板的两边有高度为 2 mm 的凸台，其上各有一个长圆形孔，为安装紧固螺栓之用；托架的下部为 ϕ55 mm 圆筒，其右下侧有一个长圆形凸台，凸台上加工了两个 M8 的螺孔；托架的中间部分为 U 形支承板，把上、下部分连接成整体。

二、分析尺寸

托架属于中等复杂的零件，其零件图上标注的尺寸较多，下面主要分析一些重要结构的定形尺寸和定位尺寸。

托架上部长方形托板的定形尺寸标注了长 114 mm、宽 50 mm、高（厚度）10 mm 等，定位尺寸标注了 120 mm 和 175 mm；托板上两个长圆孔标注了定形尺寸 *R*6 mm、3 mm 和定位尺寸 90 mm、70 mm。在移出断面图中标注了 U 形支承板的定形尺寸 50 mm、30 mm、7 mm、8 mm。下部套筒的定形尺寸 ϕ55 mm、ϕ35H9、60 mm 等标注在主视图中。其他尺寸请读者自行分析。

三、分析技术要求

根据托架的功能可知，ϕ35H9 孔与轴配合，所以标注了尺寸公差代号，其表面粗糙度 *Ra* 值为 3. 2 μm。托架的上平面为重要的接合面，其表面粗糙度 *Ra* 值为 6. 3 μm。ϕ55 mm 圆筒两端面的表面粗糙度 *Ra* 值为 6. 3 μm。托板上的长圆孔的表面粗糙度 *Ra* 值为 12. 5 μm。图样标题栏上方标注的“√（√）”表示图中未标注表面结构代号的表面均为毛坯状态。

图中标注了几何公差 |⊥|ϕ0.04|*A*|，它表示：ϕ35H9 孔的轴线相对于托架上平面的垂直度公差为 ϕ0. 04 mm。

任务 3　识读零件图

任务引入

识读图 8—10 所示行程开关箱体零件图。

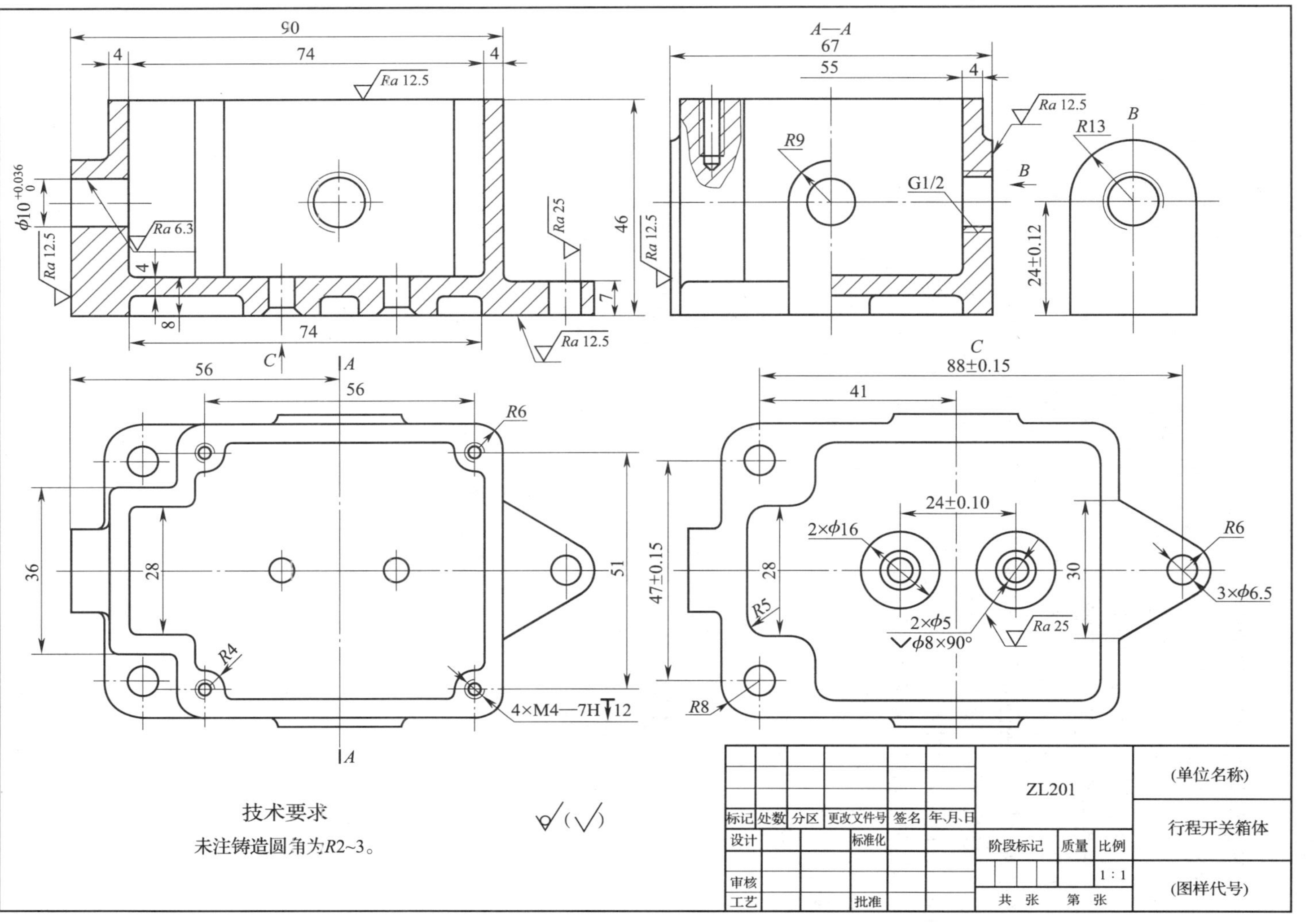

图 8—10 行程开关箱体零件图

任务实施

一、识读标题栏，初步了解零件

看图 8—10 的标题栏可知，该零件的名称是行程开关箱体，用于包容电器元件及其他零件，该零件的材料为 ZL201（铸造铝合金），由绘图比例（1∶1）和视图可以估计出该零件的实际大小。通过以上对标题栏的识读形成对该零件的初步印象。

二、分析视图，想象零件形状

行程开关的零件图采用了三个基本视图、一个向视图和一个 *B* 向局部视图来表达它的内、外结构形状。主视图采用了全剖视图，剖切平面通过零件的前后对称面，用以表达箱体的内腔、$\phi 10^{+0.036}_{0}$ mm 通孔、$3\times\phi 6.5$ mm 孔、$2\times\phi 5$ mm 孔、G1/2 孔等的形状及位置。俯视图主要表达箱体的外形、顶面上的 4 个 M4 螺孔、底板上 $3\times\phi 6.5$ mm 孔的位置。左视图采用了半剖视图和局部剖视图，以表达零件的内外结构和顶面上 M4 螺孔的形状。*C* 向视图主要表达底面的形状。*B* 向局部视图用以表达前凸台的形状（后凸台的形状与其相同）。

按投影关系，把主、俯、左三个视图联系起来进行看图分析，就可以想象出该零件的结构形状，如图 8—11a 所示。

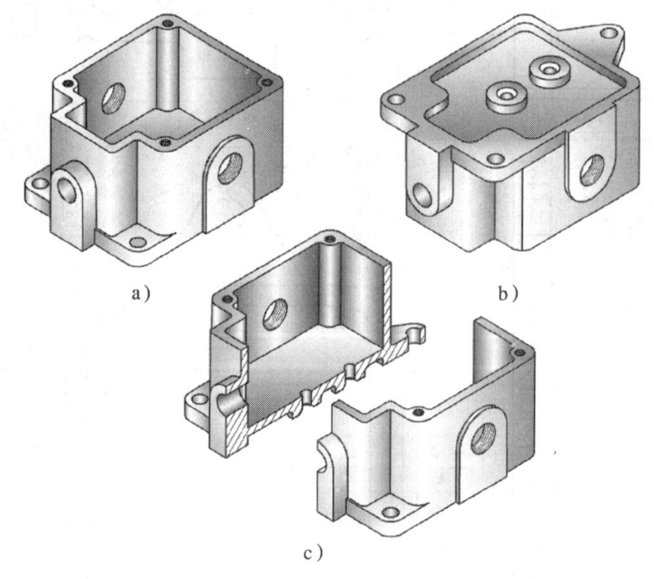

图 8—11　行程开关箱体立体图

（1）该行程开关箱体的基本形状是中空的长方体。

（2）在箱体的左、前、后各有一个凸台，在左凸台上有 $\phi 10^{+0.036}_{0}$ mm 通孔，在前、后凸台上有 G1/2 螺孔。

（3）箱体顶面上有 4 个 M4 螺孔，用于安装箱盖。

（4）箱体底面做成四周凸起、中间凹下，是为了增加稳定性和减少加工面积。

（5）箱底有两个圆锥形沉孔，为了增加厚度，设计了两个圆柱形凸台。底板上 3 个 $\phi 6.5$ mm 通孔是用来安装螺栓的。

三、分析尺寸

在行程开关箱体的零件图上标注了各个结构的尺寸，分析零件图上的尺寸可知，安装底座上安装孔的定形尺寸为 $3\times\phi6.5$ mm，长度方向的定位尺寸为（88 ± 0.15）mm，宽度方向的定位尺寸为（47 ± 0.15）mm。零件上方 4 个螺孔的定形尺寸为"M4－7H ↧ 12"，长度方向的定位尺寸为 56 mm，宽度方向的定位尺寸为 51 mm。左侧有一个 $\phi10^{+0.036}_{0}$ mm 通孔，前后各有一个 G1/2 螺孔，其高度方向的定位尺寸皆为（24 ± 0.12）mm。其他尺寸请读者自行分析。

四、了解技术要求

1. 行程开关箱体的圆柱孔 $\phi10^{+0.036}_{0}$ mm 有尺寸公差要求，$3\times\phi6.5$ mm 的两个定位尺寸（88 ± 0.15 mm、47 ± 0.15 mm）也有尺寸公差要求。

2. 圆柱孔 $\phi10^{+0.036}_{0}$ mm 的表面粗糙度为 $\sqrt{Ra\ 6.3}$，大部分加工表面的表面粗糙度为 $\sqrt{Ra\ 12.5}$，少数加工表面为 $\sqrt{Ra\ 25}$，其余表面为 $\sqrt{\circ}$。

3. 未注明的铸造圆角为 $R2\sim3$。

课题二　装　配　图

学习目标

¤ 掌握装配图的主要内容。

¤ 掌握装配图的表达方法。

¤ 掌握识读装配图的方法和步骤，学会识读机用虎钳装配图。

¤ 学会识读电气设备结构图。

装配图是表达机器或部件的图样，主要用来表示机器、部件的工作原理、各零件间的相对位置和装配连接关系。在设计新产品时，一般应先画出装配图，然后根据装配图绘制零件图；零件制成后，再根据装配图装配成机器或部件；在安装、使用和维修设备时，也常需要通过装配图来了解机器的结构。

任务 1　认识装配图

任务引入

图 8—12 所示为凸缘联轴器，两个凸缘式半联轴器分别用键与两轴连接，两半联轴器用螺栓连接在一起，以实现两轴间的连接，并传递转矩和运动。图 8—13 所示为凸缘联轴器的装配图。本任务要求是：认识凸缘联轴器的装配图主要内容。

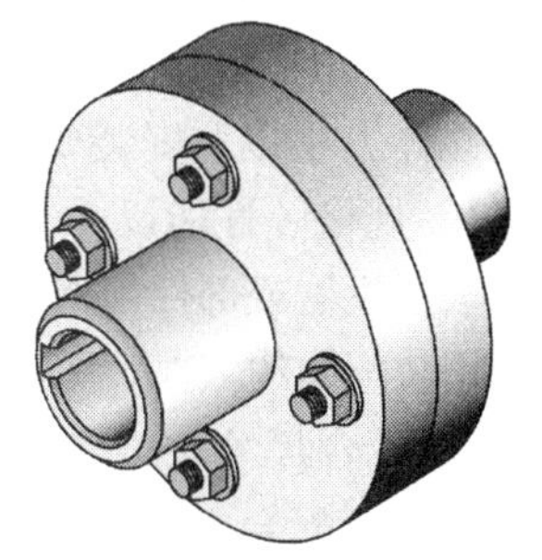

图 8—12　凸缘联轴器立体图

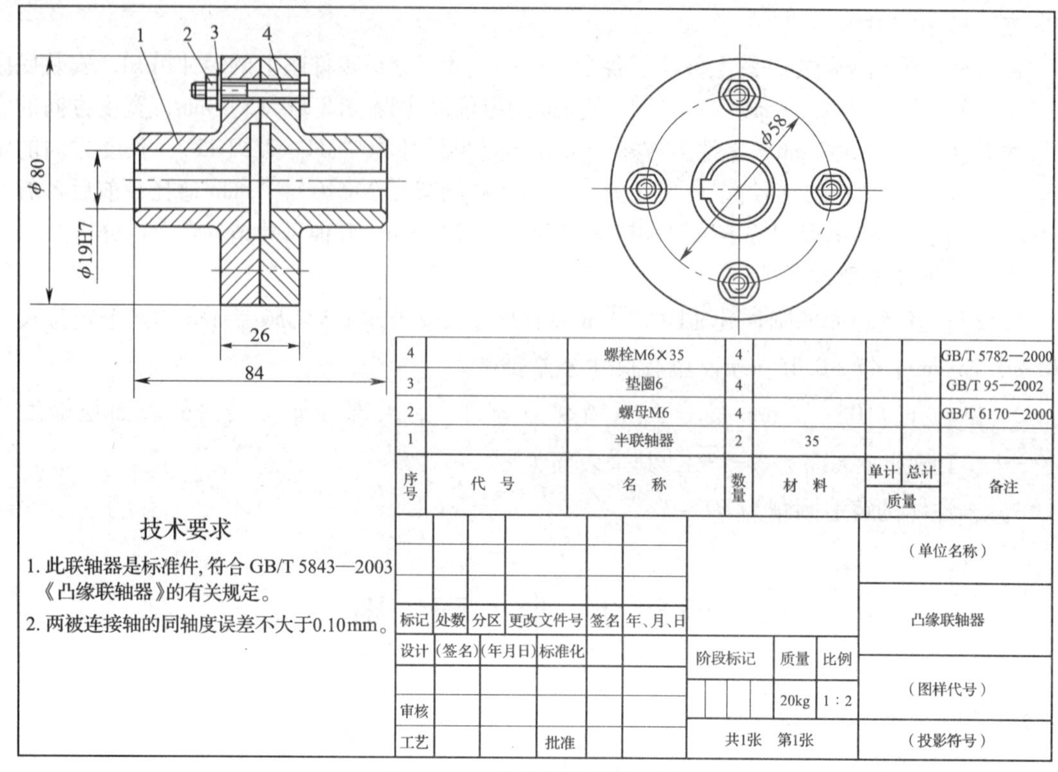

图 8—13　凸缘联轴器装配图

任务实施

装配图的主要内容有：

一、一组图形

装配图可以运用必要的视图和各种表达方法表达机器或部件的工作原理、零件之间的相互位置和装配连接关系，以及主要零件的基本结构形状。装配图上图形的表达目的不同于零件图，对装配图来说，应从整体出发，将机器或部件的整体结构、工作原理、装配关系放在首位，兼顾主要零件的基本结构形状。至于每个零件的具体形状结构则由零件图详细表达。图 8—13 所示凸缘联轴器装配图用了主、左两个基本视图，主视图采用了全剖视，左视图为外形图。

二、必要的尺寸

装配图的尺寸主要是用来表达机器或部件的规格、性能，各零件之间的配合关系，装配体的总体大小以及安装要求等。一般需要注出以下几种尺寸：

1．规格、性能尺寸

表示机器或部件规格大小或工作性能的尺寸称为规格、性能尺寸。这类尺寸是设计、了解和选用装配体的依据。图 8—13 中的尺寸 ϕ19H7 是规格尺寸，它确定了所连接轴颈的大小。

2．配合尺寸

表示有配合关系的两零件之间配合性质和公差等级的尺寸称为配合尺寸。配合尺寸是在公称尺寸后面标注配合代号，配合代号是将孔的公差代号和轴的公差代号用分式的形式组合在一起。其中，分子为孔的公差带代号，分母为轴的公差带代号。图 8—13 所示的凸缘联轴器上没有配合尺寸。

3. 安装尺寸

将部件安装在机器上或将机器安装在基础上所需的尺寸称为安装尺寸，凸缘联轴器和轴相连，所示尺寸 ϕ19H7 也是安装尺寸。

4. 外形尺寸

表示机器或部件的总长、总宽、总高等的尺寸称为外形尺寸。图 8—13 中的尺寸84 mm、ϕ80 mm 为外形尺寸。

5. 其他重要尺寸

其他重要尺寸是指在设计中经过计算或根据需要而确定的尺寸，但又不属于以上四种尺寸，图 8—13 中的尺寸 26 mm、ϕ58 mm 属于这类尺寸。

在装配图上标注尺寸时，上述各类尺寸并非都全部注出，有时同一尺寸可能具有几种不同的含义。因此在装配图上标注尺寸需根据具体情况来确定。

三、技术要求

在装配图上需要用文字说明或标注符号指明机器或部件在装配、调试、检验、安装和使用中应遵守的技术条件和要求。由于装配体的技术性能、装配要求各不相同，因此其技术要求也不一样。

在图 8—13 中，在图上标注的技术要求有尺寸公差要求“ϕ19H7”，用文字叙述的技术要求标注在装配图的左下角，具体见图 8—13。

四、零件序号、明细栏和标题栏

为了便于看图、管理图样和组织生产，装配图必须对每种零件编写零件序号。同时在标题栏上方编制相应的明细栏，并按零件序号将零件一一列出，注明零件的名称、材料、数量等。装配图上标题栏的形式与零件图上的标题栏基本一样。

任务 2　识读装配图

任务引入

在机械设计、装配、使用与维修以及技术交流中，都离不开识读装配图。图 8—14、图 8—15 为机用虎钳的立体图和装配图。

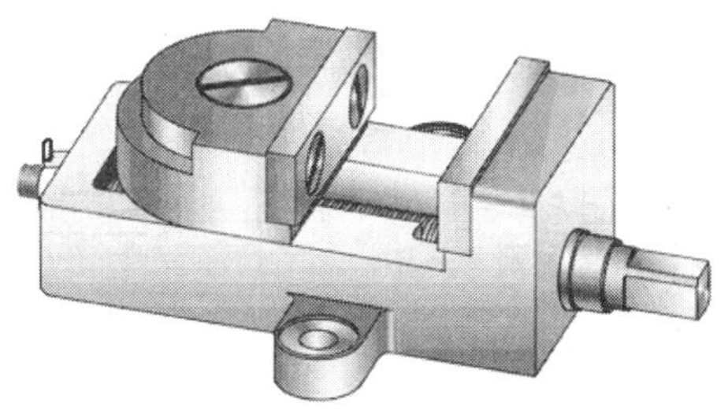

图 8—14　机用虎钳立体图

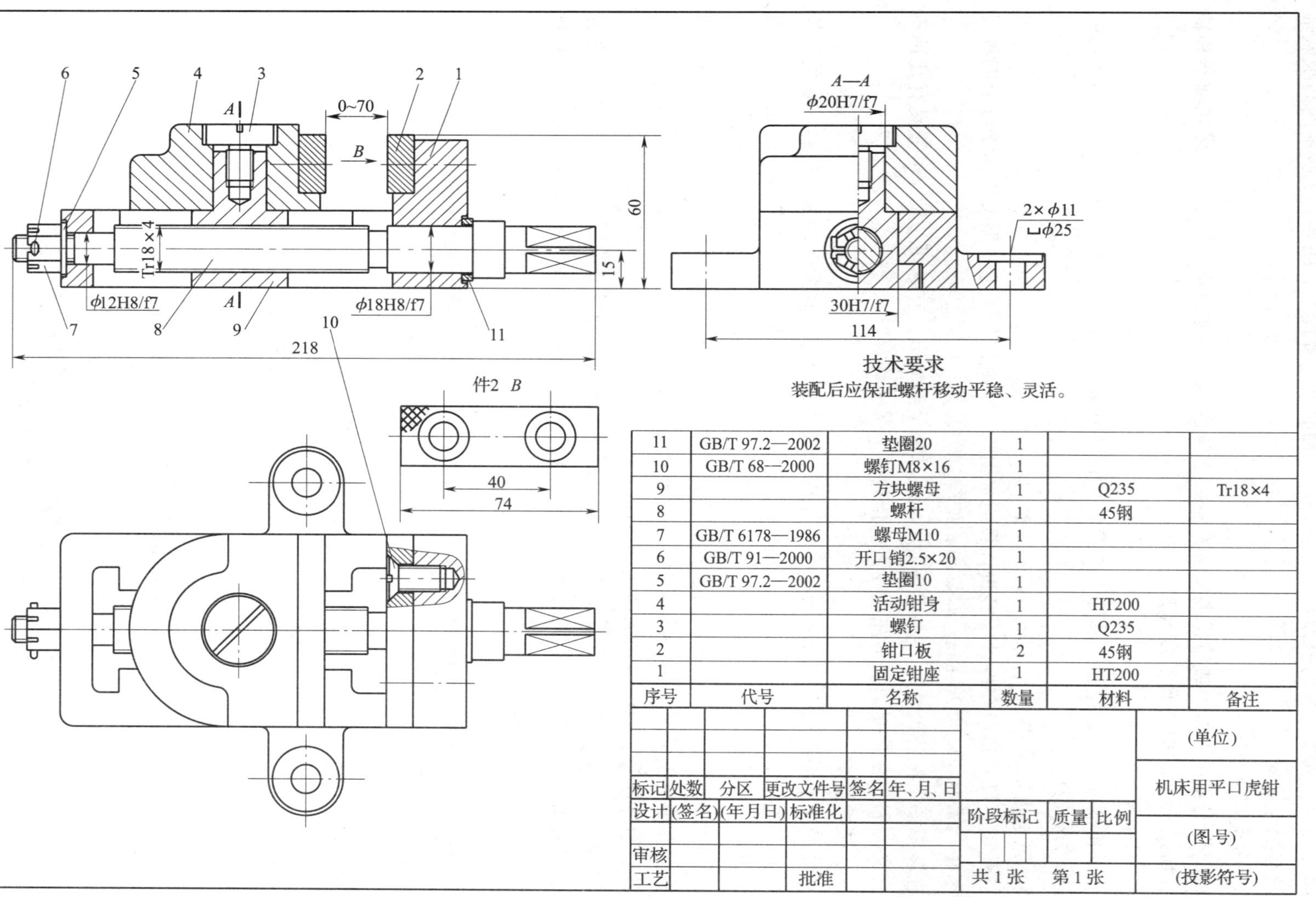

序号	代号	名称	数量	材料	备注
11	GB/T 97.2—2002	垫圈20	1		
10	GB/T 68—2000	螺钉M8×16	1		
9		方块螺母	1	Q235	Tr18×4
8		螺杆	1	45钢	
7	GB/T 6178—1986	螺母M10	1		
6	GB/T 91—2000	开口销2.5×20	1		
5	GB/T 97.2—2002	垫圈10	1		
4		活动钳身	1	HT200	
3		螺钉	1	Q235	
2		钳口板	2	45钢	
1		固定钳座	1	HT200	

标记	处数	分区	更改文件号	签名	年、月、日				(单位)
设计	(签名)	(年月日)	标准化			阶段标记	质量	比例	机床用平口虎钳
审核									(图号)
工艺			批准			共 1 张	第 1 张		(投影符号)

图 8—15 机用虎钳装配图

相关知识

一、装配图的规定画法

用于零件图的各种表达方法同样适用于装配图，但由于装配图侧重于表达机器或部件的工作原理、装配关系等整体情况，国家标准对装配图又单独制定了一些画法规定。

1. 两相邻零件的接触表面和配合表面只画一条线；不接触的两零件表面，即使间隙很小，也必须画成两条线，如图 8—16 所示。

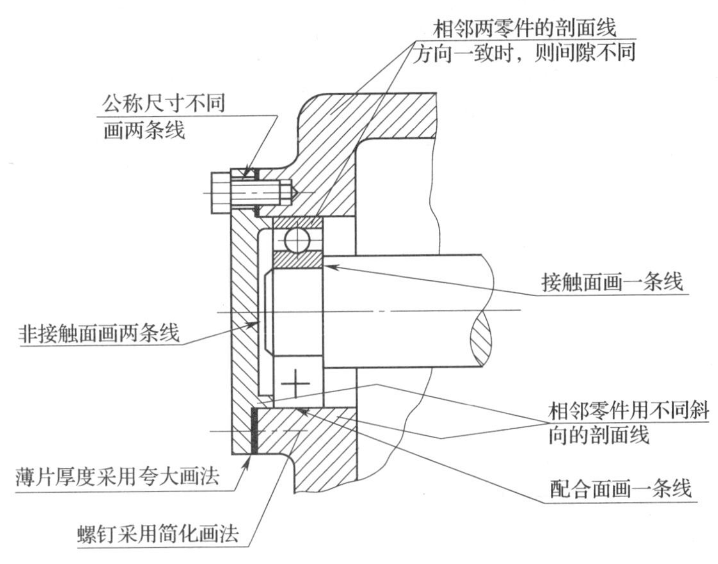

图 8—16　装配图的规定画法

2. 对于螺栓、螺母等紧固件，以及轴、连杆、球、键、销等实心零件，若纵向剖切，且剖切平面通过其对称平面或轴线时，则这些零件均按不剖绘制，如图 8—17 中的轴即按未剖到绘制。但当剖切平面垂直于这些零件的轴线或对称平面剖切时，则应按剖切到绘制，图 8—15 左视图中的螺杆 8 上即绘制了剖面线。

二、装配图的特殊表达方法

装配图中的视图，除了可以采用剖视图、断面图等一般的表达方法外，还可采用一些特殊的表达方式。

1. 拆卸画法

在装配图中，当某些零件遮住了所需表达的其他零件时，可假想将某些零件拆卸后再绘制视图。拆卸后需加以说明时，可以注上“拆去 × ×”等字样，如图 8—17 中的俯视图所示。

2. 假想画法

为了表达运动零件的极限位置时，可用细双点画线画出该零件在极限位置的外轮廓图，如图 8—18 所示。

3. 简化画法

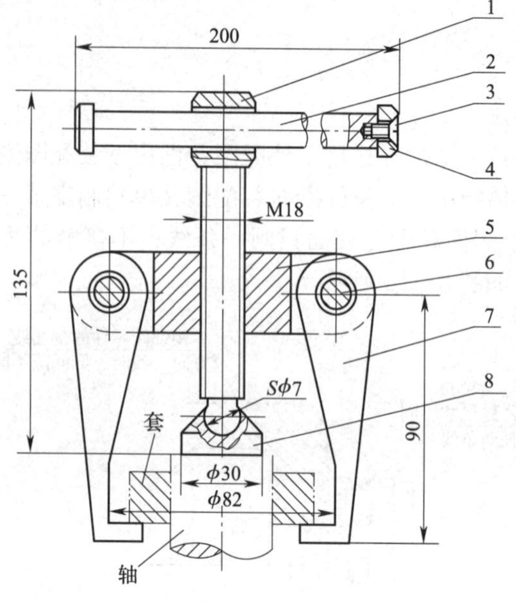

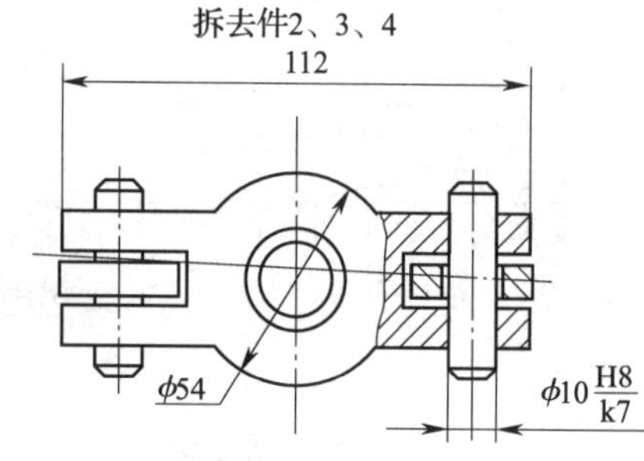

图 8—17　拆卸器

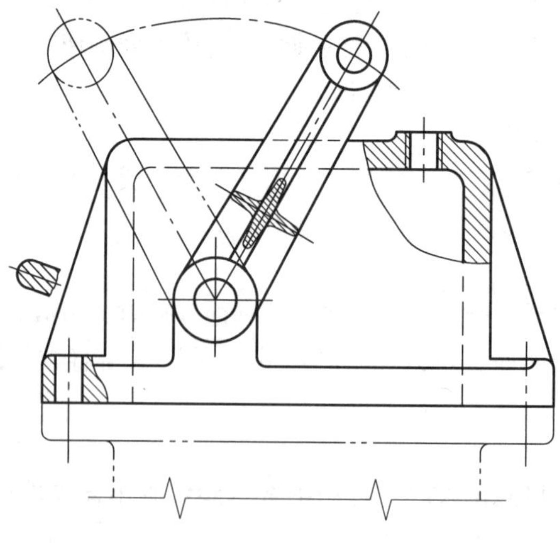

图 8—18　假想画法

装配图上若干相同的零件组（如螺栓、螺钉等），可详细地画出一组，其余用细点画线表示其中心位置。如图 8—16 中，图形下方的螺钉即采用了简化画法。

4. 夸大画法

当图形上孔的直径或薄片厚度较小（≤2 mm），以及间隙、斜度和锥度较小时，为提高表达效果，允许采用夸大画法，如图 8—16 中的垫片很薄（0.5 mm），可采用夸大厚度并涂黑来表达其剖面区域。

任务实施

识读装配图是指通过对装配图的标题栏、明细栏、图形、尺寸、技术要求等各项内容进行分析，了解装配体的名称、规格、性能和功用，分析各组成零件的相互位置、装配关系及传动路线，认识各零件的作用及主要结构形状，看懂装配体的工作原理、使用方法及拆装顺序等。

1. 概括了解

读装配图时，首先要通过看标题栏、明细栏等了解机器或部件的名称、用途以及装配体中各零件的名称和数量等内容，并由其名称分析装配体的用途，由比例和外形尺寸了解装配体的大小等。

从图 8—15 的标题栏中可以看出，该装配体为机用虎钳，是一种在机床工作台上用来夹持工件、以便于对工件进行加工的通用夹具。从明细栏中可以看出，它由 11 种零件组成，其中垫圈、销、螺母和螺钉等零件是标准件，其余为非标准件。

2. 看懂视图，分析工作原理和装配关系

看懂视图是识读装配图的关键，要通过对装配图的各个视图进行分析，明确视图之间的关系。结合明细栏，分析各个零件的形状、作用，弄懂装配体的工作原理和装配关系。

从图 8—15 机用虎钳装配图中可知：主视图采用全剖视，剖切平面沿前、后对称中心面剖开，以表达机用虎钳的工作原理；左视图为 *A—A* 半剖视，表达主要零件的装配关系；俯视图为局部剖视图，表达机用虎钳的外形及钳口板 2 与固定钳座的装配关系。

通过以上分析可知，机用虎钳由固定钳座 1、钳口板 2、活动钳身 4、螺杆 8 和方块螺母 9 等零件组成。当用扳手转动螺杆 8 时，由于螺杆 8 的左边用开口销 6 卡住，使它只能在固定钳座 1 的两圆柱孔中转动，而不沿轴向移动。方块螺母 9 与活动钳身 4 用螺钉 3 连成整体，这时螺杆 8 就带动方块螺母 9，使活动钳身 4 在固定钳座 1 的内腔中作直线运动，使钳口闭合或开放，以夹紧和卸下零件。从主视图中可以看到机用虎钳的活动范围为 0 ~ 70 mm。两块钳口板 2 分别用沉头螺钉 10 紧固在固定钳座 1 和活动钳身 4 上。

3. 分析零件的结构和作用

在进行视图分析时，要以主视图为中心，结合其他视图，对照明细栏和图上的零件编号对装配体上的所有零件的形状逐一分析。固定钳座 1 在装配件中起支承钳口板 2、活动钳身

4、螺杆 8 和方块螺母 9 等零件的作用，其形状如图 8—19 所示。

固定钳座 1 的左、右两端有两圆柱孔，它支承螺杆 8 并使其在两圆柱孔中转动，其中间是空腔。为了使机用虎钳固定在机床工作台上，固定钳座 1 的前、后有两个凸台。

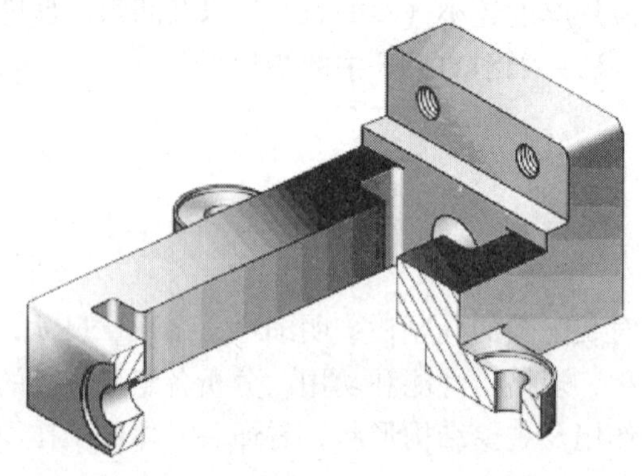

图 8—19　固定钳座

图 8—15 的 *B* 向视图表达了钳口板 2 的结构形状。其他零件的形状和用途请读者自行分析。

4. 分析尺寸

如图 8—15 所示，螺杆 8 与固定钳座 1 的左、右端之间的配合尺寸为 ϕ12H8/f7 和 ϕ18H8/f7。方块螺母 9 与活动钳身 4 和固定钳座 1 之间的配合尺寸为 ϕ20H7/f7 和 30H8/f7。

该机用虎钳的规格尺寸为钳口板的宽度 74 mm，外形尺寸有 218 mm、60 mm，安装尺寸为 114 mm 和 2 × ϕ11 mm，15 mm 为其他重要尺寸。

5. 分析技术要求

在该装配图上用文字标注了技术要求，具体见图 8—15。

提示：在概括了解、分析视图的基础上，对尺寸、技术要求进行分析，然后综合分析装配图的各项内容，对装配体的结构形状、工作原理等有一个较完整、明确的认识。实际上，上述各项步骤是不能截然分开的，通常需要对视图、尺寸、技术要求、标题栏和明细栏等进行反复地对照、分析，以看懂装配图。

任务 3　识读电气设备结构图

任务引入

在电工类专业的专业教材中，有大量的表示电气设备的结构图，它们都是按照机械制图的绘图原理和装配图的绘图规则绘制的。图 8—20 所示为某三相异步电动机的结构图，本任务要求是：识读该图。

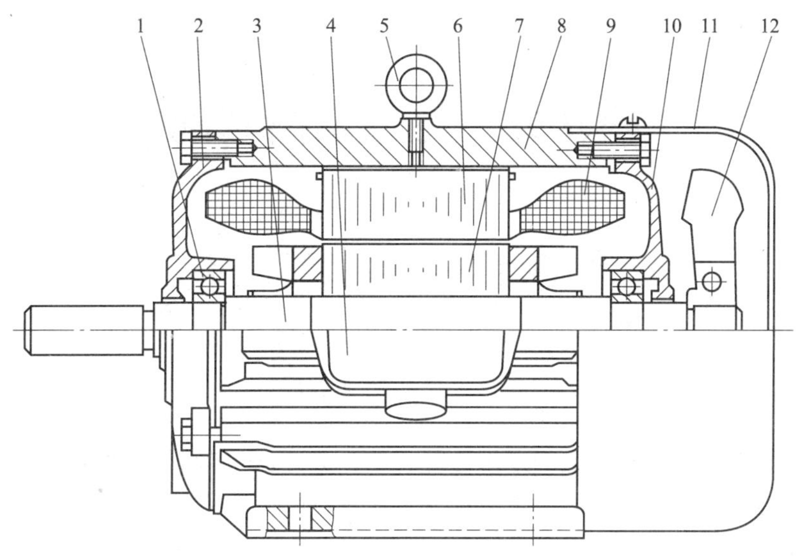

图 8—20　三相异步电动机

1—滚动轴承　2—前端盖　3—转轴　4—接线盒　5—吊环　6—定子铁心
7—转子　8—机座　9—定子绕组　10—后端盖　11—风罩　12—风扇

任务实施

一、分析主要结构

分析图 8—20 可知，该三相异步电动机由定子（定子铁心 6、定子绕组 9）和转子 7 这两大基本部分组成，在定子和转子之间具有一定的气隙。

二、分析外壳

三相电动机外壳包括机座、端盖、轴承盖、接线盒及吊环等部件。

1．机座

机座的作用是保护和固定三相电动机的定子绕组，它是三相电动机机械结构的重要组成部分。机座的外表要求散热性能好，所以一般都铸有散热片。

2．端盖

端盖有前端盖和后端盖，其作用是把转子固定在定子内腔中心，使转子能够在定子中旋转。

3．接线盒

接线盒的作用是保护和固定绕组的引出线端子。

4．吊环

吊环安装在机座的上端，用来起吊、搬抬三相电动机。

三、分析其他部分

其他部分包括滚动轴承、风扇等。在前、后端盖上装有轴承，用以支承转子轴。风扇则用来通风，以便冷却电动机。

模块九　电气识图基础

课题一　识读电气符号

学习目标

¤ 掌握图形符号的基本组成和应用规则，学会识别和运用常用图形符号。
¤ 掌握字母代码的基本形式，学会识别和运用常用字母代码。
¤ 掌握参照代号的格式和标注位置，学会识别和运用常用参照代号。
¤ 掌握端子代号的构成、编制规则和标注方法，学会识别和运用常用端子代号。

任务1　识读图形符号

任务引入

如图9—1所示为三相笼型感应电动机点动控制电路。本任务的要求是：根据图形符号的基本组成和应用规则识读常用图形符号。

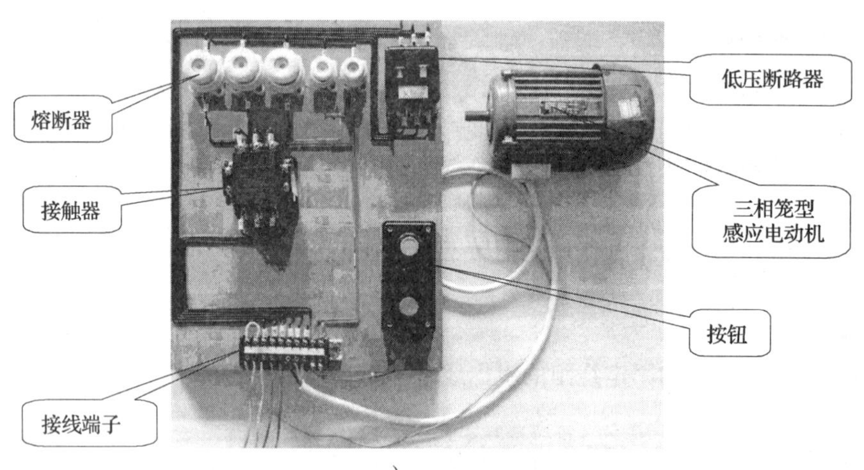

a）

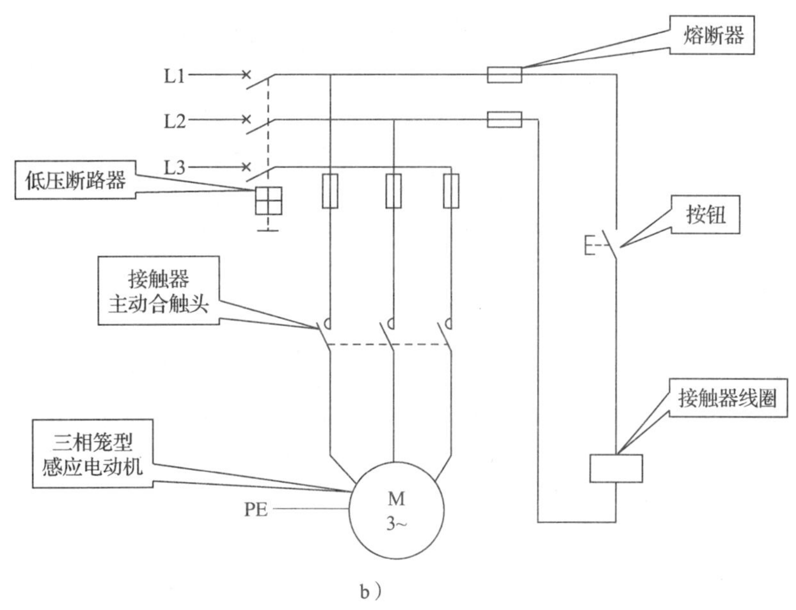

b）

图 9—1　三相笼型感应电动机点动控制电路

a）模拟配电盘　b）电路图

相关知识

电气符号是对图形符号、参照代号、端子代号等电气图用符号的总称，它们相互关联，互为补充，从不同角度为电气图提供各种信息。电气图是对电气工程各种用图的总称。

一、图形符号的基本概念

图形符号是指用于表示电气元器件或设备的简单图形、标记或字符。常用图形符号及其含义示例见表 9—1。

表 9—1　　常用图形符号及其含义示例

图形符号	含义	图形符号	含义
—▭—	电阻器	—╱—	开关
—||—	电容器	—▭—	熔断器

为了规范各类电气产品所对应的图形符号，走国际通用化道路，我国在国际电工委员会（IEC）标准的基础上，制定了国家标准 GB/T 4728—2008《电气简图用图形符号》。电气简图常用图形符号示例见附录 14。

电气简图是一种用各种电气符号、带注释的围框或简化外形表示系统、设备或装置各组成部分之间相互关系及其连接关系的图，如概略图、电路图、接线图等。

二、图形符号的基本组成

电气简图用图形符号主要由一般符号、限定符号和符号要素组成。一般符号、限定符号、符号要素的基本概念和特征见表 9—2。

表 9—2　一般符号、限定符号、符号要素的基本概念和特征

名称	基本概念	基本特征	示例		
			图形符号	含义	
一般符号	一般符号是指用来表示一类产品和此类产品特征的一种简单符号	一般符号可直接应用，有时也用作限定符号，见表 9—3		电阻器	
				电容器	
				开关	
限定符号	限定符号是指用来提供附加信息的一种加在其他符号上的符号	限定符号通常不能单独使用，但它可与一般符号组合，派生出若干具有附加功能的图形符号，见表 9—4		直流	
				交流	
				正极性	
				负极性	
符号要素	符号要素是指一种具有确定意义的简单图形，必须同其他图形组合，以构成一个设备或概念的完整符号	符号要素一般不能单独使用，但可以不同的组合形式构成不同的图形符号，见表 9—5 符号要素与一般符号组合示例见表 9—6		形式 1	物件
				形式 2	
				形式 1	外壳
				形式 2	

表 9—3　一般符号用作限定符号示例

限定符号（一般符号）		图形符号（主）		示例	
图形符号	说明	图形符号	说明	图形符号	说明
	电容器		半导体二极管		变容二极管
	熔断器		开关（动合触点）		熔断器式开关

表 9—4　限定符号与一般符号的组合示例

限定符号		一般符号		示例	
图形符号	说明	图形符号	说明	图形符号	说明
+	正极性		电容器		极性电容器
	动触点		电阻器		带滑动触点的电位器
	接触器功能		开关（动合触点）		接触器的主动合触点

表 9—5　　符号要素的组合示例

符号要素		示例	
图形符号	说明	PNP 半导体管	NPN 半导体管
	具有一处欧姆接触的半导体区		
	N 区上的 P 型发射极		
	P 区上的 N 型发射极		
	不同导电型区上的集电极		

表 9—6　　符号要素与一般符号的组合示例

符号要素		一般符号		示例	
图形符号	说明	图形符号	说明	图形符号	说明
	物件		接地		保护接地
	屏蔽		同轴对		屏蔽同轴对

三、图形符号的应用规则

1. 图形符号的组合和派生

在 GB/T 4728 标准中，比较完整地列出了限定符号和一般符号，但其给出的组合符号却是有限的。当某些特定装置或概念的图形符号在标准中未被列出时，允许通过标准中已规定的图形符号进行适当组合，派生出新的图形符号。例如，表 9—7 所示为定子绕组为星形连接的交流发电机图形符号组合示例。

表 9—7　　定子绕组为星形连接的交流发电机图形符号组合示例

图形符号	表示意义	组合图形符号	表示意义	说明
*	电机； G－发电机	G 3~	定子绕组为星形连接的交流发电机	①该图形符号是一个未被标准化的图形符号，它是用标准中规定的图形符号组合而成的图形符号 ②用作限定符号的符号要缩小绘制 ③“3～”表示三相交流电
	星形连接的三相绕组			
	交流			
	半导体二极管			

2. 图形符号的取向

图形符号的取向不是强制的，在不改变图形符号含义的前提下，可根据电气图的布线需要，将整个图形符号旋转（90°、180°或 270°）或镜像放置。如图 9—2 所示，发光二极管的图形符号按 0°、90°、180°、270°布置。

在实际应用中，图形符号一般为水平或垂直布置。当图形符号旋转或镜像放置时，作为图形符号一部分的文字符号、指示方向的符号和某些限定符号的位置应遵循有关规定，不能随之旋转。

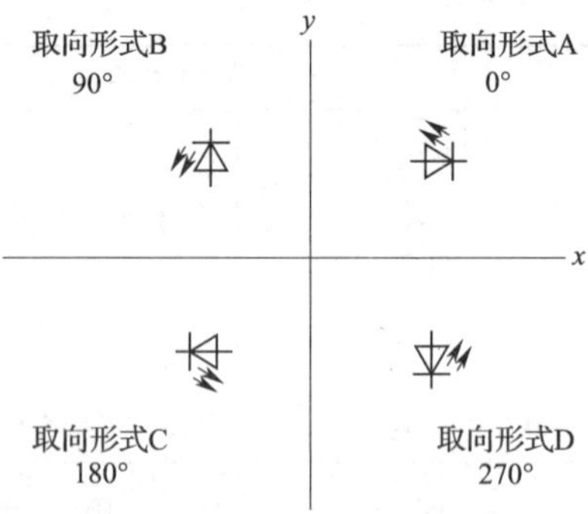

图 9—2　图形符号的取向形式示例

任务实施

一、分析图形符号与电气元器件实物之间的内在联系

在图 9—1b 所示的三相笼型感应电动机点动控制电路图中，每个电气元器件均用一个简单的图形来表示。图 9—1 中，电气元器件与图形符号之间的对应关系，见表 9—8。

表 9—8　　电气元器件与图形符号之间的对应关系

名称	实物	图形符号	
低压断路器			
熔断器			
按钮			
交流接触器		操作器件	
		主触头	
三相笼型感应电动机		M 3~	

二、认识图形符号

1. 图形符号的组合关系

在图 9—1b 中，低压断路器图形符号的组合关系示例，见表 9—9。

表 9—9　低压断路器图形符号的组合关系示例

图形符号	表示意义	组合图形符号	表示意义	说明
	开关，一般符号	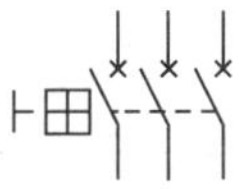	低压断路器	①"低压断路器"的图形符号是一个未被标准化的图形符号，它是用标准中规定的图形符号组合而成的图形符号 ②用作限定符号的符号要缩小绘制
	机械连接，限定符号			
	断路器功能，限定符号			
	手动控制操作件，一般符号			
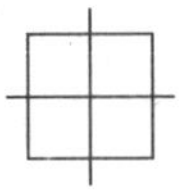	自由脱扣机构，限定符号			

2. 图形符号的布置取向

在图 9—1 中，低压断路器的图形符号水平布置，按钮、交流接触器的图形符号竖直布置。

知识探究

一、框形符号

框形符号是指用来表示电气元器件、设备等的组合及功能，既不给出设备或电气元器件的细节，也不反映它们之间的任何连接关系的一种简单的图形符号，如圆形、正方形、长方形等。框形符号示例见表 9—10。

表 9—10　框形符号示例

框形符号	含义	框形符号	含义	框形符号	含义
 M	电动机		桥式全波整流器		整流器

二、组合符号

组合符号是由一般符号、限定符号、符号要素、框形符号以及物理符号、文字符号等组合而成，用以表示某种典型产品的图形符号。例如，表 9—11 所示为三相笼型感应电动机图形符号组合示例。在 GB/T 4728 标准电气图用图形符号中所列的大部分图形符号都属于组合符号。

表 9—11　　三相笼型感应电动机图形符号组合示例

图形符号	表示意义	组合图形符号	表示意义	说明
*	电机，一般符号	M 3~	三相笼型感应电动机	①用作限定符号的符号要缩小绘制 ②“3 ~”表示三相交流电
M	电动机			
～	交流			

三、图形符号的选用规则

如表 9—12 所示，当某些设备元件在国家标准中给定的图形符号有几种形式时，可根据简图的需要选择合适的形式。但在同一图中表示同一对象应采用同一种形式。图形符号的一般选择原则是：首先要选择优选形式；其次在满足需要的前提下，尽量选用最简单的形式。

表 9—12　　双绕组变压器图形符号选用示例

标识号	图形符号	含义	应用图例	说明
S00841	形式 1	双绕组变压器	Q　F1　T　F2	用于用单线表示法绘制的概略图
S00842	形式 2		Q　F1　T　F2	用于用多线表示法绘制的电路图

任务 2　识读字母代码

任务引入

如图 9—3 所示为三相笼型感应电动机点动控制电路图。本任务的要求是：根据字母代码的基本形式识读常用字母代码。

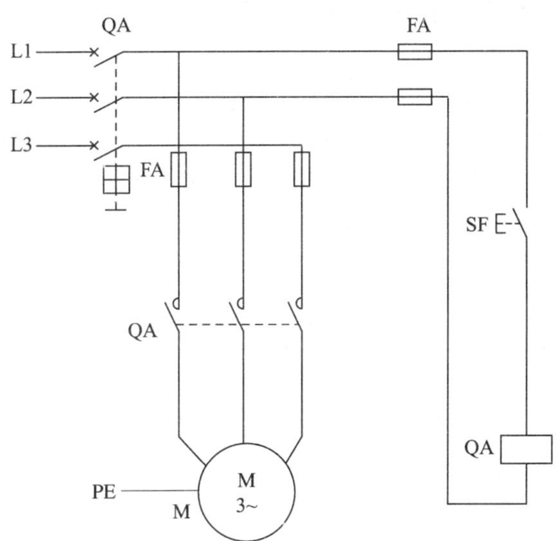

图 9—3　三相笼型感应电动机点动控制电路图

相关知识

一、字母代码的基本概念

字母代码是指标注在图形符号旁用于表明电气设备或元件的用途或任务的一个字母或字母组合，如 R、M、FA、QA 等。字母代码是构成参照代号的主要组成部分，在特定的情况下，也可表示具体的项目或物体。

二、字母代码的基本形式

在电气工程图中，字母代码主要有单字母代码和双字母代码两种基本形式。

1. 单字母代码

在电气系统中，电气设备、装置、元器件等项目的种类繁多，国家标准将其按用途或任务（即项目的功能）进行分类，每一类用一个大写的专用拉丁字母代码表示，这个专用拉丁字母就是第一位（主类）字母代码。第一位（主类）字母代码习惯上称为单字母代码。如图 9—4 所示，图中“T”表示变压器，“R”表示电阻器和二极管，“C”表示电容器等。

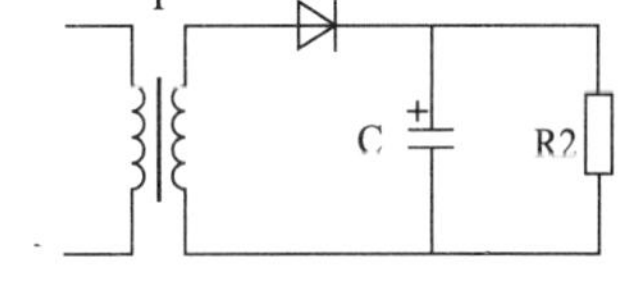

图 9—4　直流稳压电源电路图

国家标准规定的项目分类和第一位（主类）字母代码见附录 15。

2. 双字母代码

在电气系统中，电气设备、装置、元器件等每个项目类别又可进行层次分类，即每个项目大类可细分为很多的项目小类。例如，单字母代码“B”表示的“把某一输入变量（物理性质、条件或事件）转换为供进一步处理的信号”这个项目类别就包含了“探测、测量（值的采集）、监控、感知、加重（值的采集）”等几个小类别。为更详细、更具体地表示某个项目大类中的小类别，就引入了双字母代码。如图 9—3 所示，图中“QA”表示低压断路器和接触器，“FA”表示熔断器，“SF”表示按钮等。

双字母代码的第一位字母代码代表主类，即附录 15 中规定的字母代码；第二位字母代码代表子类。子类划分见表 9—13，电气领域一般用 A、B、C、D、E 五个字母代表子类代码。如：RA 代表电阻、二极管和电抗等，而 RB、RC、RD、RE 备用，没有代表任何功能和产品。各行业可根据本行业的专业特点作出补充规定，作为行业的统一规定执行。如有需要，可以规定更细分类的附加字母代码。常用电气产品的双字母代码举例见附录 16。

表 9—13　　子类字母代码的划分

序号	项目（用途或任务）	子类字母代码
1	电能	A、B、C、D、E
2	信息、信号	F、G、H、J、K
3	非电工程（机械工程、结构工程）	L、M、N、P、Q、R、S、T、U、V、W、X、Y
4	组合任务	Z

任务实施

一、分析字母代码与图形符号之间的内在联系

如图 9—3 所示，在低压断路器、熔断器、按钮、接触器、三相笼型感应电动机的图形符号旁边均分别标注了表明各电气元器件用途的字母符号。图 9—3 中字母代码与图形符号之间的对应关系，见表 9—14。

表 9—14　　字母代码与图形符号之间的对应关系

名称		图形符号	字母代码
低压断路器			QA
熔断器			FA
按钮		E-	SF
交流接触器	操作器件		QA
	主触头		QA
三相笼型感应电动机		M 3~	M

二、认识字母代码

在图 9—3 中，在低压断路器、接触器、熔断器和按钮的图形符号旁标注的字母“QA”“FA”“SF”是双字母代码，其中第一位字母代码“Q”“F”“S”代表主类，第二位字母代码“A”“F”代表子类；三相笼型感应电动机的图形符号旁边标注的字母“M”是单字母代码，是第一位（主类）字母代码。

三相笼型感应电动机图形符号 (M 3~) 中的字母代码“M”是限定符号，表示电动机。

知识探究

新标准【GB/T 5094—2003（IEC61346）】的执行需要有一个过程，目前人们仍习惯使用旧标准【GB/T 5094—85（IEC60750）】中规定的文字符号。

一、旧标准中的字母代码与新标准中的字母代码的不同示例

在新标准中，项目的用途和任务主要体现在功能上，每一项目都用项目输入或输出的用途和任务来表征，与项目的内部构成无关。因此，新标准中的项目基本按项目的功能分类。例如：在旧标准中，字母代码 R 代表电阻器，V 代表半导体器件，L 代表电抗、电感，但在新标准中，从功能原理出发，R 代表限制或稳定能量、信息或材料的运动或流动，它不仅代表电阻器，也代表电感、二极管，也就是说，这些产品的分类码都是 R。因为电阻、电感的性质和作用都是限制和稳定能量，二极管的功能是限制电流的流向，它们在限制或稳定能量的运动或流动功能方面是相同的。

二、文字符号简介

1. 基本文字符号

基本文字符号是指用以表示电气设备、装置、元器件的基本名称和特性的文字符号，它分为单字母文字符号和双字母文字符号两种。

（1）单字母文字符号。在电气系统中，把各种电气设备、装置和元器件等项目划分为 23 大类，每一大类用一个专用的拉丁字母表示，这个专用的拉丁字母就是单字母文字符号。常用单字母文字符号，见附录 17。

（2）双字母文字符号。双字母文字符号是由一个表示种类的单字母文字符号与另一个字母组合而成。单字母符号在前，另一个字母在后。双字母文字符号中的第二个字母通常选用该类设备、装置和元器件的英文名称的首位字母，或常用缩略语以及约定俗成的习惯用字母。如表示蓄电池的双字母文字符号“GB”中字母“B”来自英文“battery（电池）”的第一个字母。

双字母文字符号常用于表述比较详细、具体的电气设备、装置和元器件的名称。例如：“S”表示“控制电路的开关”，而“SB”则表示“按钮开关”，“SA”表示“控制开关”等。常用双字母文字符号示例见表 9—15。

表 9—15　　常用双字母文字符号示例

名称	双字母	名称	双字母	名称	双字母
直流电动机	MD	整流变压器	TR	电压继电器	KV
交流电动机	MA	电流互感器	TA	接触器	KM
同步电动机	MS	电压互感器	TV	电位器	RP
隔离开关	QS	熔断器	FU	晶体管放大器	AD
刀开关	QK	照明灯	EL	连接片	XB
控制开关	SA	指示灯	HL	插头	XP
按钮开关	SB	蓄电池	GB	插座	XS

2. 辅助文字符号

辅助文字符号是指用以表示电气设备、装置、元器件以及线路的功能、状态和特征的文字符号。辅助文字符号一般放在基本文字符号的后边，构成组合文字符号，如“MS”表示同步电动机。“MS”由表示电动机的基本文字符号“M”和表示同步的辅助文字符号“SYN”的第一个字母“S”组合而成。辅助文字符号可以单独使用，如：“ON”表示接通，“OFF”表示关闭等。常用辅助文字符号示例见表 9—16。

表 9—16　　常用辅助文字符号示例

名称	符号	名称	符号	名称	符号	名称	符号
高	H	电压	V	黄	YE	反	R
低	L	电流	A	白	WH	红	RD
升	U	闭合	ON	蓝	BL	绿	GN
降	D	断开	OFF	直流	DC	压力	P
主	M	同步	SYN	交流	AC	信号	S
中	M	异步	ASY	停止	STP	时间	T

任务 3　识读参照代号

任务引入

如图 9—5 所示为三相笼型感应电动机点动控制电路图。本任务的要求是：根据参照代号的格式和标注位置识读常用参照代号。

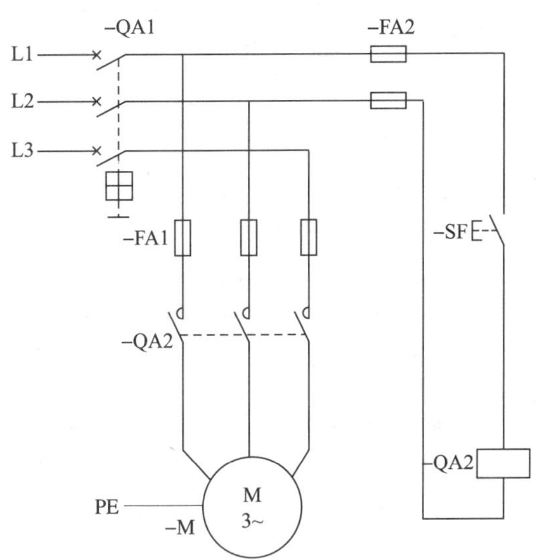

图 9—5　三相笼型感应电动机点动控制电路图

相关知识

一、参照代号的基本概念

参照代号是指作为系统组成部分的特定项目按该系统的一个面或多个面相对于系统的标识符。用参照代号标识项目，可使图形符号和实物之间建立起明确的对应关系，从而方便查找、区分各种图形符号所表示的电气元器件和设备。参照代号替代了旧标准中的“项目代号”。

二、项目的基本结构

在分析项目的用途时，首先要确定“面”这个前提。一个项目的结构通常包括功能面结构、产品面结构和位置面结构。这三个“面”分别揭示了一个项目的基本内涵：

★项目是做什么的——功能面结构。功能面结构以系统的用途为基础，表示系统根据功能面被细分为若干组成项目，而不必考虑其位置和产品。

★项目是如何构成的——产品面结构。产品面结构以系统的产品为基础，表示系统根据产品面被细分为若干组成项目，而不考虑其功能和位置。

★项目位于何处——位置面结构。位置面结构以系统的位置布局和所在的环境为基础，表示系统根据位置面被分解为若干组成项目，而不必考虑其产品和功能。

三、参照代号的格式

1. 单层参照代号

(1) 单层参照代号是指对直接组成系统的特定项目给定的相对于系统的参照代号。如图 9—5 中的 -FA1、-FA2、-QA1、-QA2、-SF、-M 和图 9—4 中的 T、C、R1、R2 等，都属于单层代号的范畴。

在某一项目内，单层参照代号的标识是唯一的。如图 9—6 所示，某一项目的树状结构示例，A 型项目（顶端节点所代表的项目）有三个分支，分别与两个 B 型项目和一个 C 型项目相连；B 型项目又与 D 型项目和 E 型项目相连；其余类推。

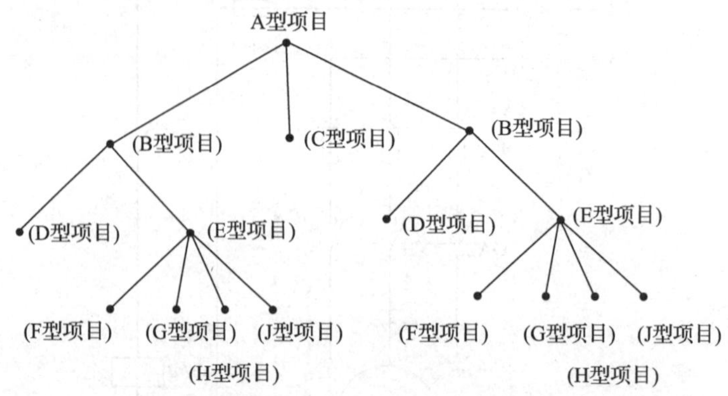

图 9—6　某一项目的树状结构示例

图 9—6 中，用节点代表这些项目，用分支代表这些项目分为其他项目（即子项目）的分解。对事件在另一项目内的每一个项目应给予单层参照代号，此单层参照代号对其内事件项目是唯一的。对顶端节点所代表的项目，则不应给予单层参照代号。

如图 9—7 所示，图中 A 项目的三个子项目分别标识了 = B1、 = C1、 = B2 三个单层参照代号，A 项目的子项目 = B1 的两个子项目分别标识了 = A1、 = F1 两个单层参照代号，A 项目的子项目 = B1 的子项目 = F1 的四个子项目分别标识了 = F1、 = U1、 = U2、 = F2 四个单层参照代号。除 A 项目外其他的子项目均标识一个唯一的单层参照代号。

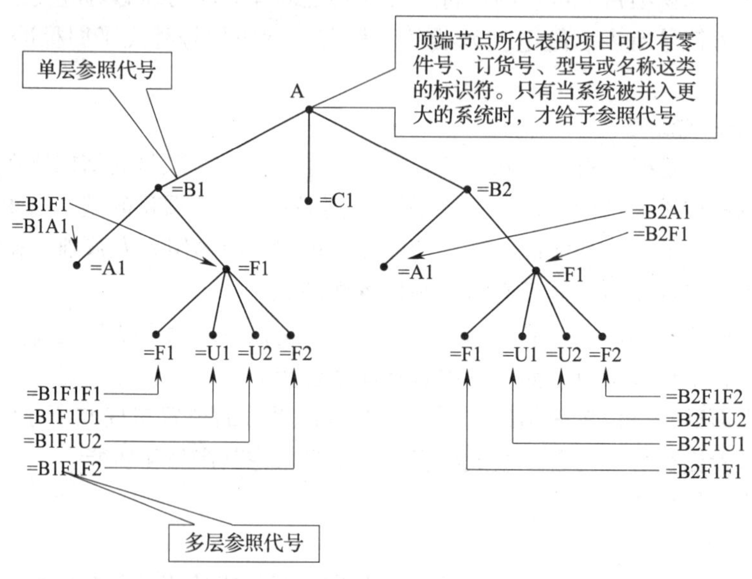

图 9—7　A 项目功能面结构树示例

（2）单层参照代号由前缀符号和代码组成。

1）参照代号的前缀符号见表 9—17，它有三种表达形式。

表 9—17　　参照代号前缀符号的三种表达形式

前缀符号	含义
=	项目的功能面
-	项目的产品面
+	项目的位置面

2）参照代号的代码见表 9—18，它有三种表示形式。

表 9—18　　参照代号代码的三种表示形式

序号	代码形式	示例	说明
1	字母代码	M、T、C、SF	用大写拉丁字母；分别选取主类单字母代码、主类加子类双字母代码
2	字母代码加数字	FA1、FA2、QA1、QA2、R1、R2	字母在前，数字在后。一般对相同字母代码的同一类项目的各组成项目，应以数字来区分
3	数字	1、2、3	如果数字本身具有重要意义，则应在文件或支持文件中说明

3）参照代号常见格式示例，见表 9—19。

表 9—19　　单层参照代号常见格式示例

字母代码示例	字母代码加数字示例	数字示例
=ABC、-REL、+RM	=A2、-A2、+G10	=123、-561、+101

2. 多层参照代号

（1）当项目的构成比较复杂，采用单层参照代号不能完整地表达信息时，便要引用项目的多层参照代号。多层参照代号是从项目的上至结构树顶端下至所关注子项目所经路径的一种代码表示法。这一路径将包含若干个节点，通过连接从最高点开始的路径上代表每个项目的单层参照代号，便构成多层参照代号。路径中的节点数视所研究系统的实际需要和复杂性来确定。如图 9—7 所示，多层代号"=B2F1F2"是多层代号"=B2=F1=F2"的缩写，它表示"A 项目的子项目=B2 的子项目=F1 的子项目=F2"。其路径可简述为：A 项目→A 项目的子项目=B2→项目=B2 的子项目=F1→项目=F1 的子项目=F2。

多层参照代号及其单层参照代号间的关系，如图 9—8 所示。图中说明这个多层参照代号由 6 个单层参照代号组成。

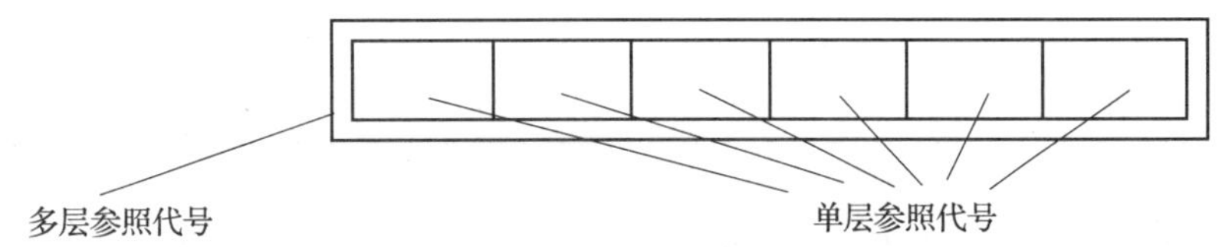

图 9—8　多层参照代号及其单层参照代号间的关系

（2）多层参照代号通常有以下几种格式：

1）同一结构面的相同层次的参照代号，例如：

★不同产品面的多层参照代号，如某开关 Q3，隶属于控制柜 A1，可标识为 - A1 - Q3，也可表示为 - A1Q3。

★不同功能面的多层参照代号，如某电动机 M，隶属于大楼供水系统 W1 中的一个子系统 WS3，可标识为 = W1 = WS3，也可表示为 = W1WS3。

★不同位置面的多层参照代号，如某设备位于 204 房间 A6 列柜，可标识为 + 204 + A6，也可表示为 + 204A6。

2）同一结构面的不同层次的参照代号，例如：

A1 装置中的继电器 K1，位置在 C8 区间，S1 列控制柜，M4 柜中，可标识为 = A1 - K1 + C8S1M4；

P1 系统中的开关 Q1，位置在 C13 室，S2 间隔，M11 开关柜中，可标识为 = P1 - Q1 + C13S2M11。

图 9—9 中，表示出了三个项目，其中：

项目	参照代号
电阻	+S1C4/=A1B2/–B3A3R1
操作器件	+S1C4/=A1B2K1/–B3A3K2
灯	+S1C1/=A1P1/–B3P3
“边界线”	+S1C4/=A1B2/–B3A3
“页内容区”	+S1/=A1/–B3

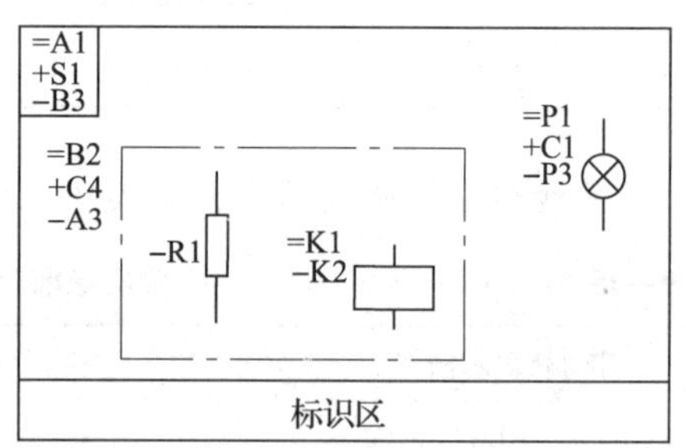

图 9—9 参照代号示例

信号灯 P3，位置位于“ + C1”，属于功能件“ = P1”；

电阻 R1，属于产品“ - A3”，位于“ + C4”，属于功能件“ = B2”；

操作器件 K2（电磁线圈），与 R1 相同，属于产品“ - A3”，位于“ + C4”，属于功能件“ = B2”中的“ = K1”。

这三个项目又共同属于产品“ - B3”，位于“ + S1”，属于功能件“ = A1”。其参照代号见表 9—20。

表 9—20　与图 9—9 对应的参照代号

序号	项目名称	单层产品面参照代号	多层参照代号
1	信号灯	- P3	+ S1C1/ = A1P1/ - B3P3
2	电阻	- R1	+ S1C4/ = A1B2/ - B3A3R1
3	操作器件	- K2	+ S1C4/ = A1B2K1/ - B3A3K2

（3）多层参照代号的书写方式。在多层参照代号中，当单层参照代号的前缀符号与前面的单层参照代号的前缀符号相同时，多层参照代号的书写方式示例，见表 9—21。

表 9—21　当前后单层参照代号的前缀符号相同时，多层参照代号的书写方式示例

<table>
<tr><th rowspan="2">类型</th><th colspan="2">示例</th><th rowspan="2">说明</th></tr>
<tr><th>完整表示</th><th>简化表示</th></tr>
<tr><td rowspan="2">前一单层参照代号以数字结尾，相邻的后一个单层参照代号以字母代码开头</td><td rowspan="2">= A1 = B2</td><td>= A1B2</td><td rowspan="6">①如果单层参照代号以数字结尾，并且下一单层参照代号以字母代码开始，则前缀符号可以省略，而其他类型不能省略
②前缀符号可用“.”（下脚点）代替</td></tr>
<tr><td>= A1. B2</td></tr>
<tr><td rowspan="2">前一单层参照代号以数字结尾，相邻的后一个单层参照代号以数字开头</td><td rowspan="2">- A1 - 1</td><td>- A1 - 1</td></tr>
<tr><td>- A1. 1</td></tr>
<tr><td rowspan="2">前一单层参照代号以字母结尾，相邻的后一个单层参照代号以字母代码开头</td><td rowspan="2">- C - D4</td><td>- C - D4</td></tr>
<tr><td>- C. D4</td></tr>
</table>

四、参照代号的标注位置

1. 图形符号的参照代号标注位置

与图形符号相对应的参照代号应标注在图形符号的近旁。当图形符号竖直布置时，即图形符号的引线竖直布置，与图形符号相关的参照代号常置于符号的左边，如图 9—10a 所示；当图形符号水平布置时，即图形符号的引线水平布置，与图形符号相关的参照代号常置于符号的上方，如图 9—10b 所示。

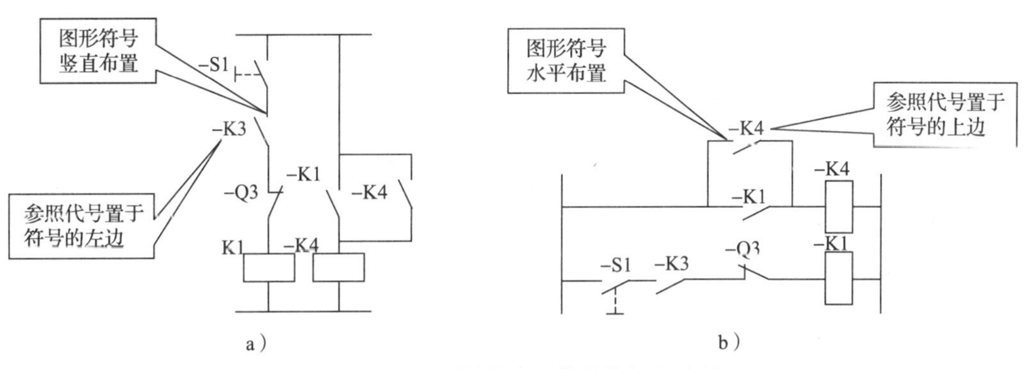

图 9—10　图形符号参照代号的标注示例

2. 连接线的参照代号标注位置

连接线的参照代号一般标注到连接线的近旁，不应碰到或跨越连接线。对水平布置的连接线，参照代号一般是顺着连接线的方向标注在图线的上面；对竖直布置的连接线，参照代号一般顺着连接线的方向标注在图线的左边。如图 9—11 所示，图中的参照代号 - W10 - 1、- W11 - 1 标注在水平连接线的上方，- W12 - 1、- W12 - 2、- W22 - 2、- W22 - 4 标注在竖直连接线左边。

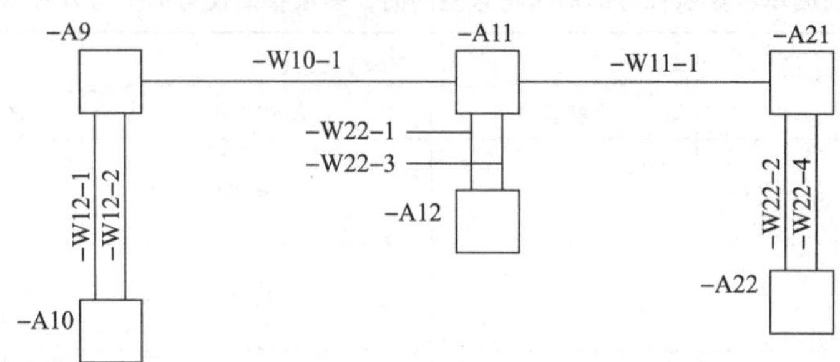

图 9—11　连接线参照代号的标注示例

如果不可能将参照代号置于毗邻连接线的地方，应将其置于内容区的其他地方，并用一条指引线（或一条基准线）引到那条连接线。如图 9—11 所示，图中的 - W22 - 1 和 - W22 - 3 通过指引线对连接线进行标识。

3. 边界线的参照代号标注位置

与边界线相关的参照代号应置于边界线上面左边缘，如图 9—12a 所示；或边界线左方和上面边缘，如图 9—12b 所示。

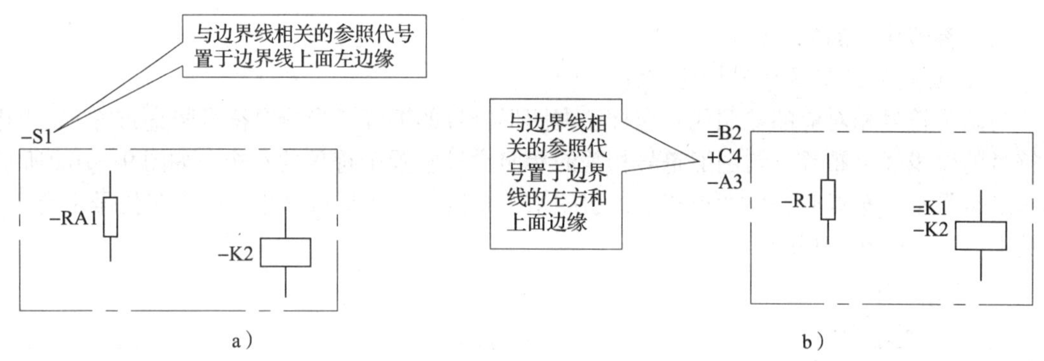

图 9—12　边界线参照代号的标注位置示例

对于边界线内所表示的项目，它们的参照代号对应的边界线的参照代号不应用单独的项目表示，如图 9—13 所示。

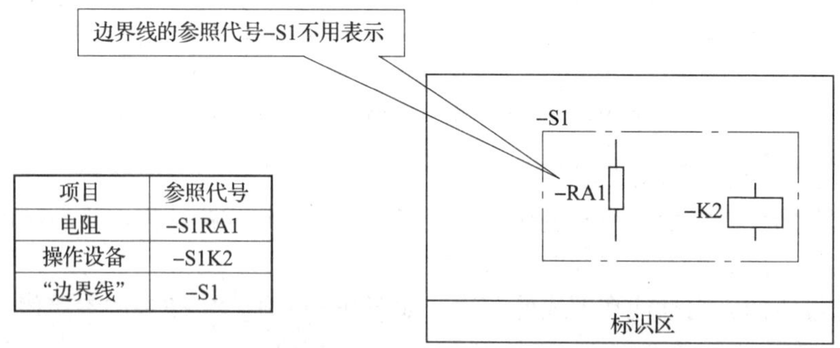

项目	参照代号
电阻	-S1RA1
操作设备	-S1K2
“边界线”	-S1

图 9—13　边界线参照代号的表示示例

任务实施

一、分析参照代号与字母代码、图形符号之间的内在联系

如图 9—5 所示，每一个表示电气元器件的图形符号旁均标注了一个标识电气元器件的参照代号。图 9—5 中的参照代号与字母代码、图形符号之间的对应关系，见表 9—22。

表 9—22　　　　参照代号与字母代码、图形符号之间的对应关系

<table>
<tr><th rowspan="2">名称</th><th rowspan="2" colspan="2">图形符号</th><th rowspan="2">参照代号</th><th colspan="2">字母代码</th></tr>
<tr><th>主类</th><th>子类</th></tr>
<tr><td>低压断路器</td><td colspan="2"></td><td>－QA1</td><td>Q</td><td>A</td></tr>
<tr><td>熔断器</td><td colspan="2"></td><td>－FA1、－FA2</td><td>F</td><td>A</td></tr>
<tr><td>按钮</td><td colspan="2"></td><td>－SF</td><td>S</td><td>F</td></tr>
<tr><td rowspan="2">交流接触器</td><td>线圈</td><td></td><td rowspan="2">－QA2</td><td rowspan="2">Q</td><td rowspan="2">A</td></tr>
<tr><td>主触头</td><td></td></tr>
<tr><td>三相笼型感应电动机</td><td colspan="2">M
3~</td><td>－M</td><td>M</td><td></td></tr>
</table>

二、认识参照代号

图 9—5 中的参照代号均属单层参照代号，且都标注了该项目产品面的前缀符号“－”。参照代号的代码除三相笼型感应电动机之外均由字母代码加数字组成，具完整格式是“－QA1”“－FA1”“－FA2”“－SF”“－QA2”“－M”。

在图 9—5 中，当图形符号垂直布置时，与图形符号相关的参照代号置于符号的左边，如“－FA1”“－SF”“－QA2”“－M”；当图形符号水平布置时，与图形符号相关的参照代号常置于符号的上方，如“－QA1”“－FA2”。

知识探究

项目代号是指为了识别项目的种类，并提供项目的层次关系、实际位置等信息，给每个项目编制一个特定代码。

一个完整的项目代号应由高层代号、种类代号、位置代号、端子代号四部分组成，每一部分称为一个代号段。在实际应用中，没必要将四个代号段全部标注出来。在多数情况下，可以就项目本身的情况标注单一的代号段或某几个代号段的组合。项目代号的使用示例见表9—23。

表9—23　项目代号的使用示例

标注类型	高层代号	种类代号	位置代号	端子代号	说明
单一代号段	●				单一高层代号段多用于概略图
		●			单一种类代号段多用于电路图
			●		单一位置代号段多用于接线图
				●	单一端子代号段多用于接线图和电路图
两种代号段的组合	●	●			高层代号段加种类代号段的组合，表示项目之间功能上的层次关系，不反映项目的安装位置
		●	●		种类代号段加位置代号段的组合，明确给出了项目的位置，但不表示功能关系
		●		●	种类代号段加端子代号段的组合，多用于表示项目的端子代号

每种代号段都有一个特征标志，这个特征标志称为前缀符号。代号段的名称及前缀符号见表9—24。

表9—24　代号段的名称及前缀符号

代号段	名称	前缀符号
第一段	高层代号	=
第二段	种类代号	-
第三段	位置代号	+
第四段	端子代号	:

任务4　识读端子代号

任务引入

如图9—14所示为三相笼型感应电动机点动控制电路图。本任务的要求是：根据端子代号的构成、编制规则和标注方法识读常用端子代号。

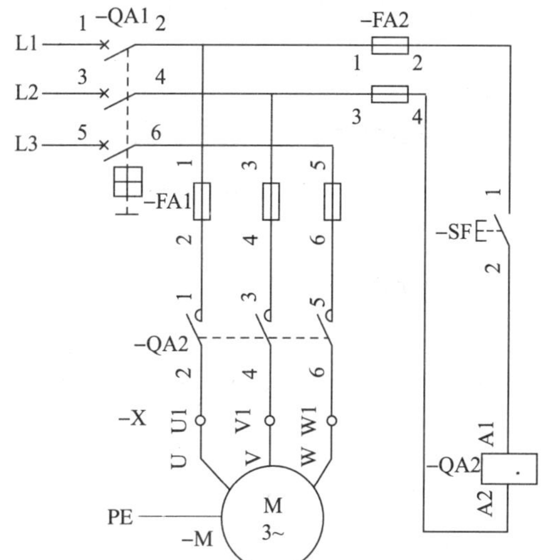

项目	参照代号
低压断路器	– QA1
接触器	– QA2
按钮	– SF
熔断器	– FA1、 – FA2
端子板	– X
三相笼型感应电动机	– M

图 9—14　三相笼型感应电动机点动控制电路图

相关知识

一、端子代号的基本概念

端子代号是一种根据项目的一个方面确定的项目端子的标识符号。根据需要，端子的标识符号可以从产品面、功能面或位置面的其中之一进行命名或确定。

二、端子代号的构成

1. 端子标识符号的基本形式

在一个系统内，某一端子的标识应该是唯一的。它包括：

（1）项目的唯一标识端子的端子代号。

（2）端子代号前的前缀符号为“：(冒号)”。

（3）冒号前的代号是端子所在项目的参照代号。

端子标识的基本形式如图 9—15 所示。图中的端子代号为该项目端子的唯一标识符号，参照代号为端子所在项目的标识符号。

2. 端子代号的代码

端子代号的代码有以下三种基本表示形式：

（1）用字母代码表示，如 U、V、W 等。

（2）用字母代码加数字表示，如 U1、V1、W1 等。

（3）用数字表示，如 1、2、3 等。

三、编制端子标识符号的规则

端子代号的编制顺序一般要遵循信息流流向从上到下、自左至右的规定。

1. 单个元件的接线端子标识

单个元件的两边端子用连续的两个数字来表示，奇数数字应小于偶数数字，如 1 和 2。如图 9—16 所示为带有两个端子的单个元件。

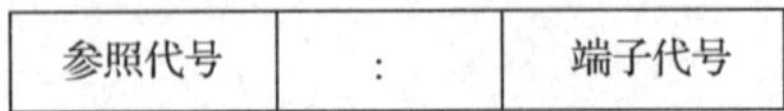

图 9—15　端子标识的基本形式

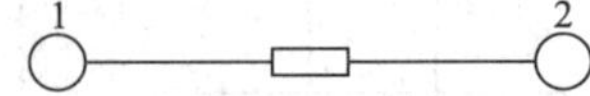

图 9—16　带有两个端子的单个元件

2．相同元件组的接线端子标识

几个相同元件组合成一个组，各元件的接线端子可按下列方式标识：

（1）在数字前冠以字母，如图 9—17a 所示。

（2）当不需要区分电源相线类别时，可用数字 1. 1、2. 1、3. 1 标识，如图 9—17b 所示。

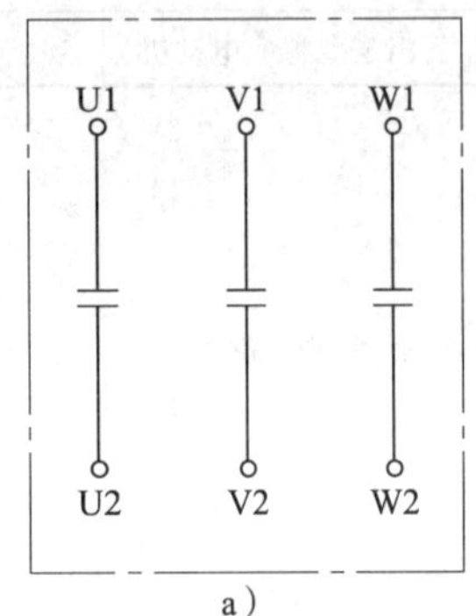

a）

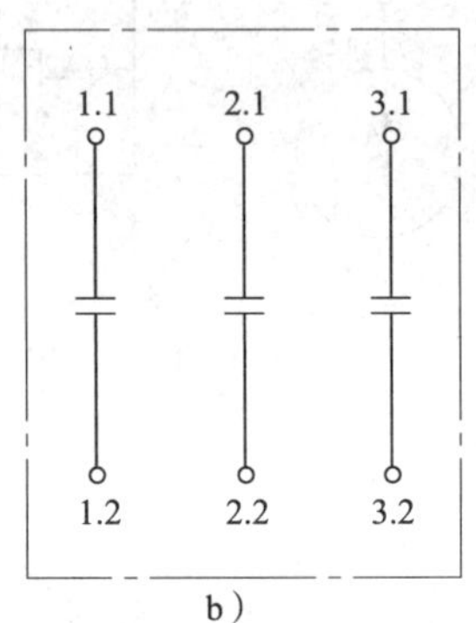

b）

图 9—17　相同元件组接线端子标识示例

3．同类元件组的接线端子标识

同类元件组用相同字母标识时，可在字母前冠以数字来区别，如图 9—18 中的两组三相绕组的接线端子用 1U1 、2U1 等来标识。

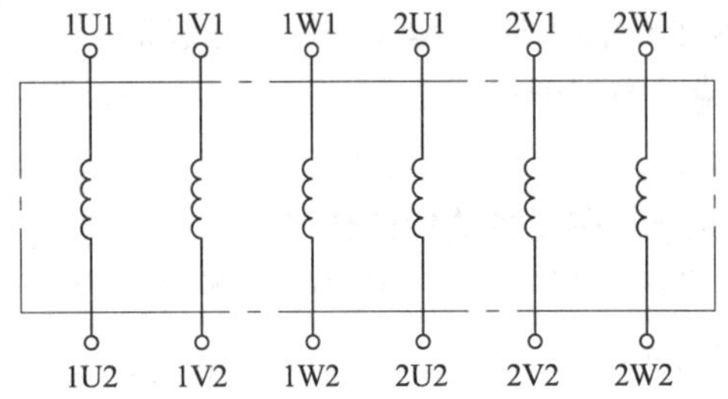

图 9—18　同类元件组接线端子标识示例

任务实施

一、分析各图形符号的接线端子与其标识符号之间的内在联系

如图 9—14 所示，在每个图形符号的端子旁均标注一个用来识别端子的标识符号。图 9—14 中在图形符号上标注的端子标识符号示例见表 9—25。

表 9—25　　在图形符号上标注的端子标识符号示例

名称	图形符号	参照代号	端子标识
低压断路器	1 2 3 4 5 6	－QA1	1、2、3、4、5、6
熔断器	1 2 3 4 5 6	－FA1	1、2、3、4、5、6
	1 2 3 4	－FA2	1、2、3、4
按钮	1 2	－SF	1、2
交流接触器	A1 A2	－QA2	A1、A2
	1 2 3 4 5 6		1、2、3、4、5、6
端子板	U1 V1 W1	－X	U1、V1、W1
三相笼型感应电动机	U V W M 3~	－M	U、V、W

二、认识端子代号

1．端子代号的构成

如图 9—14 所示，现以低压断路器“－QA1”的端子代号为例分析。图中“－QA1”为参照代号，三个引入端子的标识为 1、3、5，三个引出端子的标识为 2、4、6，则其端子代号分别为－QA1：1、－QA1：3、－QA1：5 和－QA1：2、－QA1：4、－QA1：6。

2．端子代号的代码

（1）用字母代码表示，如图 9—14 所示，图中三相笼型感应电动机“－M”的端子标识为 U、V、W，都是用字母表示的端子代号。

（2）用字母加数字表示，如图 9—14 所示，图中端子板“－X1”的端子标识为 U1、V1、W1，接触器“－QA2”线圈的端子标识为 A1、A2 等，都是用字母加数字表示的端子代号。在复杂的电路中，更多用字母加数字的形式。

（3）用数字代码表示，如图 9—14 所示，图中低压断路器“－QA1”的端子标识为 1、2、3、4、5、6，按钮开关“－SF1”的端子标识为 1、2 等，都是用数字表示的端子代号。

3. 编制端子标识符号的顺序

如图 9—14 所示，端子代号的编制顺序遵循信息流流向：图形符号水平布置的自左至右编排，如低压断路器－QA1、熔断器－FA2 等；图形符号竖直布置的从上到下编排，如按钮－SF、熔断器－FA1 等。

知识探究

一、电阻器、继电器、模拟和数字硬件等电气元器件端子代号的标注

电阻器、继电器、模拟和数字硬件等电气元器件的端子代号应标在其图形符号的轮廓线外面，如图 9—19 所示。符号轮廓线内的空隙留作标注有关元器件的功能和注解。

图 9—19　端子代号标注在图形符号的轮廓线外面示例

二、画有围框的功能单元或结构单元端子代号的标注

在画有围框的功能单元或结构单元中，端子代号必须标注在围框内，以免被误解。如图 9—20 所示，图中的 A5 围框引出 7 根线，标出“－A5－X1：1、2、3、4、5”和“－A5－X2：1、2”7 个端子代号。

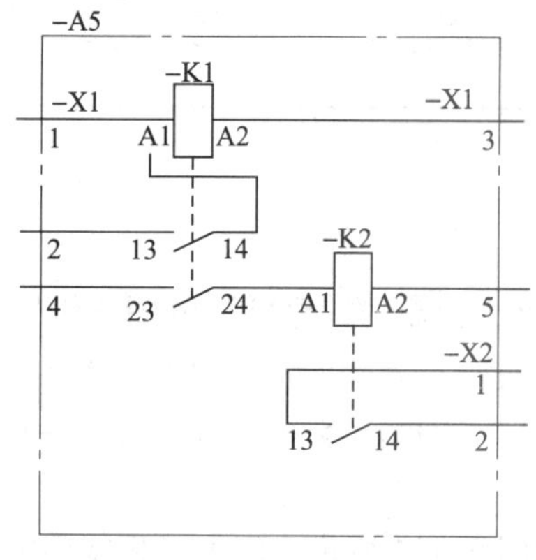

图 9—20　围框端子代号标注方法示例

课题二 识读电气图的基本表示方法

学习目标

¤ 掌握图线的布置方式和电路或电气元器件的布局方法，并会识别和运用。
¤ 掌握电气元器件的表示方法和图形符号状态的表示方法，并会识别和运用。
¤ 掌握连接线的表示方法，并会识别和运用。

任务1 识读图线的布置方式和电气元器件的布局方法

任务引入

如图9—14所示为三相笼型感应电动机点动控制电路图，图9—21所示为三相笼型感应电动机点动控制电路电气元器件布置图。本任务的要求是：认识图线的布置方式，认识电路或电气元器件的布局方法。

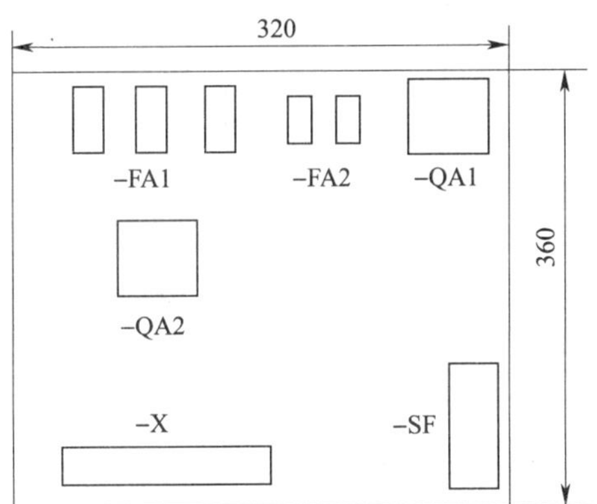

图9—21 三相笼型感应电动机点动控制电路电气元器件布置图

相关知识

一、图线的布置方式

在电气图中，表示导线、信号通路、连接线等的图线一般为直线，即横平竖直，尽可能地减少交叉和弯折。图线的布置方式一般为水平布置、垂直布置和交叉布置。

1. 图线的水平布置方式

水平布置是将表示设备和电气元器件的图形符号按横向（即行）布置，连接线呈水平方向，各类似项目纵向对齐。如图 9—22a 所示，图中各电气元器件按行排列，连接线基本上都是水平线。

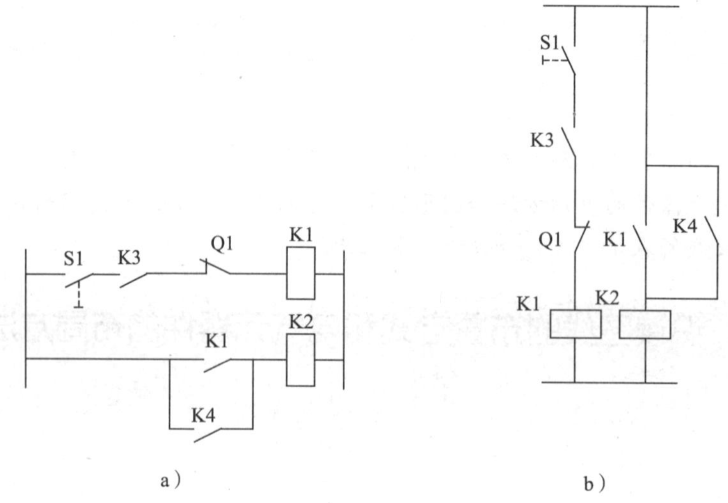

图 9—22　图线的布置方式示例

a）图线的水平布置示例　b）图线的垂直布置示例

2. 图线的垂直布置方式

垂直布置是将表示设备或电气元器件的图形符号按纵向（即列）排列，连接线呈垂直方向，各类似项目横向对齐。如图 9—22b 所示，图中各电气元器件按列排列，连接线基本上都是垂直线。

3. 图线的交叉布置方式

为了把相应的元件连接成对称的布局，也可以采用斜的交叉线的方式布置，如图 9—23 所示。

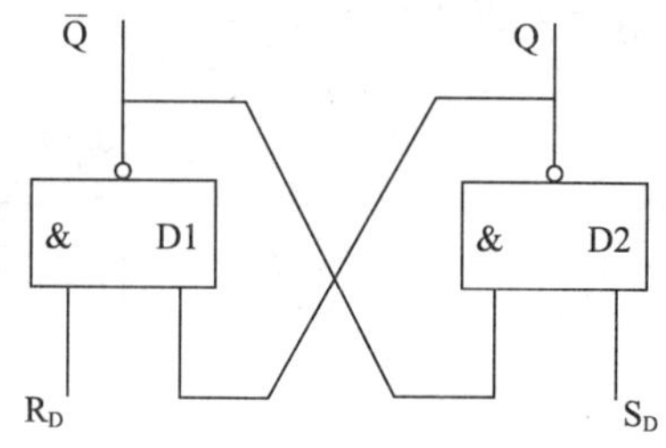

图 9—23　图线的交叉布置示例

二、电路或电气元器件的布局方法

1. 电路或电气元器件的功能布局方法

功能布局法是指简图中表示电路或电气元器件的图形符号的布置，只考虑便于看出它们所表示的电路或电气元器件的功能关系，而不考虑其实际安装位置的一种布局方法。

在功能布局法中，将表示对象划分为若干功能组，按照因果关系、动作顺序、功能联系等从左到右或从上到下布置；为了强调并便于看清其中的功能关系，每个功能组的电气元器件应集中布置在一起，并尽可能按工作顺序排列。

2. 电路或电气元器件的位置布局方法

位置布局法是指简图中表示电路或电气元器件的图形符号的布置与该元件实际安装位置基本一致的布局方法，如图 9—21 所示。

任务实施

一、认识图线的布置方式

在图 9—14 所示的三相笼型感应电动机点动控制电路图中，图线按横平竖直绘制。其中，电源线 L1、L2、L3 按水平布置方式绘制，电动机的主电路和控制电路按垂直布置方式绘制。

二、认识电气元器件的布局方式

在图 9—14 所示的三相笼型感应电动机点动控制电路图中，表示电气元器件和导线的图形符号并未按其实际安装位置布置，它是按功能布局法绘制的。该图按供电电源和功能划分为两部分：电动机的动力电路（即主电路）按能量流（即电流）流向绘制在图的左边，表示电能经熔断器、接触器至电动机的供电关系；控制电路按动作顺序（即功能关系）绘制在图的右边。

在图 9—21 所示的三相笼型感应电动机点动控制电路电气元器件布置图中，表示电气元器件的图形符号按实际安装位置布置，它是按位置布局法绘制的。

任务 2　识读电气元器件的表示方法

任务引入

图 9—24 所示为三相笼型感应电动机接触器自锁正转控制电路图，图 a 和图 b 只是表示电气元器件的方法不同。本任务的要求是：认识电气元器件的表示方法，认识图形符号状态的表示方法。

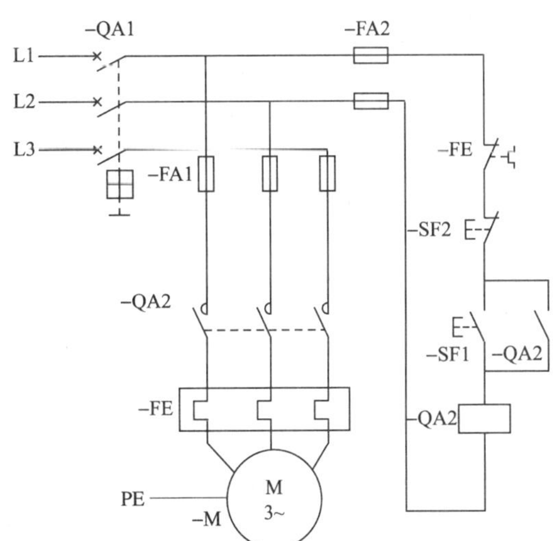

项目	参照代号
低压断路器	－QA1
接触器	－QA2
热继电器	－FE
按钮	－SF1、－SF2
熔断器	－FA1、－FA2
三相笼型感应电动机	－M

a）

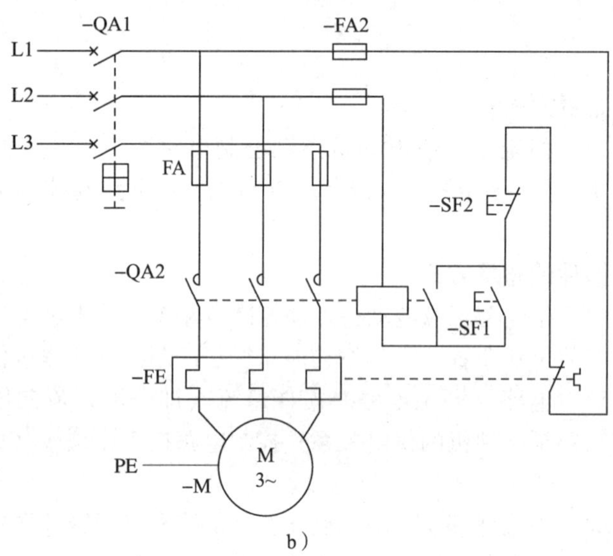

b）

图 9—24　三相笼型感应电动机接触器自锁正转控制电路图

a）分开表示法表示　b）集中表示法表示

相关知识

一、电气元器件的表示方法

1. 集中表示法

集中表示法是指在简图中把表示一个项目的各组成部分的图形符号绘制在一起的方法，它只适用于绘制简单的图。在集中表示法中，各组成部分用机械连接线（虚线）互相连接起来。机械连接线（虚线）必须是一条直线，如图 9—24b 所示。

2. 分开表示法

分开表示法是指把一个项目中某些部分的图形符号在简图上分开布置，并用参照代号表示它们之间关系的方法。例如，表示接触器图形符号的各组成部分，可分别画在不同的电路中，其触点和线圈还可画在不同张次的图上。由于分开表示法既没有机械连接线，又可避免或减少图线交叉，因而图面更为清晰。

用分开表示法绘制的图，由于省去了项目各组成部分的机械连接线，使查找项目的各组成部分比较困难。为看清项目各组成部分和寻找其在图中的位置，除用重复标注参照代号的方法外，还可用插图或表格来说明元器件各部分的位置。

采用分开表示法和集中表示法绘制的图，给出的信息量是相等的，它们各有特点，可以根据图面的繁简情况选择使用。

二、电气元器件图形符号状态的表示方法

1. 电气元器件图形符号可动部分状态的表示方法

在电气图中，电气元器件图形符号可动部分通常表示在非激励或不工作的状态或位置。

如：继电器和接触器处在非激励的状态；断路器、负荷开关和隔离开关处在断开位置；带零位的手动控制开关处在零位位置，不带零位的手动控制开关处在图中规定的位置；机械操作开关，如行程开关，处在非工作的状态或位置；机械操作开关的工作状态与工作位置的对应关系，一般应表示在其触点符号的附近，或另附说明；事故、备用、报警等开关应该表示在设备正常使用的位置等。

2. 电气元器件触点位置的表示方法

接触器、电磁继电器、开关、按钮等元器件的触点符号，在同一电路中，在加电和受力后，各触点符号的动作方向应取向一致，见表9—26。

表9—26　接触器、电磁继电器、开关、按钮等元器件触点符号位置的表示方法

布局方式	图例	说明
水平布置	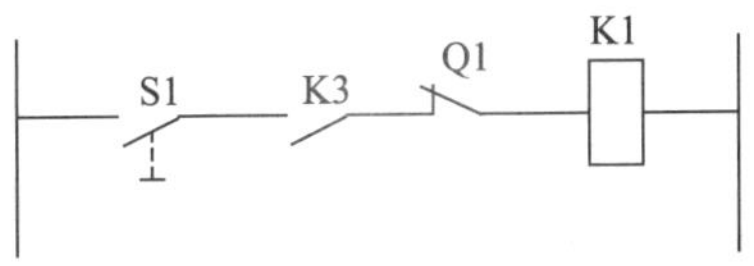 S1　K3　Q1　K1	水平连接线上的触点符号，在加电或受力后，动作方向一致向上，即：动合触点在静触点的下侧，动断触点在静触点的上侧
垂直布置	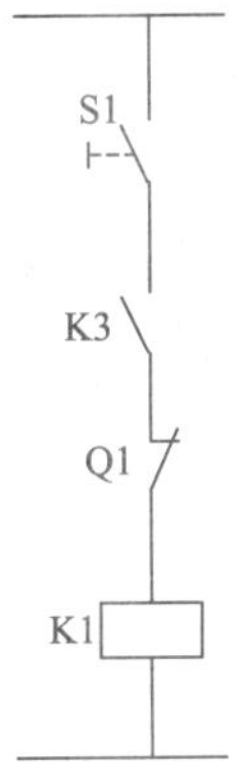 S1　K3　Q1　K1	垂直连接线上的触点符号，在加电或受力后，动作方向一致向右，即：动合触点在静触点的左侧，动断触点在静触点的右侧

在分开表示法表示的电路中，当触点排列复杂而没有保持、闭锁和延时等功能的情况下，为了避免电路连接线的交叉，使图面布局清晰，在加电和受力后，触点符号的动作方向可不用强调一致。

任务实施

一、认识电气元器件的表示方法

在图9—24a中，表示电气元器件的图形符号被分开绘制在不同回路中；在图9—24b中，表示电气元器件的图形符号被集中绘制在一起。图9—24中接触器－QA2的不同绘制方式示例，见表9—27。

表 9—27　　接触器 –QA2 的不同绘制方式示例

图例来源	图例	说明
图 b（集中表示法）	–QA2 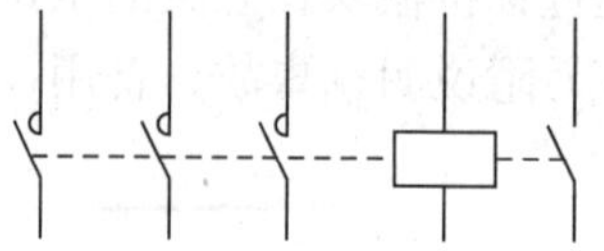	接触器的主触点、驱动线圈、辅助动合（常开）触点集中绘制在一起，并用一条直的机械连接线互相连接，参照代号只标注了一次
图 a（分开表示法）	–QA2 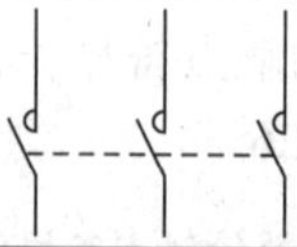 –QA2 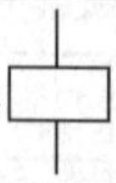 –QA2 	接触器的主触点、驱动线圈、辅助动合（常开）触点分开绘制，参照代号在接触器的每一部分的图形符号旁重复标注

二、认识电气元器件图形符号状态的表示方法

图 9—24 中接触器、低压断路器、热继电器和按钮图形符号表示的状态，见表 9—28。图中，水平布置的低压断路器触点符号的动合触点在静触点的下侧，在加电或受力后，动作方向一致向上；垂直布置的接触器、热继电器和按钮触点符号，动合触点在静触点的左侧，动断触点在静触点的右侧，在加电或受力后，动作方向一致向右。

表 9—28　　接触器、低压断路器、热继电器和按钮图形符号表示的状态

元器件的名称		参照代号	图形符号表示的状态	说明
低压断路器		– QA1		低压断路器未合闸，动合触点处在断开位置
接触器	主触头	– QA2		接触器的线圈未通电，主动合触点处在断开位置，辅助动合触点处在断开位置
	辅助动合（常开）触头	– QA2		
按钮	动合（常开）按钮	– SF1		按钮未按下，动合触点处在断开位置
	动断（常闭）按钮	– SF2		按钮未按下，动断触点处在闭合位置
热继电器		– FE		热继电器的驱动机构未动作，动断触点处在闭合位置

任务 3　识读连接线的表示方法

任务引入

图 9—24 和图 9—25 所示为三相笼型感应电动机接触器自锁正转控制电路图，只是连接线的表达方式不同。图 9—26 所示为无线电接收机概略图。本任务的要求是：认识连接线的表示方法。

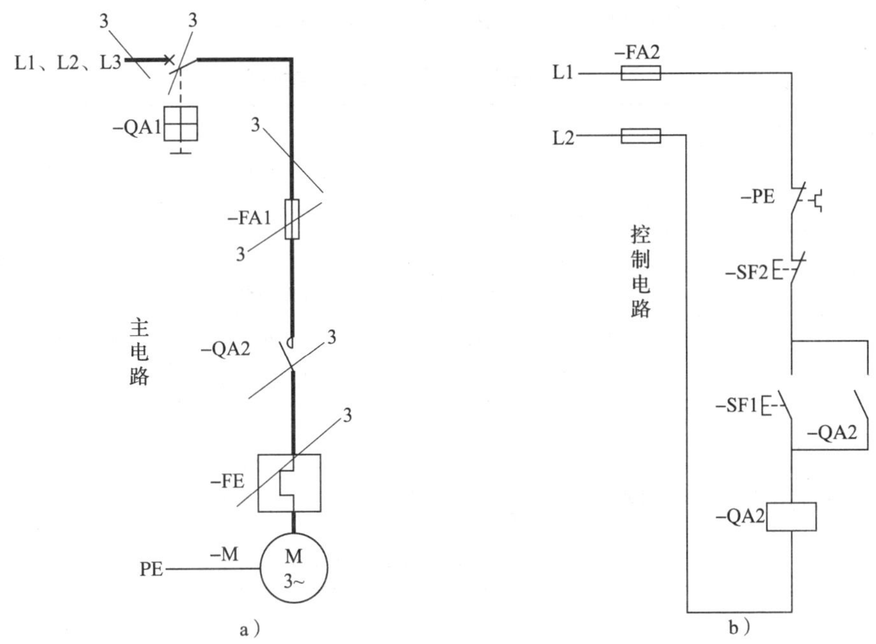

图 9—25　三相笼型感应电动机接触器自锁正转控制电路图

a）主电路　b）控制电路

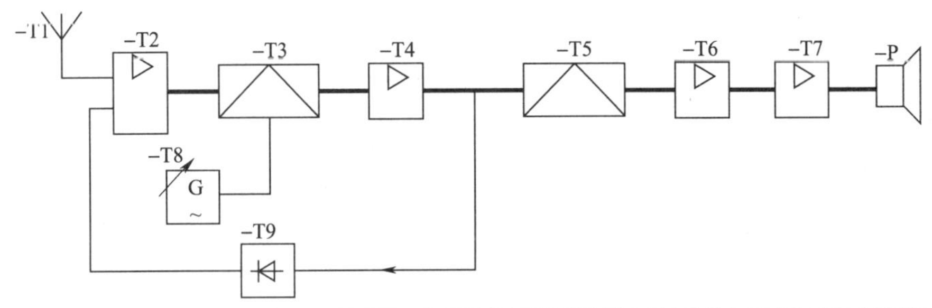

项目	参照代号	项目	参照代号	项目	参照代号
天线	−T1	中放	−T4	扬声器	−P
高频放大器	−T2	解调器	−T5	本机振荡器	−T8
混频器	−T3	低放	−T6、−T7	自动增益控制	−T9

图 9—26　无线电接收机概略图

相关知识

一、连接线的概念

在电气图中，各种图形符号之间的连线统称为连接线。连接线起着连接各种电气设备、元器件图形符号的作用，它既可以是表示传输能量流、信息流的导线，也可以是表示逻辑流、功能流的图线。

二、导线的一般表示方法

1．表示导线的图形符号

（1）表示导线的常见图形符号及其含义示例，见表 9—29。

表 9—29　　表示导线的常见图形符号及其含义示例

图形符号	含义	说明
	连线、连接；连接组； 导线；电缆；电线；传输通路	主要用于表示导线、导线组、电缆、传输通路、母线、总线等
	导线组（示出导线数） 图中示出三根导线	一条图线表示一组导线，用在图线上加画小短斜线表示导线根数
	导线组（示出导线数） 图中示出三根导线	一条图线表示一组导线，用在短斜线上加注数字的方法表示导线根数

（2）数个相同符号构成的符号组可用一个符号表示，但该符号要加上一条短斜线和表示此符号所代表的元件符号数的数字。元件和连接线的单线表示法示例，见表 9—30。

表 9—30　　元件和连接线的单线表示法示例

序号	表示法示例	等效	说明
1			一个手动三极开关
2			三个手动单极开关

2．认识重要电路的表示方法

为了突出或区分某些电路及电路的功能，连接线可采用不同粗细的图线来表示。一般来说，电源主电路、一次电路、主信号通路、非电过程等情况，有时允许采用粗线绘制，与之相关的控制电路、保护电路和二次电路采用细线绘制。如图 9—26 所示，在无线电接收机概略图中，用粗线表示主信号通路，其余用细线表示。

三、连接线的多线表示法和单线表示方法

1. 连接线的多线表示法

每根连接线或导线各用一条图线表示的方法，称为多线表示法。用多线表示法绘制的图，能详细地表达各相或各线的内容，尤其是在各相或各线内容不对称的情况下，宜采用这种方法。图9—24所示为连接线用多线表示法绘制的三相笼型感应电动机接触器自锁正转控制电路图。

2. 连接线的单线表示法

两根或两根以上的连接线或导线，只用一条线表示的方法称为单线表示法。单线表示法主要适用于三相或多线基本对称的情况。图9—25a所示为连接线用单线表示法绘制的三相笼型感应电动机接触器自锁正转控制主电路图。

四、连接线的连续表示法和中断表示法

1. 连接线的连续表示法

连续表示法是指端子之间的连接线用连续的、不间断的线条表示的方法，如图9—27a所示。

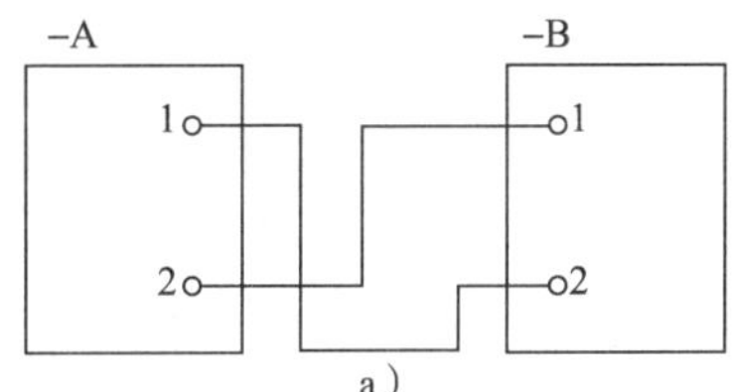

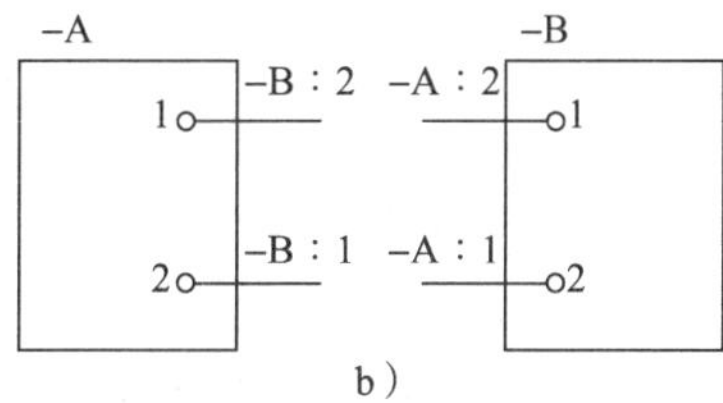

a）　　b）

图9—27　连接线的连续表示法和中断表示法示例

a）连接线连续表示法　b）连接线中断表示法

2. 连接线的中断表示法

中断表示法是指将连接线的中间部分断开，然后用标记符号表示导线去向的方法。中断表示法是简化连接线作图的一个重要手段，当穿越图面的连接线较长或穿越稠密区域时，为使图面清晰，可用中断表示法绘制；当一条图线需要连接到另外的图上时，必须采用中断表示法绘制。

连接线中断处的中断标记可以采用字母、数字、参照代号、位置标记等表示。如图9 27b所示，在连接线中断处标注导线标记。

任务实施

一、认识连接线所表示的含义

在图9—24所示的三相笼型感应电动机接触器自锁正转控制电路图中，低压断路器“－QA1”、接触器“－QA2”、热继电器“－FE”、按钮“－SF1”　“－SF2”、熔断器“－FA1”“－FA2”、三相笼型感应电动机“－M”等图形符号之间的连接线是表示电气元器件之间的连接导线。在图9—26所示的无线电接收机概略图中，连接线并不表示导线，而仅是表示信息传输过程的图线。

二、认识连接线的表达方式

在图 9—24 所示的三相笼型感应电动机接触器自锁正转控制电路图中，每根导线均对应一条连接线，且除电源线外，每根连接线均是连续的，不间断的。可见，该图的连接线是用连续的多线表示法绘制的，它详细地表达了组成三相笼型感应电动机接触器自锁正转控制电路各电气元器件之间的连接关系。

在图 9—25 所示的三相笼型感应电动机接触器自锁正转控制电路图中，主电路和控制电路被分开绘制。图 a 所示的主电路用一根连接线表示平行的三根导线，图 b 所示的控制电路中的每根导线均对应一条连接线。可见，主电路是用单线表示法绘制的，控制电路是用多线表示法绘制的。主电路与控制电路之间用中断表示法表示，其中控制电路图中 L1、L2 为中断标记，表示导线的去向。为突出电源电路，主电路用粗线绘制，控制电路用细线绘制。

在图 9—26 所示的无线电接收机概略图中，表示电气元器件各图形符号之间的连接线用单线表示法绘制，主信号通路用粗线表示，其余用细线表示。连接线仅表示信息流向，并不代表实际的导线连接。

由上述分析可知，根据图种和图面情况，连接线的表达方式和作用是不同的。

知识探究

一、认识平行连接线的分组

对多条平行连接线，为便于读图，一般按功能分组绘制，即同一功能的平行线画在一起，并加注各组连接线的功能或特征标记。如图 9—28 所示，图中的 7 条平行连接线具有三种功能，其中交流 220 V 导线 2 条，交流 380 V 导线 3 条，直流 110 V 导线 2 条，各分为一组。

二、线束的表示方法

在电气图中，母线、总线、多芯电线电缆等都可视为平行连接线。由于图内的连接线越多，对图面清晰度的影响越大，所以对含有多根去向相同的连接线的线束，可用一条图线表示。如图 9—29 所示，先将多条平行连接线中断，然后用短垂线间隔，再用一根连接线表示线束。

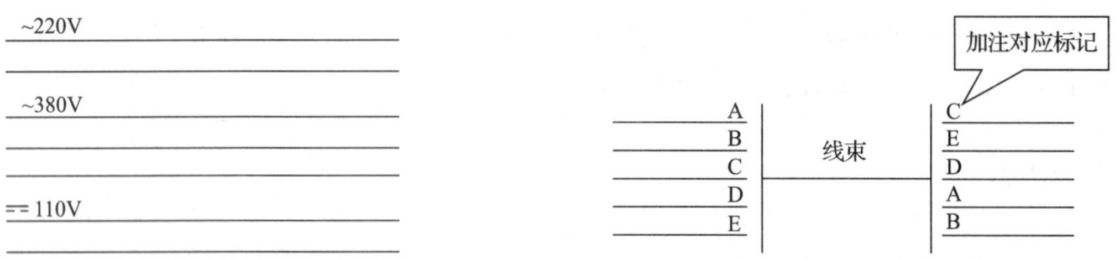

图 9—28　平行连接线按功能分组示例　　图 9—29　线束表示示例

当连接线两端处于不同位置时，必须在两个相互有连接关系的线端加注相同的标记。如图 9—29 所示，用加注标记说明连接线“A—A”“B—B”“C—C”“D—D”之间的连接关系。只有在线束两端的连接线都按顺序编号且不致引起错接的情况下，才允许省略标记。如图 9—30b 所示，它是由图 9—30a 简化而成，图中线束两端均按顺序编号。

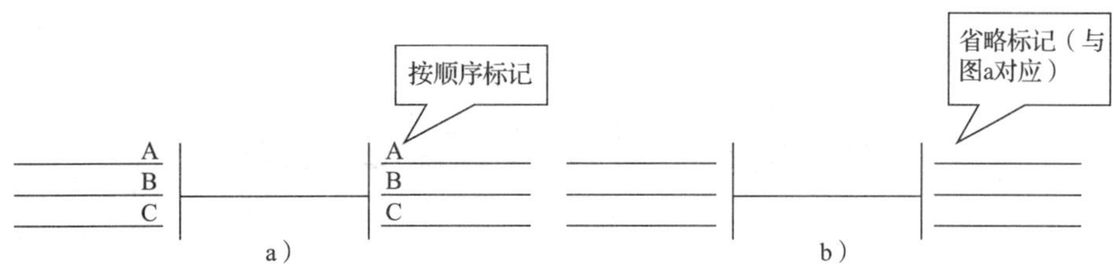

图 9—30　线束表示法线端标记示例

当单根导线汇入线束时，汇接处用一短斜线表示，其倾斜方向应使读者易于识别连接线进入或离开线束的方向，并在连接线的末端注有相同的标记符号，这种表示方法多见接线图。如图 9—31 所示为单根导线汇入线束的表示方法示例。当线束与线束相交时，表示线束的图线不必倾斜，其表示方法如图 9—32 所示。

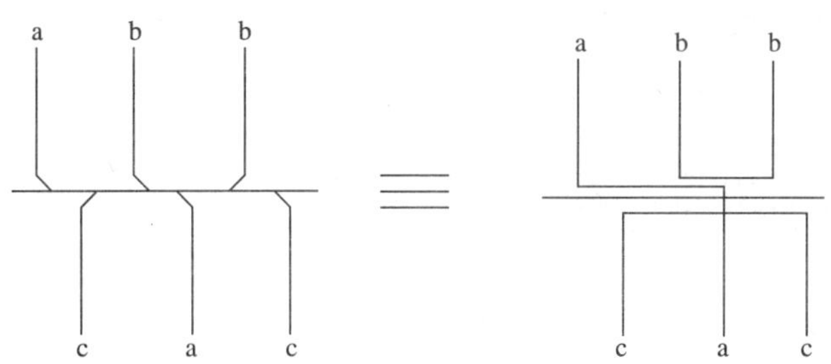

图 9—31　单根导线汇入线束的表示方法示例

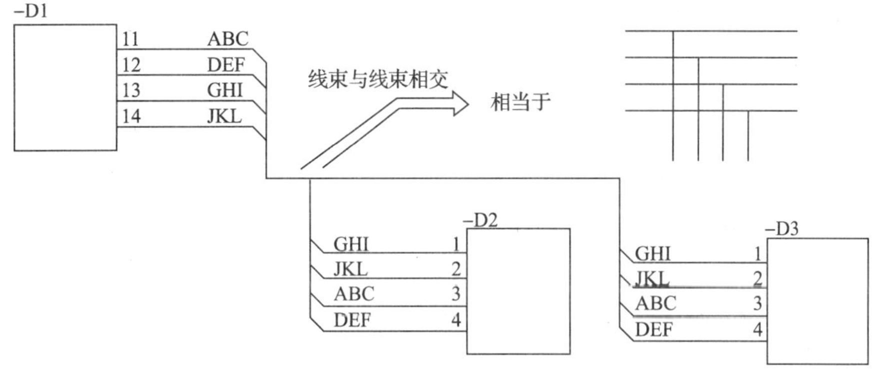

图 9—32　线束与线束相交的表示方法示例

模块十　识读典型电气图

课题一　认识基本电气图

学习目标

¤ 掌握概略图的一般绘制原则和基本表示方法，学会识读和绘制简单的概略图。
¤ 掌握电路图的一般绘制原则和基本表示方法，学会识读和绘制简单的电路图。
¤ 掌握接线图的一般绘制原则和基本表示方法，学会识读和绘制简单的接线图。

任务 1　概略图的识读

任务引入

图 10—1 所示为某工厂供电系统概略图。本任务的要求是：根据概略图的一般绘制原则和基本表示方法识读和绘制简单的概略图。

相关知识

一、概略图的基本概念

在电气图中，概略地表达一个项目的全面特性的简图称为概略图。

概略图主要用于提供设计对象的整体方案、工作原理和组成概况等信息，是编制电路图、接线图、位置图等更为详细的其他电气图的基础，同时也可为操作和维修提供参考，是一种最基本的电气技术文件。

二、概略图的一般绘制原则和基本表示方法

1. 概略图的基本形式

概略图常采用国家标准中给定的图形符号或带注释的框绘制，其基本形式主要有以下两种：

（1）用国家标准中给定的图形符号绘制概略图。如图 10—2 所示为发、供、用电系统概略图。

（2）用框形符号或带注释的框绘制概略图。如图 10—1 所示为用带注释的框绘制的某工厂供电系统概略图。如图 9—26 所示为用框形符号绘制的无线电接收机概略图。用框形符号绘制的图又称为框图。

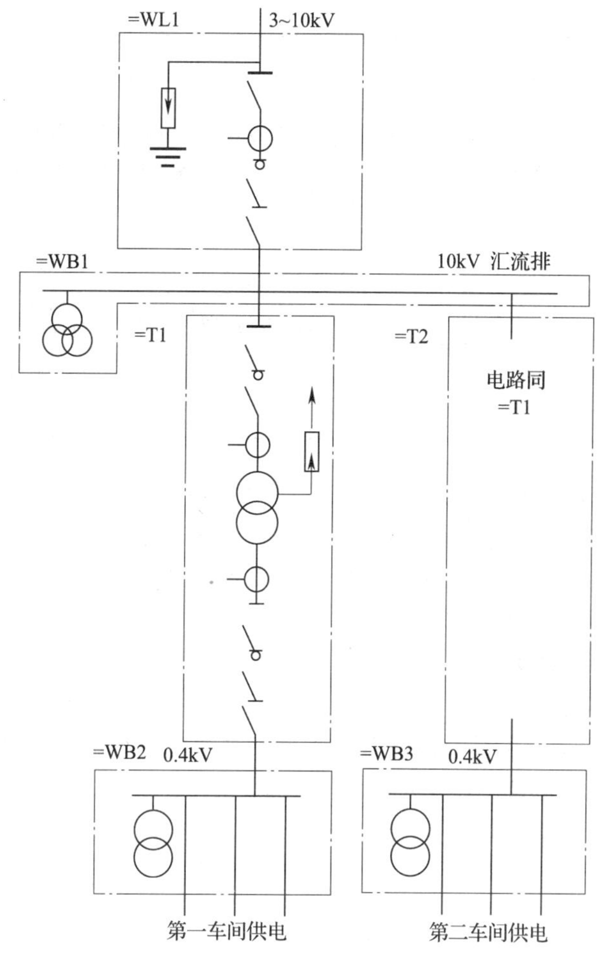

图 10—1 某工厂供电系统概略图

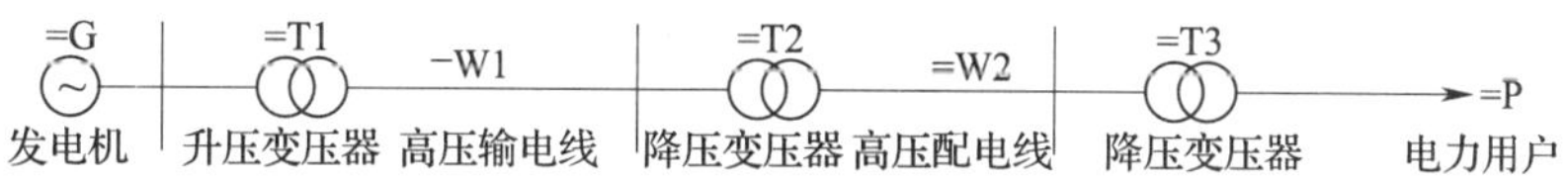

图 10—2 发、供、用电系统概略图

在概略图中，框的表达形式有实线框和点画线框两种，其中点画线框包含的容量更多些。框内的注释可视表达的内容和用途分别采用图形符号、文字或同时采用图形符号和文字。框内注释方式示例见表 10—1。

表 10—1 **框内注释方式示例**

注释方式	示例	特点
图形符号	（二极管符号方框）	优点：图形符号所代表的含义可以不受语言和文字的约束。标准化的图形符号，可以得到一致的理解，利于技术交流 缺点：对于缺乏专业训练的人员来说难以理解

续表

注释方式	示例	特点
文字	自动控制	优点：简便、明了，非常有助于维修人员对故障的快速诊断和检修，同时也能让非专业人员知道大概的意思 缺点：受语言和文字的约束
图形符号和文字	启动/停止 手动/自动	兼备了图形符号和文字两种注释的优点，常用于电气产品说明书中

2．电路或电气元器件的布局方法

在概略图中，电路或电气元器件是按功能布局法布置的。如图 10—1 和图 9—26 所示，表示电气元器件的图形符号按工作顺序或功能关系从左到右、自上而下布置，每个功能组的元件集中布置在一起，而不考虑其实际位置。

3．信息流向的表示方法

在概略图中，信息流向是从左到右、自上而下，且控制信号流向应与过程流向垂直。如图 9—26 所示，主信号通路的信息流向是从左到右，清楚地显示了无线电接收机从天线接收电磁波，然后经过放大、解调、再放大直至输出的全部工作过程。控制信号与过程流向垂直示例如图 10—3 所示。若信息流向是从右到左或自下而上的，应在连接线上画开口箭头表示。

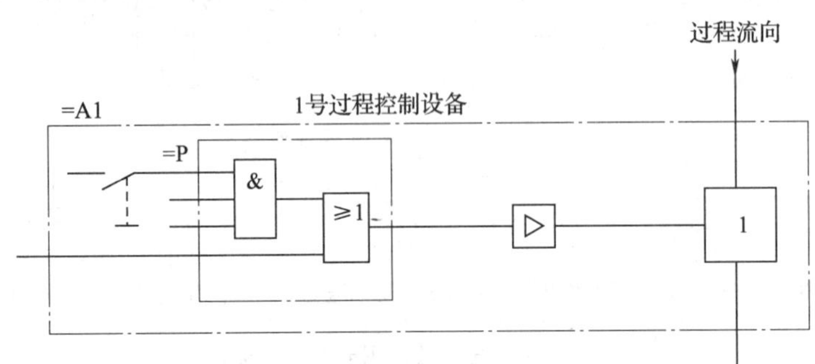

图 10—3　控制信号流向应与过程流向垂直示例

4．连接线的表示方法

在概略图中，框形符号或带注释的框之间的连接线用单线表示法表示，主要用于反映各部分之间电的、机械的、非电过程流程的功能关系。

（1）连接方法。当与概略图中点画线框相连时，连接线必须接到框内的图形符号上。如图 10—1 所示，连接线穿过点画线框与框内的表示电气元器件的图形符号相连接。当与采用框形符号或带注释的实线框连接时，连接线要接到框的轮廓线上，如图 9—26 所示。

（2）连接线的形式。在概略图中，连接线一般用与图形符号相同的细实线绘制，但必要时也可将表示电源电路和主信号电路的连接线用粗实线表示。机械连接线一般用虚线表示；非电过程流程的连接线要用粗实线绘制，并用实心箭头表示非电信号流向及过程流向。

如图 10—4 所示，在水泵电动机控制系统概略图中，电气控制部分的连接线用了与图形符号相同的细实线绘制，机械连接线用虚线绘制，非电过程流程的连接线用明显的粗实线绘制。

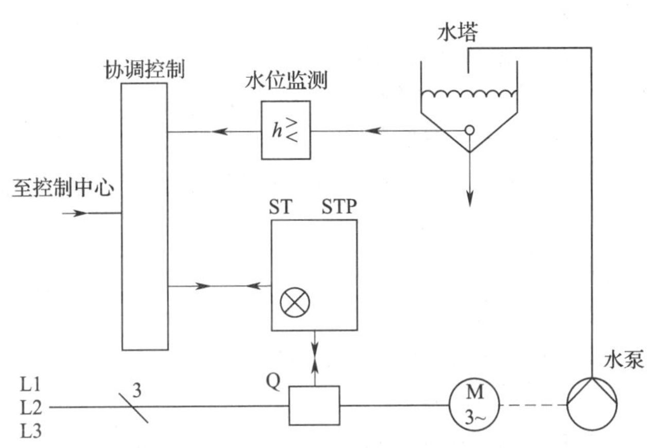

图 10—4　水泵电动机控制系统概略图

如图 10—4 所示，水泵电动机控制系统概略图描述了三个系统：

1）电动机 M 的供电系统。由电源 L1、L2、L3，经开关 Q，送至水泵电动机 M。

2）水泵给水系统（非电过程流程）。水泵抽水，经管道输送到水塔。

3）控制系统。水位监测装置将测量到的水位信号（h）送至协调控制系统及控制中心，并由此控制开关 Q 启动（ST）或停止（STP）电动机 M。此外，电动机的电流、电压、温升等工作情况也要反馈到协调控制系统。

（3）在连接线上可标注信号名称、频率、波形和去向等标记。

5. 层次的表达方式

概略图可以在功能或结构的不同层次上绘制。较高层次的概略图描述总系统，反映表示对象的概况；较低层次的概略图描述系统中的分系统，将表示对象表达得更为详细。某一层次的概略图应包含检索描述较低层次文件的标记。

对于一个比较复杂的产品，可按系统或设备的组成、功能等逐级分解，划分成若干层次，并分别绘制成图。当产品的组成关系不太复杂时，也可以在同一张图中，采用图框嵌套的形式来表达产品组成部分的层次关系、功能关系。如图 10—3 所示，图中“=A1”项目框内嵌有“=P”项目框，这种框嵌套的形式可以直观地反映出各部分的隶属关系。

6. 相同项目的简化

当相同项目重复出现时，仅需详细地表示出其中的一个，其余项目可用点画线围框表示，并在围框内标注说明。如图 10—1 所示，图中有两个相同的电路，但其参照代号不同，可只画出一个，并在简化围框内标注“电路同××”的字样。

7．参照代号的标注方法

通常在较高层次的概略图上标注功能面的参照代号，如图 10—1 所示，图中标注了 = WL1、= WB1、 = T1 等功能面的参照代号；在较低层次的概略图上一般标注产品面的参照代号，如图 9—26 所示，图中标注了 - T1、 - T2、 - P 等产品面的参照代号。若不需要标注参照代号，也可不标注。由于概略图不具体表示项目的实际连接线和安装位置，所以一般不标注端子代号。

三、概略图的基本特点

1．概略图所描述的对象是系统或分系统

图 10—1 所示的某工厂供电系统概略图，概略地描述了供电系统从高压到低压的供配电过程。图 10—5 所示的一分系统供电概略图，概略地说明该供电系统的供电电源为三相 380 V，经隔离开关 QS、电流互感器一次绕组 TA、空气断路器 QF，送至电动机 M。

2．概略图描述的是产品的某一方面

如图 10—1 所示，从功能面描述产品，图中标注了功能面的参照代号。如图 10—5 所示，从产品面描述产品，图中标注了产品面的参照代号。

3．概略图对内容的描述程度是概略的

概略图对内容的描述是概略的而不是详细的，其概略程度依描述对象不同而不同。例如，描述一个大型电力系统，只要画出发电厂、变电所、输电线路即可，如图 10—2 所示；而要描述某一设备的供电系统则应将开关等主要元件表示出来，如图 10—5 所示。

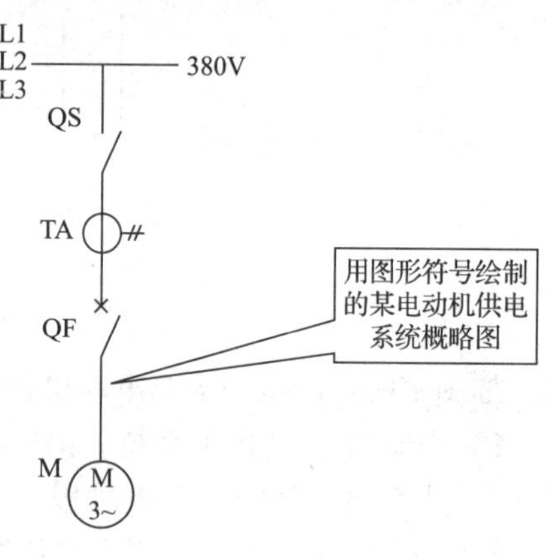

图 10—5　分系统供电概略图示例

4．概略图用单线表示法表示

在概略图中，常用单线表示法表示多线系统，用图形符号表示系统的构成。如图 10—2 所示，图中项目均用图形符号表示。对于某一具体的电气装置，其电气概略图也可采用框形符号，如图 10—1 所示，图中项目均用框形符号表示。

5．电气概略图与非电过程流程图联合绘制

电气概略图可以与非电过程流程图绘制在一起，可更清楚地表示系统的特征。如图 10—4 所示，将水泵电动机的电气概略图与水泵给水系统的流程图联合绘制，使系统的功能描述更加详细。

任务实施

一、分析图样的绘制特点

由图 10—1 可知，该图样具有以下特点：

1．用带注释的框表示功能单元，用图形符号表示设备，概略地描述了 10 kV 降为 0.4 kV 的供电系统从高压到低压的供配电过程、基本组成以及各组成部分之间的相互关系和主要特征，而对设备的技术数据、详细的电气连接、电气原理等都没详细表示。

2. 对于相同的项目就其内部构成只描述了其中的一个，其余项目只在功能框内标记“电路同××”的注释，从而避免了对项目的重复描述，使图面清晰，易于阅读。

3. 用单线表示法绘制，电气系统各组成部分按照功能（如汇流、变电、配电等）的不同，划分为若干个功能单元，并用点画框表示，各框均标注了名称和参照代号，层次分明。

二、识读图样

1. 供电系统的基本构成

由图 10—1 可知，图由六个带注释的框组成，其中 = WL1 是三相 10 kV 配电装置，= WB1 是10 kV 汇流排，= T1 与 = T2 是 10 kV 变压设备，= WB2 和 = WB3 是0. 4 kV 汇流排。各组成部分按照电能的接收、传输与分配关系构成一个完整的电气系统，其关系可简述为：10 kV 电源→10 kV 配电装置→10 kV/0. 4 kV 变压设备→0. 4 kV 配电装置。

图 10—1 说明工厂电力取自 10 kV 电网，经变电装置将电压降至 0. 4 kV，供各车间使用。

2. 项目划分

（1）10 kV 配电装置（ = WL1）

功能：10 kV 电源进线的控制、防雷电波侵入等。

主要构成：控制用隔离开关（两台）、避雷器、电流互感器等。

（2）10 kV 汇流排（ = WB1）

功能：汇集 10 kV 电源进线并向 10 kV 变压器供电、10 kV 电压测量等。

主要构成：10 kV 母线、10 kV 三相五柱式三绕组电压互感器。

（3）10 kV 变压设备（ = T1）

功能：10 kV/0. 4 kV 变压及控制保护。

主要构成：10 kV/0. 4 kV 配电变压器、高/低压开关、互感器等。

（4）0. 4 kV 汇流排（ = WB2、 = WB3）

功能：0. 4 kV 配电。

主要构成：0. 4 kV 母线、0. 4 kV 电压互感器。

三、图样的绘制步骤

绘制概略图时，应遵守电气制图的一般规则，同时要考虑概略图的有关规定画法。工厂供电系统概略图的绘制步骤示例如图 10—6 所示。

1. 要依据电路的构成情况考虑排布方案，如确定行列形式、方框个数、大小、间隔等，如图 10—6a、b 所示。

2. 去掉辅助线，画清方框。按布局要求，先画出主电路各框图，然后画出辅助电路的框图，并按作用过程和作用方向用线条连接各框，如图 10—6c 所示。

3. 填写相应电路单元的名称、参照代号、框内注释等内容，并检查、描深完善全图，如图 10—6d 所示。

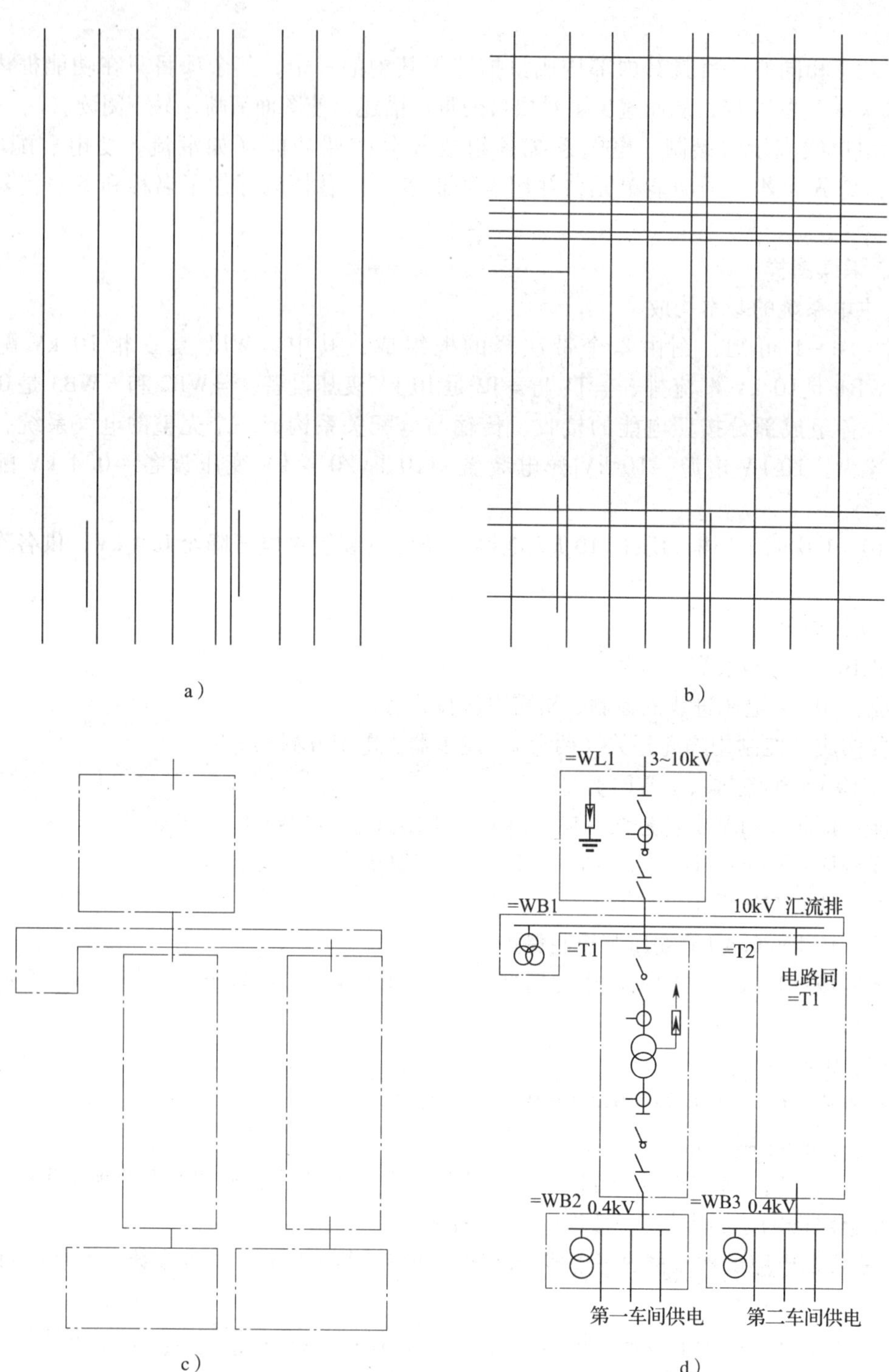

图 10—6　工厂供电系统概略图的绘制步骤示例

a）水平尺寸分配　b）垂直尺寸分配　c）去掉辅助线，画清方框　d）完成全图，标注参照代号和框内注释

任务 2　电路图的识读

任务引入

图 10—7 所示为三相笼型感应电动机接触器自锁正转电气控制电路图。本任务的要求是：根据电路图的一般绘制原则和基本表示方法识读和绘制简单电路图。

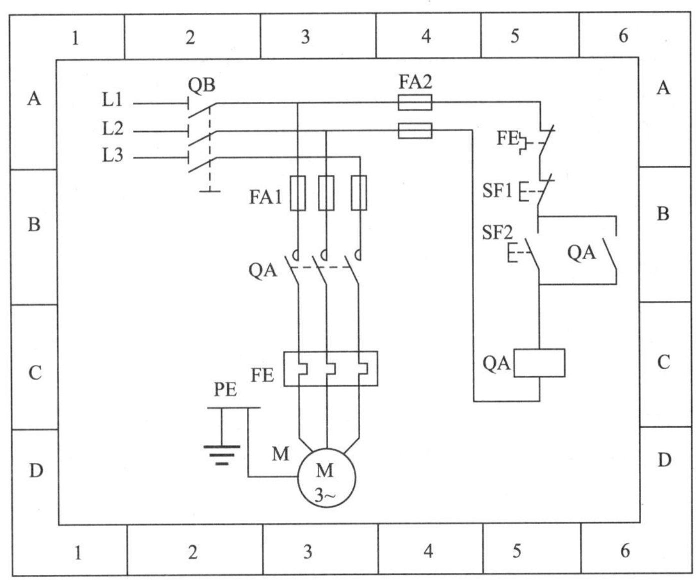

图 10—7　三相笼型感应电动机接触器自锁正转电气控制电路图

相关知识

一、电路图的基本概念

在电气图中，用来表达项目电路组成和物理连接信息的简图称为电路图。如图 10—7 所示，图中用图形符号来代替元器件的实物，用连接线来反映元器件实物之间的实际连接关系，不涉及元器件的具体形状、尺寸和安装位置等内容。

电路图是使用最广的一种图，它主要用以说明产品的功能原理以及产品各组成部分的连接关系，为绘制接线图、印制板图和电气设备的安装、维修等提供依据。电路图所描述的对象十分广泛，因此种类很多，且各具特点，如电力电路图、控制电路图、电子电路图等。

二、分析电路图的一般绘制原则和基本表示方法

1. 电路或电气元器件的布局方法

在电路图中，电路或电气元器件是按功能布局法布置的。如图 10—7 所示，电动机主电

路按能量流流向布置，控制电路按动作顺序布置。

电路图的布局要求是：布局合理，便于说明工作原理和连接关系，同时也应考虑图面紧凑、清晰，连线最短、交叉最少等要素，特别是在要突出过程或信号流方向，突出各部分的功能关系时。

（1）突出过程或信号流方向。为了强调信号流，图中的连接线应尽可能保持直线，相关项目的图形符号应排列整齐并使电路直接连通。如图 10—8 所示，通过对继电器线圈 K1、K2 和信号灯 H1、H2 等图形符号的重新排列，让电路直接连通，使工作原理和工作过程更加直观。

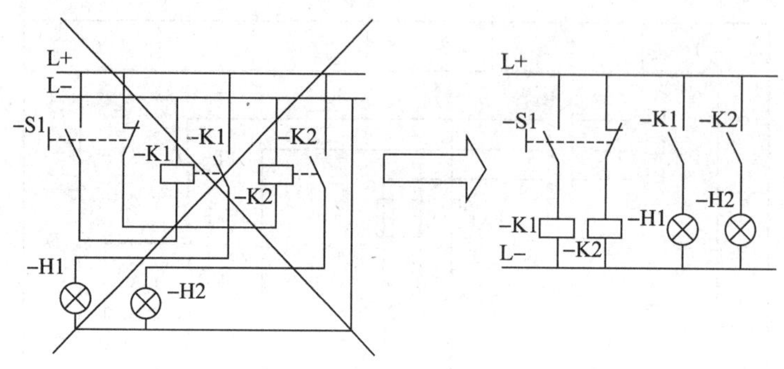

图 10—8　电路排列示例

（2）突出各部分的功能关系。为了强调功能关系，图中功能相关项目的图形符号应集中在一起，彼此靠近。如图 10—9 所示，图中的电容、电阻与对应的开关属于同一功能件，应绘制在一起。

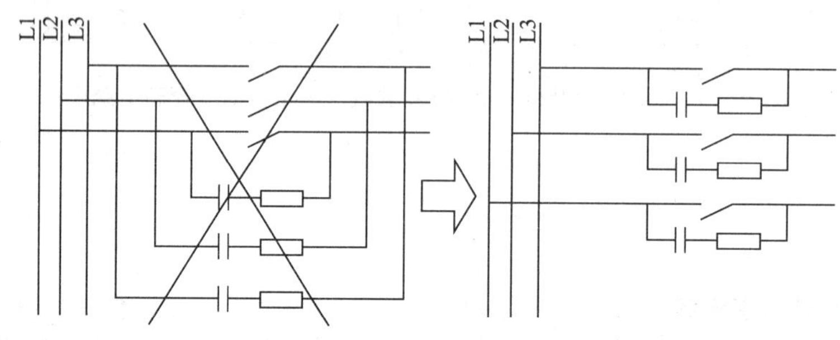

图 10—9　功能相关元件分组示例

同等重要的并联支路应相对于公共通路对称布置。如图 10—10 所示为同等重要的并联支路示例。

2. 图上位置的表示方法

电气元器件在图上位置的表示方法有图幅分区法、电路编号法和表格法三种。

（1）图幅分区法。图幅分区法也称坐标法。从图的左上角开始，将整个幅面分区，在图的竖边方向按行用大写字母分区编号，横边方向按列用数字

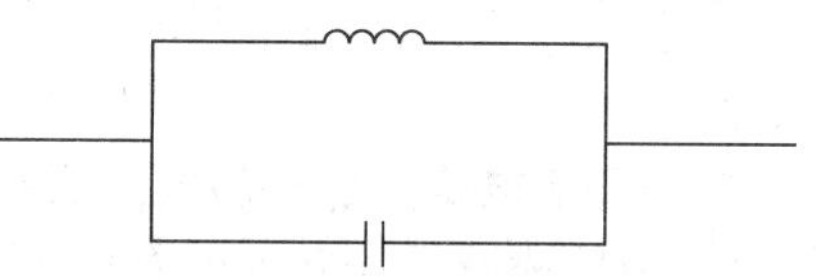

图 10—10　同等重要的并联支路示例

分区编号，这样图中的位置就可用该区域的字母和数字的组合代号来表示。横边方向按列用数字分区的分区数必须是偶数。如图 10—7 所示，图中电动机的位置为 D3。常见分区位置代号及标记方法示例，见表 10—2。

表 10—2　　分区位置代号及标记方法示例

图中符号或元器件的位置		标记方法
有关联的符号在同一张图内	本图中的 B 行	B
	本图中的 3 列	3
	本图中的 B 行 3 列	B3
有关联的符号不在同一张图内	具有相同图号的第 2 张图中的 B3 区	2/B3
	图号为 1235 单张图中的 B3 区	图 1235/B3
	图号为 1235 的第 2 张图中的 B3 区	图 1235/2/B3
按参照代号确定位置的方式（如项目为 = P1 系统）	= P1 系统单张图中的 B3	= P1/B3
	= P1 系统的第 2 张图中的 B3	= P1/2/B3

用图幅分区法表示电气元器件在图上的位置，主要有以下几种情况：

1）表示导线的去向。

①在同一张图上表示导线的去向。如图 10—11 所示，在同一张图上连接线中断，在中断处标出另一端的位置，表明 B1 区的 Y 信号线与 A5 区的 Y 信号线相连接，B3 区的 X 信号线与 A4 区的 X 信号线相连接。

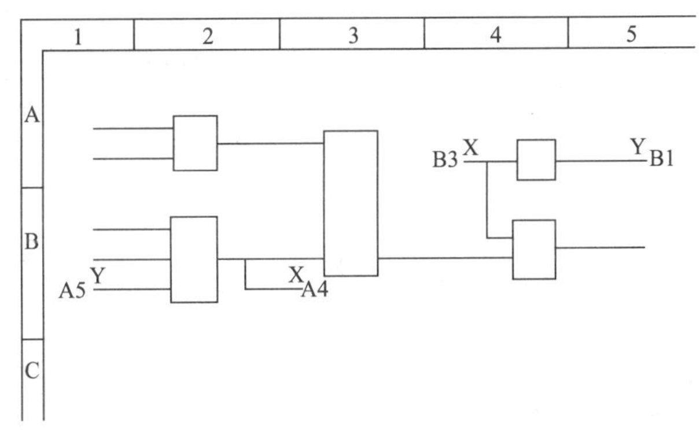

图 10—11　在同一张图上连接线中断标注位置标记示例

②不在同一张图上表示导线的去向。如图 10—12 所示，图 a 中 32 号图纸 A3 区的导线连接到 15 号图纸的 B4 区，图 b 中 15 号图纸 B4 区的导线与 32 号图纸 A3 区的导线相连接。这样通过导线的标记就可知道导线另一端所在的位置，便于查找。

2）表示符号或元器件的位置。如图 10—13 所示，图中表示出了项目在图上的位置，动合触点 Q1 的驱动线圈在本张图的 D4 区，动合触点 Q2 的驱动线圈在第 3 张图的 C3 区。分区位置代号可以标注在触点旁边，也可标注在种类代号的下方，但全图的形式要统一。

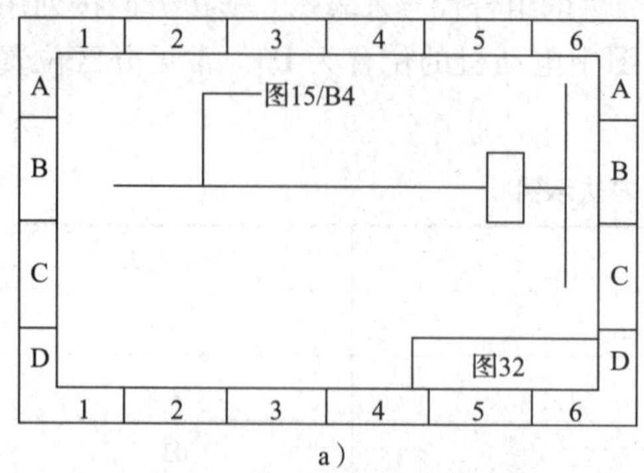

a）

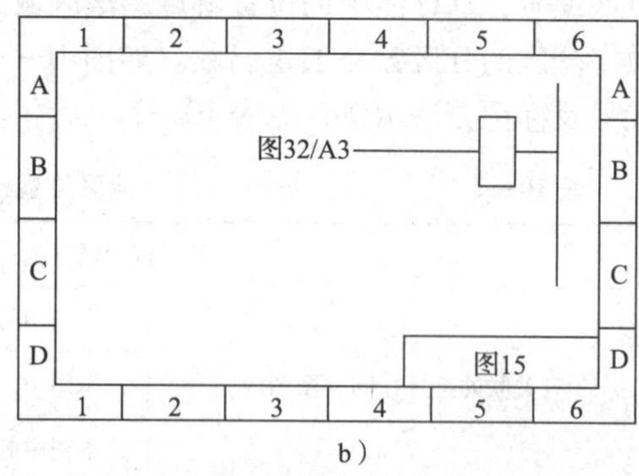

b）

图 10—12　接到另一张图上的连接线中断标注位置标记示例

（2）电路编号法。电路编号法是一种用阿拉伯数字按一定的顺序编号来确定各支路项目位置的方法。对水平布置的图，数字按自上而下的顺序编排；对垂直布置的图，数字按自左至右的顺序编排。数字分别写在各支路下端，若要表示元器件相关联部分所在位置，只需在元器件的符号旁注写相关联部分所处支路的编号即可。

如图 10—14a 所示，图中表示出了某电路的部分支路，电路垂直布置，数字序号从左向右编写，5 号支路上触点 Q1 旁标注的“4”，说明驱动本触点的线圈在 4 号支路上，其余可以此类推。

图 10—13　项目在图上的位置标记示例

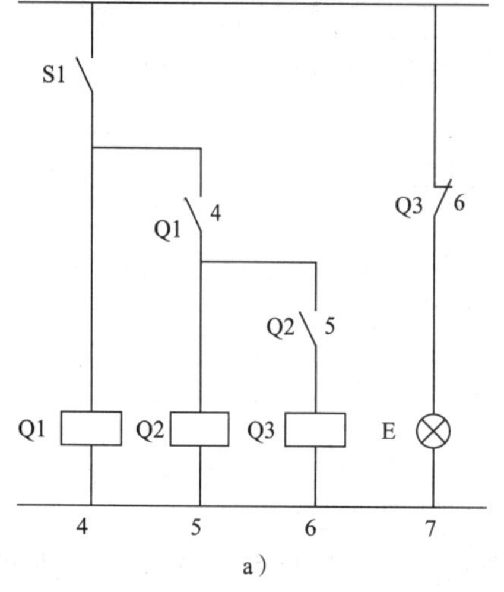

a）

电容器	C1	C2	C3
电阻器	R1	R2	R3R4
晶体管		K1	

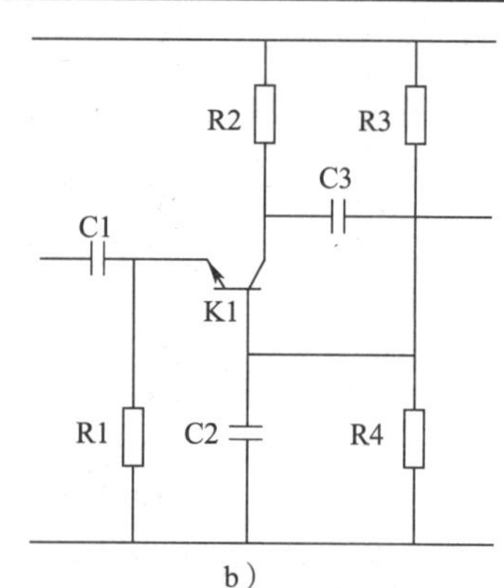

b）

图 10—14　电路编号法和表格法示例

a）电路编号法示例　b）表格法示例

（3）表格法。表格法是指在图的边缘部分绘制一个按参照代号进行分类的表格。表格中的参照代号和图中相应的图形符号在垂直或水平方向对齐，图形符号旁仍需标注参照代号。图上的各项目与表格中的项目一一对应。表格法便于读者对元器件进行归类和统计，主要用于项目种类较少而同类项目数量较多的电路图。如图 10—14b 所示为表格法示例。

3. 电气元器件的表示方法

电气元器件可根据电路的繁简程度分别采用集中表示法、分开表示法表示。如图 10—7 所示，图中接触器（QA）和热继电器（FE）的图形符号是采用分开表示法表示的。

4. 连接线的表示方法

连接线一般为水平布置或垂直布置，必要时可将表示主电路、主信号通路等重要电路的连接线加粗。连接线的交叉和弯折一般成直角，且路径最短。电路中过长的连接线可以采用中断线表示法。

5. 连接线接点的表示方法

连接线的接点一般按 T 形连接。连接线接点的表示方法见表 10—3。如图 10—7 所示，图中的连接线接点均按 T 形连接形式 1 绘制。

表 10—3　　连接线接点的表示方法

表示方法	图例		说明
T 形连接	形式 1		优选
	形式 2		增加连接符号
双重连接	形式 1		优选
	形式 2		有必要时

6. 触点位置的表示方法

在同一电路中，在加电和受力后，各触点符号的动作方向应取向一致。如图 10—7 所示，图中垂直连接线上的接触器、热继电器、按钮等触点符号的动合触点在静触点的左侧，动断触点在静触点的右侧，在加电和受力后，触头符号的动作方向一致向右。

7. 电气元器件工作状态的表示方法

电气元器件的可动部分通常表示在非激励、不工作时的状态或位置。如图 10—7 所示，接触器（QA）表示在断电状态，隔离开关（QB）表示在断开位置，按钮（SF1、SF2）表示在规定位置，热继电器（FE）表示在设定状态。

8. 电源电路的表示方法

如图 10—7 所示，电源线被集中布置到图的上方一侧，按相序从上至下排列，并用文字符号 L1、L2、L3 表示。

在电路图中，电源电路的表示方法有多种，如：电源线可集中布置到图的一侧示出，也可布置到各支路的两侧；既可用线条表示，也可用 +、－、L、N、L1、L2、L3 和 PE 等符号或电压值表示。如图 10—15 所示为电源电路的表示方法示例。

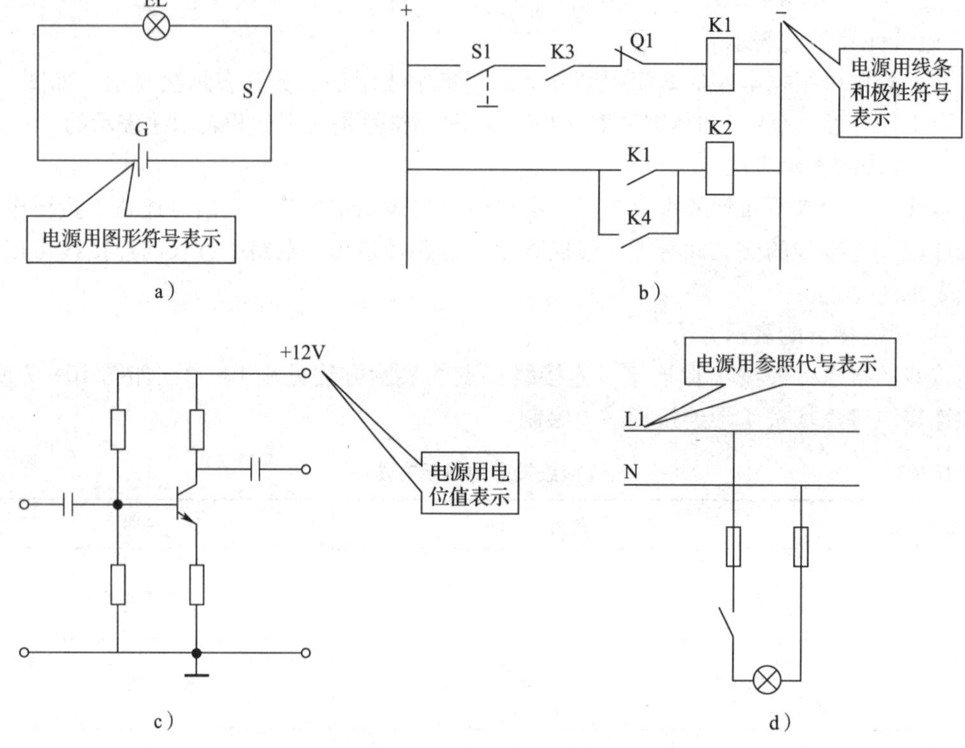

图 10—15　电源电路的表示方法示例

任务实施

一、分析图样的绘制特点

图 10—7 所示图样是按功能布局法布置的。图中电气元器件的图形符号用分开表示法表示，用图幅分区法表示图上的位置。连接线用多线表示法表示，并以垂直布置为主。电源线被集中水平布置在图的左上角。

二、识读图样

1．电路的基本构成

由图 10—7 可知，该电气控制电路主要由一台电动机、若干不同功能的开关、熔断器、热继电器等电气装置构成。

2．电路的工作原理

先合上电源开关 QB。

启动：按下SF2 → QA线圈得电 → QA主触头闭合 → 电动机M启动
　　　　　　　　　　　　　　 → QA辅助常开触头闭合 →

连续运转。

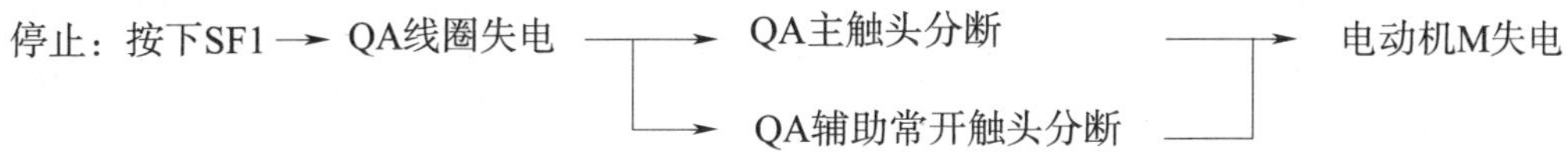

停转。

由以上分析可知，当松开启动按钮 SF2 后，SF2 的常开触头虽然恢复分断，但由于接触器 QA 的辅助常开触头闭合，已将 SF2 短接，使控制电路仍保持接通状态，接触器 QA 继续得电，电动机 M 连续运转。

三、图样的绘制步骤

绘制电路图时，应遵守电气制图的一般规则，同时要考虑到电路图的有关规定画法。三相笼型感应电动机接触器自锁正转控制电路图的绘制步骤示例，如图 10—16 所示。

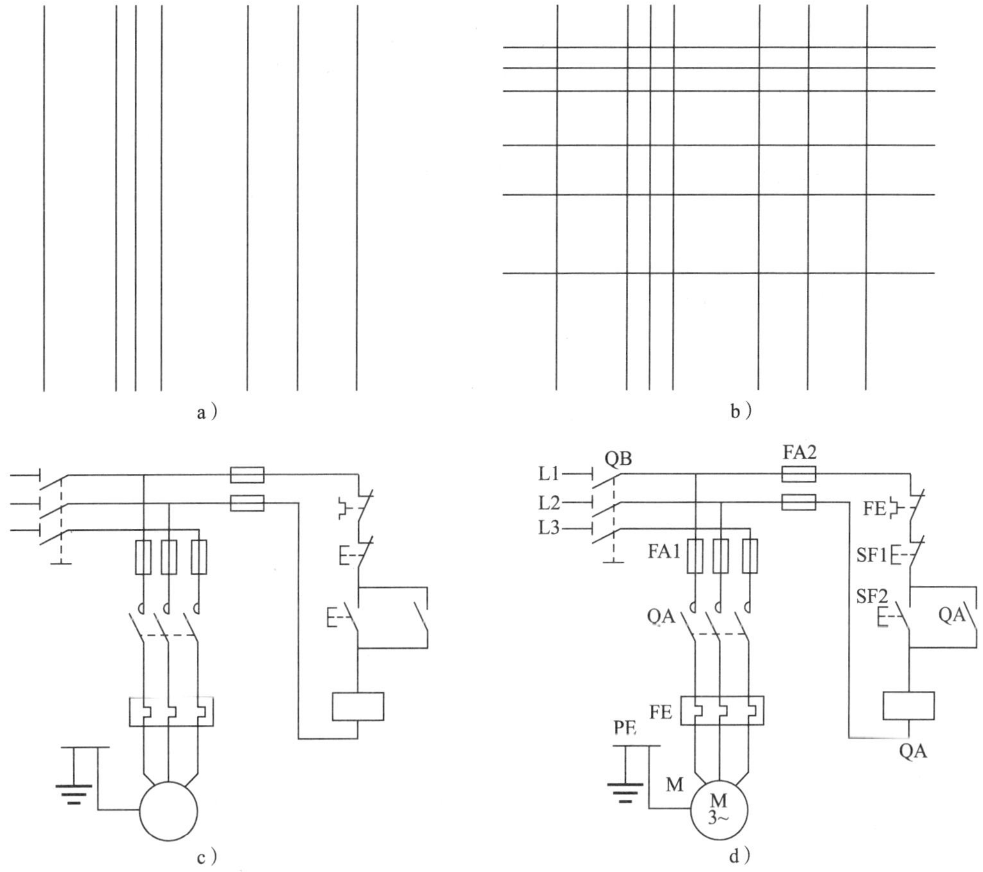

a）　b）

c）　d）

图 10—16　三相笼型感应电动机接触器自锁正转控制电路图的绘制步骤示例

a）水平尺寸分配　b）垂直尺寸分配

c）去掉辅助线，分段画清各单元电路　d）完成全图，标注参照代号和框内注释

（1）将全图按单元电路分成若干段，如图 10—16a、b 所示。注意使各主要元器件尽量位于图形中心水平线上。

（2）去掉辅助线，并以主要元器件为中心分段画入各单元电路，如图 10—16c 所示。一般先画主电路，后画控制电路，并注意前后上下的疏密和衔接，尽量使同类元器件纵横对齐。

（3）标注参照代号和有关注释，检查无误后描深，完成全图，如图 10—16d 所示。

任务 3　接线图的识读

任务引入

图 10—17 所示为某小型柴油发电机组接线图。本任务的要求是：根据接线图的一般绘制原则和基本表示方法识读简单接线图。

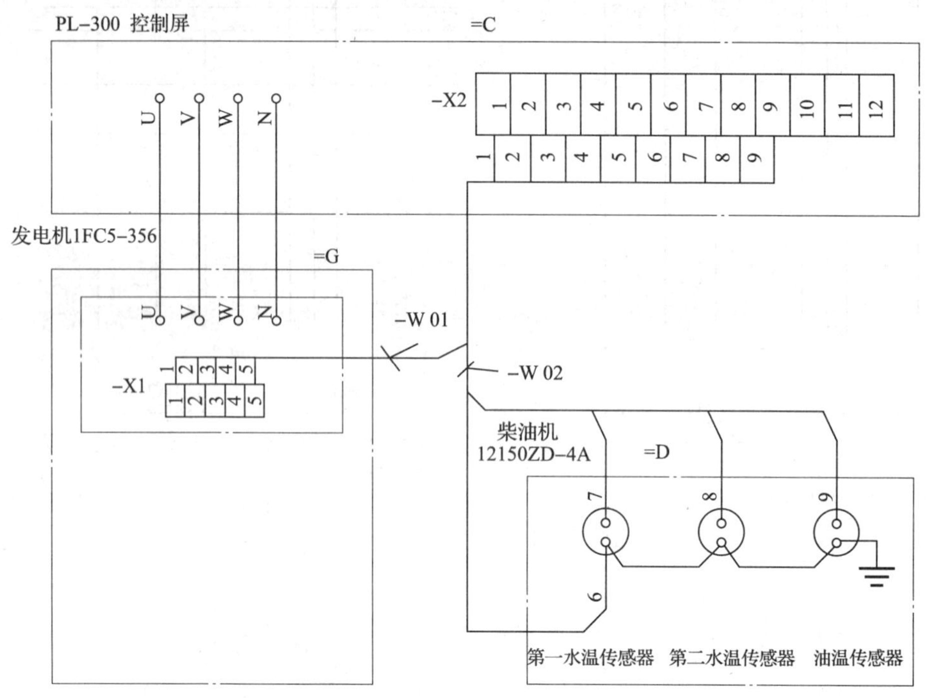

图 10—17　某小型柴油发电机组接线图

相关知识

一、接线图的基本概念

在电气图中，用来表达项目组件或单元之间物理连接信息的简图称为接线图。

接线图和电路图不同，它只是用来表示电气设备和电气元器件的安装位置、配线方式和接线方式，而不明显表示电气原理和元器件间的控制关系。接线图主要用于电气设备和电气线路的安装配线、调试检修等。

二、接线图的一般绘制原则和基本表示方法

1. 电路或电气元器件的布局方法

接线图中的电路或电气元器件是按位置布局法布置的。如图 10—18 所示，在三相笼型感应电动机点动控制电路接线图中，低压断路器、熔断器、接触器、按钮等元器件的布局位置与其在模拟配电盘（图 9—1a）上的实际相对位置相同。它清楚地给出了各项目之间的相对位置和导线走向，但并没有按比例给出它们之间的位置关系。

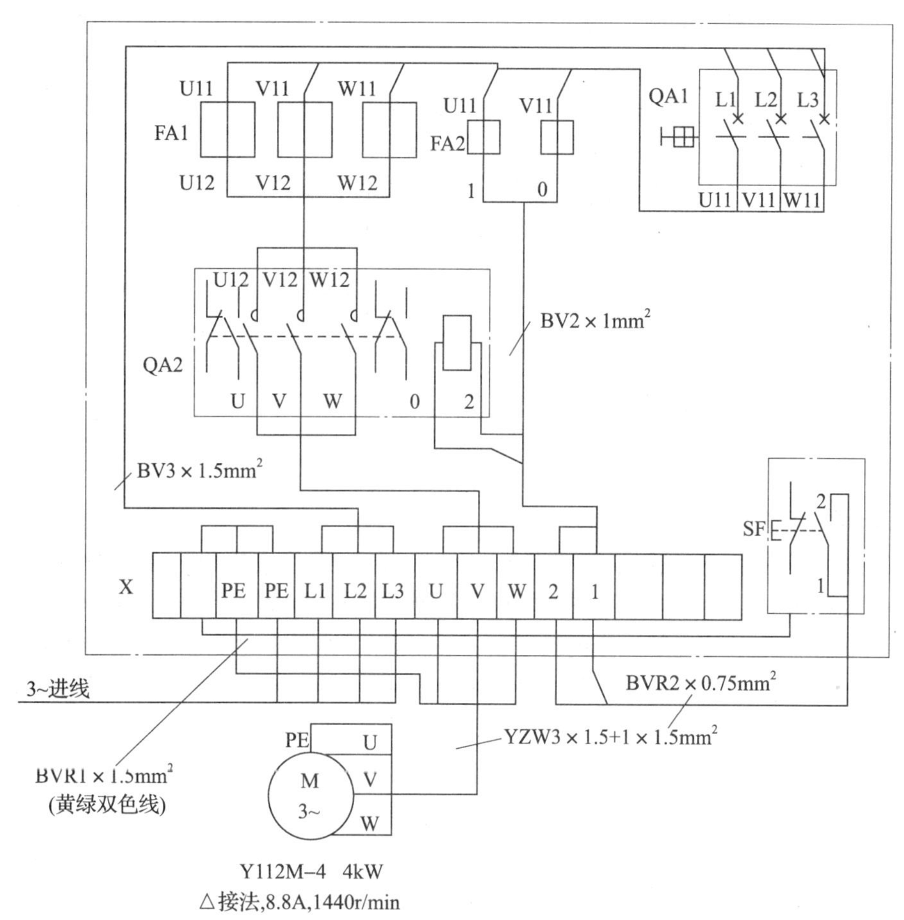

图 10—18　三相笼型感应电动机点动控制电路接线图

2. 项目的表示方法

接线图中的项目一般用简化外形符号表示，如矩形、正方形、圆形等。简化外形符号常用细实线绘制，如图 10—19a 所示，有时也用点画线围框表示，如图 10—19b 所示，但有引出线的围框边应用细实线绘制。对电阻、电容、信号灯、熔断器等引出线比较简单的元器件也可用一般图形符号表示，如图 10—19c 所示。

3. 端子的表示方法

在接线图中，端子一般用图形符号和端子代号表示，如图 10—19a 所示，其详细端子代

号为：-A1：1，-A1：2，-A1：3。当端子在项目的简化外形中能清晰识别时，端子无须示出，可只标出端子代号，如图10—19b所示，其详细端子代号为：-A1-X1：1，-A1-X1：2，-A1-X1：3，-A1-X1：4。

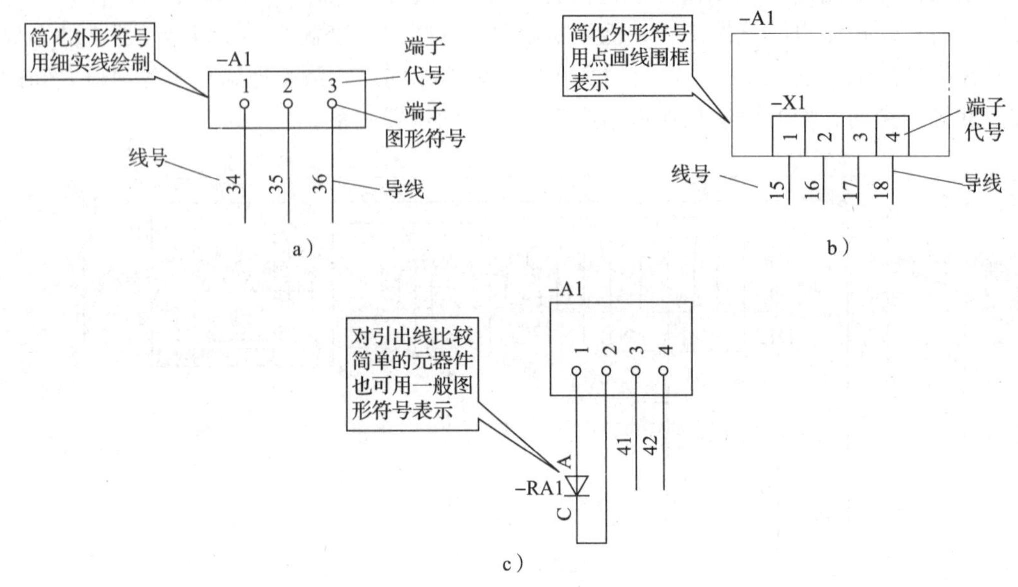

图10—19　项目的表示方法示例

4. 导线的识别标记

标在导线（或线束）两端或标在图线上用以识别导线（或线束）的标记称为导线的识别标记。在接线图中，常用的导线识别标记主要有从属标记和独立标记两种。

（1）从属标记。以导线所连接的端子的标记或线束所连接的设备的标记为依据的导线或线束的标记系统，称为从属标记。在接线图中，常用的从属标记主要有从属本端标记和从属远端标记两种。

1）从属本端标记。从属本端标记是指在导线或线束的端部标记与其本端部连接的端子代号的一种标记方式。如图10—20a所示为从属本端标记示例，图中项目-A、-B之间有两根连接导线，-A的端子1、3分别与-B的端子a、d相连。当采用从属本端标记时，项目-A的端子引出线标注本端端子标记“-A：1”“-A：3”，项目-B的端子引出线标注本端端子标记“-B：a”“-B：d”。在不引起误解时，可将标记中的参照代号省略而只标注端子代号，如“-A：1”可标记成“1”，“-B：a”可标记成“a”。这种标记方式对于本端接线，特别是对导线拆卸后再往端子上接线的操作比较方便。

2）从属远端标记。从属远端标记是指在导线或线束的端部标记与其远端部连接的端子代号的一种标记方式。如图10—20b所示为从属远端标记示例，图中项目-A、-B之间有两根连接导线，-A的端子1、3分别与-B的端子a、d相连。当采用从属远端标记时，项目-A端的连接导线标注了连接到项目-B端的端子代号“-B：a”“-B：d”，标注时省略了参照代号，只标注端子代号“a”“d”，而-B端的连接导线标注了连接到项目-A的端

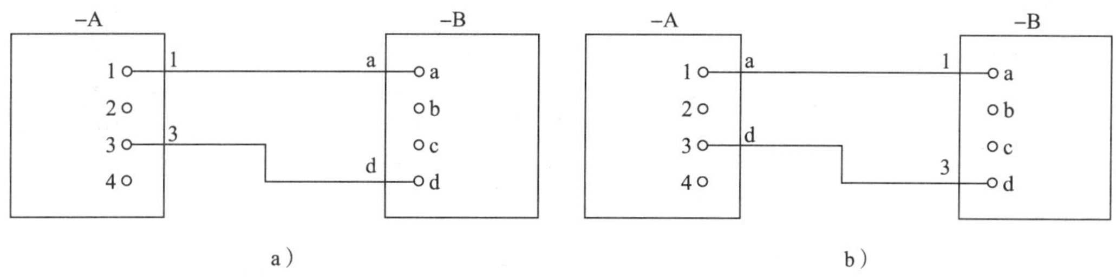

图 10—20　从属标记示例

a）从属本端标记示例　b）从属远端标记示例

子代号“－A：1”“－A：3”，标注时省略了参照代号，只标注端子代号“1”“3”。从属远端标记清楚地指出了导线的去向。

（2）独立标记。导线或线束的标记与其所连接的端子的代号无关的标记系统称为独立标记。如图 10—21 所示为独立标记示例，在图 a 中，与项目－A、－B 相连接的两根导线分别标记为“1”和“2”，它们与导线两端的端子代号无关；在图 b 中，107 电缆中的芯线标记“1”和“2”与导线两端的端子代号无关。这种标记方式，一般只用于用连续线方式表示的接线图中。

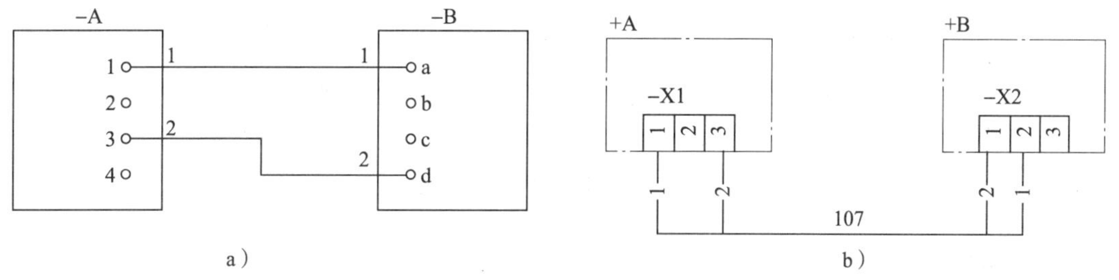

图 10—21　独立标记示例

5. 导线的表示方法

（1）导线的连续线表示和中断线表示

1）导线的连续线表示。如图 10—20 所示，图中的项目－A、－B 之间的两条连接线是用连续线表示的。图 a 中的导线标注了从属本端标记，图 b 中的导线标注了从属远端标记。

2）导线的中断线表示。如图 10—22 所示为导线的中断线表示示例，如果项目间的连接线中断，可在端子引线旁标注相应的端子代号作为导线的标记。例如：图 10—22a 所示为标注从属本端标记示例，图中在端子引线旁标注本端端子代号“－A：1”“－A：3”和“－B：a”“－B：d”；图 10—22b 所示为标注从属远端标记示例，图中在端子引线旁标注远端端子代号“－B：a”“－B：d”和“－A：1”“－A：3”。

（2）导线的多线表示和单线表示

1）导线的多线表示。如图 10—23a 所示为导线的多线表示示例，图中每条导线均用一条图线表示。

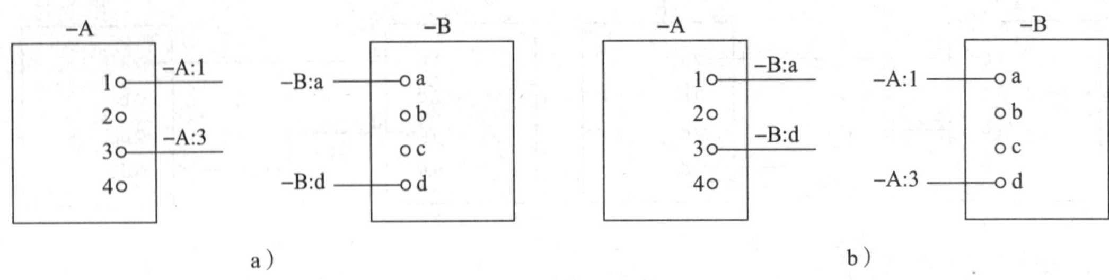

a）　　　　b）

图 10—22　导线的中断线表示示例

a）标注从属本端标记示例　b）标注从属远端标记示例

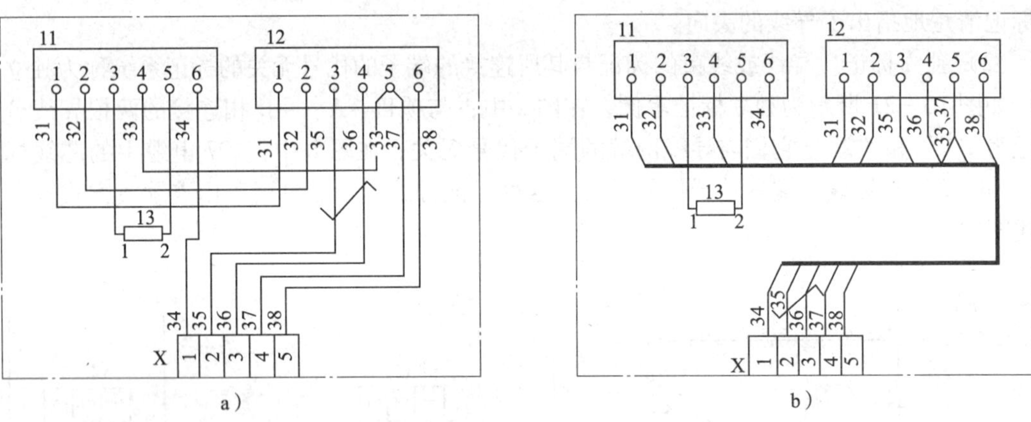

a）　　　　b）

图 10—23　导线的多线表示和单线表示示例

a）导线的多线表示示例　b）导线的单线表示示例

2）导线的单线表示。如图 10—23b 所示为导线的单线表示示例，图中将多线汇聚成束，并将线束用单线表示。

导线组、电缆、线束等可以用多线表示，也可以用单线表示。若用单线表示，线条应加粗，在不致引起误解的情况下也可用部分加粗表示。如图 10—23b 所示，图中用加粗的单线表示线束。

三、接线图类型

1. 单元或组件的元器件之间的物理连接（内部）的接线图

单元或组件的元器件之间的物理连接（内部）的接线图通常只是表示成套装置或设备中一个结构单元内部连接的情况，它不包括单元之间的外部连接，但可给出与之有关的互连接线图的识别标识，所以又称为单元接线图。

如图 10—23 所示，图中单元包括 4 个项目，其中项目 11 和项目 12 采用简化外形符号，项目 13（电阻）和项目 X（端子排）采用一般图形符号，各项目的端子代号分别标注在各端子符号旁。单元内部有 10 根互相连接线，其中 8 根连接线的顺序编号为 31 ~ 38。项目 11 和项目 13 之间有两根互相连接线，因相距很近，可直接用元件的引线连接，没有编号。

图 10—23a 为用连续线的多线表示法绘制的单元接线图示例，图中用导线的独立标记表示各导线的连接去向，从导线的编号可以判断出该导线的连接关系，如 32 号导线的一端接项目 11 的端子 2，另一端接项目 12 的端子 2。35 号导线与 36 号导线绞合。

图 10—23b 为用连续线的单线表示法绘制的单元接线图示例，图中用导线的独立标记表示各导线的连接去向，从导线的编号及表示去向的弯折符号可以判断出该导线的连接关系。如 32 号导线的一端接项目 11 的端子 2，另一端接项目 12 的端子 2。35 号导线与 36 号导线绞合。

图 10—24 为用中断线表示法绘制的单元接线图示例，图中用导线的独立标记和从属远端标记表示各导线的连接去向，从导线的编号及从属远端标记符号可以判断出该导线的连接关系。如项目 11 的端子 2，标注了从属远端标记符号“12：2”，说明该导线的去向是连接项目 12 的端子 2，在项目 12 的端子 2 上则标注从属远端标记符号“11：2”，说明该导线的去向是连接项目 11 的端子 2。

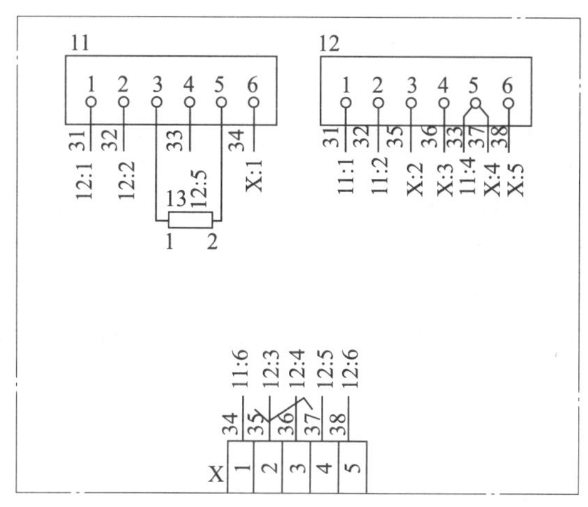

图 10—24　用中断线表示法绘制的单元接线图示例（与图 10—23 相对应）

2. 不同单元或组件之间的物理连接（外部）的接线图

不同单元或组件之间的物理连接（外部）的接线图通常只是表示两个或两个以上单元之间的连接情况，它不包括单元内部的连接，所以又称为互连接线图。互连接线图主要用于表达各种类型的电缆与结构单元端子之间的连接。

如图 10—25 所示，图中清楚地表示了 +A、+B、+C、+D 四个单元之间的相互接线情况。这四个单元之间共有 3 条电缆：107 号电缆连接 +A 单元与 +B 单元，三芯，每根导线的截面积为 1.5 mm^2。其中，1 号芯线将项目“+A－X1”的 1 号端子与项目“+B－X2”的 2 号端子相连，并注明线号“1”；2 号芯线将“+A－X1”的 2 号端子与“+B－X2”的 3 号端子相连，并注明线号“2”；3 号芯线将“+A－X1”的 3 号端子与“+B－X2”的 1 号端子相连，并注明线号“3”。108 号电缆连接 +B 单元与 +C 单元，二芯，每根导线的截面积为 1.5 mm^2；109 号电源线缆连接 +A 单元与 +D 单元，二芯，每根导线的截面积为

1.5 mm^2，电压为交流 220 V。108 号电缆和 109 号电源线缆中的芯线连接关系请自己找出，在此不再赘述。

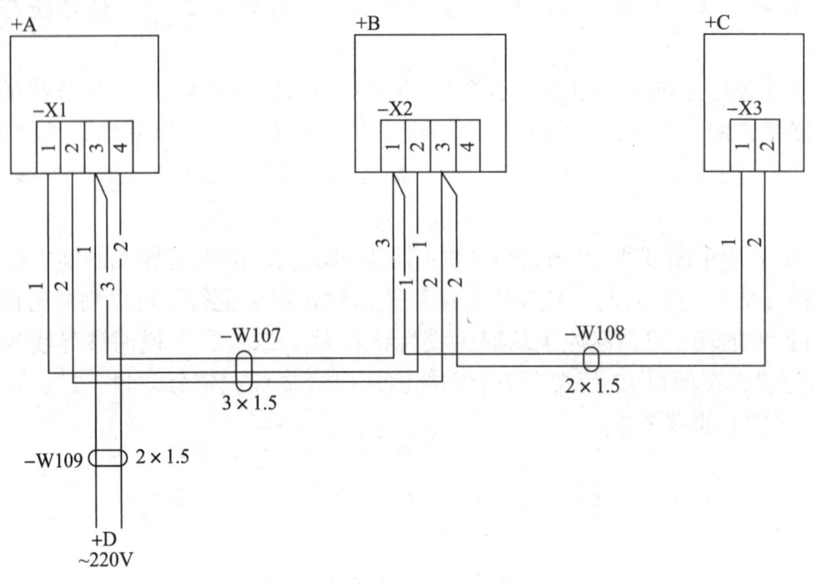

图 10—25　用多线表示法绘制的互连接线图示例

互连接线图既可以用连续线的多线表示法绘制，也可以用连续线的单线表示法绘制，还可以用中断线绘制。互连接线图不管采用何种绘制形式，均应在连接电缆上加注线缆号和电缆规格（以“芯数×截面”表示）。如图 10—25 所示为用连续线的多线表示法绘制的互连接线图示例。如图 10—26 所示为用连续线的单线表示法绘制的互连接线图示例，注意局部加粗。

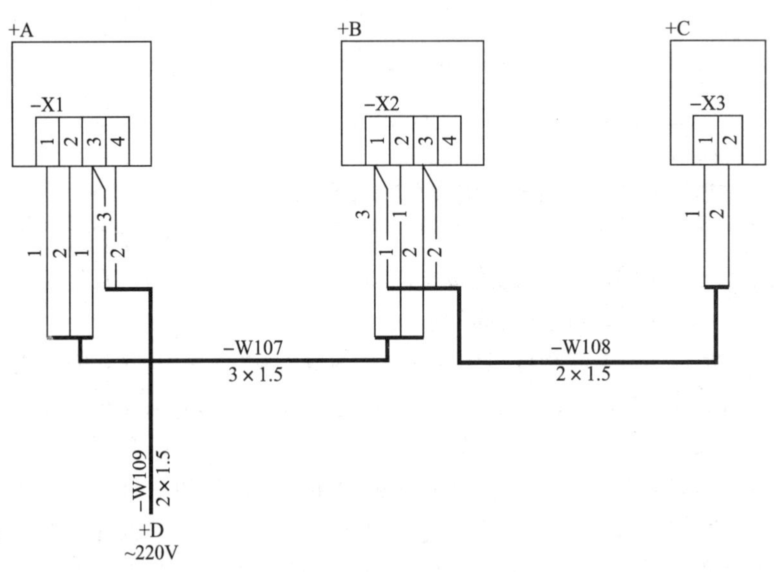

图 10—26　用单线表示法绘制的互连接线图示例

3．到一个单元的物理连接（外部）的接线图

到一个单元的物理连接（外部）的接线图通常只是表示成套装置或设备的端子及其与外部导线的连接关系，它不包括单元或设备的内部连接，但要提供与之有关的图号，所以又称为端子接线图。

如图 10—27a 所示，+A4 单元有 -W136 和 -W137 两条电缆，每一条电缆的末端均标有电缆的参照代号，每一根芯线均标有芯线号，有连接或无连接的备用端子均标明“备用”。其中“-W137”号电缆有 7 根芯线，其中一根芯线为接地线，标“PE”。6 号芯线未与端子连接，为备用芯线。+A4 单元项目 -X1 端子板的 16 号端子、20 号端子为备用端子，16 号端子与 -W137 电缆内的 5 号芯线相连，标注“备用”二字，说明 -W137 电缆内的 5 号芯线另一端未连接，5 号芯线为备用芯线。12 号 ~15 号端子为已用端子，分别与 -W137 号电缆的 1 号 ~4 号芯线相连。对于 -W136 号电缆，请自行分析，在此不再赘述。

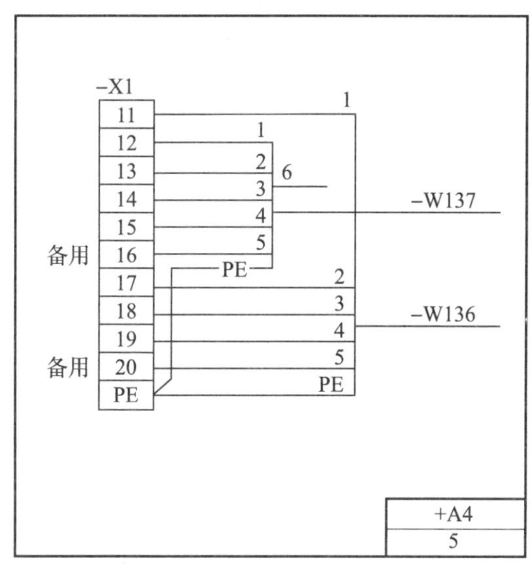

a）

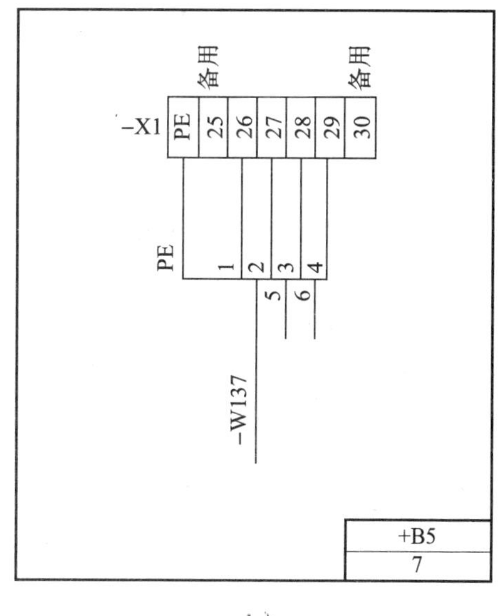

b）

图 10—27　单元的端子接线图示例

a）+A4 单元的端子接线图示例　b）+B5 单元的端子接线图示例

如图 10—27b 所示，+B5 单元有 -W137 一条电缆。+B5 单元项目 -X1 端子板的 25 号、30 号端子未连接，标注“备用”，26 号 ~29 号端子与 -W137 号电缆的 1 号 ~4 号芯线相连，5 号、6 号芯线未连接，为备用。

在端子接线图上，端子接线标记既可采用本端标记，也可采用远端标记。如图 10—28a 所示为在图 10—27a 的基础上补充了远端标记，用以表示导线的连接去向。图中，电缆 -W137 终端标注的是 +B5，它表示该电缆端接远处的 +B5 单元；项目“-X1”的 12 号端子标注的是 -X1：26，联系电缆 -W137 终端标注的是 +B5，说明该导线接远处 +B5 单元中的项目“-X1”的 26 号端子，如图 10—28b 所示。

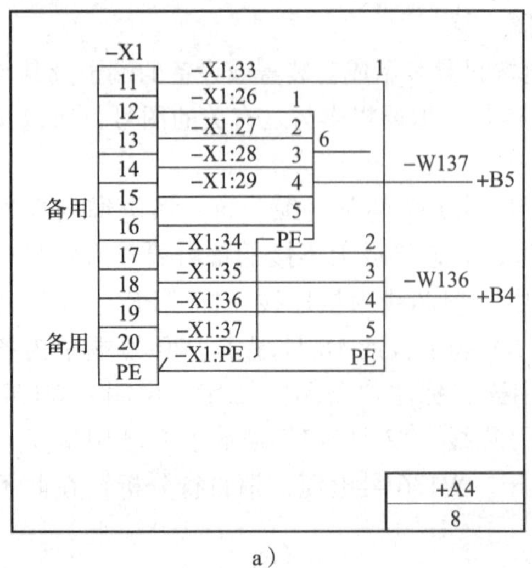

a）

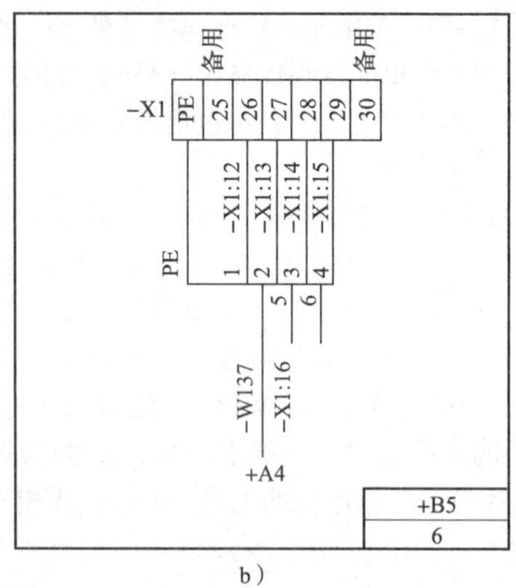

b）

图 10—28　两个带有远端标记的端子接线图示例

任务实施

一、分析图样的绘制特点

如图 10—17 所示，某小型柴油发电机组接线图具有以下特点：

（1）三个项目都用点画线围框表示，分别标注了功能面参照代号和设备型号。例如：发电机，参照代号为 = G，型号为 1FC5—356；柴油机，参照代号为 = D，型号为 12150ZD—4A；控制屏，参照代号为 = C，型号为 PL—300。

（2）每个项目只画出了对外连接的元件及端子，例如：发电机的接线端子板 - X1，控制屏的接线端子板 - X2。

（3）连接线用连续线表示法和单线表示法绘制。各连接线用独立标记法标注。例如：发电机的端子板 - X1 与控制屏的端子板 - X2 的连接电缆的参照代号为 - W01，共有 5 根线芯，依次标注独立标记为 1、2、3、4、5。

二、识读图样

1. 分析接线图的基本构成

图 10—17 中给出了柴油发电机组装置中的发电机、柴油机和控制屏三个项目（单元）之间的电气互连接线关系。

2. 分析接线图的连接关系

发电机（ = G）的电源线端子 U、V、W、N 分别与控制屏（ = C）的电源线端子 U、V、W、N 相连接，发电机端子板（ = G - X1）的 1、2、3、4、5 端子经连接电缆 - W01 与控制屏端子板（ = C - X2）的 1、2、3、4、5 端子相连接，柴油机（ = D）的 6、7、8、9 端子经连接电缆 - W02 与控制屏端子板（ = C - X2）的 6、7、8、9 端子相连接。其中，6 号端子为接地端子。

这个图虽然比较简单，但其表达形式比较好地体现了互连接线图的一般特点。

课题二　工厂供配电系统电气图的识读

学习目标

¤ 掌握工厂供配电系统一次回路图的绘制特点和识读方法，学会识读简单的工厂供配电系统一次回路图。

¤ 掌握工厂供配电系统二次回路图的绘制特点和识读的基本方法，学会识读简单的工厂供配电系统二次回路图。

任务1　工厂供配电系统一次回路图的识读

任务引入

图10—29所示为某工厂变电所高压侧电气系统一次回路图。本任务的要求是：根据工厂供配电系统一次回路图绘制特点和识读方法识读简单工厂供配电系统一次回路图。

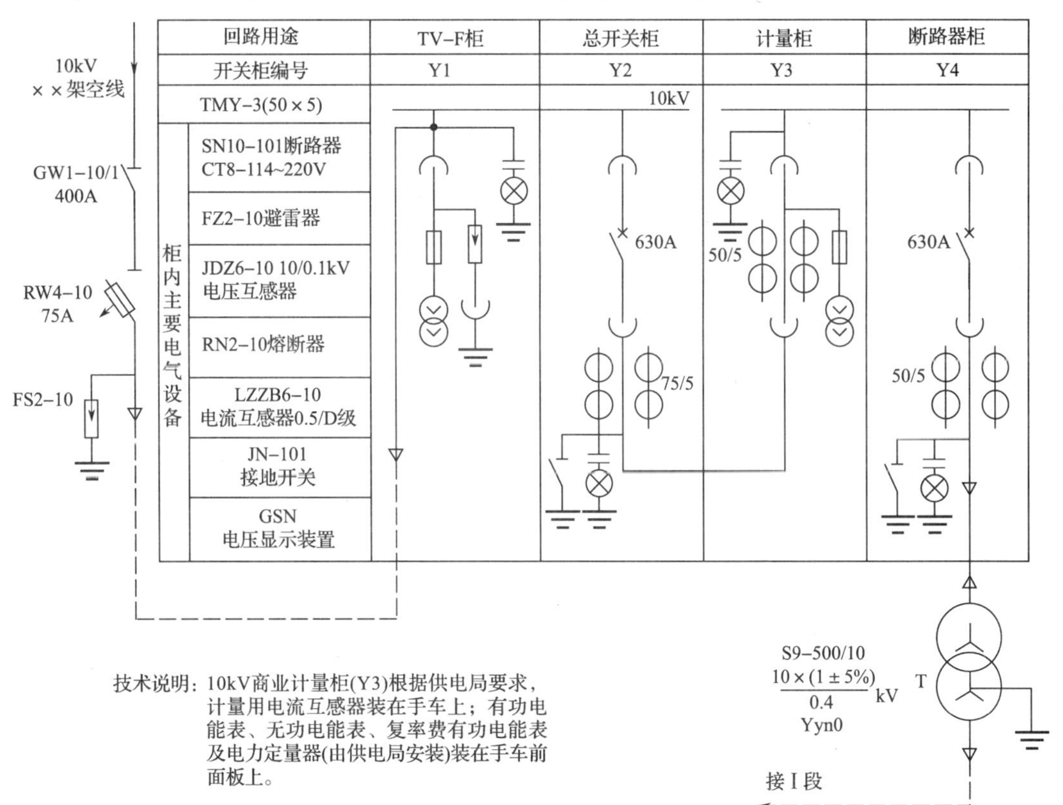

图10—29　某工厂变电所高压侧电气系统一次回路图

相关知识

一次回路图是指用图形符号绘制的表示一次设备的全部组成和连接关系的概略图，也称为主电路图、一次设备系统图等，主要用于概略地表示变配电所电能的输送和分配线路。

一、工厂供配电系统一次回路图的绘制特点

1. 一次回路图的基本组成和主要特征一般用概略图来描述。除特殊情况外，几乎无一例外地画成单线图，即采用单线表示法表示。一次回路图中的电源进线、变压器、隔离开关、断路器等电气元器件一般垂直绘制，而母线则水平绘制。

2. 对有母线的一次回路应以母线为核心将各个项目联系在一起。母线的上方为电源进线，电源的进线如果以出线的形式送至母线，则可将此电源进线引至图的下方，然后用转折线接至开关柜，再接到母线上。母线的下方为出线，一般都是经过配电屏中的开关设备和电线电缆送至负载的。

3. 一次回路图通常仅用图形符号、参照代号等标识表示各项设备，而对设备的技术数据、电气接线、电气原理等都不详细表示。

4. 技术数据的表示方法主要有两种：一是标注在图形符号的旁边，如变压器、发电机等；二是以表格的形式给出，如各种开关设备等。

5. 配电屏是一次回路系统的主要组成部分。

二、工厂供配电系统一次回路图的基本表达方式

1. 电气主接线的基本表达形式

电气主接线一般按母线的接线方式进行分类，这是因为母线是电气主接线的核心。

（1）有母线接线。常用有母线接线主要有单母线接线和双母线接线两种，如图 10—30 所示。

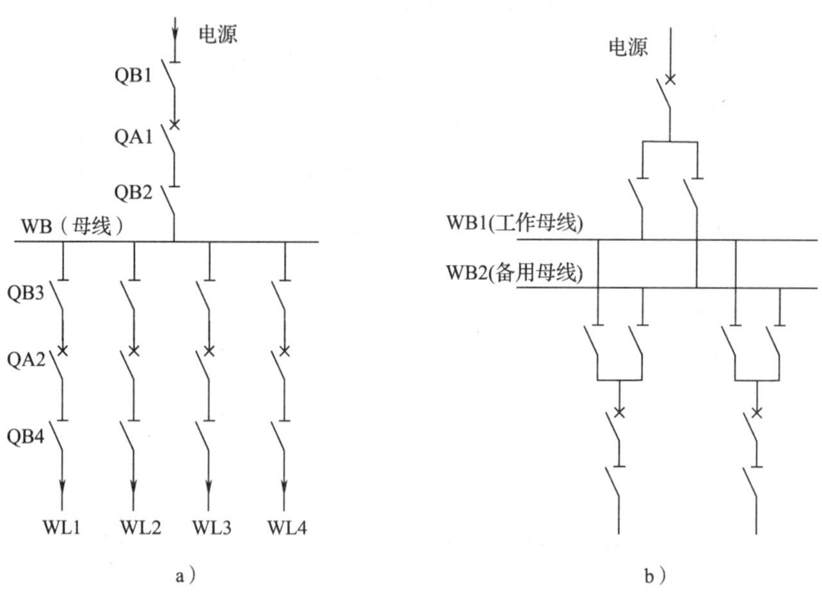

图 10—30 有母线接线示例

a）单母线接线示例 b）双母线接线示例

（2）无母线接线。常用无母线接线主要有桥式接线和单元接线两种，如图 10—31 所示，图 a 为无母线接线内桥式接线示例，图 b 为无母线接线单元接线示例。

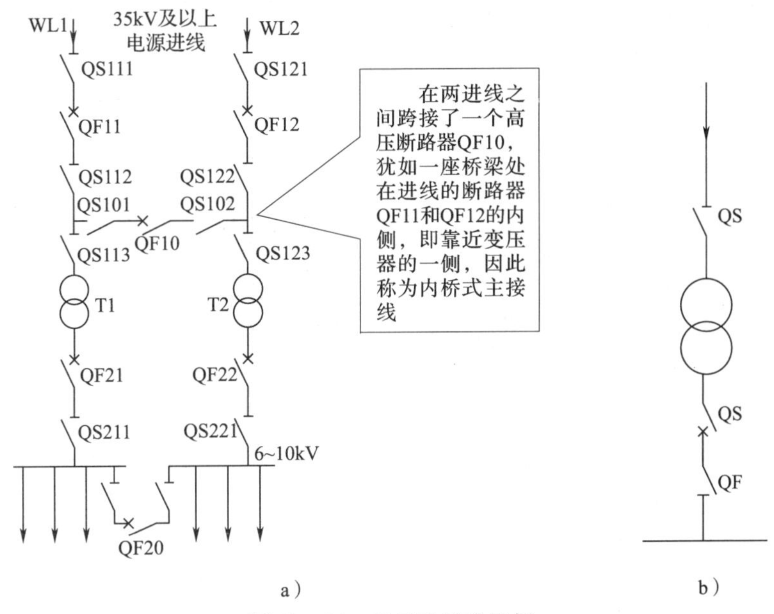

图 10—31　无母线接线示例

a）无母线接线内桥式接线示例　b）无母线接线单元接线示例

2．配电线路的接线方式

配电线路按电压的高低分为高压配电线路（1 kV 以上线路）和低压配电线路（1 kV 及以下线路）。

（1）高压配电线路。高压配电线路主要有放射式和树干式两种基本接线方式。图 10—32a为高压放射式接线示例，图中每个用户由独立线路供电；图 10—32b 为高压树干式接线示例，图中多个用户由同一干线供电。

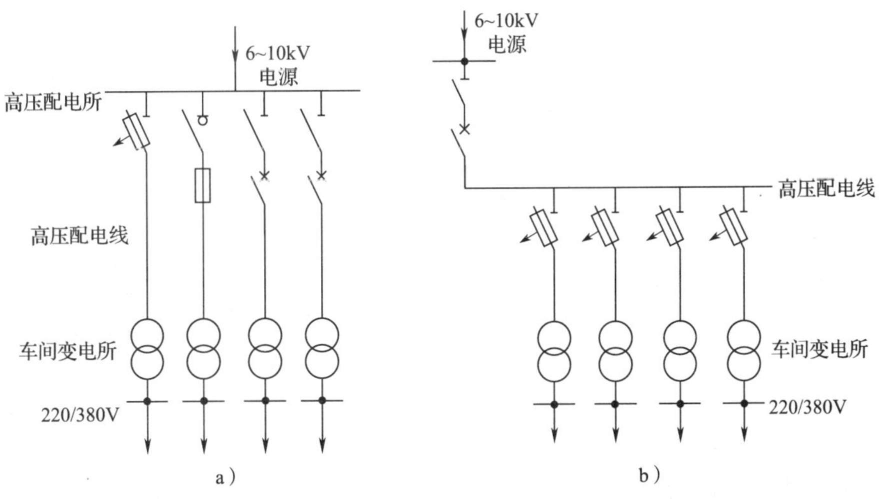

图 10—32　高压配电线路的接线方式示例

a）高压放射式接线示例　b）高压树干式接线示例

（2）低压配电线路。常用的低压配电线路也有放射式和树干式两种基本接线方式。图10—33a 为低压放射式接线示例，图中每个用户由独立线路供电；图 10—33b 为低压树干式接线示例，图中多个用户由同一干线供电。

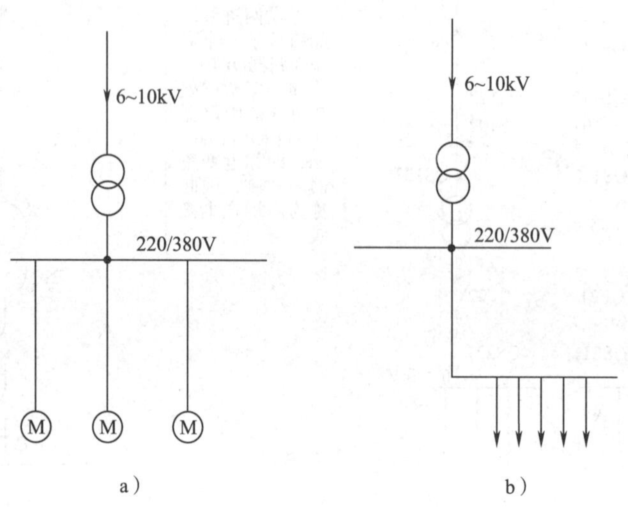

图 10—33　低压配电线路的接线方式示例

a）低压放射式接线示例　b）低压树干式接线示例

三、工厂供配电系统一次回路图的基本识读方法

1．一次回路图的识读顺序

一次回路图的识读顺序是：一是看标题栏和技术说明，二是按电能输送的路径进行读图，三是了解主要电气设备材料明细表。

电能输送的路径是：电源进线→母线→开关→设备→馈线等。读电源进线时，要注意理清进线回路个数及编号、电压等级、进线方式（如架空线、电缆等）、电流互感器、电压互感器、防雷方式等信息。

2．一次回路图识读方法

从主变压器开始，了解主变压器的技术参数，然后先看高压侧的接线，再看低压侧的接线。识读时，一定要明确各个电压等级的主接线基本形式，然后逐个阅读。例如，主接线是单母线还是双母线，是分段的还是不分段的等。

3．要“化整为零”

一套复杂的一次回路图是由许多基本电气图构成的。阅读时，首先要掌握每个基本电气图的特点及其识读方法。例如，一次回路图一般是以配电屏单元为基础组合而成的。阅读时，可按照图样标注的配电屏型号查阅有关手册，把每一个配电屏的电气系统一次回路图弄清楚。如图 10—34 所示为高压开关柜示例。其中，图 a 所示为高压开关柜结构示意图，图 b 是与图 a 对应的一次回路图。

此外，在一次回路图上一般都标注一些重要参数，如设备容量、计算容量、负荷等级、线路电压损失等，在读图时要借助这些参数并从中获得有关信息。

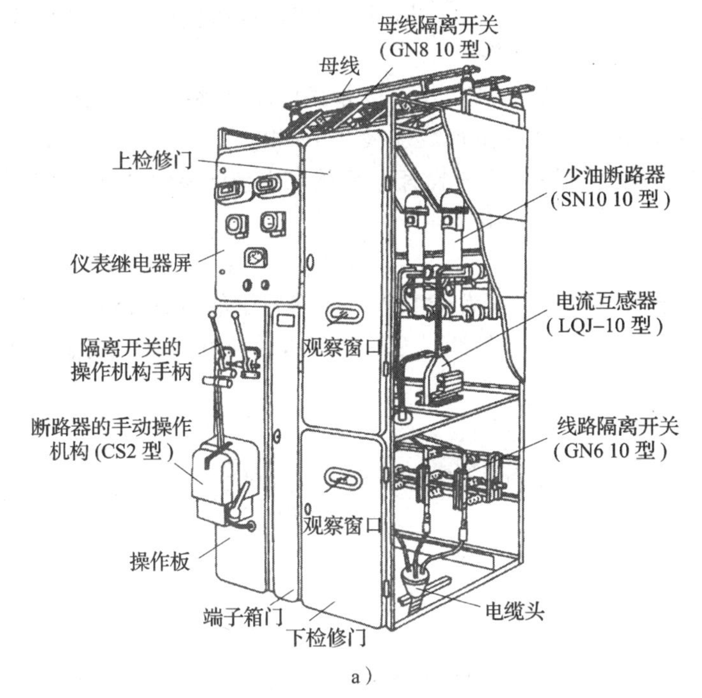

a）

项目	参照代号
隔离开关	QB1、QB2
断路器	QA
电流互感器	BE
母线	WA

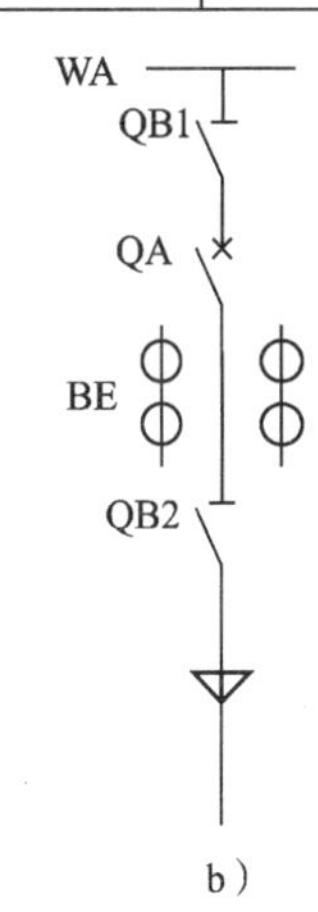

b）

图 10—34　高压开关柜（断路器柜）示例

a）高压开关柜结构示意图　b）高压开关柜一次回路图

任务实施

一、分析图样的绘制特点

图 10—29 是以配电屏单元电气系统图为基础组合而成，用单线表示法绘制，主接线形式为单母线隔离插头分段。隔离插头具有隔离开关的功能，但结构不同。该图以母线为核心，将电源、负载、开关、电线电缆等项目联系在一起，既表示出主电路中各元件及装置的相互连接关系，又表示出其排列和安装位置。为突出一次回路图的功能，图中还标注了有关的设计参数。

二、识读图样

1. 电源进线

如图 10—29 所示，电源由架空线经高压电缆埋地引入，在架空线转接电缆处装有 1 台 GW1 – 10/1 型 400A 的隔离开关；隔离开关下装有 1 组 RW4 – 10 型 75A 的跌落式熔断器，用作线路的短路保护；同时，还装有 1 组 FS2 – 10 型阀式避雷器，用作防雷电波保护。

2. 高压开关柜

Y1 柜为电压互感器和避雷器柜。柜内装有 1 台电压互感器、1 组阀式避雷器、1 组户内型熔断器和感应式信号灯，并利用隔离插头作为隔离开关。电缆进入高压开关柜后，与开关柜顶部的母线连接，再由母线送至 Y2 柜。

Y2 柜为总开关柜。柜内装有 1 台型号为 SN10 – 101、额定电流为 630 A 的少油断路器，断路器下面装有两组 75/5 电流互感器，并接有 1 组感应信号灯和维修时使用的 JN－101 型接地开关。断路器下面的母线从柜的下部接入 Y3 柜。

Y3 柜为计量柜。柜内装有 1 组计量用电流互感器、1 台计量用电压互感器和 1 组感应式信号灯。电压互感器用熔断器作为短路保护。柜上部母线连接至 Y4 柜。

Y4 柜为断路器柜，作为变压器的主开关柜。柜中装有 1 台额定电流为 630 A 的少油断路器、两组电流互感器、1 组电压显示信号灯和 1 组接地开关。

3．变压器

变压器为 S9 型油浸式变压器，低压侧额定电压为 0.4 kV，无载调压范围为 ±5%。高低压侧均为星形连接，低压侧中性点接地，并引出中性线。变压器降压后经电缆将电能输往低压母线 I 段。

任务 2　工厂供配电系统二次回路图的识读

任务引入

图 10—35 所示为 6～10 kV 电路过流保护二次回路原理图。本任务的要求是：根据工厂供配电系统二次回路图的绘制特点和识读方法识读简单工厂供配电系统二次回路图。

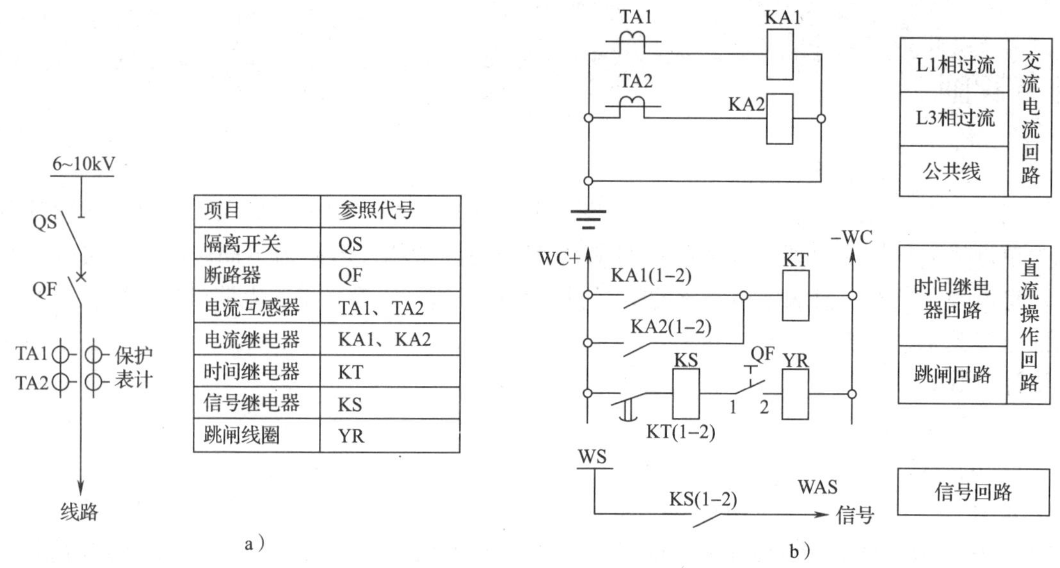

项目	参照代号
隔离开关	QS
断路器	QF
电流互感器	TA1、TA2
电流继电器	KA1、KA2
时间继电器	KT
信号继电器	KS
跳闸线圈	YR

图 10—35　6～10 kV 线路过流保护二次回路原理图（分开式）
a）一次回路　b）二次回路

相关知识

二次回路原理图是指用于反映二次电气设备工作原理的电路图，也称二次电路图、电气二次系统图、电气辅助系统图等。

一、工厂供配电系统二次回路原理图的绘制特点

1. 集中式二次回路原理图的绘制特点

图 10—36 所示为集中式二次回路原理图，它以整体的形式表示各二次设备之间的电气连接，设备的触点和绕组集中表示出来，一般与一次回路的有关部分画在一起，综合表示出交流电压回路、交流电流回路和直流电源之间的联系。集中式二次回路原理图的绘制应遵从电路图的一般绘制规则，同时具有以下特点：

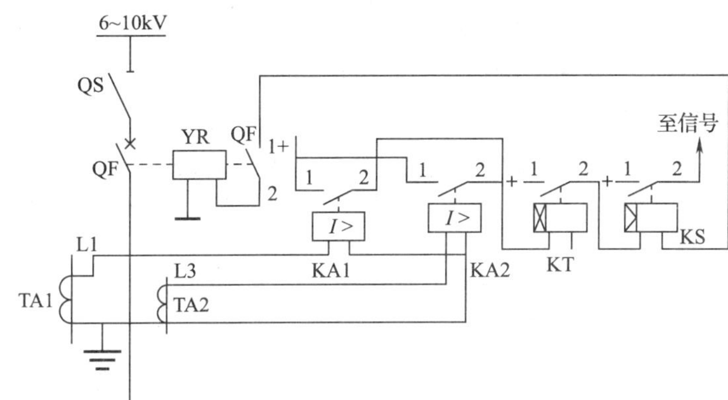

项目	参照代号
隔离开关	QS
断路器	QF
电流互感器	TA1、TA2
电流继电器	KA1、KA2
时间继电器	KT
信号继电器	KS
跳闸线圈	YR

图 10—36　6～10 kV 线路过流保护二次回路集中式原理图

（1）以设备、元件为中心，集中绘制。这种绘制方式便于清楚地显示设备、元件之间的连接关系，比较形象直观，便于分析整套装置的动作原理。如图 10—36 所示，图中各设备、元件均用统一的图形符号以集中的形式表示，继电器的线圈与触点、断路器的主触点与辅助触点、跳闸线圈等都分别集中绘制在一起。

（2）与二次回路有关的一次回路及其主要的一次设备简要地绘制在二次回路图的一旁，以表示二次回路对主电路的监视、测量和保护等功能。如图 10—36 所示，在图的左侧绘出了 6～10 kV 线路的主电路，并给出了一次设备隔离开关 QS 和断路器 QF。

（3）突出二次回路的工作原理，不考虑具体设备元件的内部结构及排列。各设备及元件的图形符号按其动作过程先后顺序及因果关系排列。如图 10—36 所示，由电流继电器启动时间继电器，因此电流继电器的图形符号排列在前，时间继电器的图形符号排列在后。

（4）一次设备一般用单线图表示，除非二次设备非用三相表示不可。如图 10—36 所示，一次回路用单线表示法表示，而二次回路中的电流互感器 TA1、TA2 的一次侧又给出了 L1 和 L3 相。

（5）一次设备和二次设备触点所表示的状态都是处在未带电、非激励的不工作状态。如图 10—36 所示，电流继电器 KA1 和 KA2、时间继电器 KT、信号继电器 KS 都处于线圈未通电状态，隔离开关 QS 处于未受力状态。

（6）图上各设备之间的联系是以设备的整体连接来表示的，没有给出设备的内部接线，也不给出设备引出线端子的编号和引出线的编号。控制电源仅标出电源的极性和符号，没有具体表示是从何处引来的。如图 10—36 所示，直流电路仅给出直流电源的极性符号“+”。

2. 分开式二次回路原理图的绘制特点

如图 10—35 所示为分开式二次回路原理图，它以分散的形式表示各二次设备之间的电气连接，设备的触点和绕组分散布置，交流电压回路、交流电流回路和直流回路分别绘制。分开式二次回路原理图的绘制也必须遵从电路图的一般绘制规则，同时具有以下特点：

（1）以回路为中心，并按照各个回路的功能布置，将每套装置的交流电流回路、交流电压回路和直流回路等分开表示、独立绘制，同时也将仪表、继电器等的线圈、触点分别绘制在所属的回路中。如图 10—35 所示，电流继电器 KA 的线圈画在交流电流回路中，而其触点作用于直流电压回路中。

根据供给二次回路电源的不同类型，可将二次回路划分为不同的独立回路，如交流回路、直流回路等。其中，交流回路分为交流电流回路和交流电压回路，直流回路分为信号回路、控制回路、测量回路、合闸回路、保护回路等。

（2）图样一般按水平布置，即排列成平行的行，并按系统的因果关系和动作顺序自上而下排列。如图 10—35 所示，电流继电器 KA 动作后，时间继电器 KT 动作，因此 KA 回路在 KT 回路之上。

各回路的排列顺序一般是先交流电流回路、交流电压回路，后直流回路。如图 10—35 所示，交流电流回路在直流操作回路的上面。

对交流回路来说，通常按 L1、L2、L3 相序排序，每一行元件的排列也是按照动作顺序从左到右排列，对于负载元件通常要上下对齐。如图 10—35 所示，在交流电流回路中，TA1（检测 L1 相）在上，TA2（检测 L3 相）在下；在直流操作回路中，KT 和 YR 线圈的图形符号要上下对齐。

对直流回路则是按各元件的动作顺序由上而下逐行排列。在每行中，继电器触点、线圈等的连接顺序按实际连接顺序绘制。如图 10—35 所示，在直流控制回路中，只有当时间继电器 KT 线圈通电，其动合触头 KT（1－2）闭合之后，信号继电器 KS 线圈和断路器 QF 线圈才可能通电动作，所以时间继电器回路排在跳闸回路的上面。

（3）在每一回路的右侧标注简要的文字说明，用以说明回路的名称、功能。如图 10—35 所示，在图中右侧分别标注了“交流电流回路”“直流操作回路”“时间继电器回路”“跳闸回路”“信号回路”等。

文字说明是分开式电路图的重要组成部分，读图时切不可忽视。通过阅读这些文字说明，就可知道这个回路的功能或作用。

（4）同一仪表的各种线圈、电器以及继电器的线圈、触点分开画在不同电源的电路中，属于同一电气元器件的触点、线圈都标以同一个参照代号。如图 10—35 所示，电流继电器 KA1、KA2 的电流线圈在电流互感器二次电流回路中，而其触点则接在电压回路中，但它们都标以相同的参照代号 KA1、KA2。

（5）除交流电流电路用电流互感器直接表示外，各种独立电路的供电电源一般都是通过各种电源小母线引入。如图 10—35 所示，小母线 WC、WS 和 WAS。

（6）为了安装接线及维护检修方便，一般将每一个回路及电气设备元件之间的连接线标记标号，并按用途分组。

二、识读工厂供配电系统二次回路图的基本方法

1. 识读二次回路图的基本方法

(1) 浏览全图，概略地了解图的全部内容。如图的名称、设备或元器件明细表及其对应的符号、设计说明等，然后粗略地纵观全图，看一遍图的大致内容。重点要分析主电路以及它与二次电路之间的关系，以准确地抓住图样所表达的主题。

如图 10—35 所示，在 6 ~ 10 kV 线路过流保护分开式二次回路原理图中，继电保护回路（即图中的交流电流回路和直流操作回路）表达了怎样检测故障特征的物理量和怎样进行保护，信号回路表达了发生事故或不正常运行情况时怎样发出光报警信号。

这样，在读图时就可先通过图的名称抓住主题，然后采用逆推法，根据熟悉的单元电路分析出各回路的工作过程或原理。

(2) 电气元器件的触点都表示在无电压、无外力作用下的正常状态，如按钮未按下、开关未合闸、继电器线圈没有电、温度继电器在常温状态、压力继电器在常压状态等。但在识图时不能完全按正常状态来分析，否则很难理解图样所表现的工作原理。在分析原理图时，必须先假定一个激励状态，如某一个按钮被按下，将会产生什么样的一个或一系列反应，并以此为依据进行分析。

为了不忘记或遗失某一电气元器件所假定的激励及反应状况，可将图样或图样的一部分改画成某种激励状态下的图样。我们把这种激励状态下的图样称为状态分析图。状态分析图是在识图过程中绘制的一种图，通常不必十分规则地画出，也可用铅笔在原图上加注标记替代。

如图 10—35 中的断路器 QF 跳闸回路，按原理讲，时间继电器 KT 动作，跳闸电磁铁线圈 YR 就有电。但这种分析是错误的，因为在其回路中还串入了 QF 的一个辅助动合触点 QF (1 -2)，只有当这个辅助触点处于闭合状态且时间继电器 KT 动作时，跳闸电磁铁线圈 YR 才能得电，所以有必要深入分析这一辅助触点的工作状态。实际上断路器合闸后，其辅助动合触点也随之闭合。也就是说只有断路器处于合闸状态时，才有可能存在保护跳闸这一动作。这样可按这一实际工作状态画出其状态分析图，如图 10—37 所示。图中，辅助触点 QF 用虚线短接，以示接通状态。

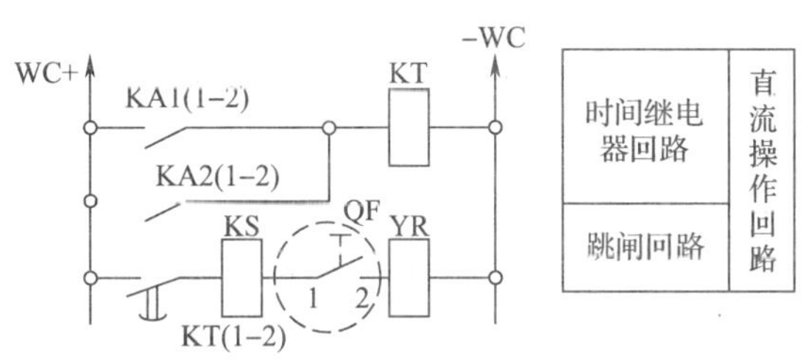

图 10—37　用虚线短接示例

(3) 同一设备的各个电气元器件位于不同回路的情况比较多。特别是在分开式二次电路图中，往往将各个电气元器件画在不同的回路，甚至不同的图纸上。识图时，应从整体出发，去了解各设备的功能。如图 10—35 所示，图中电流继电器 KA1、KA2 的线圈画在交流电流回路中，而其动合触点 KA1 (1 -2)、KA2 (1 -2) 却画在直流操作回路中。

有时辅助开关的开合状态应从主开关的开合状态去分析。如图 10—36 所示，图中断路器 QF 的辅助触点 QF (1 -2) 的状态应从主触点（即断路器的断开、闭合）状态去分析，断路器合闸后，其主触点闭合，辅助动合触点也随之闭合。

（4）任何一个复杂的电路都是由若干基本电路、基本环节构成的。因此，识读复杂二次回路图时一定要化整为零，先按图注功能块把图分解成若干个基本电路或部分；然后按先看主电路，再看二次回路，先看单元电路，再看整体电路的顺序，由易到难，层层深入，分别将各部分、各个回路看懂；最后将其融会贯通，这样整个电路的工作原理或过程就清晰了。

（5）二次回路图的种类很多，如集中式二次回路原理图、分开式二次回路原理图、二次安装接线图等。对于某一设备、装置和系统，这些图实际上是从不同的使用角度和不同的侧面对同一对象采用不同的描述手段，显然这些图存在着内部的联系。因此，识读二次回路图时应将各种图联系起来。例如，读集中式原理图，可以与分开式原理图相联系；读二次回路安装接线图可以与二次回路原理图相联系。掌握各类图的互换，也是阅读二次图的一个十分重要的方法。

2. 识读二次回路分开式原理图的要领

分开式原理图与集中式原理图是等效的，但分开式原理图的条理清晰，能一条回路、一条回路地分析和检查，易于读图，便于了解整套装置的动作程序和工作原理，因此在实际工作中用得最多。识读二次回路分开式原理图的要领如下：

（1）先交流，后直流。识读二次回路分开式原理图时，一般按照二次回路分开式原理图的绘制规则自上而下地读图，即先看交流回路，把交流回路看完后，再根据交流回路的电气量及系统中发生故障时这些电气量的变化特点，向直流回路推断，再看直流回路。一般说来，交流回路比较简单，容易看懂。

如图10—35所示，在6～10 kV线路过流保护分开式二次回路原理图中，各回路的排列顺序为交流电流回路、直流操作回路、信号回路。识图时可按此顺序先看交流回路，分析电流继电器KA1、KA2的线圈中电流的情况，并以此分析直流操作回路中电流继电器KA1、KA2的动合触点KA1（1－2）、KA2（1－2）的开合状态，进而分析受控直流操作回路。

（2）交流看电源，直流找线圈。看交流回路时要从电源入手。交流回路有交流电流回路和交流电压回路两部分，先找出电源来自哪组电流互感器或哪组电压互感器，在这些互感器中传输的电流量或电压量起什么作用，与直流回路有何关系，这些电气量是由哪些继电器反映出来的，找出它们的符号和相应的触点回路，看它们用在什么回路，与什么回路有关，这样就能形成一个基本轮廓。

如图10—35所示，在6～10 kV线路过流保护分开式二次回路原理图中，交流电流回路的电源来自电流互感器TA1、TA2，电流互感器中的电流量决定着电流继电器KA1、KA2的工作状态，而电流继电器KA1、KA2的工作状态又通过其动合触点KA1（1－2）、KA2（1－2）控制着直流操作回路。

（3）抓住触点，逐个查清。继电器线圈找到后，再找出与之相应的触点。根据触点闭合或断开引起回路变化的情况再进一步分析，直至查清整个逻辑回路的动作过程。

（4）先上后下，先左后右。这是因为在绘制二次回路分开式原理图时，是按照系统的因果关系和动作顺序，不同行（回路）自上而下排列，同一行中电气元器件自左至右排列。如图10—35所示，电流继电器KA动作后，时间继电器KT动作，因此KA回路在KT回路之上；只有当时间继电器KT动作之后，信号继电器KS和断路器QF才能动作，所以时间继电器回路排在跳闸回路的上面等。

任务实施

一、分析图样的绘制特点

如图 10—35b 所示，二次回路由交流电流回路、直流操作回路和信号回路三部分组成，各单元电路分开表示。交流回路由电流互感器的二次绕组供电。直流操作回路两侧的竖线表示正、负电源。

二、识读图样

1．一次回路

如图 10—35a 所示，一次回路由高压母线、高压隔离开关 QS、高压断路器 QF 的主触点，电流互感器 TA1、TA2 的一次绕组等构成。

2．二次回路

（1）交流电流回路。如图 10—35b 所示，电流继电器 KA1 和 KA2 的电流线圈分别与 L1 相和 L3 相电流互感器的二次绕组连接在一起，并形成各自完整的回路。

（2）直流回路。如图 10—35b 所示，直流电源供电的操作电路由电流继电器 KA1 和 KA2 的触点、信号继电器 KS、断路器的跳闸线圈 YR 和断路器的辅助触点 QF 组成。其目的是实现当电流继电器线圈中的电流达到设定的数值时，能使断路器 QF 跳闸，切断电源。

（3）跳闸控制回路。如图 10—35b 所示，电流继电器 KA1、KA2 的线圈分别与两个电流互感器的二次绕组连接，两个电流继电器的触点是并联的。当其中任何一个电流继电器动作其触点闭合后，时间继电器 KT 线圈因通电而启动，经过一定延时后其触点闭合，这样电流就从电源的正极经时间继电器 KT 的触点、信号继电器 KS 的线圈，以及断路器辅助动合触点 QF 和断路器跳闸线圈 YR 接至电源负极。由于信号继电器 KS 的线圈和跳闸线圈 YR 中有电流流过，两者同时动作，使断路器 QF 跳闸。

（4）信号回路。如图 10—35b 所示，当信号继电器 KS 的线圈通电时，信号继电器 KS 的动合触点闭合，接通信号回路，发出信号。

总之，当流过线路的电流大于规定值时，电流继电器 KA1、KA2 就动作，经一定延时后使断路器 QF 跳闸，切除故障。

课题三　机械设备电气控制电气图的识读

学习目标

¤ 掌握电气控制电路图的绘制特点和识读方法，学会识读简单的电气控制电路图。

¤ 掌握电气安装接线图的绘制特点和识读方法，学会识读简单的电气安装接线图。

任务1　电气控制电路图的识读

任务引入

图10—38所示为C620型车床电气控制电路图。本任务的要求是：根据电气控制电路图的绘制特点和识读方法识读简单电气控制电路图。

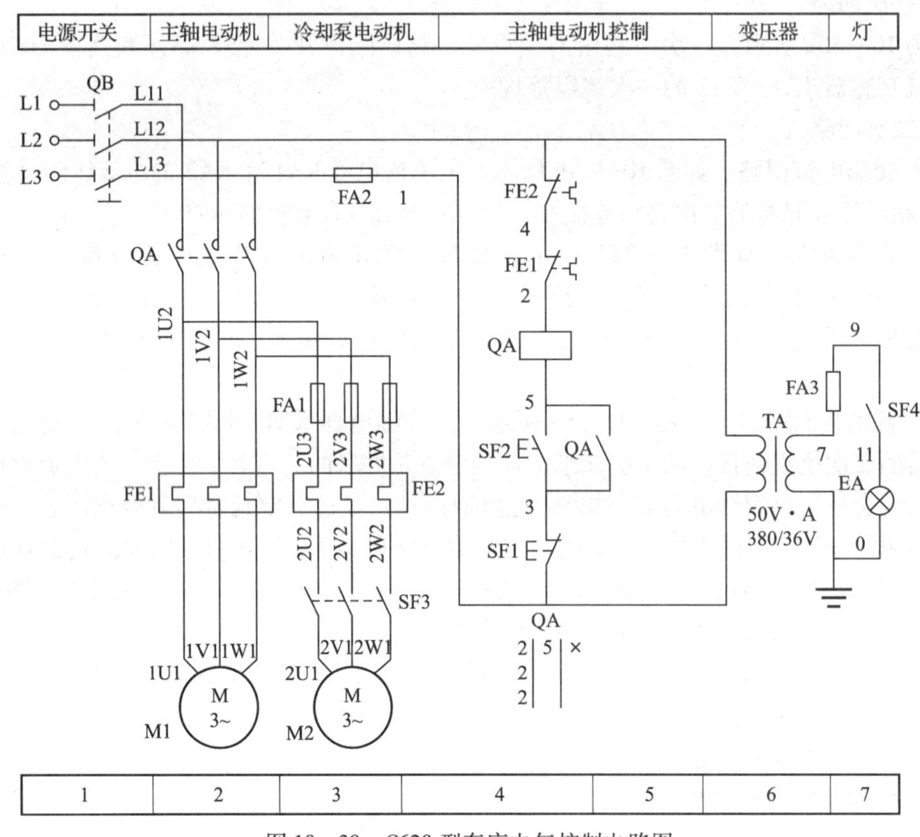

图10—38　C620型车床电气控制电路图

相关知识

电气控制电路图是指以电动机或生产机械设备的电气控制装置为主要描述对象，用图形符号表示电气元器件，并按其工作顺序排列，详细表示控制装置、电路的基本构成和连接关系的电路图。

一、电气控制电路图的组成和绘制特点

1. 电气控制电路图的组成

电气控制电路图一般由主电路和辅助电路两部分组成。主电路主要由电源开关、接触器的主触点、热继电器的热元件、电动机定子绕组等组成。主电路是电气控制电路中负载电流通过的电路。辅助电路包括控制电路、保护电路、信号电路和照明电路，主要由继电器和接触器的线圈、继电器的触点、接触器的辅助触点、热继电器的触点、按钮、照明灯、信号灯、控制变压器等电气元器件组成。辅助电路通过的电流较小。

在比较简单的电气控制电路中一般没有信号电路和局部照明电路，大多数控制系统中控制电路和保护电路融为一体，但仍将其统称为控制电路。

2. 电气控制电路图的绘制特点

（1）主电路和辅助电路一般要分开绘制。如图 10—38 所示，主电路绘制在图纸的右侧，辅助电路绘制在图纸的左侧。

（2）电气控制电路图中的图线一般按水平布置或垂直布置。

1）当图线水平布置时，电源线垂直画，其他电路水平画，控制电路中的线圈、电磁铁、信号灯等耗能元件画在电路的最右端。

2）当图线垂直布置时，电源线水平画，其他电路垂直画，控制电路中的耗能元件画在电路的最下端。如图 10—38 所示，图中电源电路画在图纸的左上部，水平绘制，并依相序 L1、L2、L3 自上而下画出。

（3）电气元器件均采用国家规定的标准电气简图用图形符号绘制及标注。

（4）电路或电气元器件按功能布局法布置，并尽可能按生产设备动作的先后顺序从上到下或从左到右依次排列。各电气元器件在控制线路中的位置，应根据便于阅读的原则安排。

如图 10—38 所示，主轴电动机 M1 和冷却泵电动机 M2 之间是顺序控制，只有主轴电动机 M1 启动后冷却泵电动机 M2 才能启动运行。所以图中按设备动作的先后顺序，主轴电动机 M1 的主电路排在冷却泵电动机 M2 的主电路的左边。

（5）在复杂的电气控制电路图中，由多个部件组成的电气元器件和设备常用分开表示法绘制。同一电气元器件的各个部分一般不画在一起，而是按其在电路中起的作用分别画在不同电路中。属于同一电器上的各个部件标注相同的参照代号。

如图 10—38 所示，接触器的线圈和辅助触点画在辅助电路中，而主触点画在主电路中，参照代号统一用 QA 标注。

（6）电气元器件的可动部分均画在没有通电和没有外力作用时的状态。也就是说，图中的电气元器件的可动部分均表示在常态。

如图 10—38 所示，接触器表示在线圈未通电时的状态；负荷隔离开关 QB、按钮 SF1 和 SF2、控制开关 SF3 和 SF4 均处于不受力时的状态。

（7）图中导线均标记线号。如图 10—38 所示，在线圈、开关、触点等电气元器件分隔开的导线旁边分别标注了不同的标记符号，这些导线标记就是线号。在机床电气控制电路图中，线号实际上是用来识别导线的独立标记，其主要用途是便于接线和查线。

（8）电气元器件在图中有位置编号，以便查找对应的元件。在机械设备电气控制电路图中，由于控制电路的支路较多，且各支路中元器件的布置与功能也不相同，图幅分区可用图 10—39 所示的简化形式。这种方法只对图的一个方向分区，分区数不限，各个分区长度也可不相等，视支路内元器件的多少而定，单边注写，其对边也可按各支路的名称或用途分区，两对边分区长度也不一定不相等。这种方式不但不影响分区检索，而且还可反映用途，有利于读图。

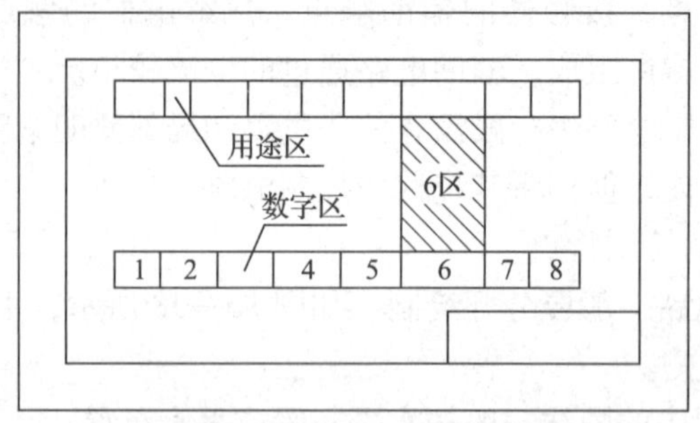

图 10—39　机械设备电气控制电路图的图幅分区示例

如图 10—38 所示，图的上部按电路功能划分并标注功能区域名称，如电源开关、主轴电动机、冷却泵电动机等；图的下部按回路或支路划分图区，并在电气元器件线圈的参照代号下面标注该电器触头所处图区。

（9）在完整的电气控制电路图中，还应标明主要电器的型号、参照代号、有关技术参数和用途。如图 10—38 所示，图中在变压器的图形符号下方标注了变压器的相关参数。

二、识读电气控制电路图的基本方法

识读电气控制电路图的基本方法可简述为：“先机后电；先主后辅，化整为零；集零为整，统观全局”。

1．先机后电

首先应了解生产机械的基本结构、运行情况、操作方法等信息，对生产机械及其运行有个总体了解。明确电气控制要求，为分析电路做好前期准备。

2．先主后辅，化整为零

先识读主电路，再识读辅助电路，并用辅助电路的各个回路去研究主电路的控制程序。阅读和分析电气控制电路图最常见的方法是查线读图法。

（1）用查线读图法识读主电路的步骤。

第一步：查主电路中的用电设备。理清用电器的数量、类别、用途、接线方式及不同要求等信息。如图 10—38 所示，图中的用电器是电动机 M1 和 M2。

第二步：查用电设备是用什么电气元器件控制的。控制电气设备的方法很多，有的直接用开关控制，有的用各种启动器控制，有的用接触器或继电器控制。如图 10—38 所示，电动机 M1 是用接触器控制的。

第三步：查主电路中所用的控制电器及保护电器。前者是指除常规接触器以外的其他电气元器件，如电源开关（包括转换开关、断路器等）、万能转换开关等。后者是指短路保护器件及过载保护器件，如断路器中的电磁脱扣器及热过载脱扣器、熔断器、热继电器及过电流继电器等。

如图 10—38 所示，在电源电路中接有电源开关 QB；在 M1 主电路中热断电器 FE1 对电动机 M1 起过载保护；熔断器 FA2 对控制电路起短路保护作用。

第四步：查电源。理清电源电压的等级是 380 V 还是 220 V。一般生产机械设备所用电源为 380 V、50 Hz 的三相交流电源。对用直流电源供电的设备，往往都是用直流发电机或整流装置供电。

如图 10—38 所示，电动机 M1、M2 的电源均为 380 V 三相交流电。这样便查读出图中主电路的构成情况，即：三相电源 L1、L2、L3→电源开关 QB→接触器 QA→热断电器 FE1→三相笼型感应电动机 M1；另一条支路是接触器 QA→熔断器 FA1→热断电器 FE2→控制开关 SF3→三相笼型感应电动机 M2。

（2）用查线读图法识读辅助电路的步骤。根据主电路中各电动机和执行电器的控制要求，逐一找出控制电路中的基本控制环节，将控制电路“化整为零”，按功能不同划分成若干个局部控制线路来进行分析。如果控制线路较复杂，就先排除照明、显示等与控制关系不密切的电路，以便集中精力进行分析。

第一步：查电源。首先要理清电源的种类，是交流供电还是直流供电。其次，要理清辅助电路的电源是从什么地方接来的，其电压等级是多少。

辅助电路的电源一般是从主电路的两条相线上接来，其电压为 380 V；但也有从主电路的一相线和一零线上接来，其电压为 220 V。此外，有的是从专用隔离变压器接来，电压有 140 V、127 V、36 V、6.3 V 等。

如图 10—38 所示，辅助电路的电源从主电路的两条相线接来，电压为 380 V。

辅助电路为直流时，直流电源可从整流器、发电机或放大器上接来，其电压一般为 24、12 V、6 V、4.5 V、3 V 等。

第二步：查控制电路中各种继电器、接触器的用途，如果采用了一些特殊结构的继电器，就要了解它们的动作原理。只有这样，才能理解它们在电路中如何动作和具有何种用途。如图 10—38 所示，接触器 QA 主要控制主轴电动机 M1，可实现自锁控制。

第三步：结合主电路的要求，分析辅助电路的动作过程。控制电路总是按动作顺序画在两条水平线或两条垂直线之间。因此，可以从左到右或自上而下进行分析。

对复杂的辅助电路，在电路中整个辅助电路构成一条大支路，在这个大支路中又分成几条独立的小支路，每条小支路控制一个用电器件或一个动作。当某条小支路形成闭合回路有电流流过时，在该支路中的接触器、继电器等电气元器件便动作，把用电设备接入或切断电源。

在控制电路中一般是靠按钮或转换开关把电路接通的。对于控制电路的分析必须随时结合主电路的动作要求来进行，只有全面了解主电路对控制电路的要求以后，才能真正掌握控制电路的动作原理，不可孤立地看待各部分的动作原理，而应注意各个动作之间是否有互相制约的关系，如电动机正、反转之间应设有联锁等。

第四步：分析电气元器件之间的相互关系。电路中的一切电气元器件都不是孤立存在的，而是相互联系、相互制约的。这种互相控制的关系有时表现在一条回路中，有时表现在几条回路中。

如图 10—38 所示，主轴电动机 M1 和冷却泵电动机 M2 是顺序控制，保证只有主轴电动机 M1 启动后冷却泵电动机 M2 才能启动运行，提供冷却液。

第五步：分析其他电气设备和电气元器件，如整流设备、照明电路、信号电路等。对这些电气设备和电气元器件，只要知道它们的线路走向，电路的来龙去脉就清晰了。

如图 10—38 所示，图中 EA 是局部照明灯，TA 是 380/36 V 照明变压器，提供 36 V 安全电压。照明灯开关 SF4 闭合时，照明灯 EA 就亮。

3．集零为整，统观全局

经过“化整为零”，逐步分析了每一单元电路的工作原理以及各单元之间的控制关系后，还必须用“集零为整”的方法，检查整个控制电路，看是否有遗漏。从整体角度去进一步检查各控制环节之间的联系，以达到清楚地理解电路图中每一个电气元器件的作用、工作过程及主要参数。

上面所介绍的读图方法和步骤，只是识读机床电气控制电路图一般的通用方法。各种设备的电气控制电路虽然都是由各种基本控制电路组合而成，但其电气控制电路都有各自的特点，这也是各种设备电气控制电路的区别所在。

任务实施

一、分析图样的绘制特点

在图 10—38 中，电气元器件用分开表示法表示，图线以垂直布置为主。在电路图的上部按电路功能划分并标注功能区域名称，在电路图的下部按回路或支路划分图区，在电气元器件线圈的参照代号下面标注该电器触头所处图区。

二、识读图样

1．C620 型车床电路的组成

由图 10—38 可知，C620 型车床电路由主电路、控制电路和照明电路三部分组成。主电路共有两台电动机，M1 是主轴电动机，由按钮和接触器控制。M2 是冷却泵电动机，直接用控制开关 SF3 控制。

2．C620 型车床电气控制电路的工作过程

（1）电动机 M1 的电气控制电路的工作过程。电动机 M1 的电气控制电路是接触器自锁正转控制电路，其工作过程如下：

先合上电源开关QB。

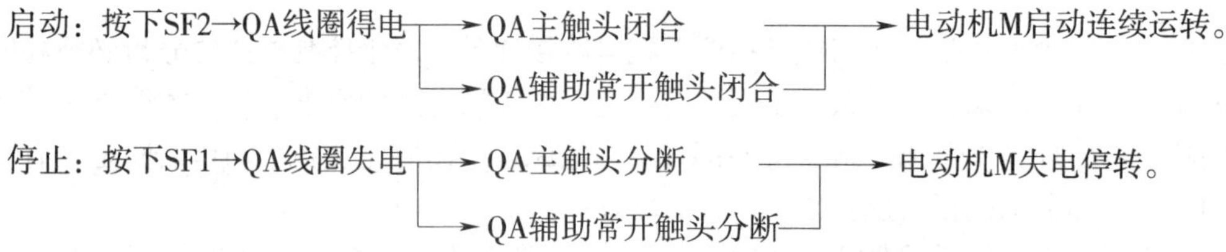

（2）电动机 M2 的电气控制电路的工作过程。冷却泵电动机 M2 与主轴电动机 M1 是顺序控制。只有当主轴电动机 M1 运行后，冷却泵电动机 M2 才能在控制开关 SF3 的控制下启动运转。

（3）照明电路的控制过程。照明电路由一台 380 V/36 V 变压器供给 36 V 安全电压，使用时合上开关 SF4 即可。

任务2 电气安装接线图的识读

任务引入

图10—40所示为C620型车床电气安装接线图，分析时注意参阅图10—38所示的C620型车床电气控制电路图。本任务的要求是：根据电气安装接线图的表示方式、绘制特点和识读方法识读简单电气安装接线图。

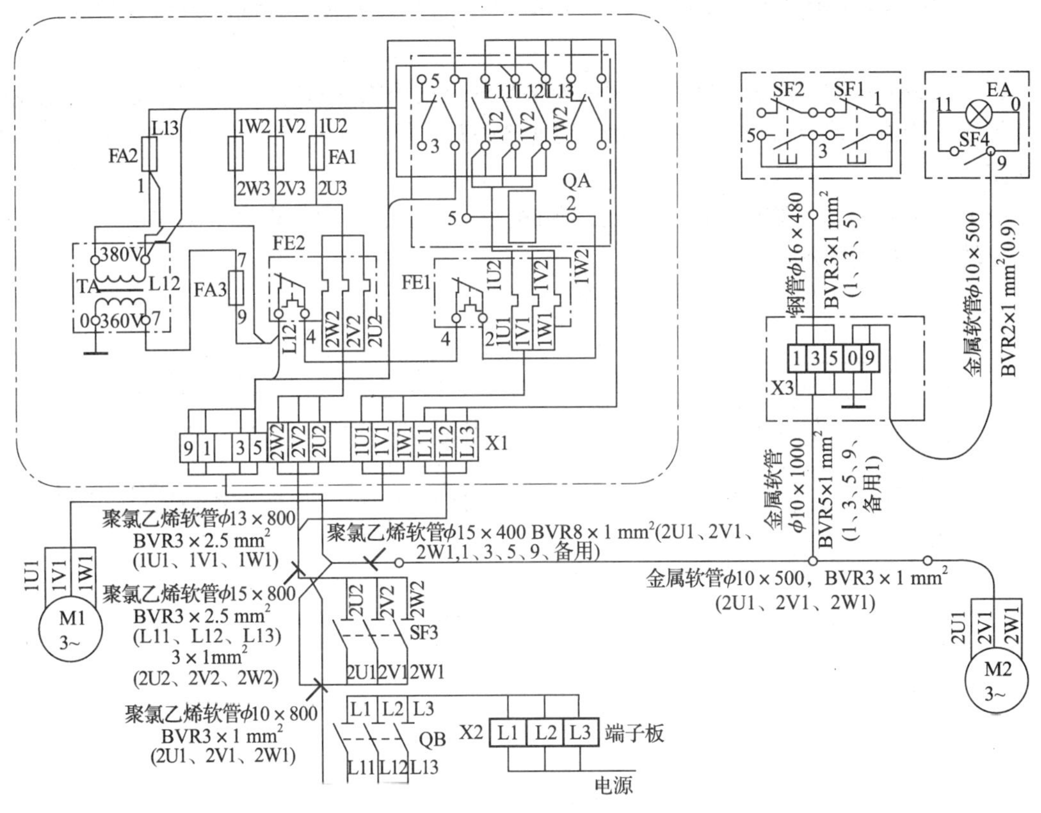

图10—40　C620型车床电气安装接线图

相关知识

电气安装接线图是一种以电动机或生产机械设备的电气控制装置为主要描述对象，表示其电气元器件实际安装位置和接线关系的接线图。

一、电气安装接线图的基本表示方法

（1）线束法。线束法是指将走向相同的导线绑扎成线束，并用一根图线表示的方法。对于走向不完全相同的线路，只要在某一段上走向相同，也可用一段线条代替，当走向发生变

化时，再逐条分出去。因此，线束法接线图中的线条，既有从中途汇合进来的，也有从中途分出去的。

如图 10—40 所示，三相电源线 L1、L2、L3 的走线相同，在外电源与端子板 X2 的 L1、L2、L3 端子之间、端子板 X2 的 L1、L2、L3 端子与电源开关 QB 的 L1、L2、L3 端子之间、电源开关 QB 的 L11、L12、L13 端子与端子板 X1 的 L11、L12、L13 端子之间、端子板 X1 的 L1、L2、L3 端子与接触器 QA 的 L1、L2、L3 端子之间均用线束表示。

由于主回路与控制回路的电源、电压及电流均可能不同，在线束法接线图的绘制中，应将主回路和控制回路严格区分开来，即使二者走向相同也必须分别表示。

接线图中，一根线条代表的导线根数可从直观上分辨清楚，也可从导线标注的根数上看出。如图 10—40 所示，图中 BVR3 × 2. 5 mm^2 表示该线束中有三条截面积为 2. 5 mm^2 的导线。

（2）散线法。散线法是指元件之间的连接导线是逐根绘制的方法。用散线法表示绘制的安装接线图能清楚地反映出线路中各元件的连接关系，但图线条数目明显增加，不适用于复杂线路。

（3）相对编号法。如图 10—41 所示为用相对编号法绘制的三相笼型感应电动机双重连锁正反转控制接线图示例。

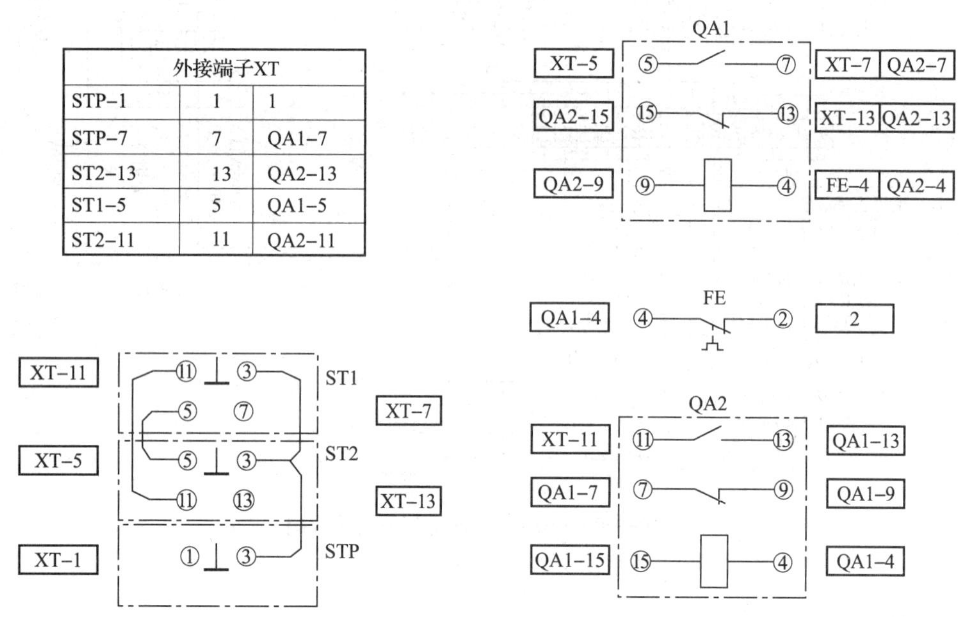

图 10—41　相对编号法绘制的接线图示例

用相对编号法表示的安装接线图有以下特点：

1）元器件采用与电路图完全一致的标志符号，标志符号标注在表示元器件的框线内或框线外的一侧。如图 10—41 所示，图中的参照代号与图 10—42 所示的三相笼型感应电动机双重连锁正反转控制电路图中的一致。

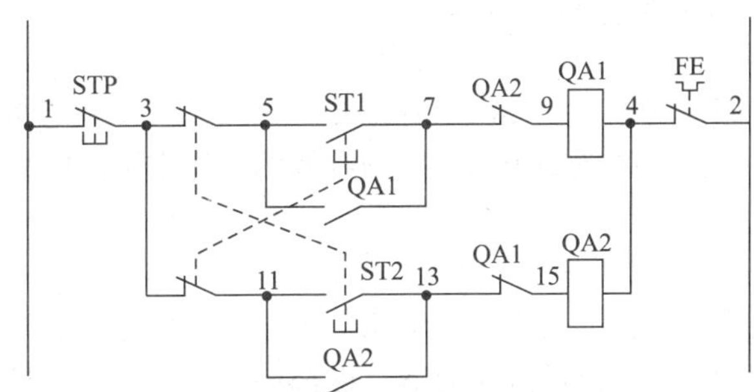

图 10—42　三相笼型感应电动机双重连锁正反转控制电路图

2）元器件的接线端子和端子排的接线端子按元器件、端子排的接线端子间连线编号。如图 10—42 所示，4 号线的一端与 FE 的动断触点相连，另一端与 QA1 及 QA2 的线圈相连，则 FE、QA1、QA2 元件各有一个接线端子均标注为 4。如图 10—41 所示，图中 FE、QA1、QA2 元件各有一个接线端子均标注为 4。

3）元器件之间、元器件与端子排之间的导线用从属远端标记标注。如图 10—41 所示，图中 QA1 的 9 号端子与 QA2 的 9 号端子相连，则 QA1 的 9 号端子标记为 QA2 -9、QA2 的 9 号端子标记为 QA1 -9。

二、电气安装接线图的绘制特点

（1）各电气元器件均用图形符号表示，不画实体。如图 10—40 所示，图中负荷隔离开关、熔断器、交流接触器等电气元器件的图形符号均采用电气图用图形符号表示，和图 10—38 所示的电路图中的一致。

（2）安装接线图上必须明确端子接线板、插接件、部件和组件等电气元器件的安装位置，并注明有关接线安装的技术条件。如图 10—40 所示，接触器 QA 的线圈、动合触点、动断触点都根据它们的实际结构画在一起，并用点画线框上，表示它们是一个电气元器件，而这个接触器的所在位置就是安装、配线时的位置。

（3）安装接线图中的各电气元器件的参照代号、端子代号及其他标识应与电路图中的一致，并按电路图所示信息进行导线连接，以便于接线和检修。

（4）不在同一控制屏（柜）和同一控制台的各电气元器件之间的导线连接必须通过接线端子进行，同一屏（柜）体中的电气元器件之间的接线可以直接相连，即在安装接线图中示出接线端子的情况。

如图 10—40 所示，图中 C620 型车床的接触器、热继电器、熔断器等在控制箱内，各种开关或按钮在车床表面的操作面板上，电动机在车床的底部。所以在配电盘上，一般都装有接线端子或接线板，用来连接配电盘的外电路。

（5）安装接线图中的分支导线应由各电气元器件的接线端引出，不允许在导线两端以外的其他地方连接。每个接线端子只能引出两根导线。如图 10—40 所示，从接触器 QA 的 1U2、1V2、1W2 分别引出两根导线，从其 L12、L13 端子也引出两根导线。

（6）安装接线图上应标明连接导线的规格、型号、根数及穿线管的尺寸。如图 10—40 所示，“聚氯乙烯软管 $\phi15\times400$，BVR8 ×1 mm^2” 表示线束由 8 根截面积为 1 mm^2 的铜芯聚氯乙烯绝缘软电线组成，穿直径为 15 mm、长度为 400 mm 的聚氯乙烯软管。

三、识读电气安装接线图的基本方法

1. 对照电气控制电路图读电气安装接线图

结合电路图看接线图是看懂接线图的最好方法。对照电气控制电路图，可以理清电路的工作原理及动作过程。虽然接线图是根据电路图绘制的，但它不能明显地反映出电气动作的原理。

2. 识读电气安装接线图的步骤

看接线图时，要先看主电路，再看辅助电路。根据端子代号、导线线号，从电源端顺次查下去，搞清楚线路的走向和电路的连接方法，即搞清楚每个元器件是如何通过连线构成闭合回路的。接线图中的导线线号是元器件间导线连接的标记，标号相同的导线原则上都可以接在一起。

（1）看主电路。从电源输入端开始，依次经过控制元器件、保护元器件和线路到电动机等用电设备。其主要目的是搞清楚电动机是怎样从三相电源获电的，三相电源线经过哪些电气元器件到达用电设备以及为什么要经过这些电气元器件。这与看电路图时有所不同。看电路图是先看用电设备，再看是什么电气元器件控制该用电设备的。

如图10—40所示，主轴电动机M1的回路。外电源从端子板X2的L1、L2、L3端子引入。其走向是：外电源→端子板X2的L1、L2、L3端子→L1、L2、L3→电源开关QB→L11、L12、L13→聚氯乙烯软管$\phi15\times800$，BVR3×2.5 mm^2→端子板X1的L11、L12、L13端子→L11、L12、L13→接触器QA的三对主触头→1U2、1V2、1W2→热继电器FE1热元件→1U1、1V1、1W1→端子板X1的1U1、1V1、lWl端子→聚氯乙烯软管$\phi13\times800$，BVR3×2.5 mm^2→电动机M1的1U1、1V1、1W1端子。

（2）看辅助电路。看辅助电路要按每条小回路看，而看每条小回路时，应先从控制电路电源起点（即相线）去寻找回路，看经过哪些电气元器件又回到电源的另一相（或零线）。注意经过元器件后线号的变化，按动作顺序对每条小回路逐一分析研究，了解每个回路的作用，然后再整体分析各条回路间的联系。其主要目的是要搞清楚辅助电路是怎样控制电动机的。

如图10—40所示，起动按钮SF2闭合时的控制回路。其走向是：接触器QA的L13→L13→熔断器FA2→1→端子板X1的1号端子→聚氯乙烯软管$\phi15\times400$，BVR8×1 mm^2→金属软管$\phi10\times1\,000$，BVR5×1 mm^2→端子板X3的1号端子→钢管$\phi16\times480$，BVR3×1 mm^2→1→停止按钮SF1的动断触点→3→起动按钮SF2→5→钢管$\phi16\times480$，BVR3×1 mm^2→端子板X3的5号端子→金属软管$\phi10\times1\,000$，BVR5×1 mm^2→聚氯乙烯软管$\phi15\times400$，BVR8×1 mm^2→端子板X1的5号端子→5→接触器QA线圈→2→FE1的动断触点→4→FE2的动断触点→电源的L12线。

此外，要搞清端子板内外电路的连接情况，内外电路相同标号的导线要接在端子板的同号接点上。

任务实施

一、分析图样的绘制特点

如图10—40所示，该图样采用线束法绘制，各电气元器件均用图形符号表示。在配电

盘上装有接触器 QA，热继电器 FE1、FE2，熔断器 FA1、FA2、FA3，照明变压器 TA 和接线端子板；在面板上装有启动按钮 SF2，停止按钮 SF1；在照明灯座上装有照明灯开关 SF4 及照明灯 EA。同时还示出了主轴电动机 M1、冷却泵电动机 M2、电源开关 QB、隔离开关 QS 所在的位置。标明了导线及穿线管的型号、规格和尺寸，穿线管内穿满 7 根线时，常加 1 根备用线，以便维修。

二、识读图样

1. 主电路

由图 10—38 可知，主回路有两条，一条是主轴电动机 M1 的回路，另一条是冷却泵电动机 M2 的回路，可根据回路线号了解主回路的导线走向和连接方法。

刚才已经分析了主轴电动机 M1 的回路，现分析冷却泵电动机 M2 的回路。由图 10—40 可知，电源由 QA 的三个下接点引出，线号为 1U2、1V2、1W2。其走向是：接触器 QA 的三对主触头→1U2、1V2、1W2→熔断器 FA1→2U3、2V3、2W3→FE2 的热元件→2U2、2V2、2W2→端子板 X1 的 2U2、2V2、2W2 端子→隔离开关 SF3→2U1、2V1、2W1→聚氯乙烯软管 $\phi15\times400$，BVR8 $\times$ 1 mm^2→金属软管 $\phi10\times550$，BVR3 $\times$ 1 mm^2→电动机 M2 的 2U1、2V1、2W1 端子。

2. 控制电路

由图 10—40 可知，控制电路电源线从接触器 QA 的 L13 接点引出。其走向是：接触器 QA 的 L13→L13→熔断器 FA2→1→分两路：其中一路与控制变压器 TA 一次绕组的一个端子相连，另一路经端子板 X1 的 1 号端子→聚氯乙烯软管 $\phi15\times400$，BVR8 $\times$ 1 mm^2→金属软管 $\phi10\times1\ 000$，BVR5 $\times$ 1 mm^2→端子板 X3 的 1 号端子→钢管 $\phi16\times480$，BVR3 $\times$ 1 mm^2→1→停止按钮 SF1 的动断触点→3→分两路：

一路经启动按钮 SF2，其走向是：3→启动按钮 SF2→5→钢管 $\phi16\times480$，BVR3 $\times$ 1 mm^2→端子板 X3 的 5 号端子→金属软管 $\phi10\times1\ 000$，BVR5 $\times$ 1 mm^2→聚氯乙烯软管 $\phi15\times400$，BVR8 $\times$ 1 mm^2→端子板 X1 的 5 号端子→5→分两路：一路接 QA 的辅助动合触点，其走向是：5→QA 的辅助动合触点→3；另一路接 QA 线圈的端子，其走向是：5→QA 线圈→2→FE1 的动断触点→4→FE2 的动断触点→电源的 L12 线。

另一路线经端子板 X3 的 3 号端子，其走向是：3→钢管 $\phi16\times480$，BVR3 $\times$ 1 mm^2→端子板 X3 的 3 号端子→金属软管 $\phi10\times1\ 000$，BVR5 $\times$ 1 mm^2→聚氯乙烯软管 $\phi15\times400$，BVR8 $\times$ 1 mm^2→端子板 X1 的 3 号端子→3→接触器 QA 的辅助动合触点→5。然后再从 5→QA 线圈→2→FE1 的动断触点→4→FE2 的动断触点→电源的 L12 线。

这样控制回路的各电气元器件与电源就接成了闭合回路。

3. 照明电路

照明电路电源经变压器 TA 变压获得。变压器二次绕组的一个端子接地（0 号线），另一端子引出线为 7 号线。其走向是：变压器 TA→7→FA3→9→端子板 X1 的 9 号端子→聚氯乙烯软管 $\phi15\times400$，BVR8 $\times$ 1 mm^2→金属软管 $\phi10\times1\ 000$，BVR5 $\times$ 1 mm^2→端子板 X3 的 9 号端子→9→开关 SF4→11→照明灯 EA→0（接地）。这样就构成了一个照明电路的回路。

课题四　建筑电气安装平面图的识读

学习目标

¤ 掌握电气照明安装平面图的基本表达方式、绘制特点和识读的基本方法，学会识读简单的电气照明安装平面图。

¤ 掌握电力安装平面图的基本表达方式、绘制特点和识读的基本方法，学会识读简单的电力安装平面图。

任务1　电气照明安装平面图的识读

任务引入

图 10—43 所示为某建筑物第三层电气照明安装平面图，分析时注意参阅图 10—44 所示的电气照明配电系统概略图。建筑安装平面图用图形符号的含义示例，见表 10—4。本任务的要求是：根据电气照明安装平面图的表达方式和识读方法识读简单电气照明安装平面图。

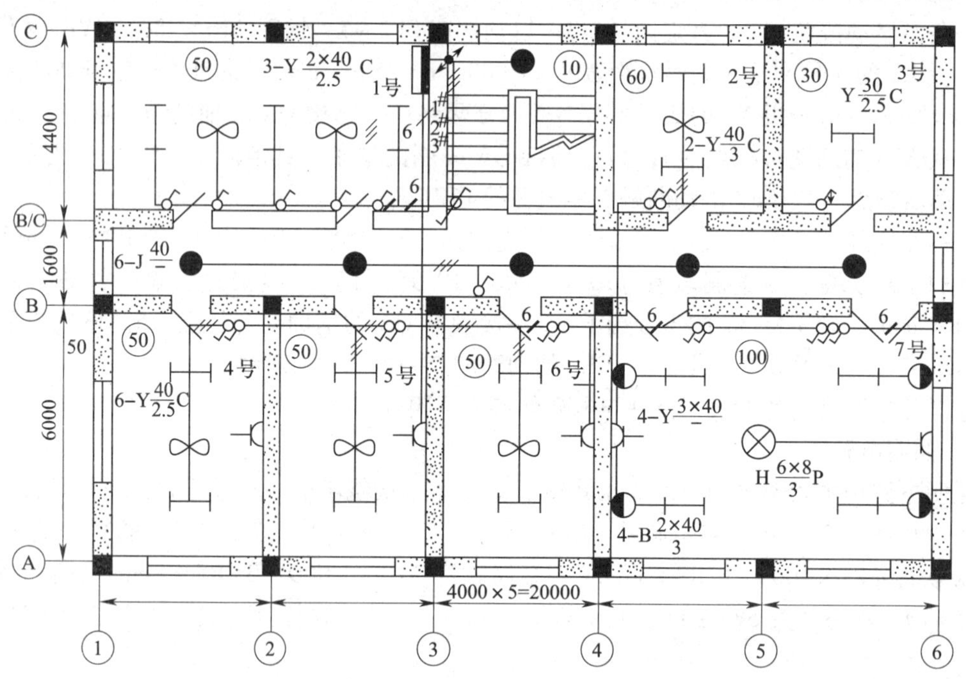

图 10—43　某建筑物第三层电气照明安装平面图

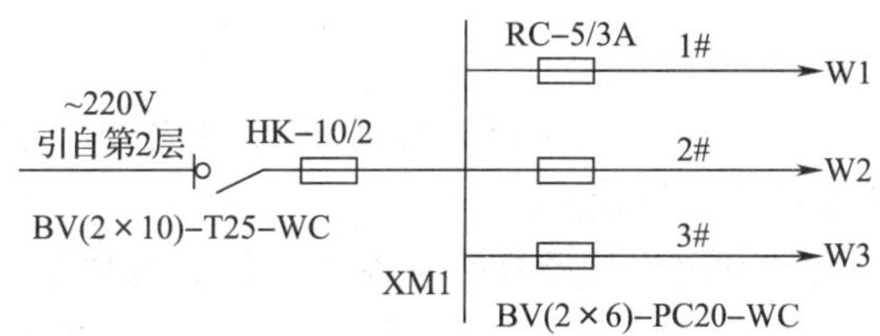

图 10—44 某建筑物第三层电气照明配电系统概略图（与图 10—43 相对应）

表 10—4　　建筑安装平面图用图形符号的含义示例

名称	图形符号	名称	图形符号
单极开关		球形灯	
双极开关		荧光灯	
双控单极开关		壁灯	
单极拉线开关		花灯	
配电箱		单相三孔插座	
垂直通过配线		单相插座	
电风扇			

相关知识

建筑电气安装平面图是一种用图形符号来表示电气装置、设备和线路等在建筑物中的安装位置、连接关系及其安装方法的简图。它主要用于建筑电气设备的安装、维护和管理。建筑电气安装平面图种类很多，常用的主要有电气照明安装平面图和电力安装平面图等。

一、电气照明安装平面图的基本概念

电气照明安装平面图是指用图形符号和文字符号表示建筑物内照明设备和线路平面布置的图样。

电气照明安装平面图主要反映建筑物内各种电气照明设备的安装位置、安装方式以及照明设备的规格、型号和数量等内容。它主要用于电气照明线路的施工及其安装、维护和管理。

二、电气照明安装平面图的基本表达方式

1. 电气设备的表示方式

在电气照明安装平面图中，电气设备用图形符号、文字符号或简化外形表示，但其图形符号与电路图中的图形符号并不完全相同。如图 10—43 中，开关用图形符号“ ”表示，而在电气照明电路图中用图形符号“ ”表示。电气照明设备平面图中的常用图形符号示例，见附录14。

2. 线路和电气设备的标注方式

在电气照明安装平面图中，电气设备通常不标注参照代号，但要标注设备的编号、型号、规格、数量、安装和敷设方式等信息。

（1）线路标注。照明线路和电力线路在平面图上采用图线和文字符号相结合的方法进行标注，表示出线路的走向，导线的型号、规格、根数、长度以及线路配线方式。如图10—45所示为照明线路和电力线路标注示例。

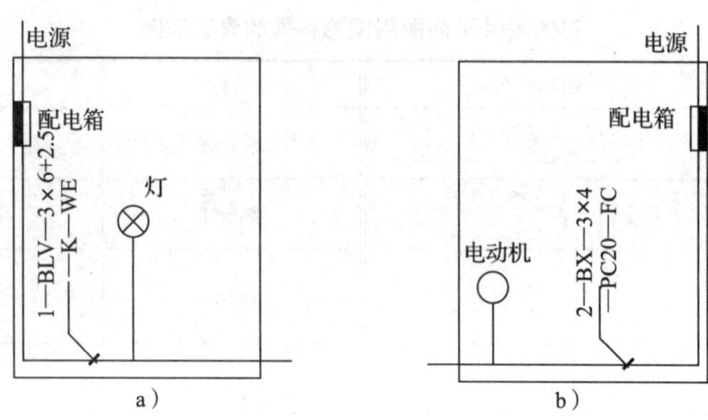

图10—45　线路标注示例

a）照明线路标注示例　b）电力线路标注示例

在电气工程中，导线特征的标注格式主要有两种，导线特征的标注格式见表10—5。常用导线的型号见表10—6，导线敷设方式的标注见表10—7，导线敷设部位的标注见表10—8。

表10—5　　导线特征的标注格式

	第一种方式	第二种方式
格式	a－d－k－e×f－g－h	a－d（e×f）－g－h
说明	a—线路编号或功能符号 d—导线型号，见表10—6 k—电压（V） e—导线根数 f—导线截面积（mm^2） g—导线敷设方式符号，见表10—7 h—导线敷设部位符号，见表10—8	a—线路编号或功能符号 d—导线型号，见表10—6 e—导线根数 f—导线截面积（mm^2） g—导线敷设方式符号，见表10—7 h—导线敷设部位符号，见表10—8
示例	“1—BLV－3×6＋1×2.5－K－WE”表示1号线的导线型号是铝芯塑料绝缘导线（BLV），共有4根导线，其中3根截面积为6 mm^2，另一根中性线截面积为2.5 mm^2；配线方式为瓷绝缘子配线（K），敷设部位为沿墙明敷（WE）	“2－BX（3×35＋1×25）－SC50－FC”表示2号线的导线型号是铜芯橡皮绝缘线（BX），共有4根导线，其中3根截面积为35 mm^2，另一根中性线截面积为25 mm^2；配线方式为用直径为50 mm的水煤气管（SC）配线，敷设部位为暗敷在地面内（FC）。

注：在e×f中，如有不同截面，用“＋”号分开表示。

表 10—6　　常用导线的型号

型号	说明
BLV	铝芯聚氯乙烯绝缘电线
BV	铜芯聚氯乙烯绝缘电线
BLX	铝芯橡皮线
BX	铜芯橡皮线
BXR	铜芯橡皮软线
BVV	铜芯聚氯乙烯绝缘聚氯乙烯护套电线
RV	铜芯聚氯乙烯绝缘软电线

表 10—7　　导线敷设方式的标注

敷设方式	代号	敷设方式	代号	敷设方式	代号
暗敷	C	硬塑料管敷设	P、PC	电线管敷设	T、MT
明敷	E	水煤气管敷设	G、SC	用蛇皮管敷设	CP
铝线卡敷设	AL	瓷绝缘子敷设	K、PK	阻燃塑料管敷设	PVC
电缆桥架敷设	CT	钢索敷设	M、S	钢管敷设	S、SC
金属软管敷设	F	塑料线槽敷设	PR	塑料线卡敷设	PL

表 10—8　　导线敷设部位的标注

敷设部位	代号	敷设部位	代号	敷设部位	代号
梁	B	地面	F	墙	W
顶棚	CE	柱	C		
吊顶	SC	构架	R		

（2）电气设备的标注方式。常用电气设备的标注方式见表 10—9。常用灯具类型的符号见表 10—10。常用灯具安装方式的标注见表 10—11。常用电光源种类代号见表 10—12。

表 10—9　　常用电气设备的标注方式

类别	标注方式	说明	举例
电力和照明设备	$a\frac{b}{c}$	a—设备编号 b—设备型号 c—设备功率（kW）	例如：$2\frac{Y}{10}$表示电动机的编号为第 2，型号为 Y 系列笼型感应电动机，额定功率为 10 kW
照明灯具	$a-b\frac{c\times d\times L}{e}f$	a—灯数 b—型号或编号，见表 10—10 c—每盏照明灯具的灯泡数 d—灯泡容量（W） e—灯泡安装高度（m） f—安装方式，见表 10—11 L—光源种类，见表 10—12	例如：如图 10—43 所示，$3-Y\frac{2\times40}{2.5}C$表示房间内有 3 盏型号相同的荧光灯（Y），每盏灯由 2 支 40 W 灯管组成，安装高度 2.5 m，链吊式（C）安装；$6-J\frac{1\times40}{-}$表示走廊及楼道有 6 盏水晶底罩灯（J），每盏灯为 40 W，吸顶安装（－）

表 10—10　常用灯具类型的符号

等具名称	符号	等具名称	符号	等具名称	符号
普通吊灯	P	柱灯	Z	荧光灯灯具	Y
壁灯	B	卤钨探照灯	L	隔爆灯	B
花灯	H	投光灯	T	水晶底罩灯	J
吸顶灯	D	工厂一般灯具	G	放水防尘灯	F

表 10—11　常用灯具安装方式的标注

安装方式	代号	安装方式	代号	安装方式	代号
链吊式	C	线吊式	CP	嵌入式	R
管吊式	P	吸顶式	–	壁装式	W

表 10—12　常用电光源种类

电光源种类	代号	电光源种类	代号	电光源种类	代号
氖灯	Ne	汞灯	Hg	弧光灯	ARC
氙灯	Xe	碘钨灯	I	荧光灯	FL
钠灯	Na	白炽灯	IN	电发光灯	EL

3．照明电路接线的表示方法

在电气照明安装平面图中，照明电路的接线主要有直接接线法和共头接线法两种方式。

（1）直接接线法。直接接线法是导线可以从线路上直接引线连接，导线中间允许有接头的接线方法。如图 10—46a 所示，图中开关 S1 控制灯 E1，开关 S2 控制灯 E2，开关 S3 控制灯 E3。其中，灯 E1 的相线引自开关 S1，而中性线则是在总中性线 N 上接出，这样，在总中性线有接点。如图 10—46b 所示，图中细虚线表示在平面布置图 a 中，此处应示出 3 根导线。直接接线法虽然能够节省导线，但不便于检测维修，使用不是很广。

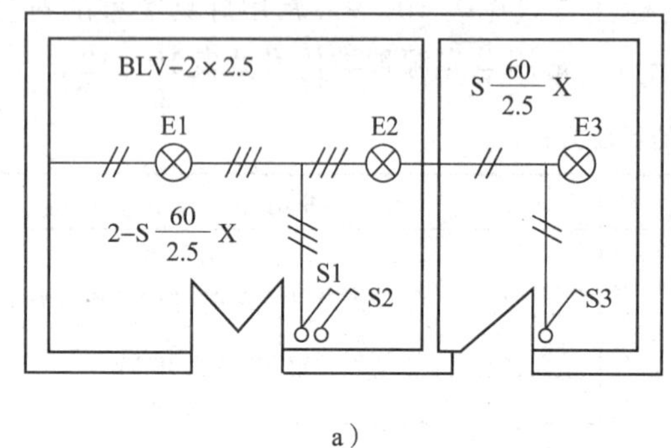

a）

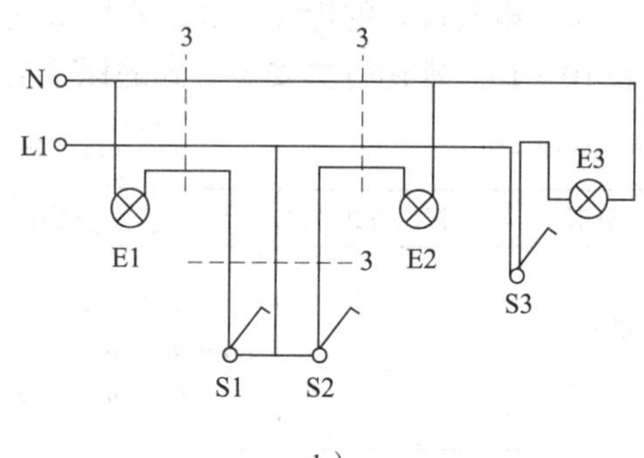

b）

图 10—46　直接接线法示例

a）电气照明安装平面布置图　b）示意图

（2）共头接线法。共头接线法是导线只能通过设备的接线端子引线，导线中间不允许有接头的接线方法。如图 10—47a 所示，图中开关 S1 控制灯 E1，开关 S2 控制灯 E2，开关 S3 控制灯 E3。其中，灯 E1 的相线引自开关 S1，而中性线直接引自总中性线 N；灯 E2 的相线引自开关 S2，中性线引自灯 E1。这样，总中性线只能通过灯的接线端子接线，在其中间没有任何接头。如图 10—47b 所示，图中的细虚线表示在平面布置图 a 中，此处应示出的导线根数。采用共头接线法导线用量较大，但由于其可靠性比直接接线法高且检修方便，因此被广泛采用。

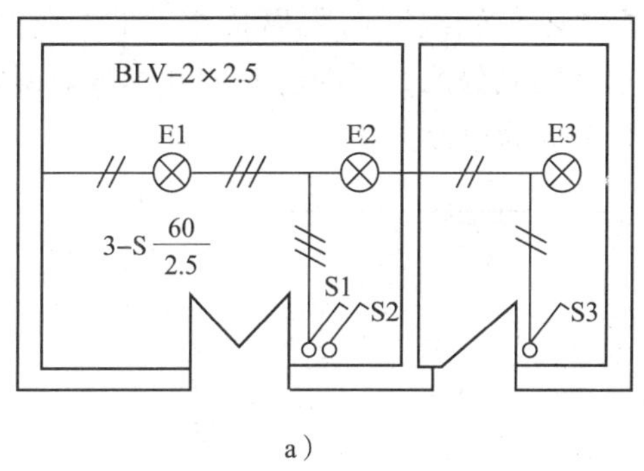

a）

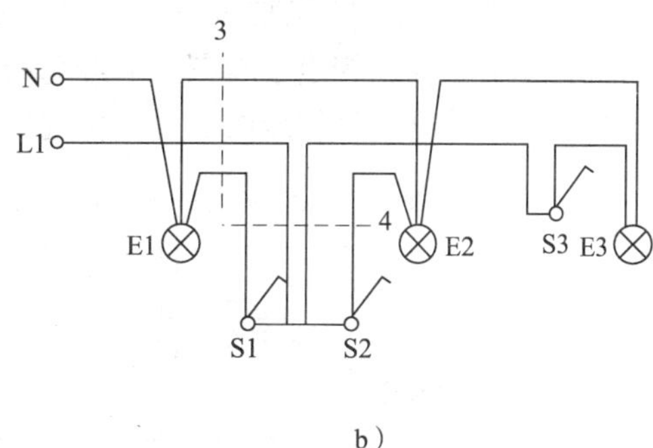

b）

图 10—47　共头接线法示例

a）电气照明安装平面布置图　b）示意图

4．基本照明控制电路的表示方法

在电气照明安装平面图中，常用基本照明控制电路的表示方法见表 10—13。为便于理解，在表中又列出了与之对应的电路图和示意图。

表 10—13　　常用基本照明控制电路的表示方法示例

方法	示例	
	1 只开关控制 1 盏灯电路	2 只双联开关在 2 处控制 1 盏灯电路
电路图	N EL S L	S1 1 1 S2 2 2 EL
平面图	S EL	S1 EL S2
示意图	N L S EL	3 3 1 1 S1 2 EL 2 S2

5．图上位置的表示方法

由于电气照明安装平面图是在建筑物平面图上完成的，所以其设备和设施的位置应与建筑平面图一致。根据建筑平面图的位置来确定电气设备和线路的图形符号在图上的位置的方法主要有定位轴线法和尺寸标注定位法两种。

（1）定位轴线法。定位轴线是指以建筑图上的承重墙、柱、梁等主要承重构件的位置为轴线。定位轴线的编号原则是：在水平方向，按从左至右的顺序给轴线标注数字编号；在垂直方向，按从下到上的顺序给轴线标注字母编号；数字和字母分别用点画线引出。如图10—48 所示为建筑物定位轴线标注示例。通常各相邻定位轴线间的距离是相等的，所以，平面图上的定位轴线相当于地图上的经纬线，也类似于图幅分区，有助于制图和读图时确定设备的位置，计算电气管线的长度。标注距离一般以 mm 为单位。

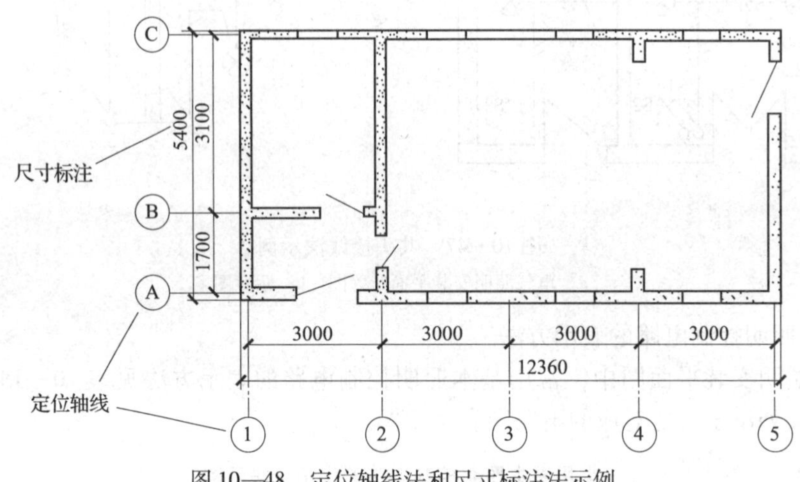

图 10—48　定位轴线法和尺寸标注法示例

（2）尺寸标注定位法。尺寸标注定位法是指在图上通过标注尺寸数字以确定符号在图上位置的方法。在建筑安装平面图中，尺寸标注定位法常与定位轴线法结合运用。如图 10—48 所示为建筑物尺寸标注示例。

6．建筑构件的表示方法

为了更清楚地表示建筑电气安装平面的布置情况，在建筑电气安装平面图上往往需要画出某些建筑构件的图形符号和位置，如墙体、门窗、楼梯、房间布置等。但这些图形的图线不得与电气图线混淆。通常用改善对比度的方法突出电气布置，如建筑构件图形用细线画，电气图线和电气图形符号用粗线画等。

三、识读电气照明安装平面图的基本方法

1．读图顺序

阅读建筑电气工程图的一般顺序是：从系统图到施工平面图，从电源进户线到总配电箱（盘），再从总配电箱（盘）沿着各条干线到分配电箱（盘），再从各个分配电箱（盘）沿着各条支线分别读到各个负载。因此，读图时要注意把握好以下几个基本要点：

（1）搞清楚该工程的供电方式和电压。

（2）电源进户线方式。常用的进户线方式有电缆进户（埋地或架空），户外电杆引线入户和沿墙预埋支架敷设导线入户。

（3）干线及支线情况。主要是干线在各层或配电箱之间的连接情况，各条干线或支线接入三相电路的相别，干线和支线的敷设方式和部位。

（4）配线方式。照明配线方式常用的有明敷设（采用绝缘护套线、瓷夹、瓷瓶等）和暗敷设（用塑料或木槽板、穿各种电线管等）两种。

（5）电气设备的平面布置、安装方式和安装高度等。

2. 阅读的一般方法

(1) 首先阅读相对应的照明系统图，了解整个系统的基本组成、相互关系，做到心中有数。

(2) 阅读图上的文字说明。主要包括图纸目录、器件明细表、施工说明等。平面图常附有设计或施工说明，以表达图中无法表示或不易表示，但又与施工有关的问题。有时还给出设计所采用的非标准图形符号。了解这些内容对进一步读图是十分必要的。

(3) 电气管线敷设及设备安装与房屋的结构直接有关，因此要了解建筑物的基本情况，如房屋结构、房间分布与功能等。

(4) 熟悉电气设备、灯具等在建筑物内的分布及安装位置，同时还要了解它们的型号、规格、性能、特点和对安装的技术要求。

(5) 了解各支路的负荷分配情况和连接情况。在了解了电气设备的分布之后，就要进一步明确它是属于哪条支路的负荷，从而弄清它们之间的连接关系，这是最重要的。一般从进线开始，经过配电箱后，一条支路一条支路地阅读。

动力负荷多是三相负荷，主接线连接关系比较清楚。而照明负荷都是单相负荷，况且照明灯具的控制方式多种多样，加上施工配线方式的不同，对相线、零线、保护线的连接各有要求，因此其连接关系比较复杂。如相线必须经开关后再接灯座，而零线则可直接进灯座，保护线则直接与灯具金属外壳相连接。这样就会在灯具之间、灯具与开关之间出现导线根数的变化。其变化规律要通过熟悉照明基本线路和配线基本要求才能掌握。

(6) 动力、照明平面图只表示设备和线路的平面位置而很少反映空间高度，但在识读平面图时，必须建立起空间概念。

任务实施

一、分析图样的绘制特点

图 10—43 按位置布局法布置，用单线表示法绘制，用斜短线表示导线的条数，它清晰地表达了第三层电气照明线路和灯具及其相关的开关、插座、电风扇等电气设备的位置信息。

为了清晰地表示线路、灯具的布置，图中按比例用细实线简略地绘制出了建筑物的墙体、门窗、楼梯、承重梁柱等平面结构。用定位轴线（水平方向 1 ~ 6，垂直方向 A、B、B/C、C）和尺寸线表达了各部分的尺寸关系和安装位置。例如：配电箱在定位轴线“C”和“3”的交叉点“C3”附近。

二、识读图样

1. 电气照明配电系统概略图的识读

图 10—44 说明第三层电气照明配电系统的电源引自第二层，为 220 V 的单相交流电，导线为“BV (2 × 10) – T25 – WC”，即表示用直径 25 mm 的电线管（T）敷设 2 根截面积为 10 mm^2 的塑料绝缘导线（BV），沿墙暗敷（WC）。经照明配电箱 XM1 分成三条支路 W1、W2、W3。导线为“BV (2 × 6) – PC20 – WC”，即用直径 20 mm 的硬塑料管（PC）敷设 2 根截面积为 6 mm^2 的塑料绝缘导线（BV），沿墙暗敷（WC）。HK—10/2 为开启式负荷开关：串联熔断器，额定电流为 10 A，2 极。RC—5/3A 为插入式熔断器：额定电流为 5 A，熔体额定电流为 3 A。

2. 识读电气照明安装平面图

（1）电源。从图 10—44 和图 10—43 可知：该建筑物第三层的电源引自第二层，为单相 220 V 的交流电，经照明配电箱 XM1 分为 W1、W2、W3 三条支路。

（2）照明线路。由图 10—44 和图 10—43 可知，照明总干线为 BV（2×10）－TC25－WC，分干线为 BV（2×6）－PC20－WC，但支线没有给出。

（3）照明设备。由图 10—43 可知，照明设备主要有灯具、开关、插座及电扇等，照明灯具主要有荧光灯、吸顶灯、壁灯、花灯等，灯具的安装方式主要有链吊式、管吊式、吸顶式、壁式等。各房间的照度用圆圈中标注的数字表示，照度单位为“lx”。

例如：1 号房间的灯具 $3-Y\frac{2\times 40}{2.5}C$，表示该房间有 3 盏型号相同的荧光灯（Y），每盏灯由 2 只 40 W 灯管组成，安装高度 2.5 m，链吊式（C）安装；走廊及楼道 $6-J\frac{40}{-}$表示走廊及楼道有 6 盏水晶底罩灯（J），每盏灯为 40 W，吸顶安装（－）。1 号房间的 ⑸⓪ 表示照度为 50 lx；走廊及楼道的 ⑩ 表示照度为 10 lx。

任务 2　电力安装平面图的识读

任务引入

图 10—49 所示为某机械加工车间电力安装平面图，分析时注意参阅图 10—50 所示的电力系统概略图。本任务的要求是：根据电力安装平面图的表达方式和识读方法识读简单电力安装平面图。

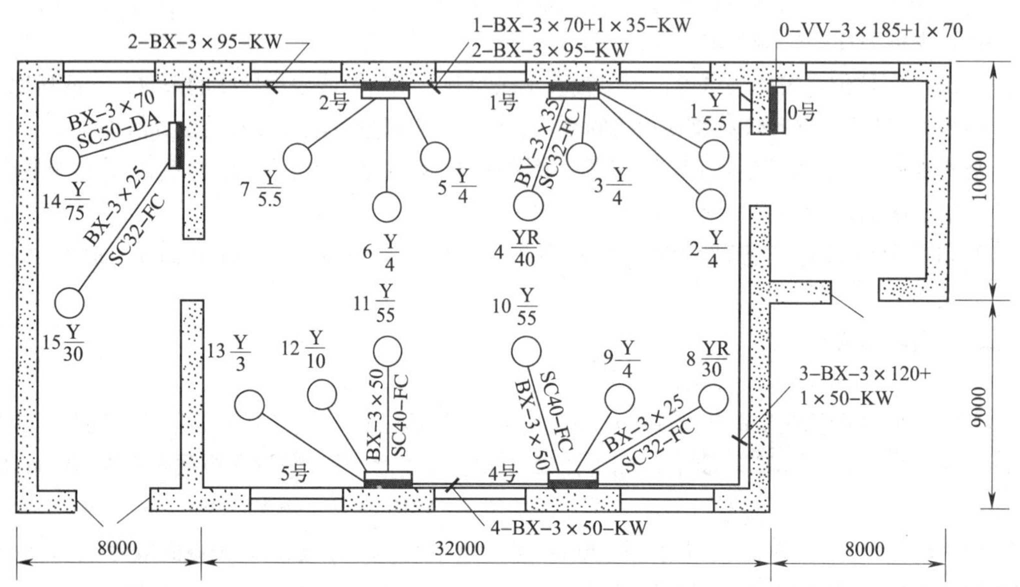

说明: a. 进线电缆引自室外380 V架空线路第42号杆。

b. 各电动机配线除注明者外，其余均为BX-3×2.5-SC15-FC。

图 10—49　某机械加工车间电力安装平面图

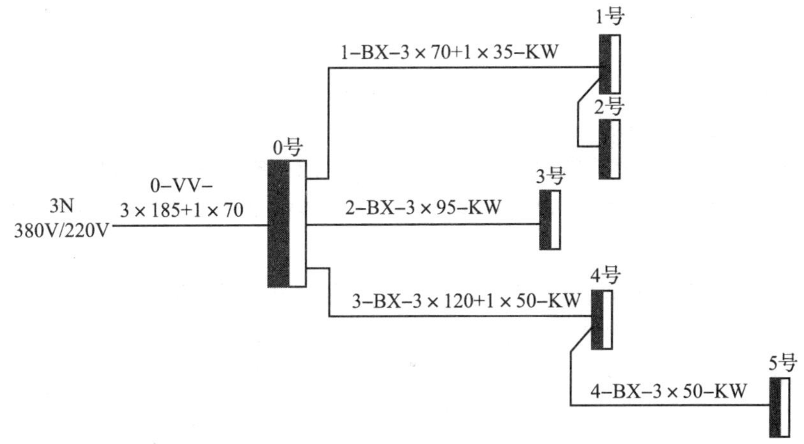

图 10—50　某机械加工车间电力系统概略图（与图 10—49 相对应）

相关知识

一、电力安装平面图的基本概念

电力安装平面图是指用图形符号和文字符号表示建筑物内各种电力设备平面布置的简图。

电力安装平面图主要反映电力设备的安装位置、电力设备的规格、型号、数量、供电线路的敷设路径和方法等内容，其主要作用是为电力设备安装和电力设备维护与管理提供安装信息。

二、电力安装平面图的基本表达方式

电力安装平面图与电气照明安装平面图属于同一类图，两者具有许多共同特点，其识读方法也基本相同，因此，电气照明安装平面图的一些特点和表示方法也同样适用于电力安装平面图，例如：

1．电气设备的表示方式

如图 10—49 所示，在电力安装平面图中，电气设备也是用图形符号、文字符号或简化外形表示。

2．线路和电气设备的标注方式

如图 10—49 所示，在电力安装平面图中，电气设备通常也不标注参照代号，但要标注设备的编号、型号、规格、数量、安装和敷设方式等信息。

当然还有图上位置的表示方法、建筑构件的表示方法等，但电力安装平面图总有自身不同之处。例如，电力安装平面图与电气照明平面图相比，就其形式而言要简单得多，其原因是：电力设备一般比照明灯具等要少；电力设备一般布置在地面或楼面上，而照明灯具等需要采用立体布置；电力线路一般采用三相三线供电，而照明线路的导线根数一般很多；电力线路采用穿管配线的方式较多，而照明线路配线方式要多样一些等。

任务实施

一、分析图样的绘制特点

如图 10—49 所示，图中的电路和电气元器件是按位置布局法布置的，用单线表示法绘制。该图样清晰地表达了各电力配电线路、配电箱、各电动机等电气设备的位置、规格等信息。

车间主要由三个房间组成，建筑物采用尺寸数字定位，没有画出定位轴线。由于图是按比例绘制的，所以电动机的位置可用比例尺在图上直接量取。

二、识读图样

1. 识读电力系统概略图

由图 10—50 可知，380/220 V 的三相交流电经电缆“0 - VV - 3 × 185 + 1 × 70”引至 0 号总电力配电箱，总配电箱引出 3 路支线分别引至分配电箱。第一支路经“1 - BX - 3 × 70 + 1 × 35 - KW”电线引至 1 号和 2 号分配电箱。第二支路经“2 - BX - 3 × 95 - KW”电线引至 3 号分配电箱。第三支路经“3 - BX - 3 × 120 + 1 × 50 - KW”电线引至 4 号分配电箱，再经“4 - BX - 3 × 50 - KW”电线引至 5 号分配电箱。

图中，“0 - VV - 3 × 185 + 1 × 70”表示 0 号线是铜芯聚氯乙烯绝缘聚氯乙烯护套电线，由 3 根截面积 185 mm^2 和 1 根截面积 70 mm^2 的导线构成。“1 - BX - 3 × 70 + 1 × 35 - KW”表示 1 号线是铜芯橡皮线，由 3 根截面积 70 mm^2 和 1 根截面积 35 mm^2 的导线构成，沿墙，用瓷绝缘子敷设。其他请读者自查。

2. 识读电力安装平面图

（1）电源。由图 10—49 中的“说明”可知，进线电缆引自室外 380 V 架空线路第 42 号杆，并由 0 号电缆线引至 0 号总电力配电箱。

（2）配电干线。配电干线主要是指外电源至总电力配电箱（0 号）、总配电箱至各分电力配电箱（1 ~ 5 号）的配电线路。如图 10—49 所示，图中比较详细地描述了这些配电线路的布置情况，如电缆的布置、走向、型号、规格、长度、敷设方式等。例如，由总电力配电箱（0 号）至 4 号配电箱的电缆，图中标注“3 - BX - 3 × 120 + 1 × 50 - KW”，它表示导线型号为 BX，截面积为 3 × 120 mm^2 + 1 × 50 mm^2，沿墙，采用瓷绝缘子敷设（KW），其长度约 40 m（由建筑物尺寸数字确定）。

（3）电力配电箱。如图 10—49 所示，车间一共布置了 6 个电力配电箱。其中，0 号配电箱为总配电箱，布置在右侧配电间内，1 路电缆进线，3 路出线分别至 1 和 2 号、3 号、4 和 5 号电力配电箱；1 号配电箱，布置在主车间，4 路出线。其他配电箱可以此识读，在此不再赘述。

（4）电力设备。在图 10—49 中所描述的电力设备主要是电动机。各种电动机按序编号为 1 ~ 15，共 15 台电动机。电动机的型号、规格等标注在图上。例如：$3\,\frac{\mathrm{Y}}{4}$，它表示电动机编号为 3，电动机型号为 Y，电动机容量为 4 kW。

（5）配电支线。由各电力配电箱至各电动机的连接线，称为配电支线。在图 10—49 中详细地给出了15条配电支线的位置、导线型号、规格、敷设方式、穿线管规格等信息。由图中说明可知，各电动机配线除注明者外，其余均为“BX－3×2.5－SC15－FC”。它表示图中各小容量电动机，均采用BX型导线（铜芯橡皮绝缘线），3根相线均为2.5 mm^2，穿入管径为15 mm的钢管（SC15），沿地板，暗敷（FC）。

模块十一　用 AutoCAD 绘图

AutoCAD 是由美国 Autodesk 公司开发的通用计算机辅助设计软件，是目前世界上应用最广的 CAD 软件。随着时间的推移和软件的不断完善，AutoCAD 已由原先的以二维绘图技术为主，发展到二维、三维绘图技术兼备且具有网上设计的多功能 CAD 软件系统。AutoCAD 具有良好的用户界面，通过交互菜单或命令行方式便可以进行各种操作。它的多文档设计环境，让非计算机专业人员也能很快地学会使用。AutoCAD 2013 在原有版本的基础上做了很大的改动，同时在功能上也产生了新的突破。

课题一　用 AutoCAD 绘制平面图

学习目标

¤ 掌握启动 AutoCAD 2013 的常用方法。
¤ 熟悉 AutoCAD 2013 的经典界面，了解 AutoCAD 2013 常用工具栏的作用。
¤ 学会应用绘图工具栏和修改工具栏绘制和编辑图形。
¤ 学会应用 AutoCAD 2013 绘制五角星平面图。
¤ 掌握图层的概念，学会设置图层的方法和步骤。
¤ 学会应用 AutoCAD 提供的工具精确绘制平面图形。

任务1　绘制五角星平面图

任务引入

图 11—1 所示为一五角星平面图，五角星相邻两顶点的距离为 30 mm。本任务的要求是：应用 AutoCAD 2013 软件绘制五角星平面图，熟悉 AutoCAD 绘制和编辑图形的过程。

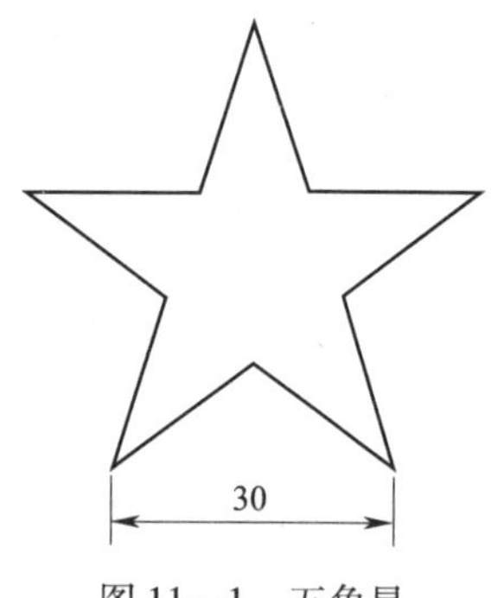

图 11—1　五角星

相关知识

一、启动 AutoCAD 2013

启动 AutoCAD 2013 的常用方法有以下两种：

1. 用鼠标左键双击 Windows 桌面上的 AutoCAD 2013 快捷图标。

2. 单击“开始”按钮→“程序”→Autodesk→AutoCAD 2013 - 简体中文（Simplified Chinese）→AutoCAD 2013 - 简体中文（Simplified Chinese）。

执行上述的方法之一后，系统启动 AutoCAD 2013。

二、AutoCAD 2013 的经典界面

初次启动 AutoCAD 2013，进入 AutoCAD 2013 的“草图与注释”工作空间。中文版 AutoCAD 2013 为用户提供了“草图与注释”“三维基础”“三维建模”和“AutoCAD 经典”四种工作空间模式。用户可用鼠标左键单击界面右下方“切换工作空间”按钮 进行工作空间切换。

对于习惯于 AutoCAD 传统界面的用户来说，可以采用“AutoCAD 经典”工作空间。AutoCAD 2013 的经典界面中大部分元素的用法和功能与传统的 Windows 软件一样，其工作窗口主要由标题栏、菜单栏、工具栏、绘图窗口、光标、命令窗口、状态栏、滚动条等组成，如图 11—2 所示。

1. 标题栏

标题栏位于应用程序窗口的最上面，用于显示当前正在运行的程序名及文件名等信息，图 11—2 显示的程序名为 AutoCAD 2013，文件名为 Drawing1. dwg。DrawingN. dwg（N 是数字）是 AutoCAD 默认的图形文件名称。标题栏右边为最小化、最大化或关闭应用程序窗口按钮。

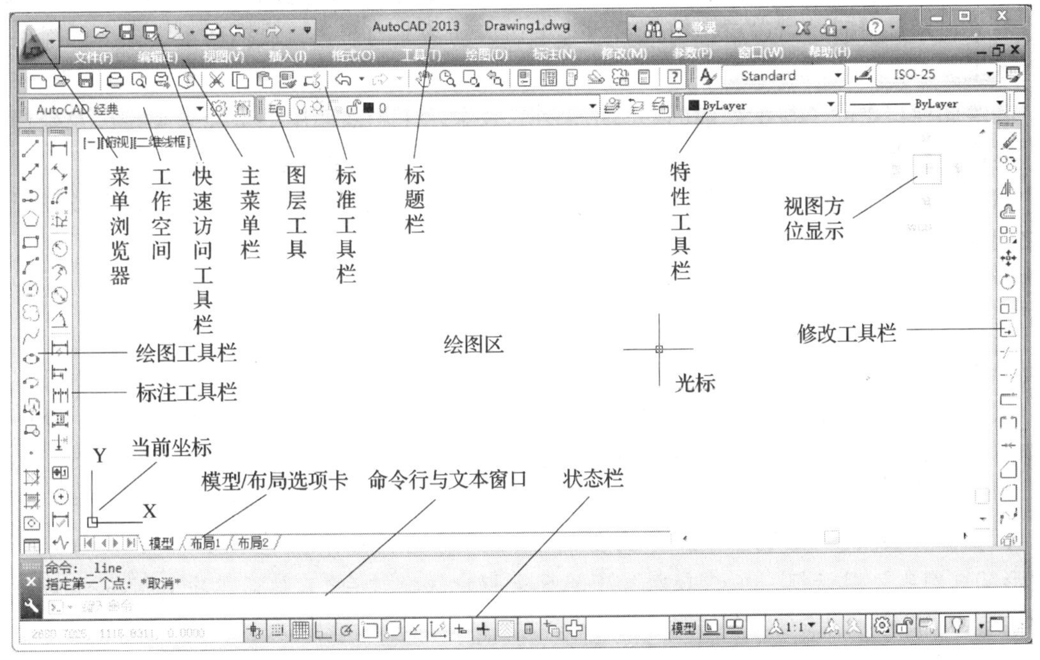

图 11—2 AutoCAD 2013 的经典界面

2. 主菜单栏与快捷菜单

中文版 AutoCAD 2013 的菜单栏由“文件”“编辑”“视图”等 12 项菜单组成，几乎包括了 AutoCAD 全部的功能和命令。单击某一菜单项，会显示出相应的下拉菜单。

下拉菜单有如下特点：

（1）菜单项后面有省略号“…”时，表示单击该选项后，会打开一个对话框。

（2）菜单项后面有黑色的小三角“▶”时，表示该选项还有子菜单。

（3）有时菜单项为浅灰色时，表示在当前条件下，这些命令不能使用。

快捷菜单又称为上下文相关菜单。在绘图区域、工具栏、状态行、模型与布局选项卡以及一些对话框上右击时，将弹出一个快捷菜单，该菜单中的命令与 AutoCAD 当前状态相关。使用它们可以在不启动菜单栏的情况下快速、高效地完成某些操作。

3．工具栏

工具栏是应用程序调用命令的另一种方式，它包含许多由图标表示的命令按钮。在 AutoCAD 中，系统共提供了四十多个已命名的工具栏。默认情况下，“标准”“绘图”和“修改”等工具栏处于打开状态。如果要显示当前隐藏的工具栏，可在任意工具栏上右击，此时将弹出一个快捷菜单，通过选择命令可以显示或关闭相应的工具栏。

4．绘图窗口

在 AutoCAD 中，绘图窗口是用户绘图的工作区域，所有的绘图结果都反映在这个窗口中。可以根据需要关闭其周围和里面的各个工具栏，以增大绘图空间。如果图纸比较大，需要查看未显示部分时，可以单击窗口右边与下边滚动条上的箭头，或拖动滚动条上的滑块来移动图纸。

在绘图窗口中除了显示当前的绘图结果外，还显示了当前使用的坐标系类型以及坐标原点、X 轴、Y 轴、Z 轴的方向等。默认情况下，坐标系为世界坐标系（WCS）。

绘图窗口的下方有“模型”和“布局”选项卡，单击其标签可以在模型空间或图纸空间之间来回切换。

默认设置下，绘图区背景色为黑色，用户可以使用“工具”菜单中的“选项”命令更改背景色，若将绘图区背景色更改为白色，可按如下步骤进行操作：

（1）首先单击“工具”菜单中的“选项”命令，打开“选项”对话框。

（2）在“显示”选项卡中，单击“窗口元素”选项组中的 [颜色(C)...] 按钮，打开“图形窗口颜色”对话框，在“颜色”下拉列表框中选择“白”，然后单击 [应用并关闭(A)] 按钮即可。

5．命令行与文本窗口

命令行窗口位于绘图窗口底部，用于接收用户输入的命令，并显示 AutoCAD 提示信息。在 AutoCAD 2013 中，“命令行”窗口可以拖动为浮动窗口。

AutoCAD 文本窗口是记录 AutoCAD 命令的窗口，是放大的“命令行”窗口，它记录了已执行的命令，也可以用来输入新命令。

在 AutoCAD 2013 中，可以通过下列三种方法打开文本窗口：

(1) 单击“视图”→“显示”→“文本窗口”菜单。

(2) 在命令行中，执行 TEXTSCR 命令。

(3) 按 F2 键。

6. 状态栏

状态栏位于整个界面的最下端，它的左边用于显示 AutoCAD 当前光标的状态信息，包括 *X*、*Y*、*Z* 三个方向上的坐标值。在绘图窗口中移动光标时，状态行的“坐标”区将动态地显示当前坐标值。坐标显示取决于所选择的模式和程序中运行的命令，有“相对”“绝对”“地理”和“关”4 种模式。

状态栏中还包括如“捕捉”“栅格”“正交”“极轴追踪”“对象捕捉”等功能按钮。

初学者在学习 AutoCAD 2013 的时候，只需要了解界面的大体内容和各个部分的功能就可以了，没有必要去记住每一个按钮的名称和作用，通过学习的过程即可加深对界面的理解。

三、绘制与编辑图形

绘制与编辑图形主要使用“绘图”和“修改”菜单中的命令，或使用“绘图”和“修改”工具栏中的工具按钮来进行操作。

1. “绘图”菜单与“绘图”工具栏

“绘图”菜单是绘制图形最基本、最常用的方法，其中包含了 AutoCAD 2013 的大部分绘图命令。选择该菜单中的命令或子命令，可绘制出相应的图形。“绘图”工具栏（图 11—3）中的每个工具按钮都与“绘图”菜单中的绘图命令相对应，是图形化的绘图命令。

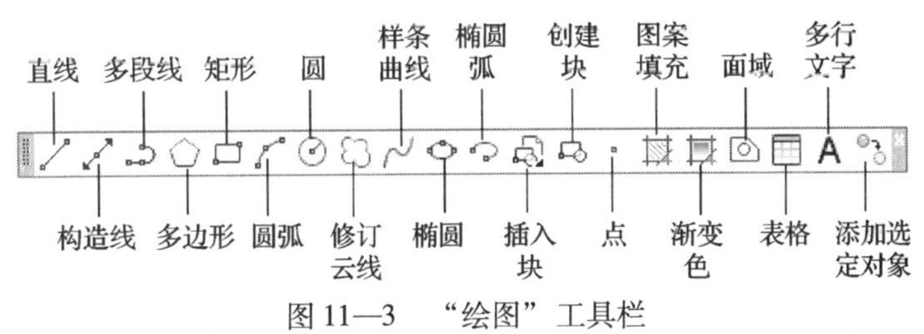

图 11—3 “绘图”工具栏

2. “修改”菜单与“修改”工具栏

“修改”菜单中包含了大部分编辑命令，通过选择该菜单中的命令或子命令，可以帮助用户合理地构造和组织图形，保证绘图的准确性，简化绘图操作。“修改”工具栏（图 11—4）的每个工具按钮都与“修改”菜单中相应的修改命令相对应，单击即可执行相应的修改操作。

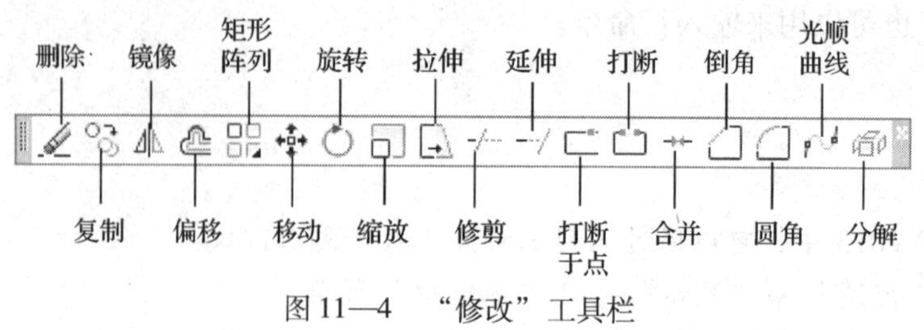

图 11—4 “修改”工具栏

任务实施

一、启动 AutoCAD 2013 绘图软件

二、绘制边长为 30 mm 的正五边形

单击“绘图”工具栏中的“正多边形”按钮 ，命令行中提示：

命令：_ polygon 输入侧面数 <3>：5（输入 5，按 Enter 键确认）

指定正多边形的中心点或［边（E）］：e（输入 e，按 Enter 键确认）

指定边的第一个端点：（用鼠标左键拾取绘图区中的一点）

指定边的另一个端点：30（打开“正交”功能，水平方向移动鼠标，输入 30，如图 11—5a 所示，按 Enter 键确认，绘制出如图 11—5b 所示正五边形）

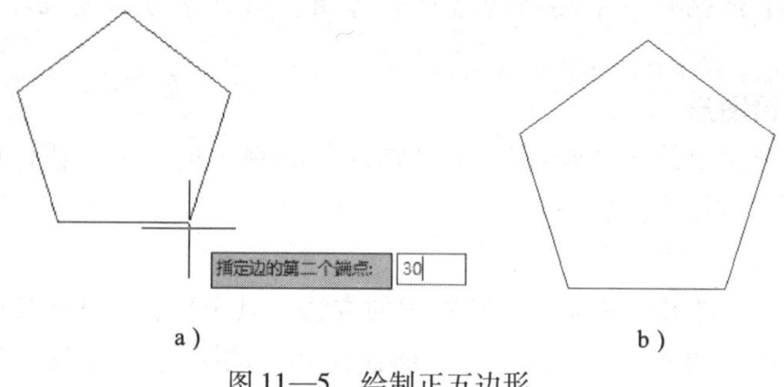

a）　　b）

图 11—5 绘制正五边形

1. 学会看命令行提示，现在使用的各种中文版本的 AutoCAD，所有的命令都在命令行窗口有提示出现，很多情况下，按照提示去做就可以了。

2. 要结束命令时，可按 Enter 键或空格键来确定命令的执行。也可以单击鼠标右键，在弹出的菜单里选“确认”。要取消一个命令的执行，可在命令执行过程中按 Esc 键；使用 Esc 键还可以取消当前的对话框。

3. AuotCAD 提供的正交模式也可以用来精确定位点，它将定点设备的输入限制为水平或垂直。在正交模式下，可以方便地绘出与当前 *X* 轴或 *Y* 轴平行的线段。使用 ORTHO 命令、单击状态栏中的“正交”按钮 或按 F8 键，都可以打开或关闭正交方式。

三、绘制五角星

单击“绘图”工具栏中的“直线”按钮 ，命令行中提示：

命令：_ line

指定第一个点：（打开对象捕捉，用鼠标左键指定如图 11—6a 所示端点）

指定下一点或［放弃（U）］：（关闭正交模式，指定如图 11—6b 所示端点）

指定下一点或［放弃（U）］：（指定如图 11—6c 所示端点）

指定下一点或［闭合（C）/放弃（U）］：（指定如图 11—6d 所示端点）

指定下一点或［闭合（C）/放弃（U）］：（指定如图 11—6e 所示端点）

指定下一点或［闭合（C）/放弃（U）］：c（输入字母 c，按 Enter 键确认，绘制出如图 11—6f 所示图形）

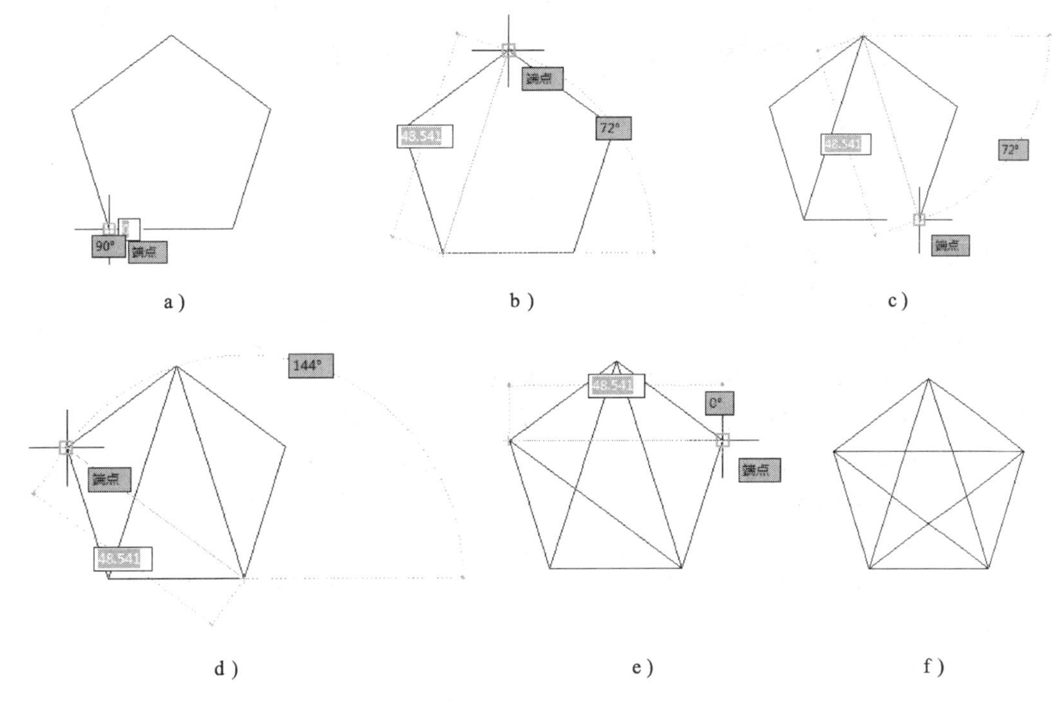

a)　b)　c)　d)　e)　f)

图 11—6　绘制五角星

在绘图的过程中，经常要指定一些对象上已有的点，例如端点、圆心、切点、垂足、中点等。如果只凭观察来拾取，不可能非常准确地找到这些点。AutoCAD 提供的“对象捕捉”功能，可以迅速、准确地捕捉到这些特殊点，从而精确地绘制图形。单击状态栏中的“对象捕捉”按钮，可以打开和关闭自动对象捕捉。

四、整理图形

图 11—6f 所示图形与图 11—1 所示图形相比还有多余的线条，需要删除和修剪。

1. 删除正五边形

单击修改工具栏中的“删除”按钮，光标变成小方框，将光标移到正五边形某一边上，如图 11—7a 所示；单击鼠标左键，正五边形变成虚线，如图 11—7b 所示；单击鼠标右键或按 Enter 键，正五边形被删除。

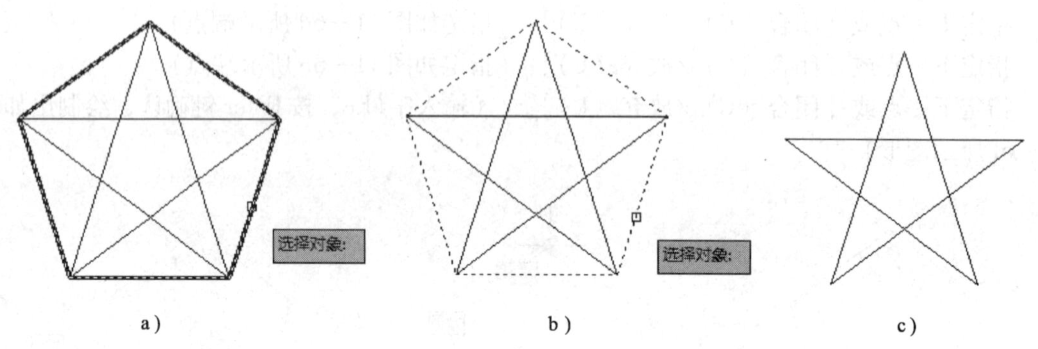

图 11—7　删除正五边形

2. 修剪多余的直线段

单击修改工具栏中的“修剪”按钮，命令行提示：

选择修剪边…

选择对象或<全部选择>：（选择五角星的任意一条边）

选择对象或<全部选择>：找到 1 个（选择五角星的其他边）

选择对象或<全部选择>：找到 1 个，总计 2 个（选择五角星的其他边）

选择对象或<全部选择>：找到 1 个，总计 3 个（选择五角星的其他边）

选择对象或<全部选择>：找到 1 个，总计 4 个（选择五角星的其他边）

选择对象或<全部选择>：找到 1 个，总计 5 个（拾取的五条直线变为如图 11—8a 所示的虚线，单击鼠标右键）

选择要修剪的对象，或按住 Shift 键选择要延伸的对象或

[栏选（F）/窗交（C）/投影（P）/边（E）/删除（R）/放弃（U）]：（单击要剪去的直线段，如图 11—8b 所示，直线段被剪去，剩下的直线段变为实线，如图 11—8c 所示）

依次剪去其他多余的直线段，结果如图 11—18d 所示。

在 AutoCAD 中，常用的 3 种选择对象的方式有窗口选择方式、窗交选择方式和点击选择方式。光标从左向右建立选择图形框相当于窗口选择方式，能够选择全部位于矩形窗口内的对象；光标从右向左选择相当于窗交方式，能够选择位于窗口内和与窗口边界相交的所有对象；点击选择则是直接用鼠标光标选择某个图形对象。上述拾取修剪边，采用的就是点击选择方式，大家可以试一试窗口和窗交两种选择方式。

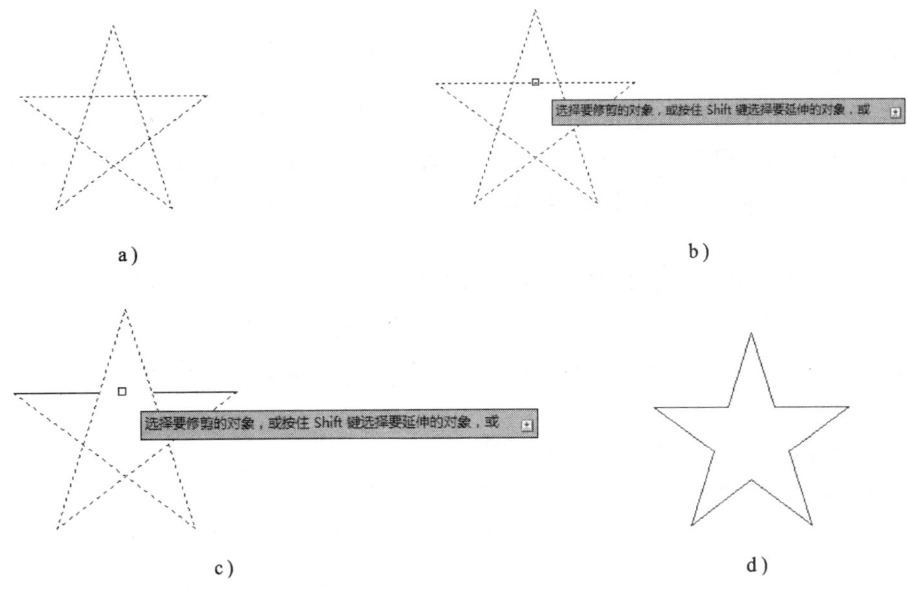

图 11—8　修剪多余的直线段

五、保存图形

单击标准工具栏中的“保存”按钮，系统弹出“图形另存为”对话框，如图 11—9 所示。将文件名中的“Drawing1. dwg”改为“五角星 . dwg”，单击“保存（S）”按钮，所绘制的五角星平面图被保存在“我的文档”中。

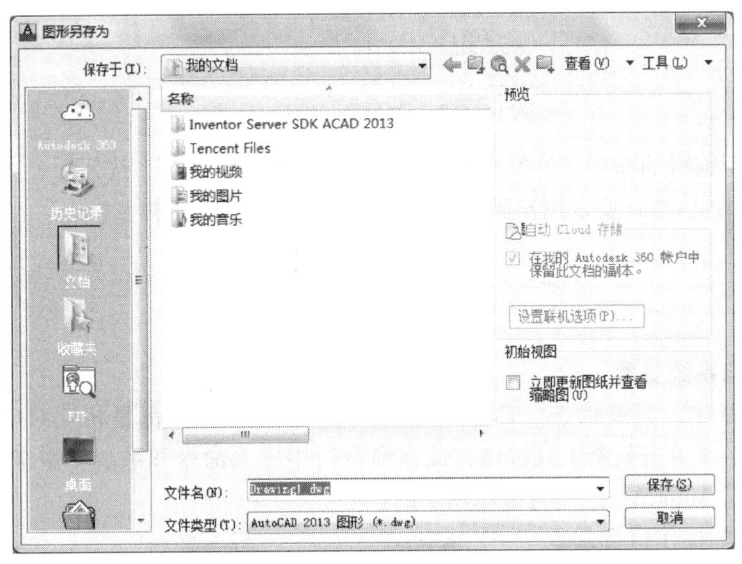

图 11—9　“图形另存为”对话框

1．在第一次保存创建的图形时，系统将打开“图形另存为”对话框。默认情况下，文件以“AutoCAD 2013 图形（＊.dwg）”格式保存，也可以在“文件类型”下拉列表框中选择其他格式，如 AutoCAD 2010/LT2010 图形（＊.dwg）、AutoCAD 图形标准（＊.dws）等格式。

2．在 AutoCAD 中，可以使用多种方式将所绘图形以文件形式存入磁盘。例如，可以选择“文件”→“保存”命令（QSAVE），或在“快速访问”工具栏中单击“保存”按钮，以当前使用的文件名保存图形；也可以选择“文件”→“另存为”命令（SAVEAS），将当前图形以新的名称保存。

六、关闭 AutoCAD 2013 绘图软件

单击 AutoCAD 2013 右上角的“关闭”按钮，或单击主菜单栏中“文件”→“关闭”命令（CLOSE），可以关闭 AutoCAD 2013 绘图软件。如果当前图形没有存盘，系统将弹出 AutoCAD 警告对话框，询问是否保存文件，如图 11—10 所示。此时，单击“是（Y）”按钮或直接按 Enter 键，可以保存当前图形文件并将其关闭；单击“否（N）”按钮，可以关闭当前图形文件但不存盘；单击“取消”按钮，取消关闭当前图形文件操作，既不保存也不关闭。

图 11—10　“关闭”图形对话框

如果当前所编辑的图形文件没有命名，那么单击“是（Y）”按钮后，AutoCAD 会打开“图形另存为”对话框，要求用户确定图形文件存放的位置和名称。

知识探究

使用命令与系统变量

在 AutoCAD 中，菜单命令、工具按钮、命令和系统变量大都是相互对应的。可以选择某一菜单命令，或单击某个工具按钮，或在命令行中输入命令和系统变量来执行相应命令。可以说，命令是 AutoCAD 绘制与编辑图形的核心。

1．使用鼠标操作执行命令

在绘图窗口，光标通常显示为“十”字线形式。当光标移至菜单选项、工具或对话框内时，它会变成一个箭头。无论光标是“十”字线形式还是箭头形式，当单击或者按动鼠标键时，都会执行相应的命令或动作。

在 AutoCAD 中，鼠标键是按照下述规则定义的：

（1）拾取键　通常指鼠标左键，用于指定屏幕上的点，也可以用来选择 Windows 对象、AutoCAD 对象、工具栏按钮和菜单命令等。

（2）回车键　指鼠标右键，相当于 Enter 键，用于结束当前使用的命令，此时系统将根据当前绘图状态弹出不同的快捷菜单。

（3）弹出菜单　当使用 Shift 键和鼠标右键的组合时，系统将弹出一个快捷菜单，用于设置捕捉点的方法。对于三键鼠标，弹出按钮通常是鼠标的中间按钮。

2. 使用命令行

在 AutoCAD 中，默认情况下“命令行”是一个可固定的窗口，可以在当前命令行提示下输入命令、对象参数等内容。对大多数命令，“命令行”中可以显示执行完的两条命令提示（也叫命令历史），而对于一些输出命令，例如 Time、List 命令，需要在放大的“命令行”或“AutoCAD 文本窗口”中才能完全显示。

在命令行中，还可以使用 BackSpace 或 Delete 键删除命令行中的文字；也可以选中命令历史，并执行“粘贴到命令行”命令，将其粘贴到命令行中。

在“命令行”窗口中右击，AutoCAD 将显示一个快捷菜单。通过它可以选择最近使用过的 6 个命令、复制选定的文字或全部命令历史记录、粘贴文字，以及打开“选项”对话框。

3. 使用透明命令

在 AutoCAD 中，透明命令是指在执行其他命令的过程中可以执行的命令。常使用的透明命令多为修改图形设置的命令、绘图辅助工具命令，例如 Snap、Grid、Zoom 等。

要以透明方式使用命令，应在输入命令之前输入单引号。命令行中，透明命令的提示前有一个双折号（> >）。完成透明命令后，将继续执行原命令。

4. 使用系统变量

在 AutoCAD 中，系统变量用于控制某些功能和设计环境、命令的工作方式，它可以打开或关闭捕捉、栅格或正交等绘图模式，设置默认的填充图案，或存储当前图形和 AutoCAD 配置的有关信息。

系统变量通常是 6～10 个字符长的缩写名称。许多系统变量有简单的开关设置。例如 Gridmode 系统变量用来显示或关闭栅格，当在命令行的“输入 Gridmode 的新值<1>：”提示下输入 0 时，可以关闭栅格显示；输入 1 时，可以打开栅格显示。有些系统变量则用来存储数值或文字，例如 Date 系统变量用来存储当前日期。

可以在对话框中修改系统变量，也可以直接在命令行中修改系统变量。例如要使用 Isolines系统变量修改曲面的线框密度，可在命令行提示下输入该系统变量名称并按 Enter 键，然后输入新的系统变量值并按 Enter 键即可，详细操作如下。

命令：Isolines（输入系统变量名称）

输入 Isolines 的新值 <4>：32（输入系统变量的新值）

任务 2　绘制密封板平面图

任务引入

图 11—11 所示为密封板平面图，图中已知线段为密封板两端的凹槽直线和 *R*5 圆弧，中心部分的 ϕ25 圆及 ϕ40 圆弧；连接线段为密封板外轮廓直线。本任务就是运用 AutoCAD 2013 绘制该图，并在绘图的过程中学习图层、绘图及编辑指令的应用。

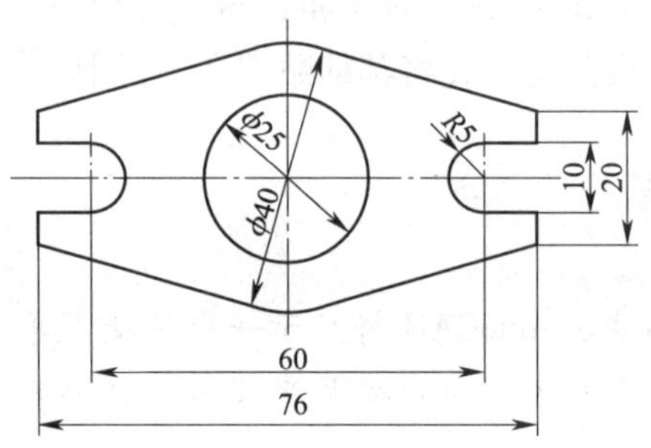

图 11—11　密封板平面图

相关知识

在用 AutoCAD 绘制平面图形之前，应该根据平面图的应用领域和具体设计需要做好绘图环境设置的准备工作，包括规划并管理好图形中将使用的图层，以方便显示和修改图形内容，指定单位和单位格式以符合行业标准等。

一、规划图层

图层是 AutoCAD 的重要功能，为了便于图形的绘制、修改和管理，实际工作中需要经常使用图层功能。

1. 图层

图层是 AutoCAD 的一个重要的绘图工具。可以把图层想象为一张没有厚度的透明纸，各层之间完全对齐，一层上的某一基准点准确地对准其他各层上的同一基准点。用户可以给每一图层指定所用的线型、颜色，并将具有相同线型和颜色的对象放在同一图层，这些图层叠放在一起就构成了一幅完整的图形。图层具有如下特点：

(1) 用户可以在一幅图中指定任意数量的图层，对图层的数量没有限制。

(2) 每一个图层有一个名称，以便管理。

(3) 一般情况下，一个图层上的对象应该是一种线型、一种颜色。

(4) 各图层具有相同的坐标系、绘图界限、显示时的缩放倍数。

(5) 用户只能在当前图层上绘图，可以对各图层进行“打开”“关闭”“冻结”“解冻”“锁定”等操作管理。

2. 设置图层

(1)“图层特性管理器”对话框的组成

AutoCAD 提供了图层特性管理器，利用该工具用户可以很方便地创建图层以及设置其基本属性。选择“格式”→“图层”命令或单击图层工具栏中的“图层特性管理器”按钮 ，都可打开“图层特性管理器”对话框，如图 11—12 所示。

图 11—12 “图层特性管理器”对话框

(2) 创建新图层

开始绘制新图形时，AutoCAD 将自动创建一个名为 0 的特殊图层。默认情况下，图层 0 将被指定使用 7 号颜色（白色或黑色，由背景色决定。本书中将背景色设置为白色，因此，图层颜色就是黑色）、“Continuous”线型、“默认”线宽及“normal”打印样式。用户不能删除或重命名该图层 0。在绘图过程中，如果用户要使用更多的图层来组织图形，就需要先创建新图层。

在“图层特性管理器”对话框中单击“新建图层”按钮 ，可以创建一个名称为“图层 1”的新图层。默认情况下，新建图层与当前图层的状态、颜色、线型、线宽等设置相同。“图层 1”的名称可以更改，选中“图层 1”或者删除“图层 1”，再输入一个新的图层名即可，如图 11—13 所示。

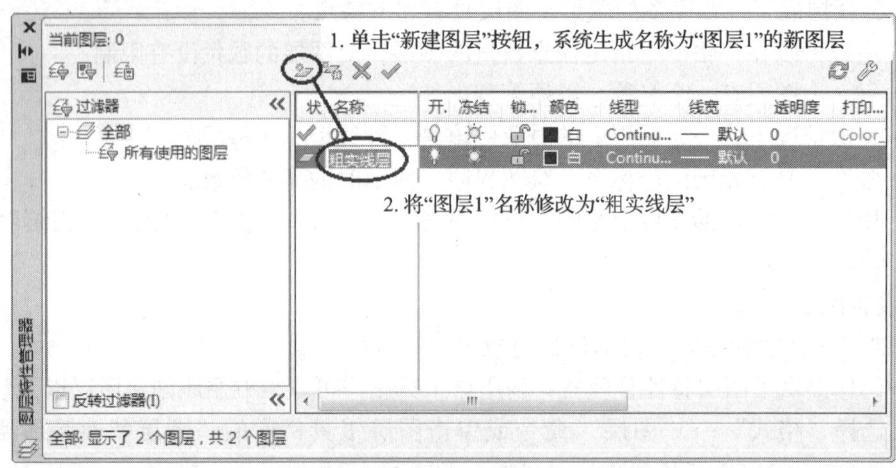

图 11—13 创建新图层

（3）设置图层颜色

颜色在图形中具有非常重要的作用，可用来表示不同的组件、功能和区域。图层的颜色实际上是图层中图形对象的颜色。每个图层都拥有自己的颜色，对不同的图层可以设置相同的颜色，也可以设置不同的颜色，这样绘制复杂图形时就可以很容易区分图形的各部分。

新建图层后，要改变图层的颜色，可单击图层"颜色"列对应的"■ 白"图标，打开"选择颜色"对话框，如图 11—14 所示，选择需要的颜色，然后单击"确定"按钮即可。

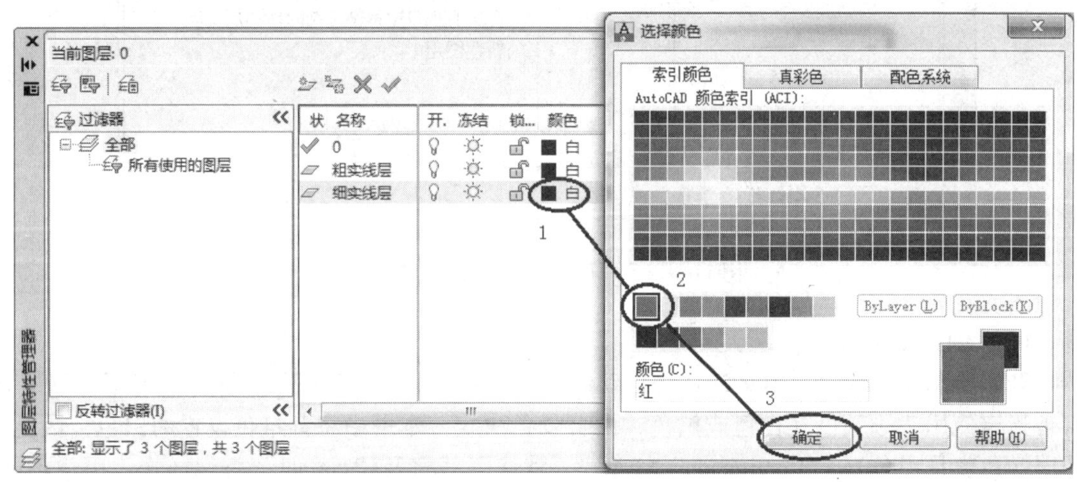

图 11—14 设置图层颜色

（4）使用与管理线型

线型是指图形基本元素中线条的组成和显示方式，如虚线和实线等。在 AutoCAD 中既有简单线型，也有由一些特殊符号组成的复杂线型，以满足不同国家或行业标准的要求。

1）加载线型

默认情况下，在"选择线型"对话框的"已加载的线型"列表框中只有 Continuous 一种线型，如果要使用其他线型，必须将其添加到"已加载的线型"列表框中。可单击"加载”按钮打开“加载或重载线型”对话框，从当前线型库中选择需要加载的线型，然后单击“确定”按钮即可，如图 11—15 所示。

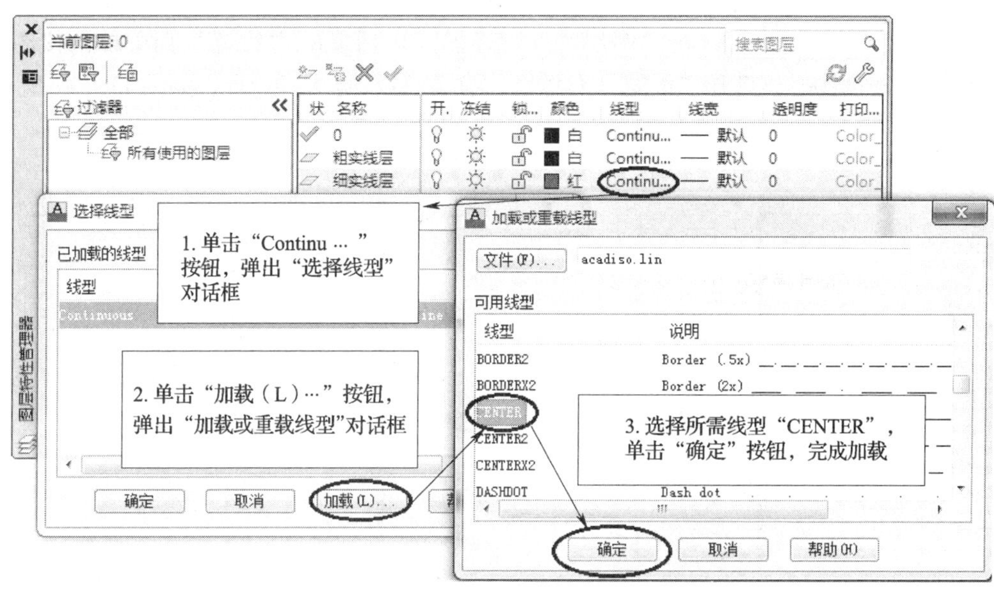

图 11—15　加载线型

2）设置图层线型

在绘制图形时要使用线型来区分图形元素，这就需要对线型进行设置。默认情况下，图层的线型为“Continuous”。要改变线型，可在图层列表中单击“线型”列的“Continuous”，打开“选择线型”对话框，在“已加载的线型”列表框中选择一种线型，然后单击“确定”按钮，如图 11—16 所示。

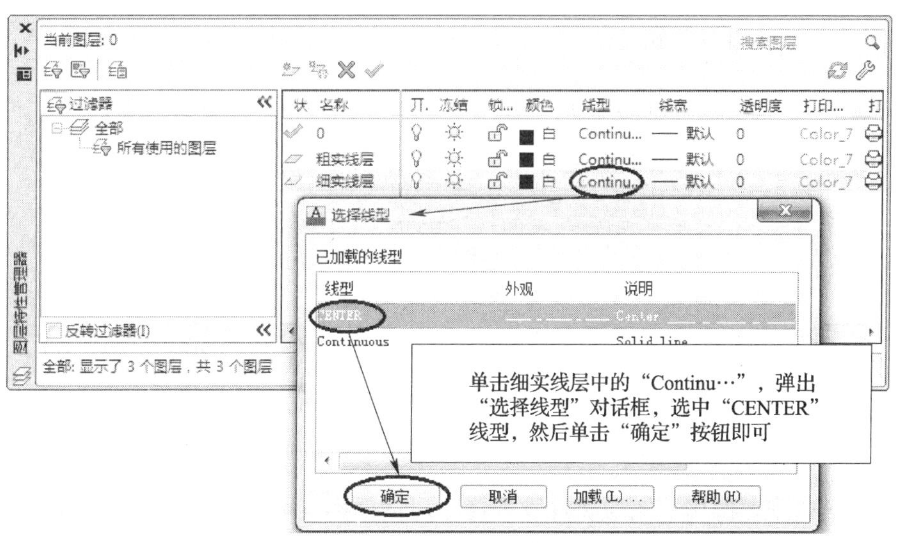

图 11—16　设置图层线型

（5）设置图层线宽

线宽设置就是改变线条的宽度。在制图中，使用不同宽度的线条表现对象的大小或类型，可以提高图形的表达能力和可读性。

要设置图层的线宽，可以在“图层特性管理器”对话框的“线宽”列中单击该图层对应的线宽“——默认”，打开“线宽”对话框，有25种线宽可供选择，如图11—17所示。

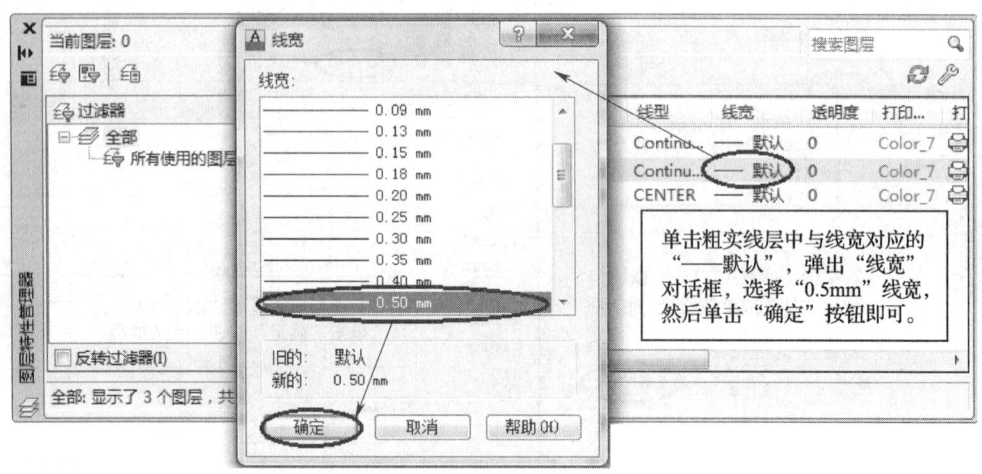

图11—17　设置图层线宽

一般情况下，设置线的粗细在屏幕上并不显示出来（不影响打印）。有时为了方便读图，需要显示线宽。可通过单击“格式”→“线宽”，打开如图11—18所示“线宽设置”对话框。通过“线宽设置”对话框，可设置是否显示线宽，以及调整显示比例。屏幕上显示线的宽度并不影响线的实际打印宽度。

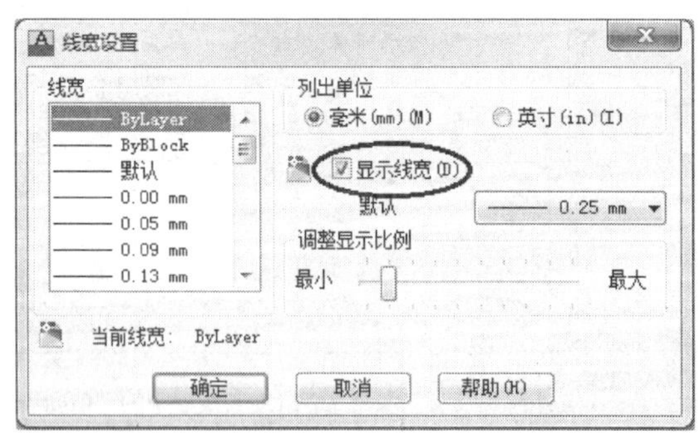

图11—18　“线宽设置”对话框

在AutoCAD中，使用“图层特性管理器”对话框不仅可以创建图层，设置图层的颜色、线型和线宽，还可以对图层进行更多的设置与管理，如图层的切换、重命名、删除及图层的显示控制等。

二、设置图形单位和绘图界限

AutoCAD 是一个非常精确的专业图形绘制软件，它所应用的主要领域有机械制造、电子线路设计等。在开始绘图之前，应该首先确定图形中要使用的测量单位，并设置坐标和距离要使用的格式、精度等。

1. 设置单位类型和精度

用户在 AutoCAD 2013 中创建的所有对象都是根据图形单位进行测量的。开始绘图之前，必须根据要绘制图形的应用要求来确定一个图形单位代表的实际大小。然后据此创建实际大小的图形。例如，一个图形单位的距离通常可以表示实际单位的一毫米、一厘米、一英寸或一英尺。

选择“格式”→“单位”命令，打开“图形单位”对话框，如图 11—19 所示。对话框包括“长度”“角度”“插入时的缩放单位”“输出样例”“光源”五个选项组。各选项组功能如下：

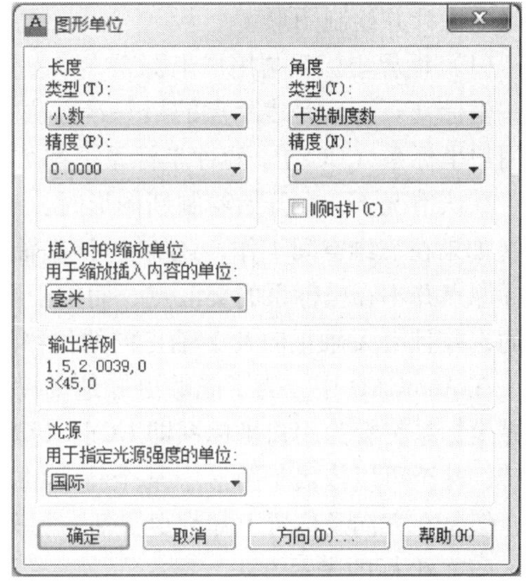

图 11—19　设置“图形单位”对话框

“长度”选项组：用于设置长度单位类型及精度。

“角度”选项组：用于设置角度单位类型及精度。选中“顺时针”复选框，将以顺时针方向计算正向的角度值。默认的正角度方向是逆时针方向。当提示用户输入角度时，可以单击所需方向或输入角度，而不必考虑“顺时针”设置。

“插入时的缩放单位”选项组：用于控制插入到当前图形中的块和图形的测量单位。

“输出样例”选项组：用于显示用当前单位和角度设置的实例，在这里可以随时观察当前所进行的单位设置是否符合要求。

“光源”选项组：用于指定在绘制三维对象照明时所使用的光源强度单位，包括“国际”“美国”和“常规”三种选项。

“方向（D）…”对话框可以设置角度方向，默认基准角度“东”为 0°方向。

选择各项后，单击“确定”按钮完成“图形单位”的设置。

2. 设置绘图界限

设置绘图界限就是用来确定绘图的范围，相当于确定手工绘图时图纸的大小（图幅）。设定合适的绘图界限，有利于确定图纸绘制的大小、比例、图形之间的距离，可以检查图纸是否超出“图框”，避免盲目绘图。

选择“格式”菜单中的“图形界限”命令。执行该命令后，系统给出提示：

指定左下角点或［开（ON）/关（OFF）］ <0.0000，0.0000>：（回车确定）

指定右上角点 <420.0000，297.0000>：297，210（设置 A4 图幅，回车确定）

三、精确绘制图形

在 AutoCAD 中设计和绘制图形时，如果对图形尺寸比例要求不太严格，可以大致输入图形的尺寸，用鼠标在图形区域直接拾取和输入。但是，有的图形对尺寸要求比较严格，必须按给定的尺寸绘图。这时可以通过常用的指定点的坐标法来绘制图形，还可以使用系统提供的“捕捉”“对象捕捉”“对象追踪”等功能，在不输入坐标的情况下快速、精确地绘制图形。

1. 使用坐标系

在绘图过程中要精确定位某个对象时，必须以某个坐标系作为参照，以便精确拾取点的位置。通过 AutoCAD 的坐标系可以提供精确绘制图形的方法，可以按照非常高的精度标准，准确地设计并绘制图形。

（1）世界坐标系与用户坐标系

坐标（x，y）是表示点的最基本方法。在 AutoCAD 中，坐标系分为世界坐标系（WCS）和用户坐标系（UCS）。两种坐标系下都可以通过坐标（x，y）来精确定位点。

默认情况下，在开始绘制新图形时，当前坐标系为世界坐标系即 WCS，它包括 *X* 轴和 *Y* 轴（如果在三维空间工作，还有一个 *Z* 轴）。WCS 坐标轴的交汇处显示“口”形标记，但坐标原点并不在坐标系的交汇点，而位于图形窗口的左下角，所有的位移都是相对于原点计算的，并且沿 *X* 轴正向及 *Y* 轴正向的位移规定为正方向。

在 AutoCAD 中，为了能够更好地辅助绘图，经常需要修改坐标系的原点和方向，这时世界坐标系将变为用户坐标系即 UCS。UCS 的原点以及 *X* 轴、*Y* 轴、*Z* 轴方向都可以移动及旋转，甚至可以依赖于图形中某个特定的对象。尽管用户坐标系中三个轴之间仍然互相垂直，但是在方向及位置上却都更灵活。另外，UCS 没有“口”形标记。

（2）坐标的表示方法

在 AutoCAD 2013 中，点的坐标可以使用绝对直角坐标、绝对极坐标、相对直角坐标和相对极坐标 4 种方法表示，它们的特点如下：

1）绝对直角坐标：是从点（0，0）或（0，0，0）出发的位移，可以使用分数、小数或科学记数等形式表示点的 *X* 轴、*Y* 轴、*Z* 轴坐标值，坐标间用逗号隔开，例如点（8.3，5.8）和（3.0，5.2，8.8）等。

2）绝对极坐标：是从点（0，0）或（0，0，0）出发的位移，但给定的是距离和角度，其中距离和角度用“<”分开，且规定 *X* 轴正向为 0°，*Y* 轴正向为 90°，例如点（4.27<60）、（34<30）等。

3）相对直角坐标和相对极坐标：相对坐标是指相对于某一点的 *X* 轴和 *Y* 轴位移，或距离和角度。它的表示方法是在绝对坐标表达方式前加上“@”号，如（@-13，8）和（@11<24）。其中，相对极坐标中的角度是新点和上一点连线与 *X* 轴的夹角。

2. 使用对象捕捉功能

在绘图的过程中，经常要指定一些对象上已有的点，例如端点、圆心、切点、垂足、中点等。如果只凭观察来拾取，不可能非常准确地找到这些点。AutoCAD 提供的“对象捕捉”功能，可以迅速、准确地捕捉到这些特殊点，从而精确地绘制图形。对象捕捉可以分为两种方式，单一对象捕捉和自动对象捕捉。

（1）单一对象捕捉

单一对象捕捉是一种暂时的、单一的捕捉模式，每一次操作可以捕捉到一个特殊点，操作后功能关闭。可通过下列两种操作方法，捕捉单一特殊点。

工具栏：单击菜单栏中“工具”→“工具栏”→“AutoCAD”→“对象捕捉”打开“对象捕捉”工具栏，如图 11—20 所示，可从中选择相应的捕捉方式。

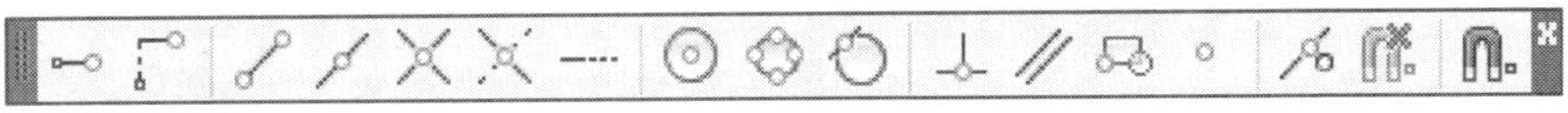

图 11—20　“对象捕捉”工具栏

快捷键：在绘图区任意位置，按下“Shift”或“Ctrl”键，再单击鼠标右键，打开快捷菜单，也可以从中选择相应的捕捉方式。

（2）自动对象捕捉

自动对象捕捉就是当把光标放在一个对象上时，系统自动捕捉到对象上所有符合条件的几何特征点，并显示相应的标记。如果把光标放在捕捉点上多停留一会儿，系统还会显示捕捉的提示。这样，在选点之前，就可以预览和确认捕捉点。

这种捕捉模式能自动捕捉到已经设定的特殊点，它是一种长期的、多效的捕捉模式。绘图过程中，使用自动对象捕捉的频率非常高。

可通过下列三种方法打开“对象捕捉”选项卡：

菜单栏：单击菜单栏中的“工具”→“草图设置”→“对象捕捉”选项卡。

状态栏：右键单击“对象捕捉”按钮，从快捷方式中选取“设置”选项。

命令行：OSNAP。

输入上面的命令之一后，系统打开显示“对象捕捉”选项卡的“草图设置”对话框，如图 11—21 所示。

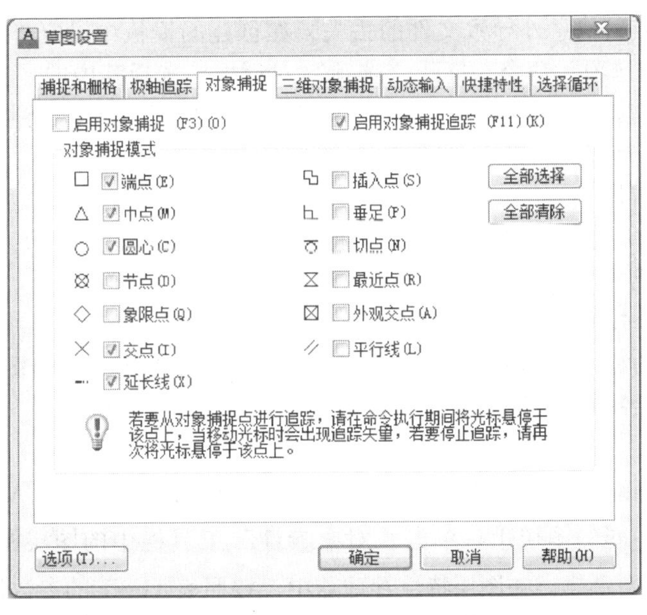

图 11—21　“草图设置”对话框

3. 使用“夹点”功能

在没有执行任何命令的情况下，选择对象时，在对象上将显示出若干个小方框，这些小方框称为对象的特征点，如图 11—22 所示。这些特征点称为夹点，实际上夹点就是对象上的控制点。使用 AutoCAD 2013 的夹点功能，可以方便地对字体和图形进行拉伸、移动、旋转、缩放以及镜像等编辑操作。

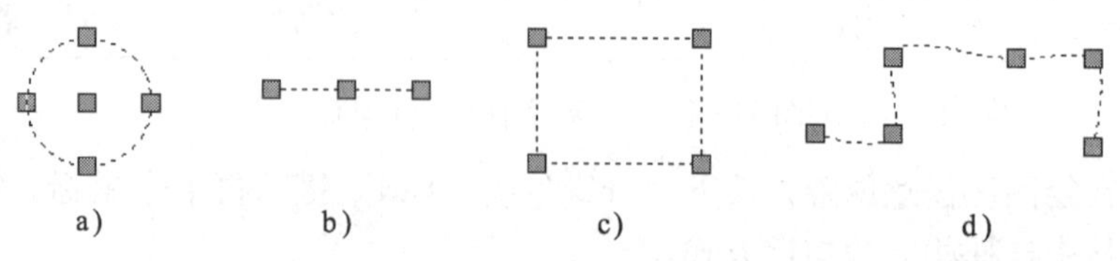

图 11—22　显示对象夹点的示例

a）圆的夹点　b）直线的夹点　c）矩形的夹点　d）样条曲线的夹点

任务实施

一、设置图形样板

1. 启动 AutoCAD 2013 绘图软件

2. 设置绘图环境

（1）选择 AutoCAD 2013 提供的模板

单击“文件”菜单中的“新建”命令，在弹出的“选择样板”对话框中选用“acadiso.dwt”模板，单击“打开”按钮即可。

（2）设定自动保存时间间隔

为了防止死机或其他意外导致文件的丢失，在创建的模板中设定自动保存功能。选择“工具”菜单中的“选项”命令，打开“选项”对话框，选择其中的“打开和保存”选项卡，在“文件安全措施”选项组中，设置“保存间隔分钟数”为 10 分钟，单击“确定”按钮完成设置，如图 11—23 所示。

（3）设置绘图界限

选择“格式”→“图形界限”命令。执行该命令后，系统给出提示：

指定左下角点或［开（ON）/关（OFF）］<0.0000，0.0000>：

指定右上角点 <420.0000，297.0000>：（输入坐标 297，210）

由于所要绘制的零件图大都使用 A4 幅面的图纸，所以将图形的绘图界限设置为 A4 纸张的大小；如果要绘制其他幅面的图形，修改其中的绘图界限即可。

3. 设置图层

图样上有各种图线，如粗实线、细实线、细点画线等，在用 AutoCAD 绘图时，需要把不同的图线放置在不同的图层上。单击“对象特性”工具栏中的图层按钮“ ”，弹出“图层特性管理器”对话框。在图层特性管理器中，按照表 11—1 的参数设置图层名称，及各图层中线型、线宽和颜色。

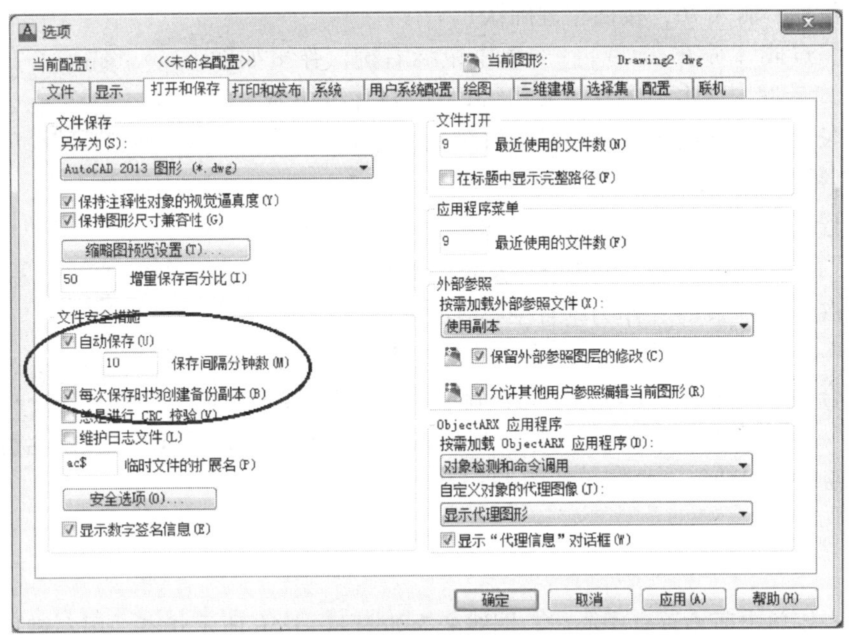

图 11—23　设置自动保存时间

表 11—1　　　　**图层设置参数**

图层	线型	线宽	颜色
细点画线层	CENTER	0.25	红色
粗实线层	Continuous	0.5	白色
细实线层	Continuous	0.25	白色

在绘制图形时，通常要进行上述设置工作。如果每次绘制图样，都要反复进行这些设置，就会浪费大量的时间。为了解决这个问题，可以把这些设置保存为图形样板。在每次绘制图样时，只需调用图形样板即可，从而避免重复性的设置工作。

二、绘制中心线

1. 设置当前图层

单击“图层”工具栏中的“图层控制”列表框右边的下拉箭头，弹出图层列表，在列表中点取“细点画线”层。

2. 绘制水平中心线

单击“绘图”工具栏中的“直线”按钮 （或单击“绘图”菜单→“直线”命令），系统提示：

命令：_line 指定第一点：（用鼠标在屏幕上单击拾取一点）

指定下一点或［放弃（U）］：76（打开辅助绘图工具栏的“正交”按钮 ，沿水平方

向向右移动鼠标，输入 76，按回车键确认）

指定下一点或［放弃（U）］：（单击鼠标右键，弹出如图 11—24 所示对话框，单击“确认（E）”退出绘制直线功能，便绘制出一条长为 76 mm 的水平中心线，如图 11—25 所示）

图 11—24　右键对话框

3．绘制垂直中心线

单击“绘图”工具栏中的“直线”按钮，系统提示：

命令：_line 指定第一点：（利用对象捕捉功能，捕捉水平中心线的中点（图 11—26a），作为垂直中心线的第一点）

指定下一点或［放弃（U）］：（在垂直方向上，向上移动鼠标，到一个合适的位置，单击鼠标左键，确定垂直线的第二点）

指定下一点或［放弃（U）］：（单击鼠标右键，单击“确认（E）”退出绘制直线功能，绘制出如图 11—26b 所示图形）

图 11—25　绘制水平中心线

用鼠标左键单击所绘垂直中心线，图线变为如图 11—26c 所示状态。用左键拾取垂直中心线下面的“夹点”，并向下拖动。到达合适的位置，再次单击鼠标左键确定（图 11—26d）。按 Esc 键退出“夹点”状态，如图 11—26e 所示。

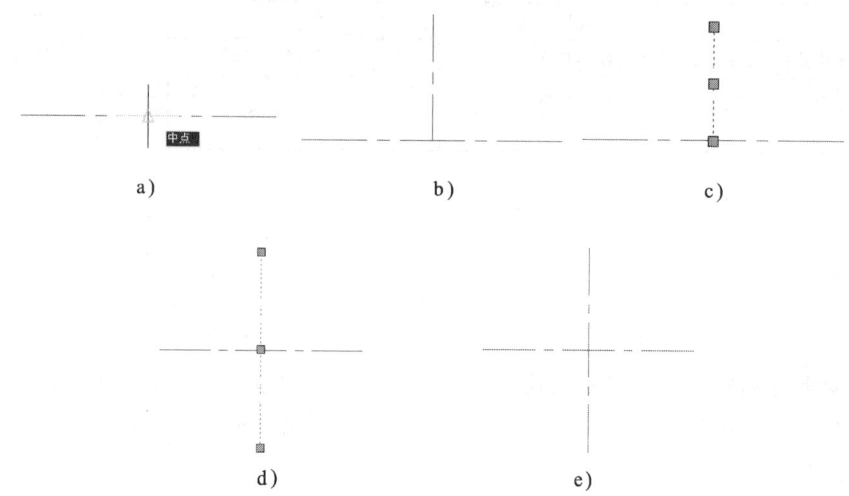

图 11—26　绘制垂直中心线

a）捕捉水平中心线中点　b）绘制垂直线　c）垂直线变为可伸长或压缩状态

d）拉伸垂直线　e）结束绘制

4．绘制左右 $R5$ mm 圆弧的垂直中心线

单击“修改”工具栏中的“偏移”按钮，系统提示：

当前设置：删除源 = 否　图层 = 源 OFFSETGAPTYPE = 0

指定偏移距离或［通过（T）/删除（E）/图层（L）］<通过>：30（输入 30，按 Enter 键确认，十字光标变为小方框，称为拾取框）

选择要偏移的对象，或［退出（E）/放弃（U）］ <退出>：（用拾取框拾取垂直中心线，拾取的铅垂线变成虚线，如图 11—27a 所示）

指定要偏移的那一侧的点，或［退出（E）/多个（M）/放弃（U）］：（单击垂直中心线左侧任意一点，即可画出左侧 *R*5 mm 圆弧的垂直中心线，见图 11—27b）

按相同方法绘制出右侧 *R*5 mm 圆弧的垂直细点画线，如图 11—27c 所示，按 ESC 键退出偏移功能。

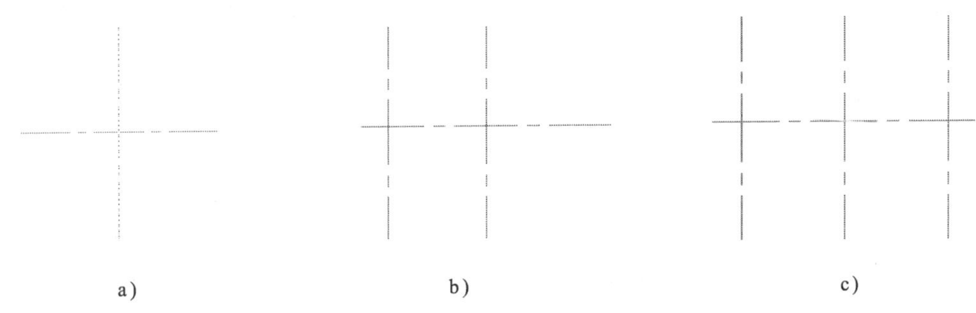

图 11—27　绘制左右两侧的垂直细点画线

a）选择偏移对象　b）绘制左侧垂直细点画线　c）绘制右侧垂直细点画线

三、绘制 ϕ25 mm、ϕ40 mm 两同心圆及 *R*5 mm 小圆

1．设置当前图层

将“粗实线层”设为当前图层，操作方法同前。

2．绘制两同心圆

单击“绘图工具栏”中的“圆”按钮 ，系统提示：

命令：_ circle 指定圆的圆心或［三点（3P）/两点（2P）/切点、切点、半径（T）］：（拾取水平与垂直中心线的交点作为 ϕ25 mm 圆的圆心）

指定圆的半径或［直径（D）］：12.5（输入 12.5，按 Enter 键确认）

完成上述操作绘制出 ϕ25 mm 的圆（图 11—28a）。用相同的方法绘制出 ϕ40 mm 和 *R*5 mm的圆，如图 11—28b 所示。

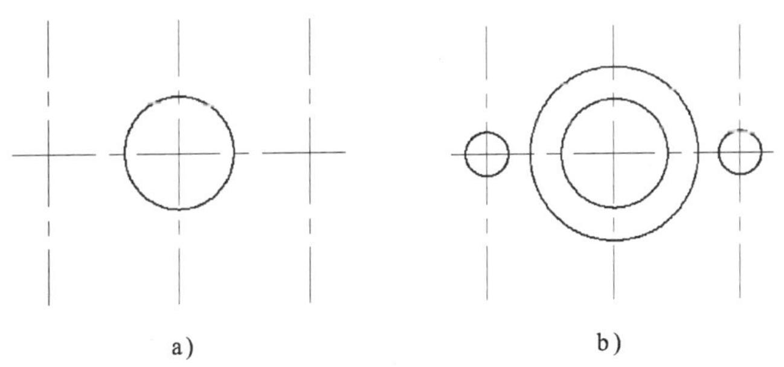

图 11—28　绘制 ϕ25 mm、ϕ40 mm 两同心圆及 *R*5 mm 圆

四、绘制外形轮廓

1．绘制右上侧轮廓

单击“绘图”工具栏中的“直线”按钮 ，系统提示：

命令：_line 指定第一点：（利用对象捕捉功能，捕捉水平中心线右侧端点，作为所绘制直线第一点）

指定下一点或［放弃（U）］：10（打开正交功能，沿垂直方向向上移动光标，输入尺寸10，按 Enter 键确定所绘直线长度，如图 11—29a 所示）

指定下一点或［放弃（U）］：（采用单一对象捕捉，拾取 ϕ40 mm 的切点，如图 11—29b 所示）

按 ESC 键或单击鼠标右键，退出绘制直线功能，得到如图 11—29c 所示图形。

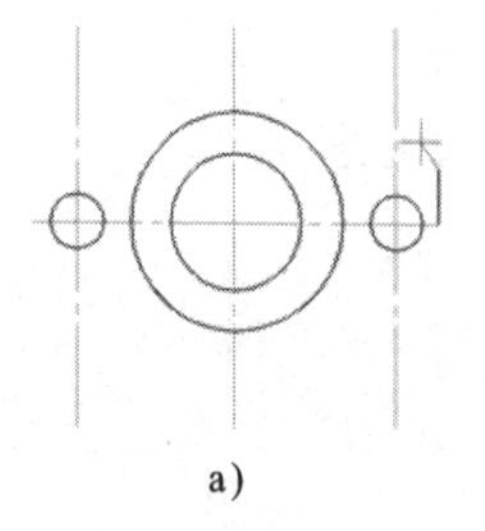
a)

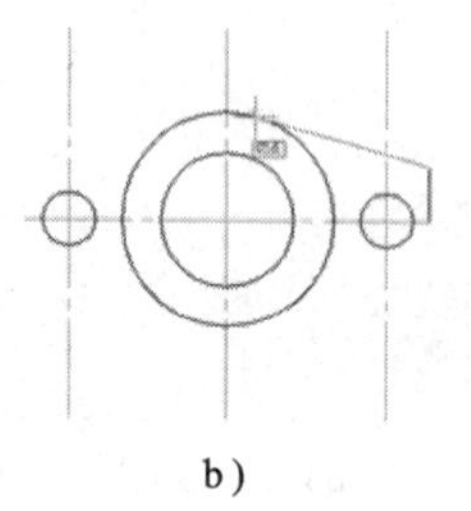
b)

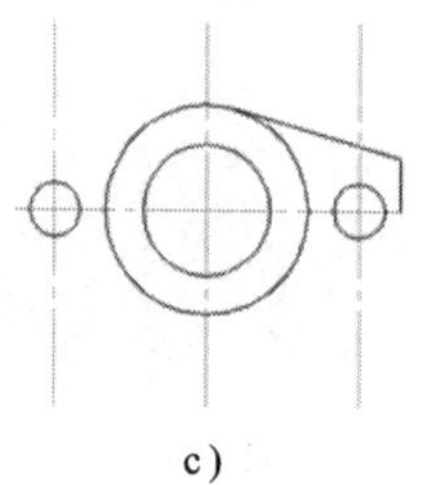
c)

图 11—29　绘制右上侧外形轮廓

2. 绘制右下侧轮廓线

单击“修改”工具栏中的“镜像”按钮 ，系统提示：

选择对象：（拾取右上侧 10 mm 的竖直粗实线，如图 11—30a 所示）

选择对象：找到 1 个

选择对象：（拾取右上侧轮廓线，如图 11—30b 所示）

选择对象：找到 1 个，总计 2 个

选择对象：（单击鼠标右键）

指定镜像线的第一点：（拾取水平中心线右端点）指定镜像线的第二点：（拾取水平中心线左端点）

要删除源对象吗？［是（Y）/否（N）］ <N>：（按回车键确认）

命令：

完成上述操作，绘制出右下侧轮廓线，如图 11—30c 所示。

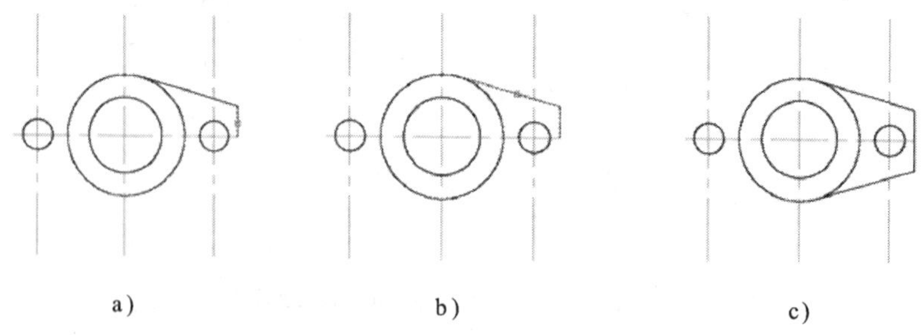
a)　b)　c)

图 11—30　绘制右下侧轮廓线

3. 绘制左侧轮廓线

用上述步骤 2 的方法，绘制左侧轮廓，如图 11—31 所示。

五、绘制两侧凹槽的平行轮廓线

单击“绘图”工具栏中的“直线”按钮 ，系统提示：

命令：_line 指定第一点：（拾取右侧 $R5$ mm 圆与其垂直中心线的交点，如图 11—32a 所示。）

指定下一点或［放弃（U）］：_per 到（按住 Shift 键，单击鼠标右键，系统弹出单一对象捕捉对话框，拾取与垂直粗实线的垂足，如图 11—32b 所示。）

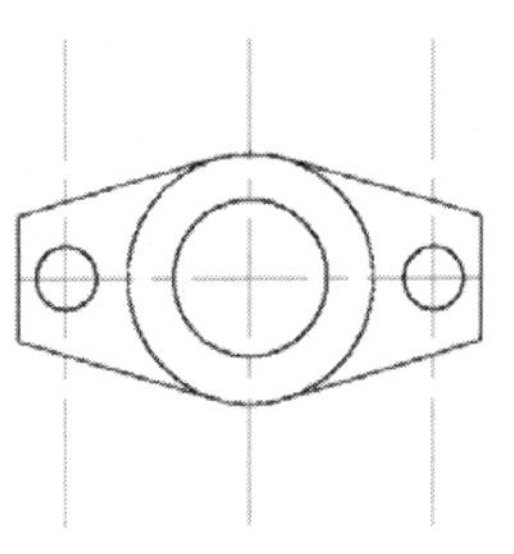

图 11—31　绘制左侧轮廓线

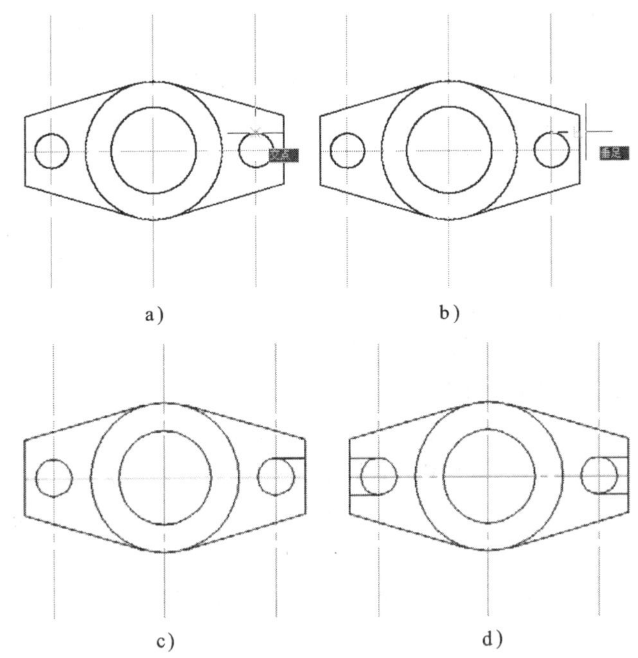

图 11—32　绘制两侧的凹槽水平粗实线

指定下一点或［放弃（U）］：（单击右键，选择“确定”，退出直线功能）

完成上述操作，得到如图 11—32c 所示图形。用相同的方法，绘制如图 11—32d 所示图形。

六、修改图形

1. 修剪多余的轮廓线

单击“修改”工具栏中的“修剪”按钮 ，系统提示：

命令：（输入命令）

选择修剪边…

选择对象或 <全部选择>：（拾取右侧凹槽上侧平行轮廓线）

选择对象或 <全部选择>：找到 1 个

选择对象：（拾取右侧凹槽下侧平行轮廓线）

选择对象：找到 1 个，总计 2 个

选择对象：（拾取的 2 条平行轮廓线变为虚线，如图 11—33a 所示，单击鼠标右键结束拾取）

选择要修剪的对象，或按住 Shift 键选择要延伸的对象或

［栏选（F）/窗交（C）/投影（P）/边（E）/删除（R）/放弃（U）］：（单击 *R*5 mm 圆右侧，*R*5 mm 圆右侧被修剪掉，如图 11—33b 所示）

用相同的操作方法，修剪掉其他多余的轮廓线，得到如图 11—33c 所示图形。

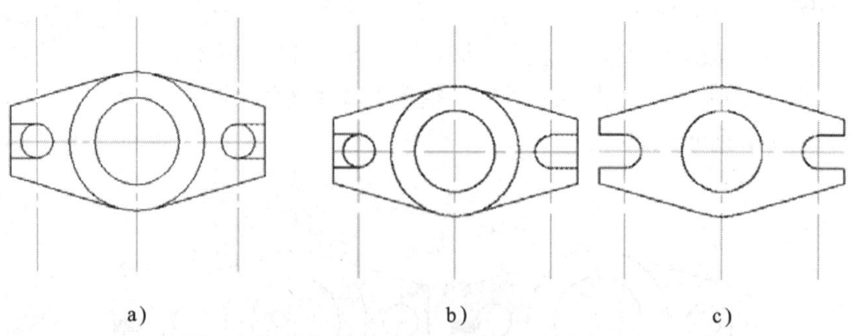

图 11—33　修剪多余的线条

2. 打断过长的直线

所绘制的图形中，垂直中心线和左右两侧 *R*5 mm 圆的垂直中心线过长，不符合机械制图标准，需要修改，下面利用“修改”中的“打断”功能进行修改。单击“修改”工具栏中的“打断”按钮，系统提示：

命令：_break 选择对象：（十字光标变为拾取框，拾取框移动到右侧 *R*5 mm 圆的垂直中心线上，该直线变为图 11—34a 所示样式，单击左键，该直线变为虚线，如图 11—34b 所示）

指定第二打断点或［第一点（F）］：（拾取右侧 *R*5 mm 圆的垂直中心线的上端点，该直线自拾取处到上端点部分被打断删除，如图 11—34c 所示）

用相同的操作方法，打断其他过长的直线，如图 11—34d 所示。

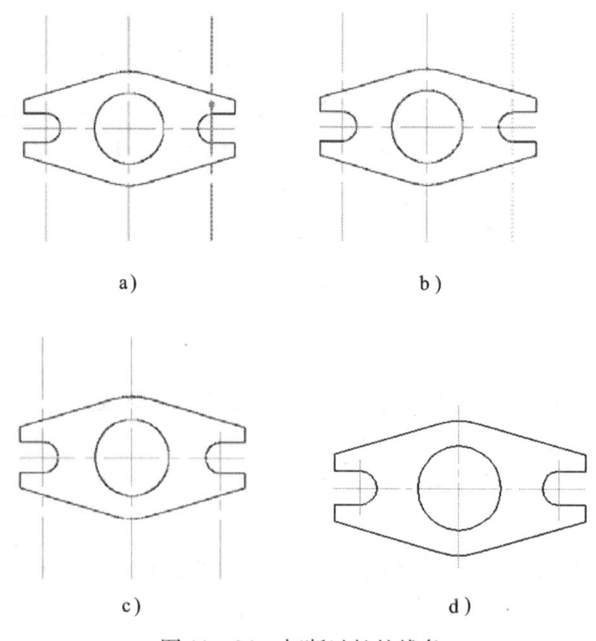

图 11—34　打断过长的线条

3．拉长水平中心线

为了便于画图，开始绘制的水平中心线只有 76 mm 长，不符合机械制图的要求，下面来延长水平中心线。单击水平中心线，如图 11—35a 所示。拖动右侧夹点，向右移动，在命令行中输入 5 并按回车键确定，如图 11—35b 所示。用相同方法，向左延长水平中心线，如图 11—35c 所示。

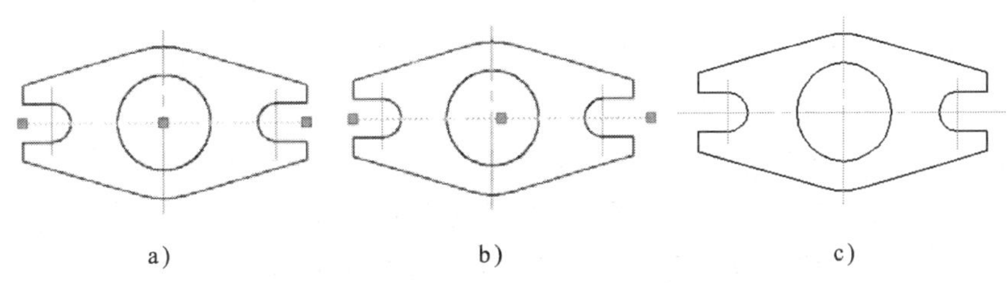

图 11—35　拉长水平中心线

七、保存图形

单击主菜单中“文件”→“另存为”命令，或单击菜单浏览器中的“另存为”命令，系统弹出如图 11—36 所示“图形另存为”对话框，单击“保存于（I）”下拉框，确定所绘制图形保存的位置。单击“文件名”下拉框，将“图形样板”改为“密封板平面图”。单击“文件类型”下拉框，将“AutoCAD 图形样板（＊. dwt）”改为“AutoCAD 2013 图形（＊. dwg）”，然后单击“保存”按钮即可。若直接单击“标准”工具栏中的“保存”按钮，系统将绘制的图形以样板文件保存。注意：AutoCAD 的图形文件扩展名为“. dwg”，图形样板扩展名为“. dwt”。

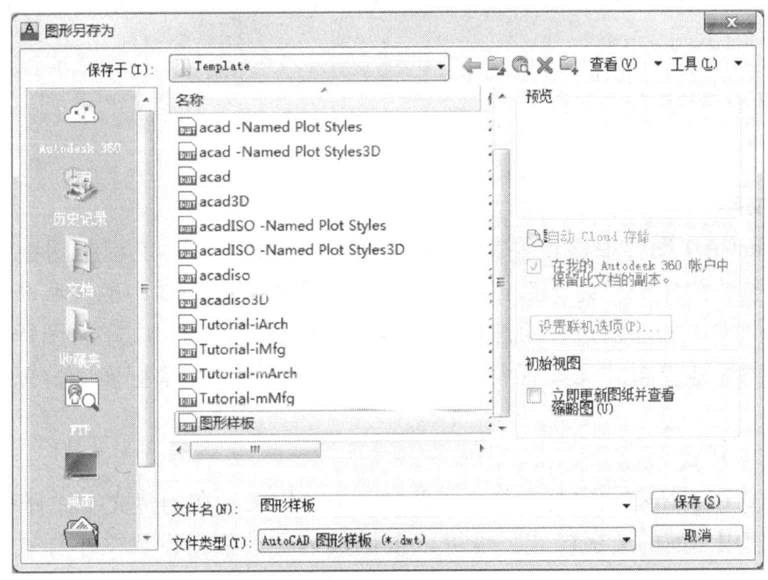

图 11—36　“图形另存为”对话框

八、退出 AutoCAD 2013

单击 AutoCAD 2013 右上角的关闭按钮，退出操作。

由于 AutoCAD 提供了许多绘制图形的方法和技巧，一个图形可能有多种画法，这里仅介绍一种画法。今后可以通过 AutoCAD 提供的帮助，学习其他绘图方法和技巧。

课题二　用 AutoCAD 绘制图样

学习目标

¤ 掌握文字样式的创建方法和步骤，学会创建单行和多行文字。
¤ 了解 AutoCAD 2013 尺寸标注的组成，掌握标注样式的创建和设置方法。
¤ 掌握应用 AutoCAD 2013 绘制圆弧和倒角的方法和步骤。
¤ 掌握图案填充的创建方法，学会应用图案填充绘制剖面线。
¤ 掌握图块的概念及其创建方法，学会应用图块功能绘制复杂图形。
¤ 学会应用 AutoCAD 2013 绘制平面图、零件图、三视图以及电气图。

任务 1　绘制三视图

任务引入

图 11—37 所示为支座组合体，支座组合体可分为五部分：圆柱筒、上部圆柱筒状的凸台、底板、底板与圆柱筒间的肋板、顶部的凸耳。本任务要求是：应用 AutoCAD 2013 绘制该三视图，并标注尺寸。

相关知识

一、创建文字

文字是 AutoCAD 图样中很重要的组成元素，是机械制图和工程制图中不可缺少的内容。在一个完整的图样中，通常都包含一些文字注释来标注图样中的一些非图形信息。例如，机械工程图样中的标题栏、明细栏、技术要求等都需要填写文字。图样的文字样式既要符合国家制图标准要求，又具有大小、方向等要求，所以要根据实际情况对文字样式进行设置。

1．创建文字样式

在 AutoCAD 中，所有文字都有与之相关联的文字样式。在创建文字注释和尺寸标注时，AutoCAD 通常使用当前的文字样式，也可以根据具体要求重新设置文字样式或创建新的样式。选择“格式”→“文字样式”命令，打开“文字样式”对话框，如图 11—38 所示。利用该对话框可以修改或创建文字样式，并设置文字的当前样式。

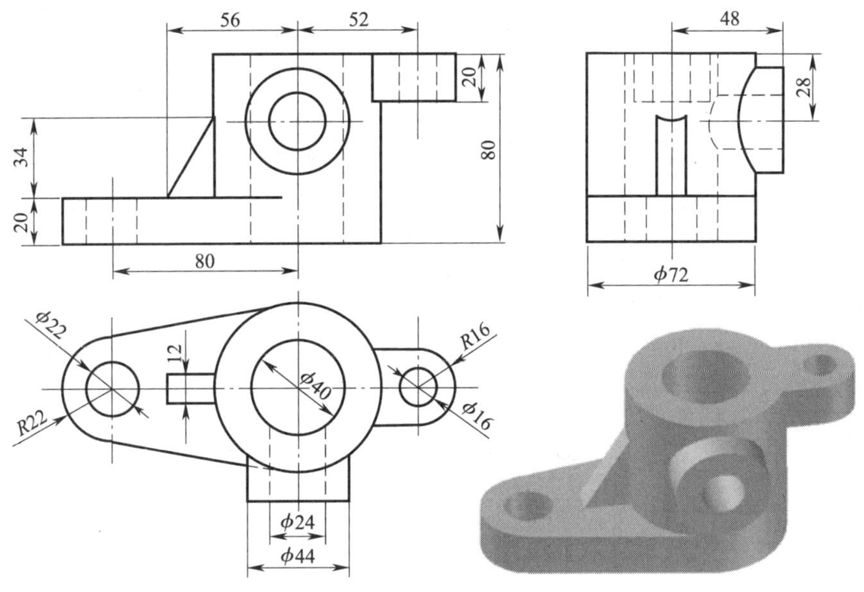

图 11—37　支座组合体

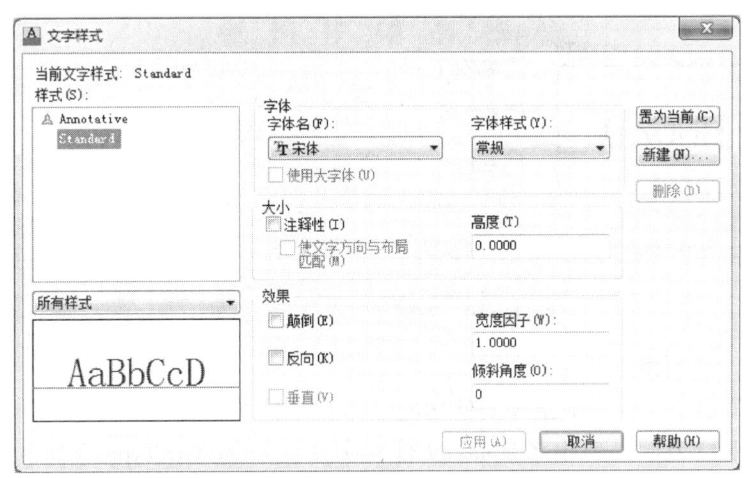

图 11—38　“文字样式”对话框

（1）“样式”选项组

1）“样式”列表框：列出当前可以使用的文字样式，默认文字样式为“Standard”。

2）“新建”按钮：单击该按钮打开“新建文字样式”对话框，如图 11—39 所示。在“样式名”文本框中输入新建文字样式名称后，单击“确定”按钮可以创建新的文字样式。新建文字样式将显示在“样式名”下拉列表框中，然后对新文字样式的字体、大小、效果、宽度因子、倾斜角度等进行设置，设置完成后，单击“应用”按钮即可，如图 11—40 所示。

3）“删除”按钮：单击该按钮可以删除某一已有的文字样式，但无法删除已经使用的文字样式和默认的“Standard”样式。

4）“置为当前”按钮：将在“样式”下选定的样式设定为当前。

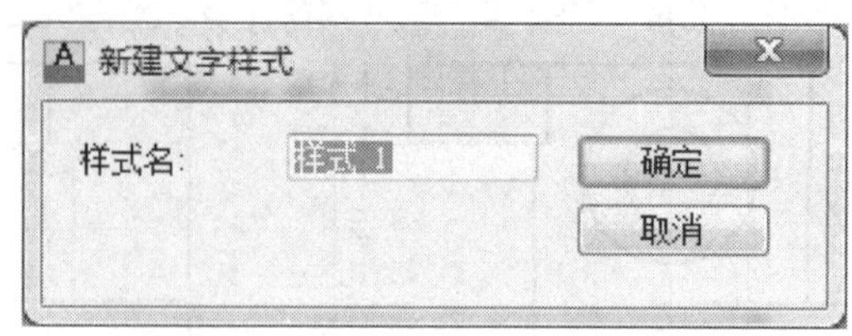

图 11—39　“新建文字样式”对话框

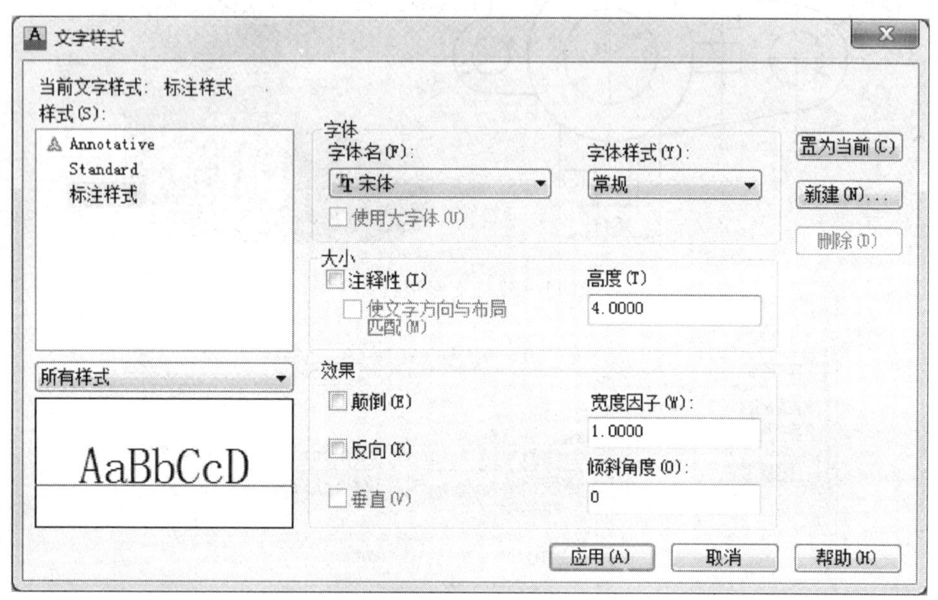

图 11—40　对新文字样式进行设置

(2)“字体”选项组

“字体”选项组用于设置文字样式使用的字体。

“字体名”下拉表框：列出了 Fonts 文件夹中所注册的 TrueType 字体和所有编译的形（SHX）字体的字体族名。从列表中选择名称后，该程序将读取指定的字体文件。除非文件已经由另一个文字样式使用，否则将自动加载该文件的字符定义。可以定义使用同样字体的多个样式。

“字体样式”下拉表框：指定字体格式，比如斜体、粗体或者常规字体。选定“使用大字体”后，该选项变为“大字体”，用于选择大字体文件。

“使用大字体”复选框：指定亚洲语言的大字体文件。只有 SHX 文件可以创建“大字体”。

(3)“大小”选项组

更改文字的大小。

“注释性”复选框：指定文字为注释性。

“使文字方向与布局匹配”：指定图纸空间视口中的文字方向与布局方向匹配。如果清除“注释性”选项，则该项不可用。

“高度”文本框：根据输入的值设置文字高度。输入大于 0.0 的高度将自动为此样式设置文字高度；如果输入 0.0，则文字高度将默认为上次使用的文字高度，或使用存储在图形样板文件中的值。在相同的高度设置下，TrueType 字体显示的高度可能会小于 SHX 字体。如果选择了“注释性”选项，则输入的值将设置图纸空间中的文字高度。

（4）“效果”选项组

使用“效果”选项组中的选项修改字体的特性，例如宽度因子、倾斜角以及是否颠倒显示、反向或垂直对齐，如图 11—41 所示。在“宽度因子”文本框中可以设置文字字符的高度和宽度之比，当“宽度因子”为 1 时，将按系统定义的高宽比书写文字；当“宽度因子”小于 1 时，字符会变窄；当“宽度因子”大于 1 时，字符则变宽。在“倾斜角度”文本框中可以设置文字的倾斜角度，输入一个“－85°”和“85°”之间的值将使文字倾斜。角度为 0°时不倾斜；角度为正值时向右倾斜；角度为负值时向左倾斜。

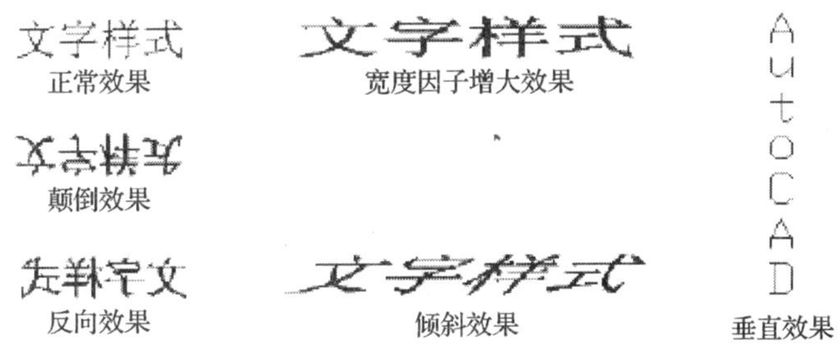

图 11—41　文字效果

设置完文字样式后，单击“应用”按钮即可应用文字样式。然后单击“关闭”按钮，关闭“文字样式”对话框。

2. 创建单行文字

可以使用单行文字创建一行或多行文字，其中，每行文字都是独立的对象，可对其进行重定位、调整格式或进行其他修改。创建单行文字时，要指定文字样式并设置对齐方式。文字样式设定文字对象的默认特征。对齐决定字符的哪一部分与插入点对齐。

单击“绘图”菜单→“文字”→“单行文字”命令（DTEXT），命令行提示：

命令：DTEXT

当前文字样式：“标注样式”　文字高度：4.0000　注释性：是

指定文字的起点或［对正（J）/样式（S）］：

指定文字的旋转角度 <0>：

（1）指定文字的起点

默认情况下，通过指定单行文字行基线的起点位置创建文字。如果当前文字样式的高度设置为 0，系统将显示“指定高度：”提示信息，要求指定文字高度，否则不显示该提示信息，而使用“文字样式”对话框中设置的文字高度。

（2）指定文字的旋转角度

输入文字旋转角度，或按 Enter 键使用默认角度 0°，最后输入文字即可。也可以切换到 Windows 的中文输入方式下，输入中文文字。

（3）设置对正方式

在“指定文字的起点或［对正（J）/样式（S）］:”提示信息后输入 J，可以设置文字的排列方式。此时命令行显示如下提示信息：

输入选项［对齐（A）/布满（F）/居中（C）/中间（M）/右对齐（R）/左上（TL）/中上（TC）/右上（TR）/左中（ML）/正中（MC）/右中（MR）/左下（BL）/中下（BC）/右下（BR）］:

在 AutoCAD 2013 中，系统为文字提供了多种对正方式，如图 11—42 所示。

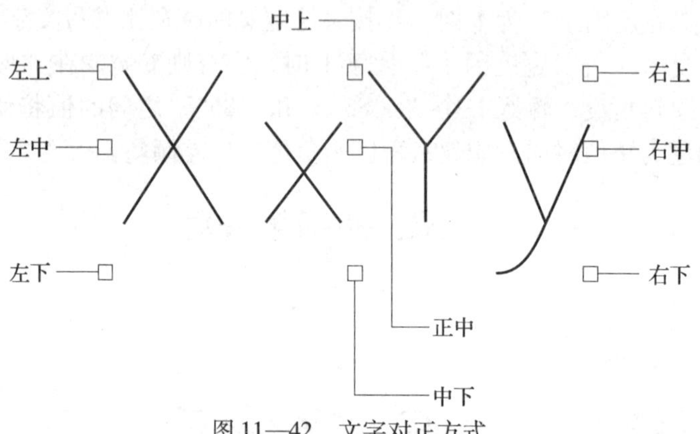

图 11—42　文字对正方式

（4）设置当前文字样式

在“指定文字的起点或［对正（J）/样式（S）］:”提示下输入 S，可以设置当前使用的文字样式。选择该选项时，命令行显示如下提示信息：

输入样式名或［?］ <标注样式>:

可以直接输入文字样式的名称，也可输入“?”，命令行提示“输入要列出的文字样式 <*>:”，按 Enter 键，系统在“AutoCAD 文本窗口”中显示当前图形已有的文字样式。

3. 创建多行文字

“多行文字”又称为段落文字，是一种更易于管理的文字对象，可以由两行以上的文字组成，而且各行文字都是作为一个整体处理。选择“绘图”→“文字”→“多行文字”命令（MTEXT），或在“绘图”工具栏中单击“ A ”按钮，然后在绘图窗口中指定一个用来放置多行文字的矩形区域，将打开“文字格式”工具栏（图 11—43）和文字输入窗口。文字格式中大部分按钮的作用与 Word 基本相同，在此不再赘述。

（1）堆叠

堆叠文字是一种垂直对齐的文字或分数，单击“堆叠”按钮 ，可以创建堆叠文字。在使用时，需要分别输入分子和分母，其间使用/、# 或^分隔，然后选择这一部分文字，单击 按钮即可。譬如，输入$\frac{1}{2}$，先输入 1/2，然后选中 1/2，再单击“堆叠”按钮 即可；输入 $10_{-0.1}^{\ 0}$，输入 10，空格，0，^，－，0.1，然后选中“空格，0，^，－，0.1”，再单击“堆叠”按钮 即可。

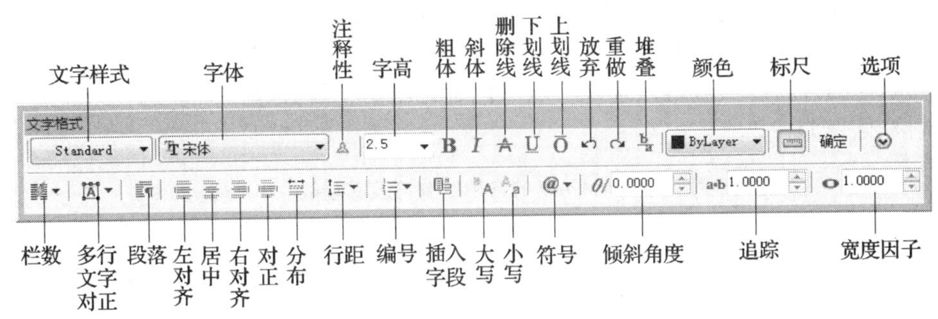

图 11—43　文字格式

(2) 段落

单击“段落”按钮，打开“段落”对话框（图 11—44），可以从中设置缩进和制表位位置。在“制表位”列表框中可设置制表符的位置，单击“添加”按钮可设置新制表位，单击“删除”按钮可清除列表框中的所有设置。

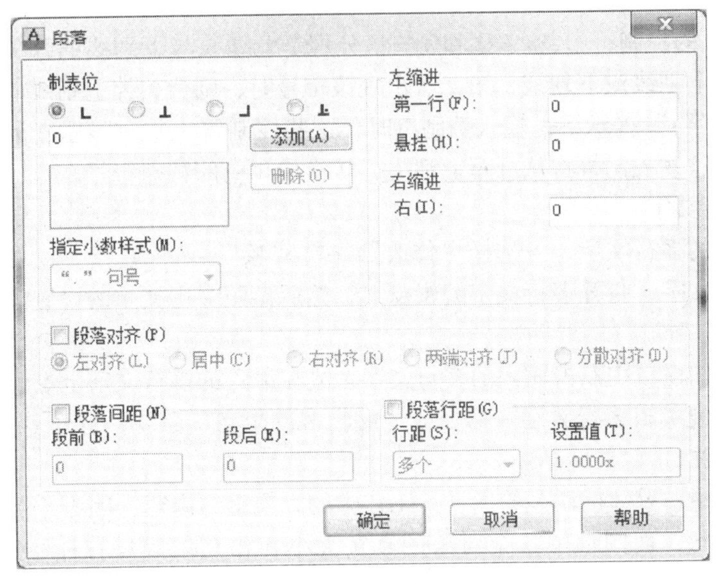

图 11—44　“段落”对话框

(3) 选项

在“文字格式”工具栏中单击“选项”按钮，打开多行文字的选项菜单，可以对多行文本进行更多的设置。在文字输入窗口中右击，将弹出一个快捷菜单，该快捷菜单与选项菜单中的主要命令一一对应。

(4) 输入文字

在多行文字的文字输入窗口中，可以直接输入多行文字，也可以在文字输入窗口中右击，从弹出的快捷菜单中选择“输入文字”命令，将已经在其他文字编辑器中创建的文字内容直接导入到当前图形中。

4. 使用文字控制符

在实际设计绘图中，往往需要标注一些特殊的字符。例如，在文字上方或下方添加划线，标注度（°）、±、ϕ 等符号。这些特殊字符不能从键盘上直接输入，因此 AutoCAD 提供了相应的控制符，以实现这些标注要求。控制符由两个百分号（%）和一个字符组成，常见的控制符见表 11—2。

表 11—2　　AutoCAD 的常用控制符及其功能

控制符	功能
%%C	输入直径符号 ϕ
%%P	输入正负号 ±
%%D	输入角度值符号（°）
%%%	输入百分号（%）
%%O	打开/关闭上划线功能
%%U	打开/关闭下划线功能

在 AutoCAD 的控制符中，%%O 和%%U 分别是上划线与下划线的开关。第一次出现此符号时，可打开上划线或下划线，第二次出现该符号时，则会关掉上划线或下划线。

在“输入文字:”提示下，输入控制符时，这些控制符也临时显示在屏幕上，当结束文本创建命令时，这些控制符将从屏幕上消失，转换成相应的特殊符号。

5．编辑多行文字

要编辑创建的多行文字，可选择“修改”→“对象”→“文字”→“编辑”命令，并单击创建的多行文字，打开多行文字编辑窗口，然后参照多行文字的设置方法，修改并编辑文字。

也可以在绘图窗口中双击输入的多行文字，或在输入的多行文字上右击，从弹出的快捷菜单中选择“重复编辑多行文字”命令或“编辑多行文字”命令，打开多行文字编辑窗口。

二、尺寸标注

在图形设计中，尺寸标注是绘图设计工作中的一项重要内容，因为绘制图形的根本目的是反映对象的形状，而图形中各个对象的真实大小和相互位置只有标注尺寸后才能确定。AutoCAD 2013 包含了一套完整的尺寸标注命令和实用程序，用户使用它们足以完成图样中要求的尺寸标注。用户在进行尺寸标注之前，必须了解 AutoCAD 2013 尺寸标注的组成，标注样式的创建和设置方法。

1．尺寸标注的组成

在机械制图或其他工程绘图中，一个完整的尺寸标注应由标注文字、尺寸线、尺寸界线、箭头等组成，在 AutoCAD 中这几部分构成一个完整的元素，使用“修改”工具栏中的“分解”按钮进行分解，分解后，标注文字、尺寸线、尺寸界线、箭头等部分成为不同的元素。

2．尺寸标注的类型

AutoCAD 2013 提供了十多种尺寸标注类型，如图 11—45、图 11—46 所示。这些标注方式的名称、对应的“标注”工具栏中的按钮及功能见表 11—3。

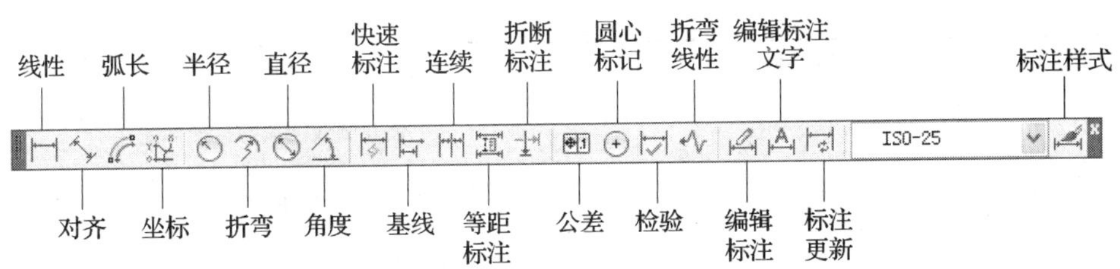

图 11—45 “标注”工具栏

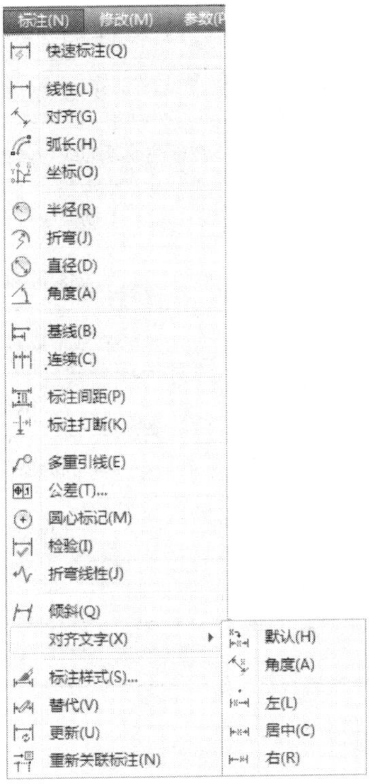

图 11—46 “标注”菜单

表 11—3 **AutoCAD 标注类型**

菜单	工具栏按钮	功能
线性		创建两点间的水平、垂直或指定方向的距离标注
对齐		创建与尺寸界线的原点对齐的线性标注
弧长		用于测量圆弧或多段线弧线段上的距离
坐标		用于测量从原点到要素的水平或垂直距离
半径		创建圆或圆弧的半径标注
折弯		创建圆或圆弧的折弯标注

续表

菜单	工具栏按钮	功能
直径		创建圆或圆弧的直径标注
角度		创建角度标注
快速标注		从选定对象中，快速创建一组标注
基线		从上一个或选定标注的基线作一系列线性、角度或坐标标注
连续		从上一个或选定标注的第二条延伸线开始的线性、角度或坐标标注
等距标注		调整线性标注或角度标注之间的间距
折断		在标注或延伸线与其他对象交叉处折断或恢复标注和延伸线
公差		创建包含在特征框中的几何公差标注
圆心标注		创建圆和圆弧的圆心标记或中心线
折弯线性		在线形或对齐标注上添加或删除折弯线
编辑标注		编辑标注文字和延伸线
编辑标注文字		移动和旋转标注文字，重新定位尺寸线
标注更新		用当前标注样式更新标注对象
标注样式控制	ISO-25	标注样式控制
标注样式		创建和修改标注样式

3. 创建尺寸标注的基本步骤

在 AutoCAD 中对图形进行尺寸标注的基本步骤如下：

（1）选择“格式”→“图层”命令，在打开的“图层特性管理器”对话框中创建一个独立的图层，用于尺寸标注。

（2）选择“格式”→“文字样式”命令，在打开的“文字样式”对话框中创建一种文字样式，用于尺寸标注。

（3）选择“格式”→“标注样式”命令，在打开的“标注样式管理器”对话框中设置标注样式。

（4）使用对象捕捉和标注等功能，对图形中的元素进行标注。

4. 创建标注样式

在 AutoCAD 中，使用“标注样式”可以控制标注的格式和外观，建立强制执行的绘图标准，并有利于对标注格式及用途进行修改。要创建标注样式，选择“格式”→“标注样式”命令，打开“标注样式管理器”对话框，单击“新建”按钮，在打开的“创建新标注样式”对话框（图 11—47）中即可创建新标注样式。

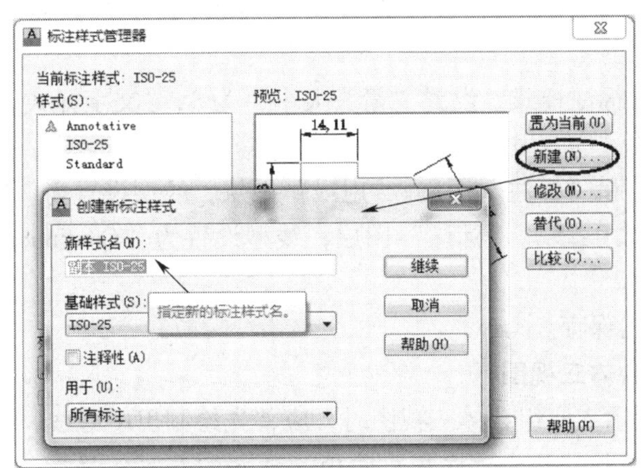

图 11—47 “标注样式管理器”对话框

在图 11—47 所示对话框中，“新样式名”文本框用于确定新尺寸标注样式的名字。“基础样式”下拉列表框用于确定以哪一个已有的标注样式为基础来定义新的标注样式。“用于”下拉列表框用于确定新标注样式的应用范围，包括了“所有标注、线性标注、角度标注、半径标注、直径标注、坐标标注、引线与公差”等供用户选择。完成上述设置后，单击“继续”按钮，打开“新建标注样式”对话框，如图 11—48 所示。通过该对话框可以对“线、符号和箭头、文字、调整、主单位、换算单位、公差”进行设置。

图 11—48 “新建标注样式”对话框

任务实施

一、修改图形样板

1. 启动 AutoCAD 2013，打开图形样板。

2. 新建“标注”文字样式，字体设置为“仿宋”，字体高度为“5”，宽度因子为“1”。

3. 新建“线性”标注样式，设置“箭头大小”为3，“文字样式”选用“标注”样式，“文字对齐”方式选用“与尺寸线对齐”。

4. 新建“虚线”和“标注”图层。“虚线”图层，线型设置为“Dashed”，颜色设置为“黑色”，线宽设置为“0.25”。“标注”图层，线型设置为“Continuous”，颜色设置为“黑色”，线宽设置为“0.25”。

设置完成后，单击保存。

二、绘制支座组合体三视图

绘制图11—37所示支座组合体三视图时，应首先绘制出中心线，确定出三视图的位置，然后绘制圆柱筒、圆筒状的凸台、底板、肋板、顶部的凸耳，最后绘制各个结构的细小部分。其绘图步骤见表11—4。

表11—4　　支座组合体三视图的作图步骤

步骤	绘图方法	图例
1. 绘制各视图的主要中心线和45°辅助线	利用“直线”按钮，绘制各视图的主要中心线和45°辅助线	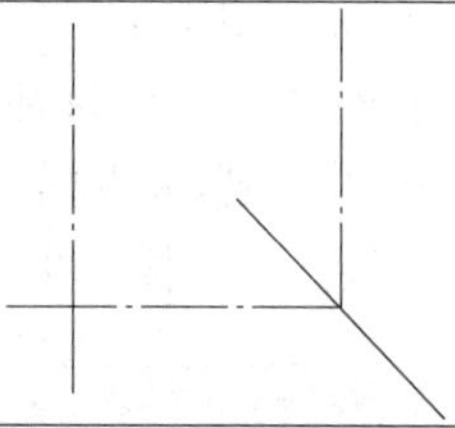
2. 绘制主要形体直立空心圆柱体	先用“圆”按钮，绘制俯视图轮廓线，再根据投影关系，利用45°斜线和“对象追踪”画出空心圆柱的主视图和左视图，如图a所示。删去辅助线，如图b所示	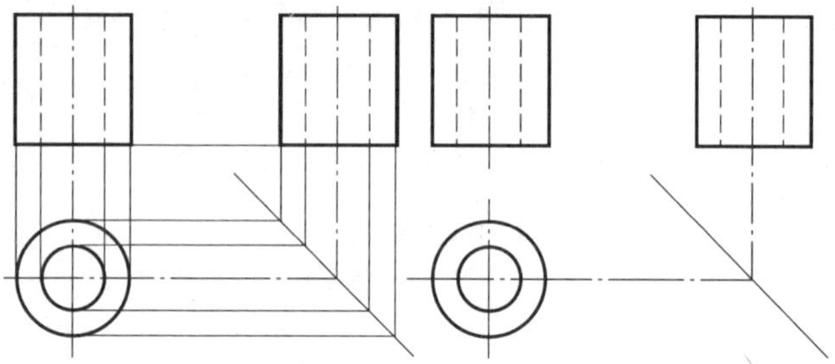 a）　b）
绘图技巧：用AutoCAD画组合体三视图的步骤与手工绘图基本相同，关键是作图时要保证尺寸准确，保证视图间的投影关系正确，特别是俯视图和左视图之间的宽相等，常用45°辅助线法		
3. 绘制上部圆柱筒状凸台	用“偏移”功能，绘制主视图中圆柱筒状凸台的中心线，然后用“圆”按钮，绘制主视图轮廓线，再根据投影关系，利用45°斜线和“对象追踪”画出空心圆柱的俯视图和左视图，如图a所示。绘制完后，删除多余的辅助线，如图b所示	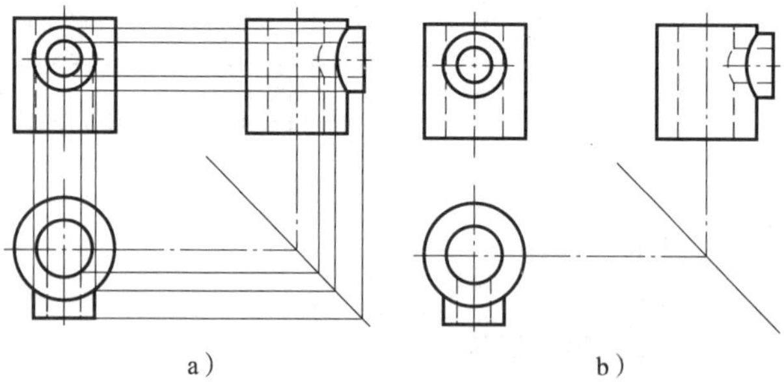 a）　b）

续表

步骤	绘图方法	图例
4. 绘制底板	用“偏移”功能，绘制俯视图中底板左侧孔的中心线，然后用“圆”按钮和“直线”按钮，绘制俯视图轮廓线，再根据投影关系，利用45°斜线和“对象追踪”画出底板的主视图和左视图，如图 a 所示。绘制完后，删除多余的辅助线，如图 b 所示	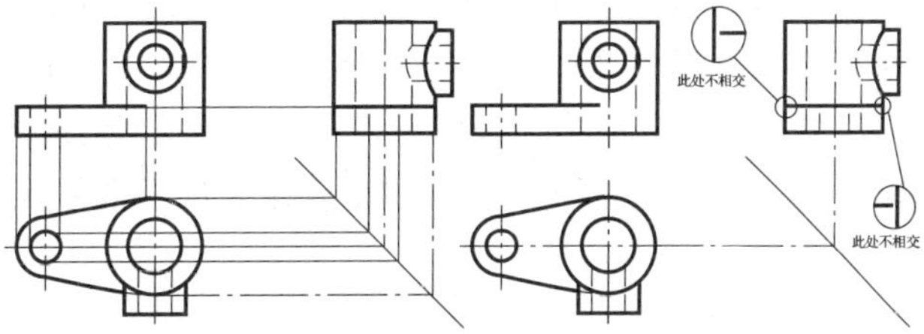 此处不相交 此处不相交 a） b）
5. 绘制肋板	利用“偏移”功能，确定主视图中肋板的位置，再根据投影关系，利用45°斜线和“对象追踪”画出肋板的俯视图和左视图，如图 a 所示。删去辅助线，如图 b 所示	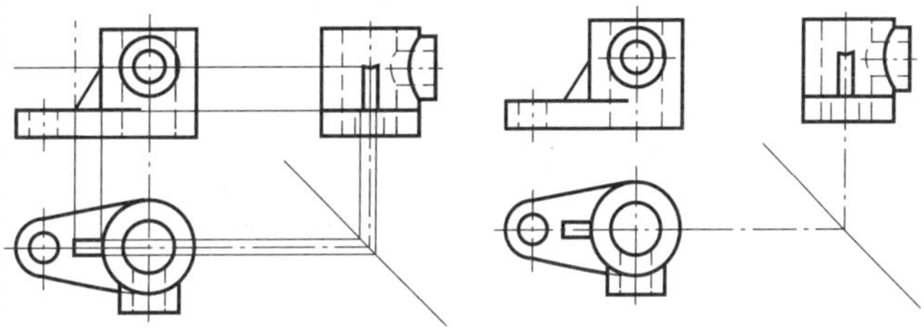 a） b）
6. 绘制顶部的凸耳	先用“偏移”功能，确定俯视图中凸耳孔的中心线位置，然后用“圆”按钮和“直线”按钮，绘制俯视图轮廓线，再根据投影关系，利用45°斜线和“对象追踪”画出凸耳的主视图和左视图，如图 a 所示。删去辅助线，如图 b 所示	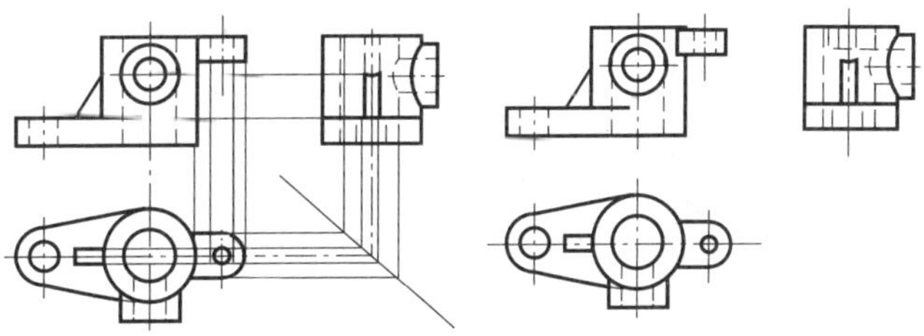 a） b）

三、标注尺寸

1. 标注主视图上底板高度尺寸 20 mm

将“标注”图层设为当前图层，单击“标注”工具栏中的“线性”按钮 ⊢⊣ ，系统提示：

命令：_ dimlinear

指定第一个尺寸界线原点或 <选择对象>：（打开状态栏中的“对象捕捉”按钮，捕捉如图 11—49a 所示底板左侧轮廓下端点，单击确定）

指定第二条尺寸界线原点：（捕捉如图 11—49b 所示底板左侧轮廓上端点，单击确定）

指定尺寸线位置或［多行文字（M）/文字（T）/角度（A）/水平（H）/垂直（V）/旋转（R）］：（指定第二条尺寸界线原点后，系统显示底板高度为 20，如图 11—49c 所示，移动光标，确定尺寸线位置，单击确定，底板高度尺寸 20 被标注出来，如图 11—49d 所示）

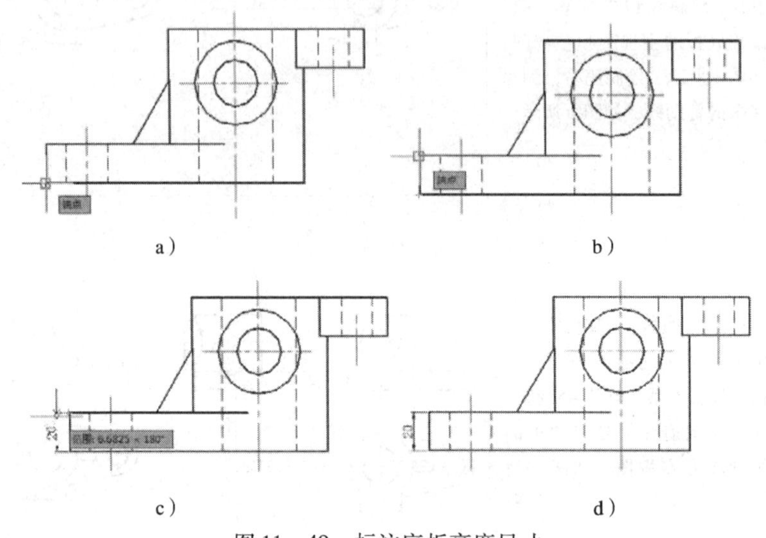

a）　　b）　　c）　　d）

图 11—49　标注底板高度尺寸

2. 标注其他长度尺寸

按照上述操作步骤，标注其他长度尺寸，如图 11—50 所示。

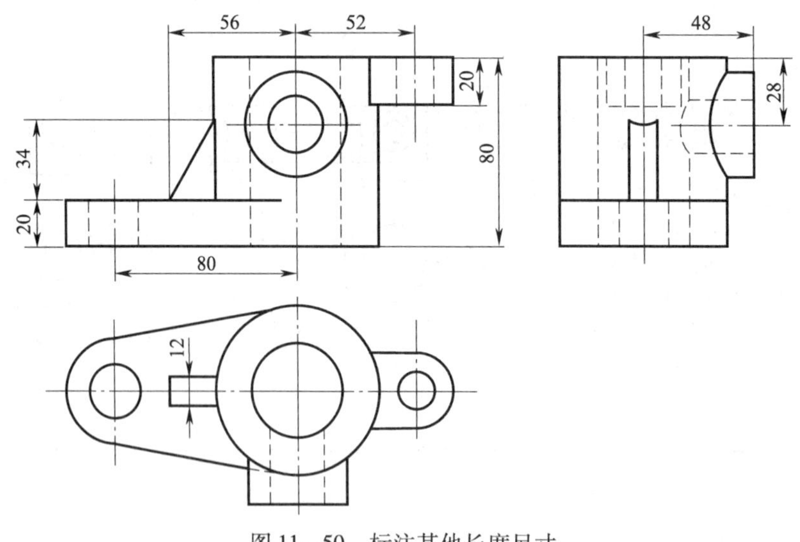

图 11—50　标注其他长度尺寸

3. 标注圆弧半径和圆的直径

单击标注工具栏中的“半径”标注按钮 ，系统提示：

命令：_ dimradius

选择圆弧或圆：（单击半径标注按钮后，光标变为小方框，将光标移到俯视图底板圆弧形轮廓上，圆弧变粗，如图 11—51a 所示，单击鼠标左键确认，系统提示半径为 22，并要求指定尺寸线位置，如图 11—51b 所示。）

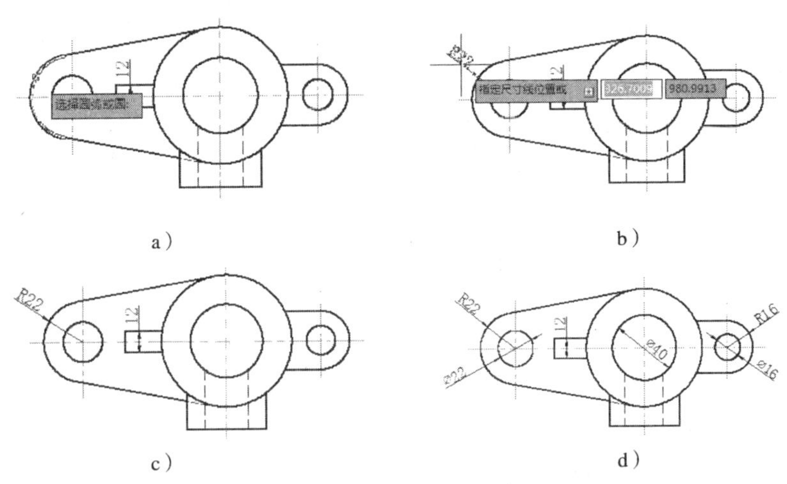

图 11—51　标注圆弧半径和圆的直径

标注文字 =22

指定尺寸线位置或［多行文字（M）/文字（T）/角度（A）］：（选择合适的位置，单击鼠标左键，R22 被标注出来，如图 11—51c 所示）

按照上述操作步骤，标注 $R16$ mm、$\phi16$ mm、$\phi22$ mm、$\phi40$ mm，如图 11—51d 所示。

4. 标注 $\phi72$ mm、$\phi24$ mm 和 $\phi44$ mm

单击“标注”工具栏中的“线性”按钮 ，系统提示：

命令：_ dimlinear

指定第一个尺寸界线原点或 <选择对象>：（指定 $\phi72$ 左端尺寸界线原点）

指定第二条尺寸界线原点：（指定 $\phi72$ 右端尺寸界线原点）

指定尺寸线位置或［多行文字（M）/文字（T）/角度（A）/水平（H）/垂直（V）/旋转（R）］：t（输入字母 t，并确认）

输入标注文字 <72>：%%C72（输入字符串%%C 和数字 72，并确认）

指定尺寸线位置或［多行文字（M）/文字（T）/角度（A）/水平（H）/垂直（V）/旋转（R）］：（移动光标，确定尺寸线位置，单击鼠标左键确认）

按照上述操作步骤，标注俯视图上的 $\phi24$ mm、$\phi44$ mm 两尺寸，结果如图 11—52 所示。

四、保存图形

按照制图标准整理图形，正确无误后，保存所绘制的图形文件。

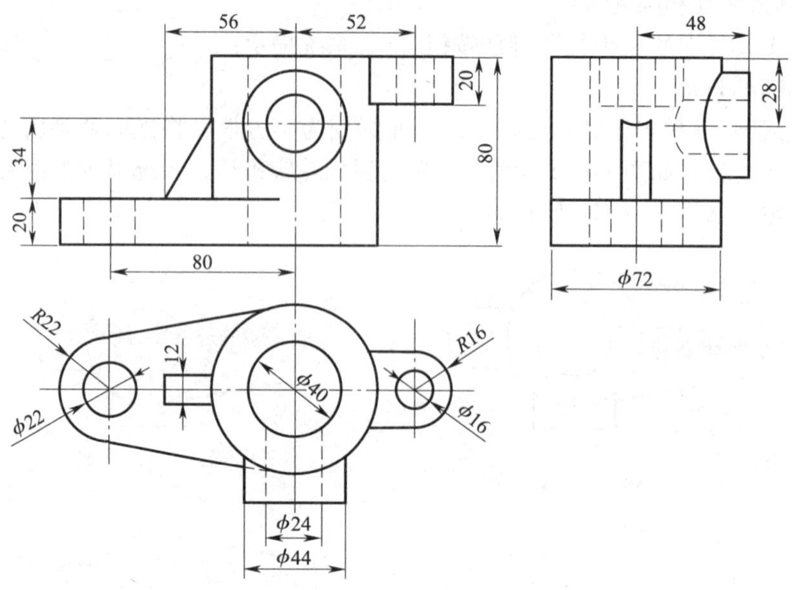

图 11—52　标注带有 φ 的直径尺寸

任务 2　绘制剖视图

任务引入

图 11—53 所示为螺栓零件图，该图不仅有轮廓线、尺寸标注，还有剖面线。本任务要求是：应用 AutoCAD 2013 绘制该图，并学习“圆弧”“倒角”“图案填充”等功能指令的应用。

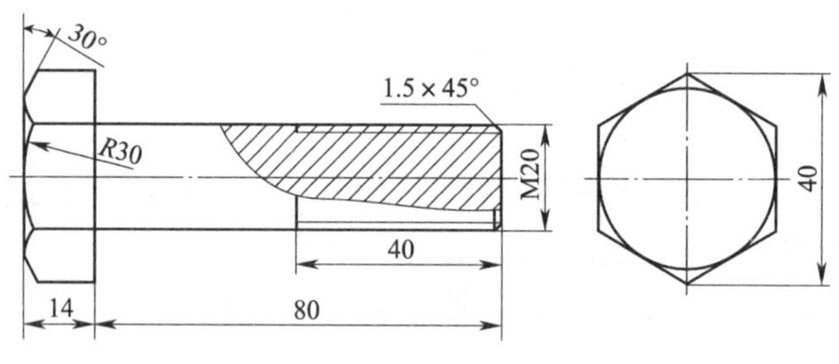

图 11—53　螺栓零件图

相关知识

一、圆弧

“圆弧”命令可以根据指定的方式绘制弧形曲线，AutoCAD 2013 提供了 11 种方式来绘制圆弧，如图 11—54 所示。执行“圆弧”命令主要有以下几种方法：

图 11—54　“圆弧”子菜单

（1）单击“绘图”菜单栏中的“圆弧”子菜单中的各命令。

（2）单击“绘图”工具栏上的 按钮。

（3）在命令行输入 Arc 或输入命令简写 A，并按 <Enter> 键。

1．“三点”方式

系统默认设置下为三点画弧，此种画弧功能是一种较为常用的画弧方式。命令行提示：

命令：_arc 指定圆弧的起点或［圆心（C）］：（在绘图区，拾取圆弧起点 A）

指定圆弧的第二个点或［圆心（C）/端点（E）］：（拾取圆弧第二点 B）

指定圆弧的端点：（拾取圆弧终点 C，结果如图 11—55 所示）

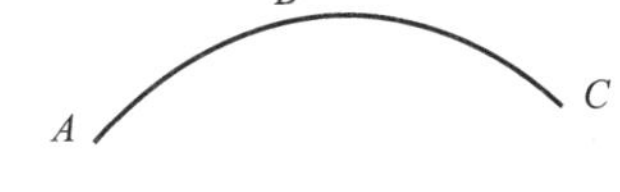

图 11—55　“三点”方式绘制圆弧示例

2．“起点、圆心”方式

此种画弧方式可分为“起点、圆心、端点”“起点、圆心、角度”和“起点、圆心、长度”三种，当用户指定了圆弧的起点和圆心之后，只需定位出弧的端点、角度或长度，即可精确画弧，如图 11—56 所示。

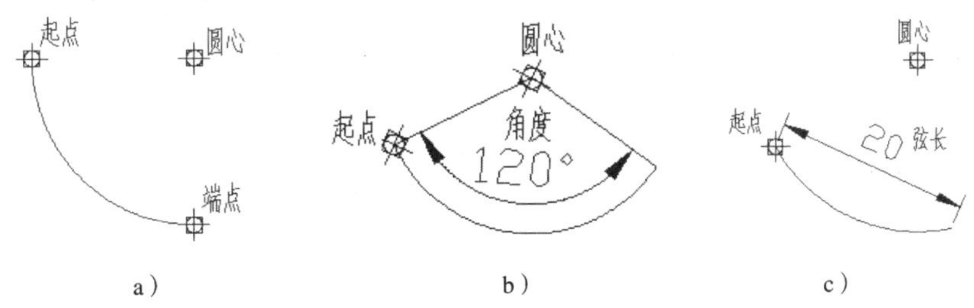

图 11—56　“起点、圆心”方式画弧示例

a）“起点、圆心、端点”方式　b）“起点、圆心、角度”方式　c）“起点、圆心、长度”方式

“起点、圆心、端点”方式逆向时针方向生成圆弧。“起点、圆心、长度”方式中的长度指的是圆弧的弦长，弦长可以为正值，表示圆心角为0°～180°的圆弧；弦长也可以为负值，表示圆心角为180°～360°的圆弧。

3. “起点、端点”方式画弧

此种画弧方式可分为“起点、端点、角度”“起点、端点、方向”和“起点、端点、半径”三种方式，当用户指定了圆弧的起点和端点之后，只需定位出弧的角度、切向或半径，即可精确画弧，如图11—57所示。

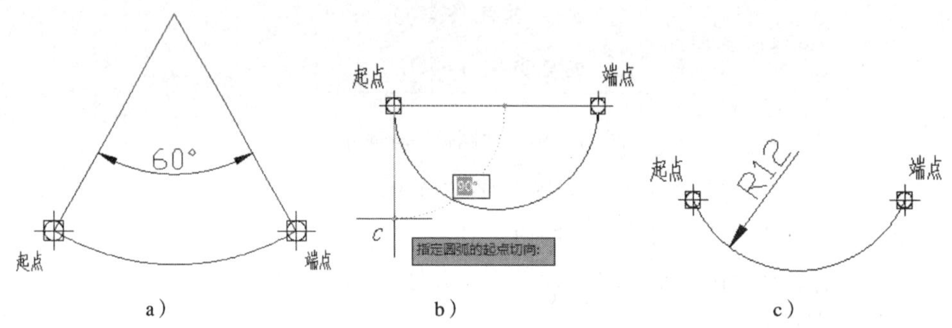

图11—57　“起点、端点”方式画弧

a）“起点、端点、角度”方式　b）“起点、端点、方向”方式　c）“起点、端点、半径”方式

（1）“起点、端点、角度”方式中的“角度”指的是圆弧包含角，包含角为正值，逆时针方向生成圆弧；包含角为负值，顺时针方向生成圆弧。

（2）“起点、端点、方向”方式的“方向”指的是圆弧起点处圆弧的切线方向，如图11—57b所示，所给方向点C与圆弧起点的连线为该弧的切线方向。

4. “圆心、起点”方式画弧

此种画弧方式分为“圆心、起点、端点”“圆心、起点、角度”和“圆心、起点、长度”三种方式，该三种方式与“起点、圆心”的三种方式类似。当用户指定了圆弧的圆心和起点之后，只需定位出弧的端点、角度或长度，即可精确画弧。

5. “继续”画弧

当刚结束“圆弧”命令后，单击“绘图”→“圆弧”→“继续”命令，系统自动进入“连续画弧”状态，绘制的圆弧与前一个圆弧的终点连接并与之相切，如图11—58a所示。

如果在刚结束画直线命令后，再执行“继续”画弧命令，那么绘制的圆弧会与直线相切，如图11—58b所示。

二、倒角

在AutoCAD 2013中，可以使用“倒角”命令修改对象使其以平角相接。选择“修改”→

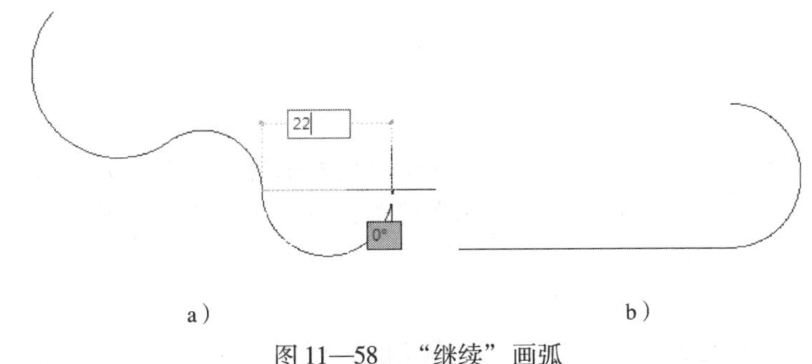

图 11—58 “继续”画弧
a）连续画弧 b）线弧相切

“倒角（CHAMFER）”命令，或单击“修改”工具栏中的“倒角”按钮，系统提示：

命令：_ chamfer

（“修剪”模式）当前倒角距离 1 =1.0000，距离 2 =1.0000

选择第一条直线或［放弃（U）/多段线（P）/距离（D）/角度（A）/修剪（T）/方式（E）/多个（M）］：

命令中各选项功能如下：

1. 选择第一条直线

该选项为默认项。选择第一条直线后，系统提示“选择第二条直线”。系统按当前倒角设置进行倒角。

2. 放弃（U）

恢复在命令中执行的上一个操作。

3. 多段线（P）

用于以指定的倒角距离对多段线进行倒角。具体操作如下：

命令：_ chamfer

（“修剪”模式）当前倒角距离 1 =1.0000，距离 2 =1.0000

选择第一条直线或［放弃（U）/多段线（P）/距离（D）/角度（A）/修剪（T）/方式（E）/多个（M）］：（输入 D）

指定第一个倒角距离 <1.0000 >：2（输入倒角距离）

指定第二个倒角距离 <2.0000 >：2（输入倒角距离）

选择第一条直线或［放弃（U）/多段线（P）/距离（D）/角度（A）/修剪（T）/方式（E）/多个（M）］：（输入 P）

选择二维多段线：（选择二维多段线，6 条直线已被倒角，如图 11—59b 所示）

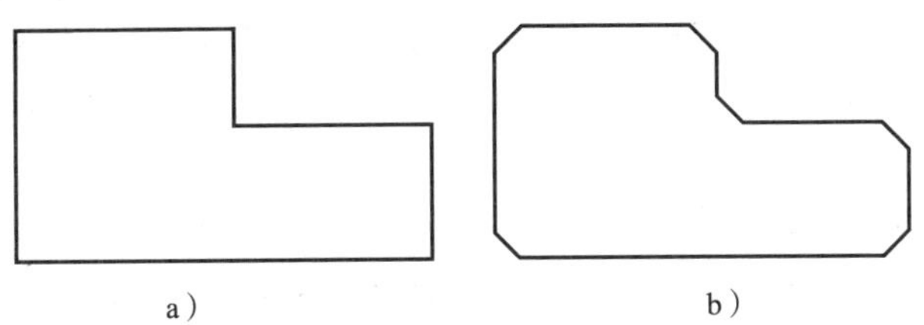

图 11—59 多段线的倒角示例
a）倒角前的多段线 b）倒角后的多段线

用多段线绘制图 11—59a 时，最后需要以闭合方式来封闭图形，用多段线倒角才能生成图 11—59b 所示图形；如果用捕捉起点来完成封闭图形，第一段直线与最后一段直线生成的夹角，用多段线倒角不生成倒角。

4. 距离（D）

用于指定第 1 个和第 2 个倒角距离，两倒角距离可以相等，也可以不等。

5. 角度（A）

该选项可以根据一个倒角距离和一个角度进行倒角。如绘制如图 11—60a 所示倒角，输入 a，按 Enter 确认，系统提示：

命令：_ chamfer

（“修剪”模式）当前倒角距离 1 = 0. 0000，距离 2 = 0. 0000

选择第一条直线或［放弃（U）/多段线（P）/距离（D）/角度（A）/修剪（T）/方式（E）/多个（M）］：a

指定第一条直线的倒角长度 <0. 0000>：（指定第一条直线倒角长度 10）

指定第二点：指定第一条直线的倒角角度 <0>：（指定倒角角度 30）

选择第一条直线或［放弃（U）/多段线（P）/距离（D）/角度（A）/修剪（T）/方式（E）/多个（M）］：（选择如图 11—60b 所示第一条直线）

选择第二条直线，或按住 Shift 键选择要应用角点的直线：（选择图 11—60c 所示第二条直线，然后单击鼠标左键，绘制出如图 11—60d 所示图形）

命令：

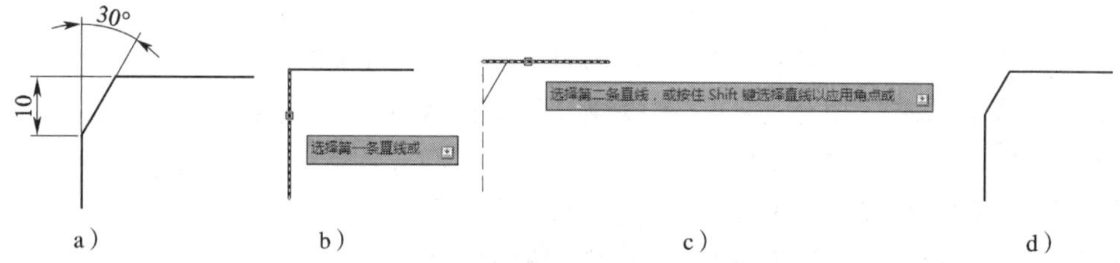

图 11—60　指定“距离、角度”方式倒角示例

6. 修剪（T）

用于确定倒角时倒角边是否剪切。输入“T”，执行该项，系统提示：

输入修剪模式选项［修剪（T）/不修剪（N）］<修剪>：（指定修剪或不修剪）

图 11—61b 所示为倒角不修剪示例，图 11—61c 所示为倒角修剪示例。

7. 方式（E）

用于指定按什么方式倒角。输入“E”，执行该选项，系统提示：

输入修剪方法［距离（D）/角度（A）］<距离>：（指定距离或角度）

距离：该选项将按两条边的倒角距离设置进行倒角。

角度：该选项将按一边距离和倒角角度设置进行倒角。

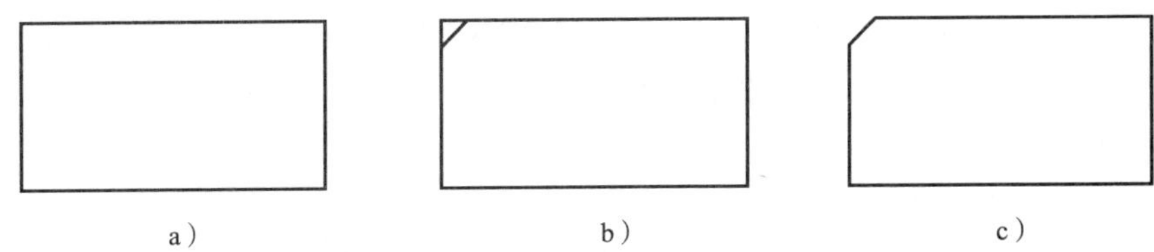

图 11—61 绘制倒角示例

a) 倒角前 b) 倒角不修剪 c) 倒角修剪

8. 多个(M)

为多组对象的边倒角。Chamfer 将重复显示主提示和“选择第二个对象”的提示,直到用户按 ENTER 键结束命令。

三、图案填充

图案填充是一种使用指定线条图案来充满指定区域的图形对象,常常用于表达剖切面和不同类型物体对象的外观纹理。

1. 创建图案填充

创建图案填充就是设置填充的图案、样式、比例等参数。通过下列三种方式之一,可以打开显示“图案填充”选项卡的“图案填充和渐变色”对话框,如图 11—62 所示。

图 11—62 “图案填充和渐变色”对话框

工具栏：单击“绘图”工具栏中的“图案填充”按钮 。

菜单栏：单击“绘图”→“图案填充”命令。

命令行：HATCH。

（1）“类型和图案”选项组

在“类型和图案”选项中，可以设置图案填充的类型和图案，主要选项的功能如下。

1）“类型”下拉列表框：设置填充的图案类型，包括“预定义”“用户定义”和“自定义”3个选项。其中，选择“预定义”选项，可以使用AutoCAD提供的图案；选择“用户定义”选项，则需要临时定义图案，该图案由一组平行线或者相互垂直的两组平行线组成；选择“自定义”选项，可以使用事先定义好的图案。

2）“图案”下拉列表框：设置填充的图案，当在“类型”下拉列表框中选择“预定义”时该选项可用。在该下拉列表框中可以根据图案名选择图案，也可以单击其后的按钮，在打开的“填充图案选项板”对话框中进行选择。

3）“样例”预览窗口：显示当前选中的图案样例，单击所选的样例图案，也可打开“填充图案选项板”对话框选择图案。

4）“自定义图案”下拉列表框：选择自定义图案，在“类型”下拉列表框中选择“自定义”类型时该选项可用。

（2）“角度和比例”选项组

在“角度和比例”选项组中，可以设置用户定义类型的图案填充的角度和比例等参数，主要选项的功能如下。

1）“角度”下拉列表框：设置填充图案的旋转角度，每种图案在定义时的旋转角度都为零。图11—63所示为金属材料剖面线的“角度”设置示例。

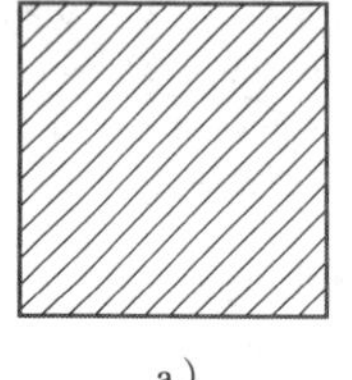

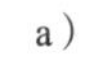

a）

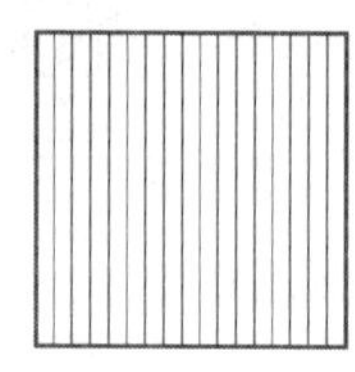

b）

图11—63 “角度”设置示例

a）角度为0°时 b）角度为45°时

2）“比例”下拉列表框：设置图案填充时的比例值。每种图案在定义时的初始比例为1，可以根据需要放大或缩小。图11—64所示为金属剖面线的“比例”设置示例。在“类型”下拉列表框中选择“用户定义”时该选项不可用。

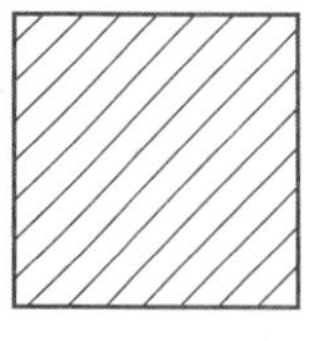

a）

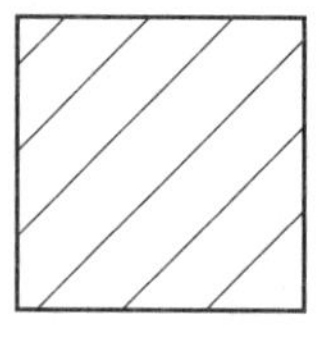

b）

图11—64 “比例”设置示例

a）比例为1 b）比例为2

3）“双向”复选框：当在“图案填充”选项卡中的“类型”下拉列表框中选择“用户定义”选项时，选中该复选框，可以使用相互垂直的两组平行线填充图形，否则为一组平行线。

4）“相对图纸空间”复选框：设置比例因子是否为相对于图纸空间的比例。

5）“间距”文本框：设置填充平行线之间的距离，当在“类型”下拉列表框中选择“用户定义”时，该选项才可用。

6）“ISO 笔宽”下拉列表框：设置笔的宽度，当填充图案采用 ISO 图案时，该选项才可用。

（3）“图案填充原点”选项组

在“图案填充原点”选项组中，可以设置图案填充原点的位置，因为许多图案填充需要对齐填充边界上的某一个点。主要选项的功能如下：

1）“使用当前原点”单选按钮：可以使用当前 UCS 的原点（0，0）作为图案填充原点。

2）“指定的原点”单选按钮：可以通过指定点作为图案填充原点。其中，单击“单击以设置新原点”按钮，可以从绘图窗口中选择某一点作为图案填充原点；选择“默认为边界范围”复选框，可以以填充边界的左下角、右下角、右上角、左上角或圆心作为图案填充原点；选择“存储为默认原点”复选框，可以将指定的点存储为默认的图案填充原点。

（4）“边界”选项组

在“边界”选项组中，包括“添加：拾取点”“添加：选择对象”等按钮，其功能如下。

1）“添加：拾取点”按钮：以拾取点的形式来指定填充区域的边界。单击该按钮切换到绘图窗口，可在需要填充的区域内任意指定一点，系统会自动计算出包围该点的封闭填充边界，同时亮显该边界。如果在拾取点后系统不能形成封闭的填充边界，则会显示错误提示信息。

2）“添加：选择对象”按钮：单击该按钮将切换到绘图窗口，可以通过选择对象的方式来定义填充区域的边界。此方法可以用于所选对象组成不封闭的区域边界，但在不封闭处会发生填充断裂或不均匀现象，如图 11—65 所示。

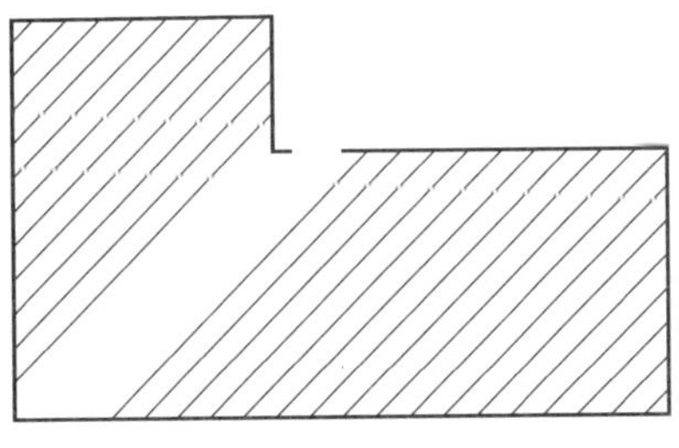

图 11—65 填充不封闭图形的结果

3）“删除边界”按钮：单击该按钮可以取消系统自动计算或用户指定的边界。

4）“重新创建边界”按钮：重新创建图案填充边界。

5）“查看选择集”按钮：查看已定义的填充边界。单击该按钮，切换到绘图窗口，已定义的填充边界将亮显。

（5）“选项”选项组

“关联”复选框用于创建其边界时随之更新的图案和填充；“创建独立的图案填充”复选框用于创建独立的图案填充；“绘图次序”下拉列表框用于指定图案填充的绘图顺序，图案填充可以放在图案填充边界及所有其他对象之后或之前。

此外，单击“继承特性”按钮，可以将现有图案填充或填充对象的特性应用到其他图案填充或填充对象；单击“预览”按钮，可以使用当前图案填充设置显示当前定义的边界，单击图形或按 Esc 键返回对话框，单击、右击或按 Enter 键接受图案填充。

2．编辑图案填充

创建了图案填充后，如果需要修改填充图案或修改图案区域的边界，可选择“修改”→“对象”→“图案填充”命令，然后在绘图窗口中单击需要编辑的图案填充，这时将打开“图案填充编辑”对话框。“图案填充编辑”对话框与“图案填充和渐变色”对话框的内容完全相同，只是定义填充边界的某些按钮不再可用。

3．分解图案

图案是一种特殊的块，称为“匿名”块，无论形状多复杂，它都是一个单独的对象。可以使用“修改”→“分解”命令来分解一个已存在的关联图案。

图案被分解后，它将不再是一个单一对象，而是一组组成图案的线条。同时，分解后的图案也失去了与图形的关联性，因此，将无法使用“修改”→“对象”→“图案填充”命令来编辑。

任务实施

一、启动 AutoCAD 2013

启动 AutoCAD 2013，打开图形样板，新建“图案填充”图层，线型为“Continuous”，线宽为 0.2，颜色为黑色。

二、绘制螺栓轮廓

利用“直线”“圆”“正多边形”等按钮，按图 11—53 所示尺寸绘制螺栓轮廓，如图 11—66 所示。

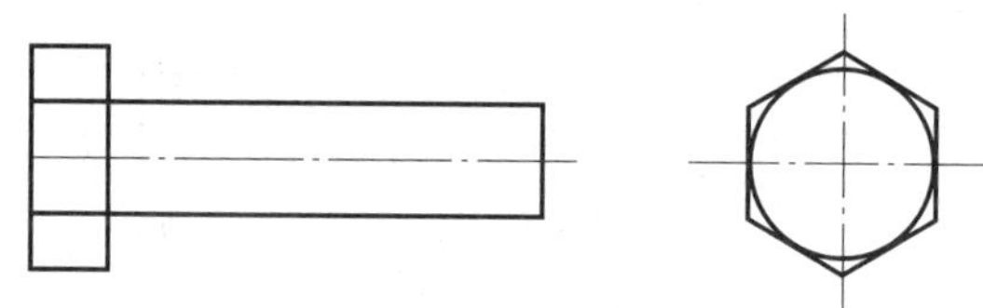

图 11—66　绘制螺栓轮廓

三、绘制螺栓头部与垂直线成 30°倒角

1．作辅助线

根据主视图与左视图的关系，如图 11—67a 所示，作如图 11—67b 所示辅助线。

2．绘制螺栓头部 30°倒角

设置极轴追踪角度为 30°，绘制螺栓头上部与水平线成 60°斜线，如图 11—67b 所示。利用“修剪”功能，剪去多余的线条，并删除辅助线。用相同的方法，绘制螺栓头下部与垂直线成30°倒角，如图11—67c所示。

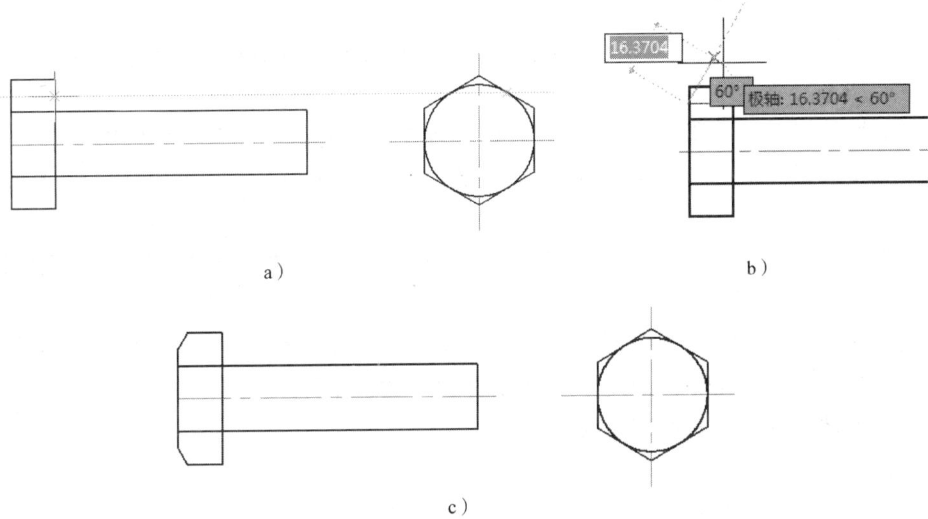

a）　b）　c）

图11—67　绘制螺栓头部与垂直线成30°倒角

四、绘制螺栓头部圆弧

1. 绘制螺栓头部 *R*30 mm 圆

单击“绘图”工具栏中的“圆”按钮，系统提示：

命令：_ circle

指定圆的圆心或［三点（3P）/两点（2P）/切点、切点、半径（T）]：30（沿水平中心线左端点水平向右追踪，输入30，确定圆心，如图11—68a所示）

指定圆的半径或［直径（D）］ <30.0000>：（按Enter确认）

命令：

完成上述操作，绘制出如图11—68b所示图形。

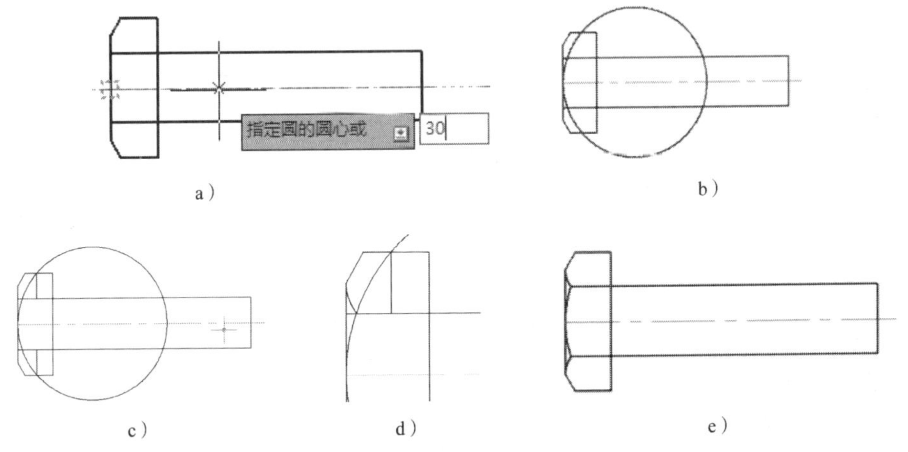

a）　b）　c）　d）　e）

图11—68　绘制螺栓头部圆弧

2. 作辅助线

作如图 11—68c 所示辅助线。

3. 绘制螺栓头上部圆弧

单击菜单栏中的“绘制”→“圆弧”→“起点、圆心、端点”，系统提示：

命令：_ arc

指定圆弧的起点或［圆心（C）］：（拾取螺栓左垂直轮廓线与30°倒角线的交点）

指定圆弧的第二个点或［圆心（C）/端点（E）］：_ c 指定圆弧的圆心：（拾取所作辅助线的中点）

指定圆弧的端点或［角度（A）/弦长（L）］：（拾取 *R*30 mm 的圆与水平轮廓线的交点）

完成上述操作，绘制出如图 11—68d 所示圆弧。按照上述方法，绘制螺栓头下部圆弧，修剪去多余的线条，并删除辅助线，结果如图 11—68e 所示。

五、绘制螺栓尾部倒角和螺纹线

1. 倒角

单击“修改”工具栏中的“倒角”，系统提示：

命令：CHAMFER

（“修剪”模式）当前倒角距离 1 = 1. 0000，距离 2 = 1. 0000

选择第一条直线或［放弃（U）/多段线（P）/距离（D）/角度（A）/修剪（T）/方式（E）/多个（M）］：d

指定第一个倒角距离 <1. 0000 >：1. 5

指定第二个倒角距离 <1. 0000 >：1. 5

选择第一条直线或［放弃（U）/多段线（P）/距离（D）/角度（A）/修剪（T）/方式（E）/多个（M）］：（拾取螺栓尾部上轮廓线）

选择第二条直线，或按住 Shift 键选择要应用角点的直线：（拾取螺栓尾部垂直轮廓线）

按照上述方法，绘制螺栓尾部下边倒角，结果如图 11—69a 所示。用直线连接两倒角处，如图 11—69b 所示。

2. 绘制螺纹线

利用细实线层，绘制长为 40 mm 的螺纹线，如图 11—69c 所示。

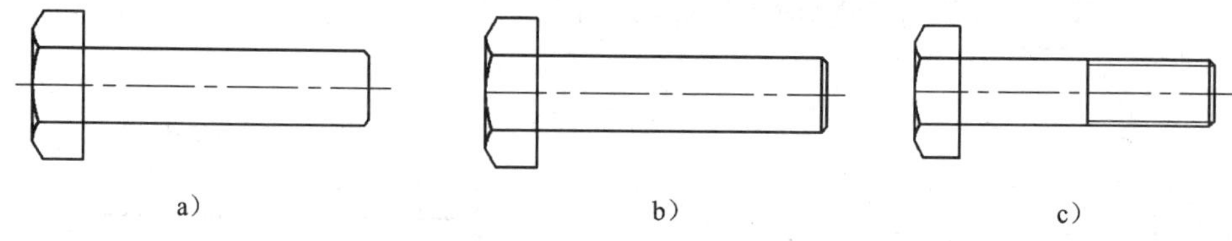

图 11—69　绘制倒角和螺纹线

六、绘制剖面线

1. 绘制剖面界线

单击“绘图”工具栏中的“样条曲线”，系统提示：

命令：_ spline

当前设置：方式 = 拟合　节点 = 弦

指定第一个点或［方式（M）/节点（K）/对象（O）］：（指定第一点）

输入下一个点或［起点切向（T）/公差（L）］：（指定第二点）

输入下一个点或［端点相切（T）/公差（L）/放弃（U）］：（指定第三点）

输入下一个点或［端点相切（T）/公差（L）/放弃（U）/闭合（C）］：（指定第四点）

输入下一个点或［端点相切（T）/公差（L）/放弃（U）/闭合（C）］：（指定第五点）

输入下一个点或［端点相切（T）/公差（L）/放弃（U）/闭合（C）］：（指定第六点）

输入下一个点或［端点相切（T）/公差（L）/放弃（U）/闭合（C）］：（按 Enter 键确认，绘制出如图 11—70a 所示样条曲线）

应用“修剪”功能，删除多余的线段，如图 11—70b 所示。

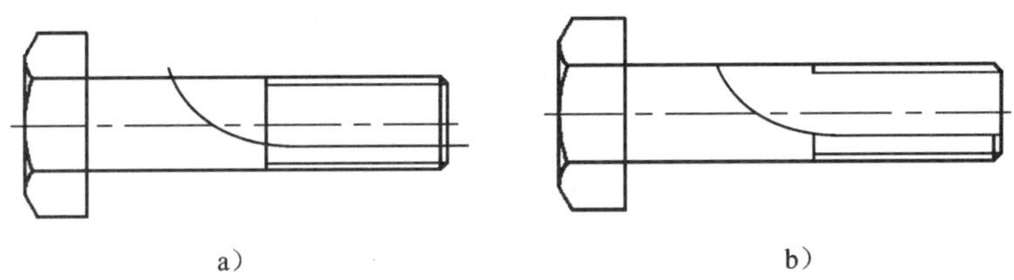

a）　　b）

图 11—70　绘制剖面界线

2. 绘制剖面线

单击“绘图”工具栏中的“图案填充”按钮 ，系统弹出“图案填充”对话框，并设置图案填充“类型”“图案”等内容，如图 11—71 所示。单击“边界”选项组中的“添加：拾取点”按钮 ，系统返回到绘图界面，拾取要绘制剖面线的区域内的一点，整个区域边界变亮，如图 11—72a 所示。按 Enter 键，系统返回到“图案填充”对话框。此时，对话框中的“确定”按钮由灰色变为黑色，单击“确定”按钮，系统关闭“图案填充”对话框，且绘制出如图 11—72b 所示剖面线。

七、标注尺寸

1. 标注线性尺寸

根据图 11—53 所示尺寸，标注螺栓零件图尺寸，如图 11—73 所示。

2. 标注 30°角度

单击“标注”工具栏中的“角度” ，系统提示：

命令：_ dimangular

选择圆弧、圆、直线或 <指定顶点>：（拾取螺栓左端垂直线）

选择第二条直线：（拾取 30°倒角线）

指定标注弧线位置或［多行文字（M）/文字（T）/角度（A）/象限点（Q）］：（选取合适的位置）

标注文字 = 30

命令：

完成上述操作，绘制出如图 11—74 所示图形。

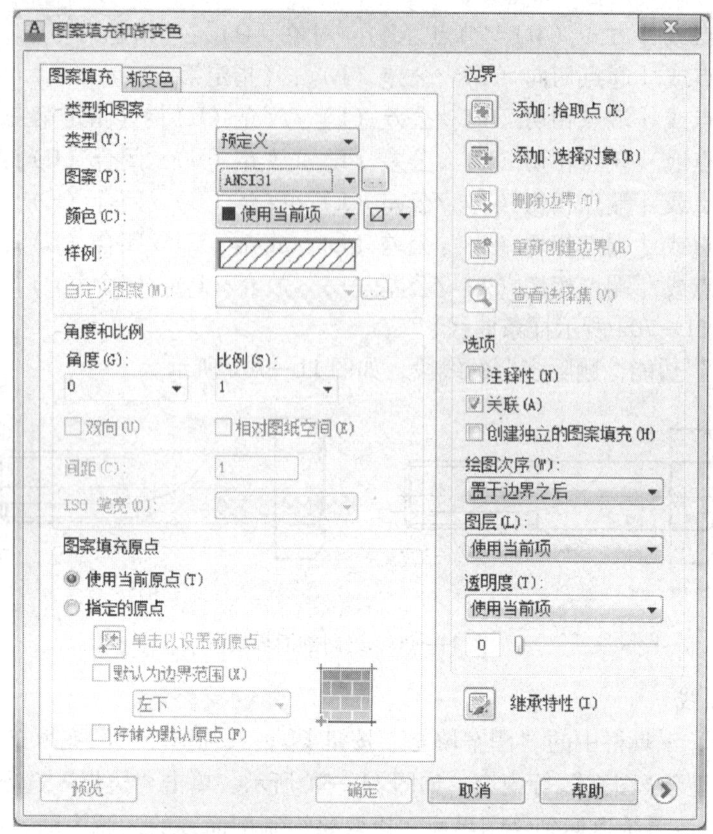

图 11—71 “图案填充”对话框

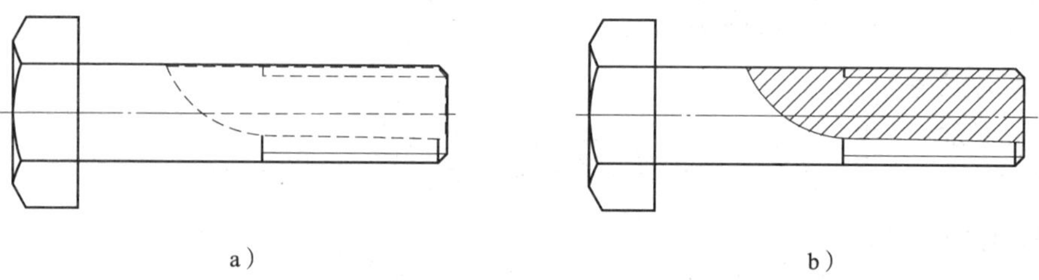

图 11—72 绘制剖面线

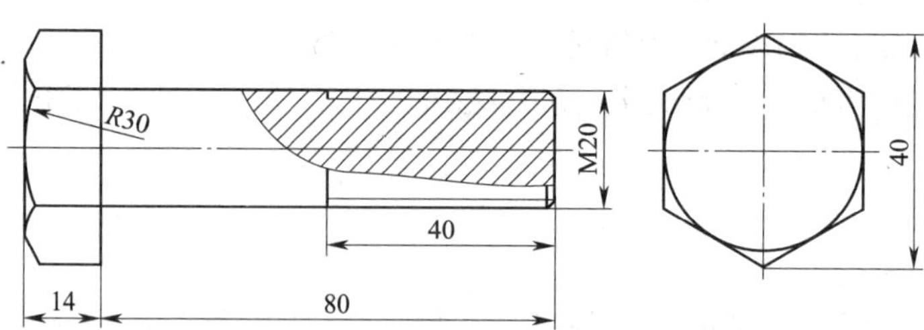

图 11—73 标注线性尺寸

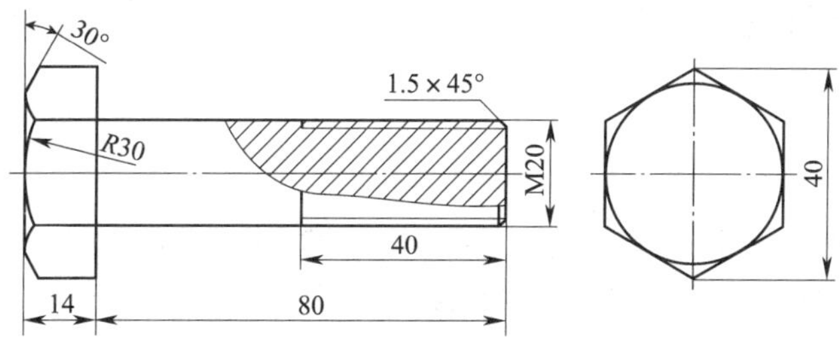

图 11—74　标注 30°角度

3. 标注 1.5×45°倒角

设置极轴追踪角度为 45°，绘制 1.5×45°的引出线，如图 11—75a 所示。单击“绘图”工具栏中的“多行文字” A，系统提示：

命令：_ mtext

当前文字样式："Standard"　　文字高度：2.5　　注释性：否

指定第一角点：（拾取第一点）

指定对角点或［高度（H）/对正（J）/行距（L）/旋转（R）/样式（S）/宽度（W）/栏（C）］：（拾取第二点）

系统弹出多行文字编辑栏，输入“1.5×45%%d”，如图 11—75b 所示。单击“文字格式”栏中的“确定”按钮，绘图区标注出“1.5×45°”，通过“修改”工具栏中的“移动”按钮的功能，调整“1.5×45°”的位置，结果如图 11—75c 所示。

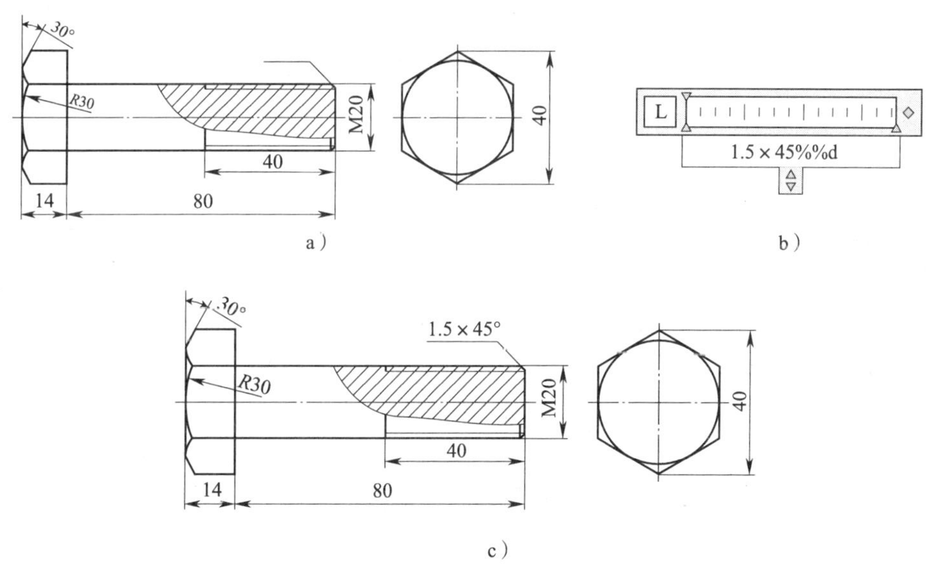

图 11—75　标注 1.5×45°

八、整理保存

整理图形使其符合机械制图标准，完成后，保存图形。

任务3　绘制电路图

任务引入

图11—76所示为三相异步电动机的正转连续控制电路图。该电路图主要由电源电路、主电路和控制电路组成。该电路图主要由直线和圆弧两种轮廓线组成，没有尺寸要求，但要遵循电路图的绘制原则。本任务要求是：应用AutoCAD 2013绘制该电路图，并学习“图块”“复制”和“粘贴”等命令。

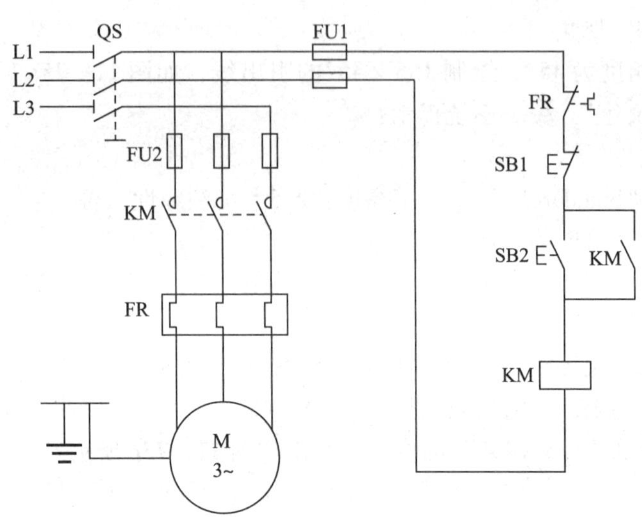

图11—76　电动机正转连续控制电路图

相关知识

一、图块

将一个或多个单一的实体对象整合为一个对象，这个对象就是图块。图块中的各实体可以具有各自的图层、线型、颜色等特征。在应用时，图块作为一个独立的、完整的对象进行操作，可以根据需要按一定比例和角度将图块插入到需要的位置。

插入的图块只能保存图块的特征性参数，而不保存图块中的每一个实体的特征参数。因此，在绘制相对复杂的图形时，使用图块可以节省磁盘空间。若在图中需要多处重复插入图块，绘图效率愈加明显提高，如果对当前图块进行修改或重新定义，则图中的所有该图块均会自动修改，从而节省了时间。

1．创建图块

图块分内部图块和外部图块两种类型。

（1）创建内部图块

创建内部图块是指创建的图块保存在定义该图块的图形中，只能在当前图形中应用，而不插入到其他图形中。通过下列三种方式打开“块定义”对话框，如图 11—77 所示。

工具栏：单击“绘图”工具栏中的“块定义”按钮。

菜单栏：单击“绘图”→“块”→“创建”。

命令行：BLOCK。

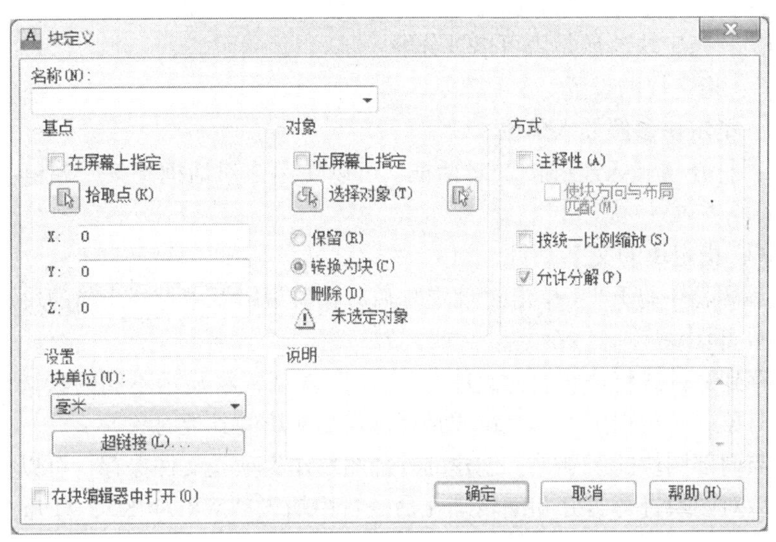

图 11—77 “块定义”对话框

对话框选项说明：

1）“名称”下拉列表框有两个功能：第一，用于为新块赋名，图块名是一个不超过 255 个字符的字符串，可以包含字母、数字、“$”“-”及“_”等符号；第二，用于存放当前文件中所有的内部块。注意：不能用 DIRECT、LIGHT、AVE_ RENDER、RM_ SDB、SH_ SPOT 和 OVERHEAD 作为有效的块名称。

2）“基点”选项组：用于选择创建图块的基点。

“在屏幕上指定”：在屏幕上指定创建图块的基点，关闭对话框时，将提示用户指定基点。

“拾取点”：用于在绘图区拾取基点。单击该按钮，暂时关闭“块定义”对话框，允许用户拾取基点。完成拾取后，重新显示“块定义”对话框，X、Y、Z 显示拾取点的坐标值。

3）“对象”选项组：用于选择要创建图块的实体对象。

“在屏幕上指定”：在屏幕上指定创建图块的实体对象，关闭对话框时，将提示用户指定对象。

“选择对象”按钮：用于在绘图区选择对象。单击该按钮，暂时关闭“块定义”对话框，允许用户选择块对象。确定选择对象后，重新显示“块定义”对话框，并在“选择对象”下面提示“已选定 1 个对象”。

“保留”单选钮：用于创建图块后保留原对象。

“转换为块”单选钮：用于创建图块后，原对象转换为图块。

“删除”单选钮：用于创建图块后，删除原对象。

4）“方式”选项组：指定块的方式。

“注释性”：指定块为注释性。单击信息图标以了解有关注释性对象的更多信息。

“使块方向与布局匹配”：指定在图纸空间视口中的块参照的方向与布局的方向匹配。如果未选择“注释性”选项，则该选项不可用。

“按统一比例缩放”：指定是否阻止块参照不按统一比例缩放。

“允许分解”：指定块参照是否可以被分解。

5）“设置”：指定块的设置。

“块单位”：指定块参照插入单位。

“超链接”：打开“插入超链接”对话框，可以使用该对话框将某个超链接与块定义相关联。

6）“说明”：指定块的文字说明。

7）“在块编辑器中打开”：单击“确定”后，在块编辑器中打开当前的块定义。

（2）创建外部图块

将对象保存到文件或将块转换为文件。“写块”对话框将显示不同的默认设置，这取决于是否选定了对象，是否选定了单个块或是否选定了非块的其他对象。

外部图块与内部图块的区别是：创建的外部图块作为独立文件保存，可以插入到任何图形中去，并可以对图块进行打开和编辑。在命令行中输入“WBLOCK”，打开“写块”对话框，如图 11—78 所示。

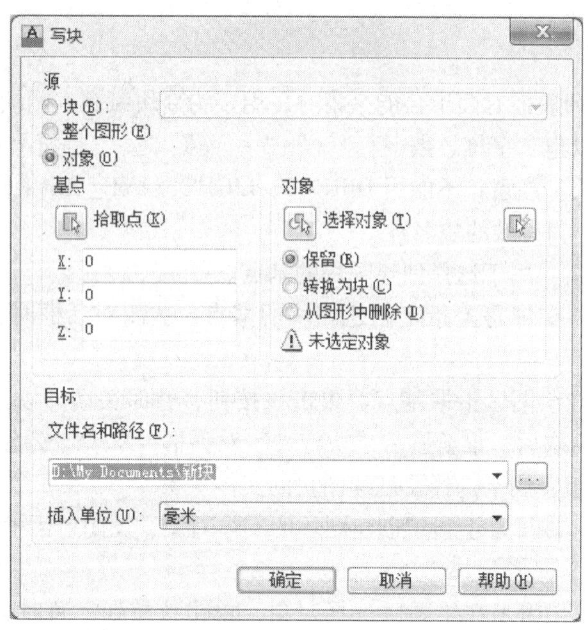

图 11—78　“写块”对话框

对话框中各项说明：

1）“源”选项组：指定块和对象，将其另存为文件并指定插入点。

“块”：指定要另存为文件的现有块。从列表中选择名称。

“整个图形”：选择要另存为其他文件的当前图形。

“对象”：选择要另存为文件的对象。指定基点并选择所要保存的对象。

2）“基点”：指定块的基点。默认值是（0，0，0）。

“拾取点”：暂时关闭对话框以使用户能在当前图形中拾取插入基点。

3）“对象”：选择创建块的对象。

“选择对象”按钮：临时关闭该对话框以便可以选择一个或多个对象以保存至文件。

“保留”：将选定对象另存为文件后，在当前图形中仍保留它们。

“转换为块”：将选定对象另存为文件后，在当前图形中将它们转换为块。块指定为“文件名”中的名称。

“从图形中删除”：将选定对象另存为文件后，从当前图形中删除它们。

“快速选择”按钮：打开“快速选择”对话框，从中可以过滤选择集。

4）“目标”：指定文件的新名称和新位置以及插入块时所用的测量单位。

“文件名和路径”：指定文件名和保存块或对象的路径。

“…”：显示标准的文件选择对话框。

“插入单位”：指定从 DesignCenter™（设计中心）拖动新文件或将其作为块插入到使用不同单位的图形中时用于自动缩放的单位值。如果希望插入时不自动缩放图形，请选择“无单位”。

2. 插入图块

将块或图形插入到当前图形。建议插入块库中的块。块库可以是存储相关块定义的图形文件，也可以是包含相关图形文件（每个文件均可作为块插入）的文件夹。无论使用何种方式，块均可标准化并供多个用户访问。用户可以插入自己的块，也可以使用设计中心或工具选项板中提供的块。

（1）输入命令

工具栏：单击“绘图”工具栏中的“插入块”按钮。

菜单栏：单击菜单栏中的“插入”→“块”。

命令行：INSERT。

通过上述三种命令之一，可以打开图块“插入”对话框，如图 11—79 所示。

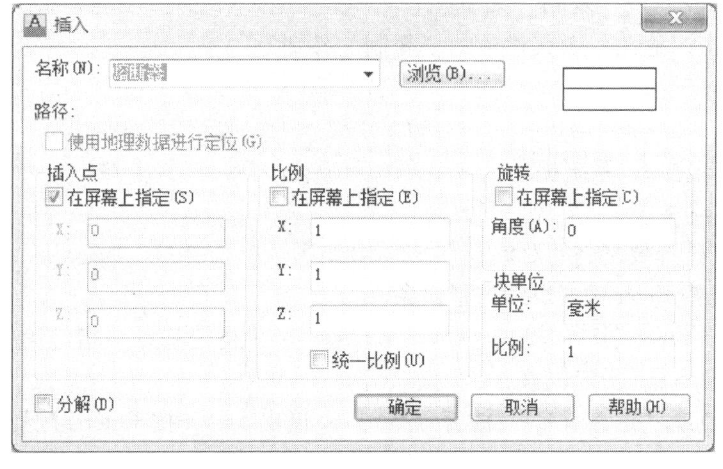

图 11—79 “插入”对话框

（2）对话框中各选项说明

1）“名称”下拉列表框：指定要插入块的名称，或指定要作为块插入的文件的名称。也可以单击“浏览”按钮，在打开的“选择图形文件”对话框（标准的文件选择对话框）中可选择要插入的块或图形文件。

2）“路径”：指定块的路径。

“插入点”选项组：指定块的插入点。可通过选中“在屏幕上指定”复选框，在绘图区内指定插入点，也可以直接在X、Y、Z文本框中输入点的坐标。

“比例”选项组：指定插入块的缩放比例。如果指定负的X、Y和Z缩放比例因子，则插入块的镜像图像。可以直接在X、Y、Z文本框中输入块在三个方向上的坐标，也可以通过选中“在屏幕上指定”复选框，在绘图区内指定。如果选中“统一比例”复选框，表示为X、Y和Z坐标指定单一的比例值，为X指定的值也反映在Y和Z的值中。

“旋转”选项组：在当前UCS中指定插入块的旋转角度。可通过“在屏幕上指定”复选框，在绘图区内指定，也可直接在“角度”文本框中输入插入块的旋转角度。

“块单位”选项组：显示有关块单位的信息。“单位”指定插入块的INSUNITS值。“比例”显示单位比例因子，该比例因子是根据块的INSUNITS值和图形单位计算的。

“分解”复选框：分解块并插入该块的各个部分。选定“分解”时，只可以指定统一比例因子。

在图层0上绘制的块的部件对象仍保留在图层0上。颜色为“BYLAYER”的对象为白色。线型为“BYBLOCK”的对象具有CONTINUOUS线型。

二、复制

在AutoCAD 2013中，可以使用“复制”命令，创建与原有对象相同的图形。

1. 输入命令

菜单栏：“修改”→“复制”菜单。

工具栏：单击“修改”工具栏中的“复制”按钮 。

命令行：copy。

2. 操作格式

执行上述命令之一，系统提示：

命令：（输入命令）

选择对象：（选择要复制的对象）

选择对象：（按Enter键或继续选择对象）

指定基点或［位移（D）/模式（O）］<位移>：（指定基点）指定第二个点或<使用第一个点作为位移>：（指定位移点）

指定第二个点或［退出（E）/放弃（U）］<退出>：（按Enter键退出或继续复制对象）

3. 选项说明

(1)“位移(D)”：使用坐标指定相对距离和方向。

指定位移<上个值>：(输入表示矢量的坐标)

(2)“模式(O)”：控制是否自动重复该命令。该设置由 COPYMODE 系统变量控制。

输入复制模式选项［单个(S)/多个(M)］<当前>：(输入 s 或 m)

任务实施

一、启动 AutoCAD 2013

启动 AutoCAD 2013，打开图形样板，开始新图形的创建。

二、绘制电源电路

将“细实线”层设置为当前层，选择“绘图”工具栏中的“直线”图标，绘制一条带有开关的水平电源电路，如图 11—80a 所示。单击“修改”工具栏中的“复制”按钮，系统提示：

命令：_ copy

选择对象：(拾取刚绘制的水平电源线路，单击鼠标右键确定)

当前设置：　复制模式 = 多个

指定基点或［位移(D)/模式(O)］<位移>：(打开对象捕捉，捕捉电源线路左端点)

指定第二个点或［阵列(A)］<使用第一个点作为位移>：10(垂直向下移动鼠标，输入 10，如图 11—80b 所示，按 Enter 键确定，绘制出如图 11—80c 所示图形)

指定第二个点或［阵列(A)/退出(E)/放弃(U)］<退出>：20(同上，输入 20，绘制出如图 11—80d 所示图形)

指定第二个点或［阵列(A)/退出(E)/放弃(U)］<退出>：(按 Esc 键退出)

按照上述操作步骤，绘制出 3 条间隔相等的电源电路。再用“绘图”工具栏中的“直线”功能，绘制出电源开关的联动符号，如图 11—80e 所示，电源电路就绘制完毕。

三、绘制主电路

选择“绘图”工具栏中的“直线”图标，绘制一条带有接触器常开主触头和热元件的垂直主电路，如图 11—81a 所示。利用“修改”工具栏中的“复制”按钮，绘制另外两条垂直主电路，如图 11—81b 所示。单击“绘图”工具栏中的“直线”功能，绘制出接触器常开主触头的联动符号及热继电器的矩形框，如图 11—81c 所示。单击“绘图”工具栏中的“圆”图标，绘制出三相异步电动机的图形符号，并用“修改”工具栏中的“修剪”图标，删除多余的线条，如图 11—81d 所示。单击“绘图”工具栏中的“直线”功能，绘制出三相异步电动机的接地符号，这样主电路就绘制出来了，如图 11—81e 所示。

四、绘制控制电路

选择“绘图”工具栏中的“直线”图标，绘制控制电路，按照图 11—76 所示顺序，依次绘制热继电器常闭触头、停止按钮、启动按钮、接触器的自锁触头以及接触器的线圈，得到如图 11—82 所示图形。

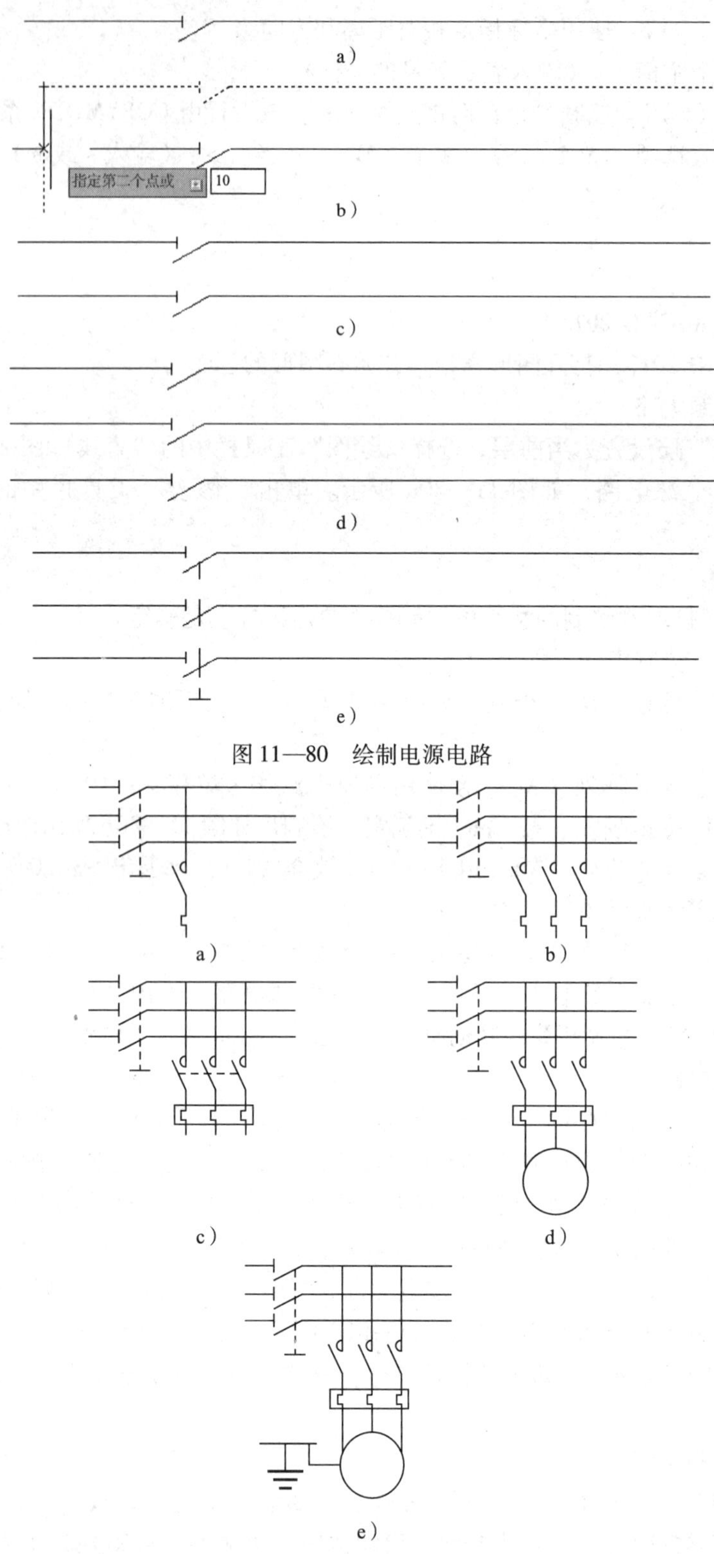

图 11—80　绘制电源电路

图 11—81　绘制主电路

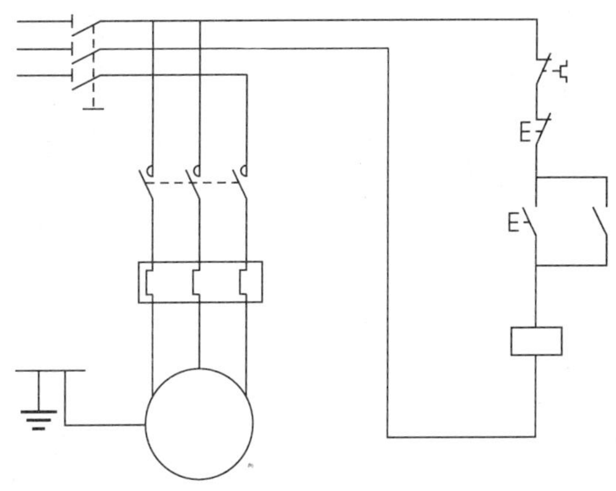

图 11—82　绘制控制电路

五、绘制熔断器图形符号

为了保证电路图中所用熔断器图形符号大小一致，运用所学的图块知识来绘制。

1. 绘制熔断器符号“ ”并定义为图块

在 AutoCAD 绘图空白区域，绘制 符号，然后单击“绘图”工具栏中的“创建块”图标 ，AutoCAD 弹出创建图块对话框，在名称处输入“熔断器图形符号”。单击对话框中的按钮 拾取点(K)，然后选中 的左侧线段端点作为拾取点。再单击对话框中的按钮 选择对象(T)，进入绘图状态，选择“ ”作为图块对象，系统返回“图块定义”对话框，再单击对话框中的“确定”，熔断器图形符号就被定义为图块。

2. 插入图块

电路图中有 5 处需要绘制熔断器图形符号，为了便于寻找图块插入点，可先作两条辅助线，如图 11—83 所示。单击“绘图”工具栏中的“插入”图块图标 ，系统弹出“插入”图块对话框，选择“熔断器图形符号”图块，把其插入到电路图中。然后删除辅助线，结果如图 11—84 所示。注意：在绘制主电路中的熔断器图形符号时，需要在“插入”图块对话框中的“角度”处输入“－90”。

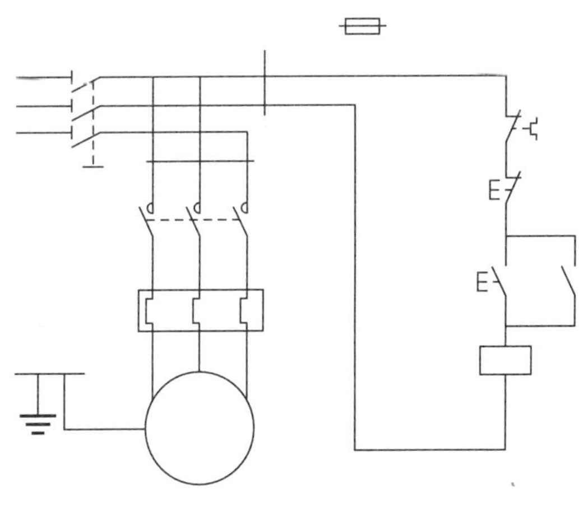

图 11—83　绘制辅助线

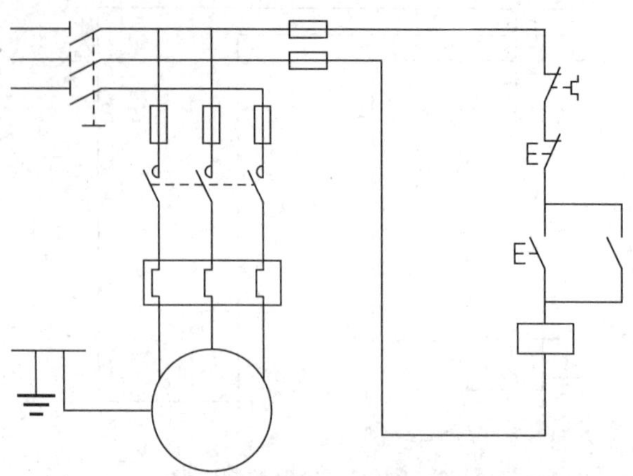

图 11—84　绘制熔断器图形符号

六、绘制文字符号

运用“绘图”工具栏中的“多行文字”图标 A，绘制电路图中的文字符号，得到如图 11—76 所示图形。

七、保存

把绘制好的三相异步电动机正转连续控制电路图保存到指定位置。

附　　录

附录 1　　常用图线的种类、形式及应用（摘自 GB/T 4457.4—2002）

名称	图线形式	线宽	一般应用
细实线		$d/2$	尺寸线、尺寸界线、指引线、短中心线、剖面线、重合断面的轮廓线、过渡线、表示平面的对角线、螺纹牙底线、齿轮的齿根线、不连续同一表面连线、成规律分布的相同要素连线
波浪线		$d/2$	断裂处边界线；视图与剖视的分界线
双折线		$d/2$	断裂处边界线；视图与剖视的分界线
粗实线	d	d（优先采用 0.5 mm、0.7 mm）	可见棱边线、可见轮廓线、相贯线、螺纹牙顶线、螺纹长度终止线、齿顶圆（线）、剖切符号用线
细虚线		$d/2$	不可见棱边线、不可见轮廓线
粗虚线		d	允许表面处理的表示线
细点画线		$d/2$	轴线、对称中心线、分度圆（线）、孔系分布的中心线、剖切线
粗点画线		d	限定范围表示线
细双点画线		$d/2$	相邻辅助零件的轮廓线、可动零件的极限位置的轮廓线、轨迹线、中断线

注：对于波浪线和双折线，一张图样上一般采用一种线型。

附录 2　普通螺纹直径与螺距（摘自 GB/T 192—2003，193—2003，196—2003）

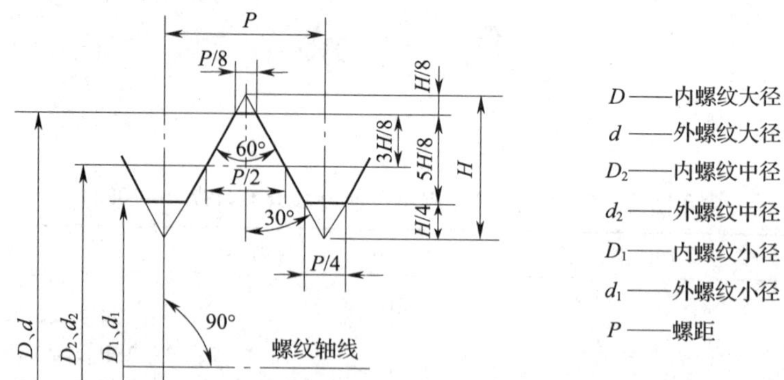

标记示例

粗牙普通外螺纹、公称直径 $d=10$ mm、右旋、中径及大径的公差带代号 6g、中等旋合长度的螺纹标记为：M10—6g

细牙普通内螺纹、公称直径 $D=10$ mm、螺距 $P=1$ mm、左旋、中径及小径的公差带代号 6H、中等旋合长度的螺纹标记为：M10×1—6H—LH

mm

公称直径（D、d）			螺距（P）		粗牙螺纹小径（D_1、d_1）
第一系列	第二系列	第三系列	粗牙	细牙	
4	—	—	0.7	0.5	3.242
5	—	—	0.8		4.134
6	—	—	1	0.75	4.917
—	7	—			5.917
8	—	—	1.25	1、0.75	6.647
10	—	—	1.5	1.25、1、0.75	8.376
12	—	—	1.75	1.25、1	10.106
—	14	—	2	1.5、1.25、1	11.835
—	—	15	—	1.5、1	*13.376
16	—	—	2		13.835
—	18	—	2.5	2、1.5、1	15.294
20	—	—			17.294
—	22	—			19.294
24	—	—	3		20.752
—	—	25	—		*22.835
—	27	—	3		23.752
30	—	—	3.5	(3)、2、1.5、1	26.211
—	33	—		(3)、2、1.5	29.211
—	—	35	—	1.5	*33.376
36	—	—	4	3、2、1.5	31.670
—	39	—			34.670

注：1. 优先选用第一系列，其次是第二系列，第三系列尽可能不用。

2. 括号内尺寸尽可能不用。

3. M14×1.25 仅用于火花塞；M35×1.5 仅用于滚动轴承缩紧螺母。

4. 带 * 的为细牙参数，是对应于第一种细牙螺距的小径尺寸。

附录3　C级六角头螺栓（摘自GB/T 5780—2000）和全螺纹六角头螺栓（摘自GB/T 5781—2000）

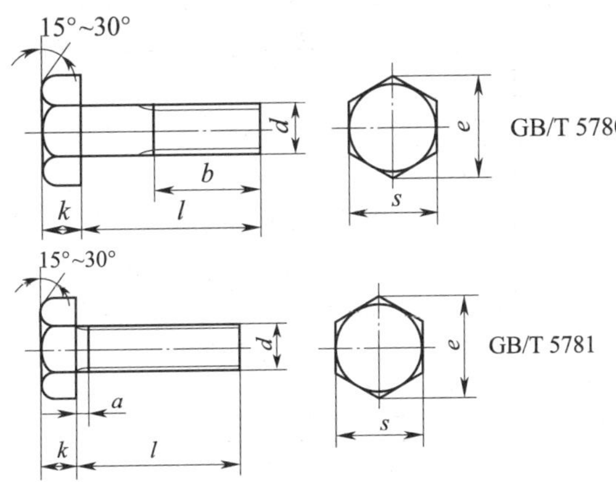

标记示例：

螺纹规格d=M12、公称长度l=80mm、性能等级为4.8级、不经表面处理、C级六角头螺栓的标记：

螺栓　GB/T 5780　M12×80

mm

螺纹规格 d (8g)		M5	M6	M8	M10	M12	(M14)	M16	(M18)	M20	(M22)	M24	(M27)
b	l≤125	16	18	22	26	30	34	38	42	46	50	54	60
	125<l≤200	22	24	28	32	36	40	44	48	52	56	60	66
	l>200	35	37	41	45	49	53	57	61	65	69	73	79
a	max	2.4	3	4	4.5	5.3	6	6	7.5	7.5	7.5	9	9
e	min	8.63	10.89	14.2	17.59	19.85	22.78	26.17	29.56	32.95	37.29	39.55	45.2
k	公称	3.5	4	5.3	6.4	7.5	8.8	10	11.5	12.5	14	15	17
s	公称=max	8	10	13	16	18	21	24	27	30	34	36	41
	min	7.64	9.64	12.57	15.57	17.57	20.16	23.16	26.16	29.16	33	35	40
l	GB/T 5780	25~50	30~60	40~80	45~100	55~120	60~140	65~160	80~180	80~200	90~220	100~240	110~260
	GB/T 5781	10~50	12~60	16~80	20~100	25~120	30~140	30~160	35~180	40~200	45~220	50~240	55~280
性能等级	钢	3.6，4.6，4.8											
表面处理	钢	1）不经处理　2）电镀　3）非电解锌粉覆盖层											

螺纹规格 d (8g)		M30	(M33)	M36	(M39)	M42	(M45)	M48	(M52)	M56	(M60)	M64
b	l≤125	66	—	—	—	—	—	—	—	—	—	—
	125<l≤200	72	78	84	90	96	102	108	116	—	—	—
	l>200	85	91	97	103	109	115	121	129	137	145	153
a	max	10.5	10.5	12	12	13.5	13.5	15	15	16.5	16.5	18
e	min	50.85	55.37	60.79	66.44	71.3	76.95	82.6	88.25	93.56	99.21	104.86
k	公称	18.7	21	22.5	25	26	28	30	33	35	38	40

续表

螺纹规格 d (8 g)		M30	（M33）	M36	（M39）	M42	（M45）	M48	（M52）	M56	（M60）	M64
s	公称 = max	46	50	55	60	65	70	75	80	85	90	95
	min	45	49	53.8	58.8	63.1	68.1	73.1	78.1	82.8	87.8	92.8
l①	GB/T 5780	120 ~ 300	130 ~ 320	140 ~ 360	150 ~ 400	180 ~ 420	180 ~ 440	200 ~ 480	200 ~ 500	240 ~ 500	240 ~ 500	260 ~ 500
	GB/T 5781	60 ~ 300	65 ~ 360	70 ~ 360	80 ~ 400	80 ~ 420	90 ~ 440	100 ~ 480	100 ~ 500	110 ~ 500	120 ~ 500	120 ~ 500
性能等级	钢	3.6，4.6，4.8				按协议						
表面处理	钢	1）不经处理　2）电镀　3）非电解锌粉覆盖层										

①长度系列为 10，12，16，20 ~ 70（5 进位），70 ~ 150（10 进位），180 ~ 500（20 进位）。

注：尽可能不采用括号内的规格。

附录 4　　I 型六角螺母　A 级和 B 级　粗牙（摘自 GB/T 6170—2000）

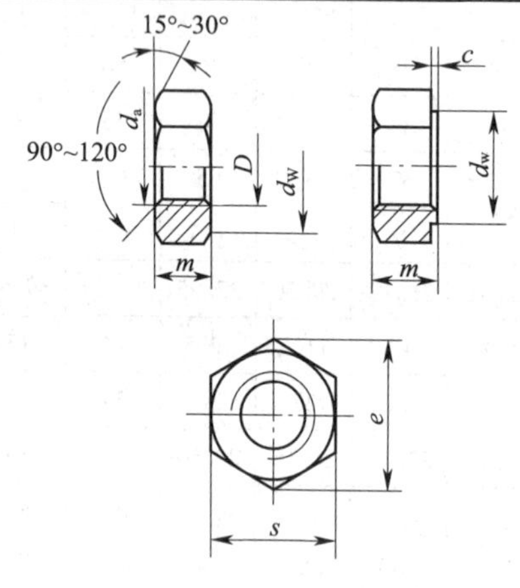

标记示例:

螺纹规格D=M12、性能等级为8级、不经表面处理、产品等级为A级的 I 型六角螺母:

螺母　GB/T 6170 M12

mm

螺纹规格 D (6H)		M1.6	M2	M2.5	M3	M4	M5	M6	M8	M10	M12
螺距 P		0.35	0.4	0.45	0.5	0.7	0.8	1	1.25	1.5	1.75
c	max	0.2	0.2	0.3	0.4	0.4	0.5	0.5	0.6	0.6	0.6
d_a	max	1.84	2.3	2.9	3.45	4.6	5.75	6.75	8.75	10.8	13
	min	1.6	2.0	2.5	3.0	4.0	5.0	6.0	8.0	10.0	12
d_w	min	2.4	3.1	4.1	4.6	5.9	6.9	8.9	11.6	14.6	16.6
e	min	3.41	4.32	5.45	6.01	7.66	8.79	11.05	14.38	17.77	20.03
m	max	1.3	1.6	2.0	2.4	3.2	4.7	5.2	6.8	8.4	10.8
	min	1.05	1.35	1.75	2.15	2.9	4.4	4.9	6.44	8.04	10.37
s	公称 = max	3.20	4.0	5.0	5.5	7.0	8.0	10.0	13.0	16.0	18.0
	min	3.02	3.82	4.82	5.32	6.78	7.78	9.78	12.73	15.73	17.73

续表

螺纹规格 D (6H)		M16	M20	M24	M30	M36	M42	M48	M56	M64
螺距 P		2	2.5	3	3.5	4	4.5	5	5.5	6
c	max	0.8	0.8	0.8	0.8	0.8	1.0	1.0	1.0	1.0
d_a	max	17.3	21.6	25.9	32.4	38.9	45.4	51.8	60.5	69.1
	min	16	20	24	30	36	42	48	56	64
d_w	min	22.5	27.7	33.3	42.8	51.1	60	69.5	78.7	88.2
e	min	26.75	32.95	39.55	50.85	60.79	72.02	82.06	93.56	104.86
m	max	14.8	18	21.5	25.6	31	34	38	45	51
	min	14.1	16.9	20.2	24.3	29.4	32.4	36.4	43.4	49.1
s	max	24	30	36	46	55	65	75	85	95
	min	23.67	29.16	35	45	53.8	63.1	73.1	82.8	92.8

注：1. A 级用于 $D \leqslant 16$ 的螺母；B 级用于 $D > 16$ 的螺母。本表仅按优选的螺纹规格列出。

2. 螺纹规格为 M8 ~ M64、细牙、A 级和 B 级的 Ⅰ 型六角螺母，请查阅 GB/T 6171—2000。

附录 5　Ⅰ 型六角螺母　C 级（摘自 GB/T 41—2000）

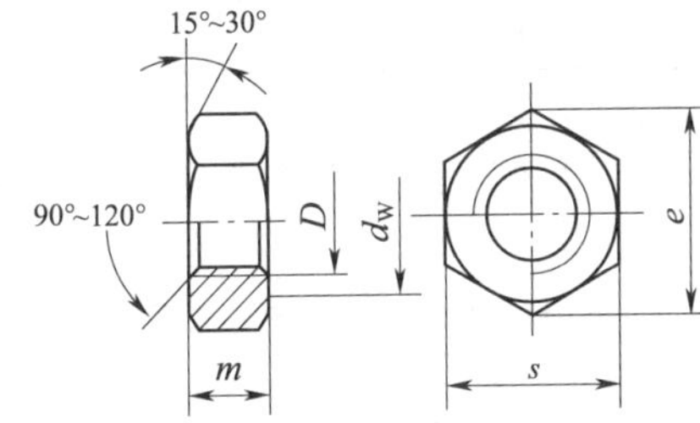

标记示例：

螺纹规格 D=M12、性能等级为5级、不经表面处理、产品等级为C级的Ⅰ型六角螺母：

螺母 GB/T 41 M12

mm

螺纹规格 D	M5	M6	M8	M10	M12	M16	M20	M24	M30	M36	M42	M48	M56
$s_{公称}$ = max	8	10	13	16	18	24	30	36	46	55	65	75	85
e_{min}	8.63	10.89	14.2	17.59	19.85	26.17	32.95	39.55	50.85	60.79	71.3	82.6	93.56
m_{max}	5.6	6.4	7.9	9.5	12.2	15.9	10	22.3	26.4	31.9	34.9	38.9	45.9
d_w	6.7	8.7	11.5	14.5	16.5	22	27.7	33.3	42.8	51.1	60	69.5	78.7

附录 6　垫圈

平垫圈 A 级（摘自 GB/T 97.1—2002）

倒角型平垫圈 A 级（摘自 GB/T 97.2—2002）

标准型弹簧垫圈（摘自 GB/T 93—1987）

平垫圈 C 级（摘自 GB/T 95—2002）

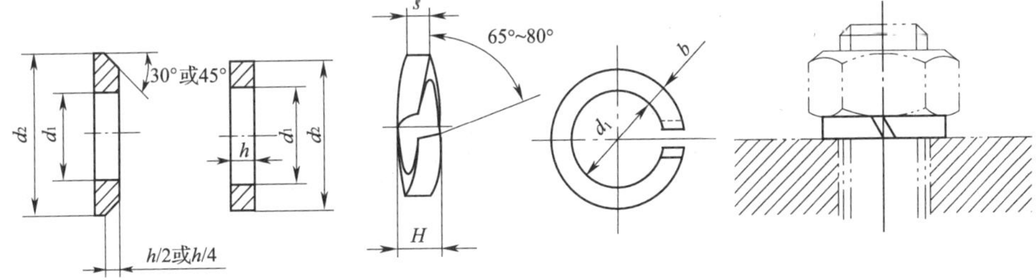

标记示例：

标准系列、公称尺寸 d = 8 mm、材料为钢、产品等级为 C 级、不经表面处理的平垫圈：垫圈　GB/T 95　8

规格 10 mm、材料为 65Mn、表面氧化处理的标准型弹簧垫圈：垫圈　GB/T 93　10

mm

续表

公称尺寸 d（螺纹规格）		4	5	6	8	10	12	16	20	24	30	36	42	48
GB/T 97.1—2002（A 级）	d_1	4.3	5.3	6.4	8.4	10.5	13	17	21	25	31	37	45	52
	d_2	9	10	12	16	20	24	30	37	44	56	66	78	92
	h	0.8	1	1.6	1.6	2	2.5	3	3	4	4	5	8	8
GB/T 97.2—2002（A 级）	d_1	—	5.3	6.4	8.4	10.5	13	17	21	25	31	37	45	52
	d_2	—	10	12	16	20	24	30	37	44	56	66		
	h	—	1	1.6	1.6	2	2.5	3	3	4	4	5		
GB/T 95—2002（C 级）	d_1	—	5.5	6.6	9	11	13.5	17.5	22	26	33	39	45	52
	d_2	—	10	12	16	20	24	30	37	44	56	66	78	92
	h	—	1	1.6	1.6	2	2.5	3	3	4	4	5	8	8
GB/T 93—1987	d_1	4.1	5.1	6.1	8.1	10.2	12.2	16.2	20.2	24.5	30.5	36.5	42.5	48.5
	$s(b)$	1.1	1.3	1.6	2.1	2.6	3.1	4.1	5	6	7.5	9	10.5	12
	H	2.8	3.3	4	5.3	6.5	7.8	10.3	12.5	15	18.6	22.5	26.3	30

注：1. A 级适用于精装配系列，C 级适用于中等装配系列。

2. 平垫圈 A 级、倒角型平垫圈 A 级的材料为钢或不锈钢，平垫圈 C 级的材料为钢，标准型弹簧垫圈所用材料为 65 Mn。

附录 7　开槽圆柱头螺钉（摘自 GB/T 65—2000）　开槽沉头螺钉（摘自 GB/T 68—2000）内六角圆柱头螺钉（摘自 GB/T 70.1—2008）

开槽圆柱头螺钉(GB/T 65—2000)

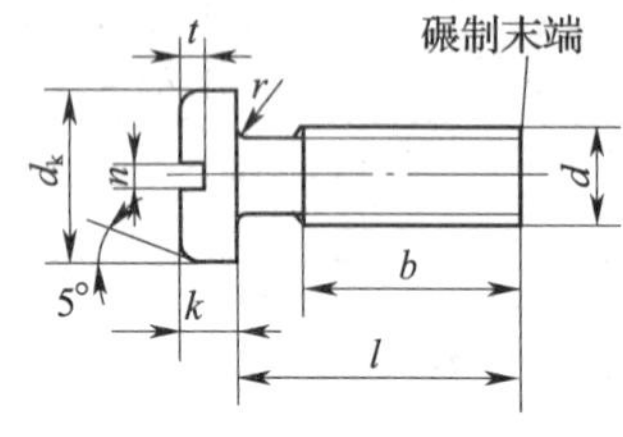

内六角圆柱头螺钉(GB/T 70.1—2000)

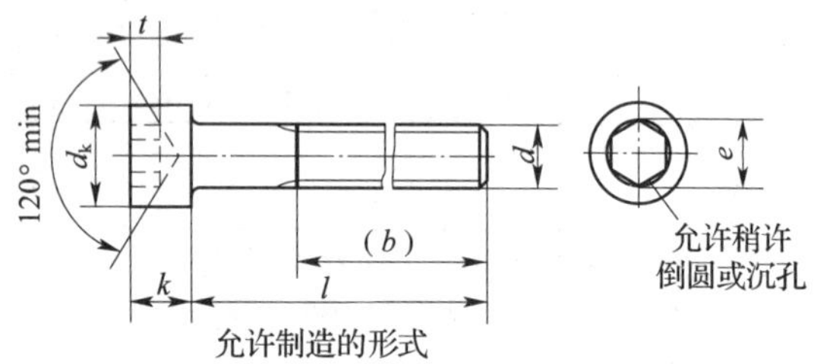

开槽沉头螺钉(GB/T 68—2000)

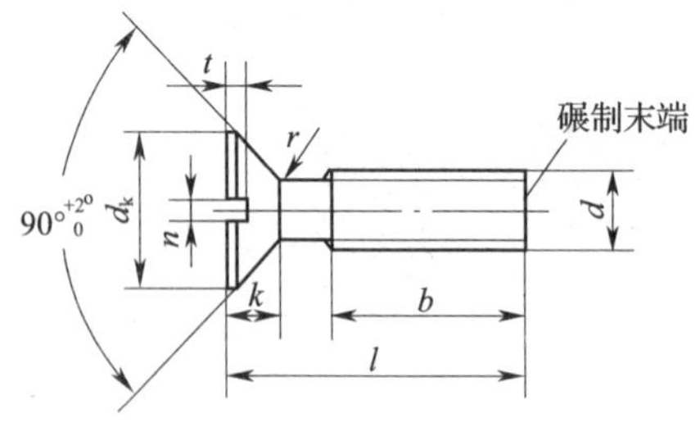

标记示例:

螺纹规格d=M5、公称直径l=20 mm、性能等级为4.8级,不经表面处理的A级开槽圆柱头螺钉:

螺钉　GB/T 65　M5×20

mm

续表

螺纹规格 d		M1.6	M2	M2.5	M3	M4	M5	M6	M8	M10
GB/T 65	b min	25	25	25	25	38	38	38	38	38
	n 公称	0.4	0.5	0.6	0.8	1.2	1.2	1.6	2	2.5
	d_k 公称 = max	3	3.8	4.5	5.5	7	8.5	10	13	16
	k 公称 = max	1.1	1.4	1.8	2.0	2.6	3.3	3.9	5	6
	r min	0.1	0.1	0.1	0.1	0.2	0.2	0.25	0.4	0.4
	t min	0.45	0.6	0.7	0.85	1.1	1.3	1.6	2	2.4
	l 公称	2 ~ 16	3 ~ 20	3 ~ 25	4 ~ 30	5 ~ 40	6 ~ 50	8 ~ 60	10 ~ 80	12 ~ 80
GB/T 68	b min	25	25	25	25	38	38	38	38	38
	n 公称	0.4	0.5	0.6	0.8	1.2	1.2	1.6	2	2.5
	d_k 理论值	3.6	4.4	5.5	6.3	9.4	10.4	12.6	17.3	20
	k 公称 = max	1	1.2	1.5	1.65	2.7	2.7	3.3	4.65	5
	r max	0.4	0.5	0.6	0.8	1	1.3	1.5	2	2.5
	t max	0.5	0.6	0.75	0.85	1.3	1.4	1.6	2.3	2.6
	l 公称	2.5 ~ 16	3 ~ 20	4 ~ 25	5 ~ 30	6 ~ 40	8 ~ 50	8 ~ 60	10 ~ 80	12 ~ 80
GB/T 70.1	b	15	16	17	18	20	22	24	28	32
	d_k（max 光滑）	3	3.8	4.5	5.5	7	8.5	10	13	16
	d_k（max 滚花）	3.14	3.98	4.68	5.68	7.22	8.72	10.22	13.27	16.27
	k max	1.6	2	2.5	3	4	5	6	8	10
	e min	1.733	1.733	2.303	2.873	3.443	4.583	5.723	6.863	9.149
	t min	0.7	1	1.1	1.3	2	2.5	3	4	5
	l 公称	2.5 ~ 16	3 ~ 20	4 ~ 25	5 ~ 30	6 ~ 40	8 ~ 50	10 ~ 60	12 ~ 80	16 ~ 100

附录 8　双头螺柱（摘自 GB/T 897 ~ 900—1988）

$b_m = d$（GB/T 897—1988）　　$b_m = 1.25\,d$（GB/T 898—1988）

$b_m = 1.5\,d$（GB/T 899—1988）　　$b_m = 2\,d$（GB/T 900—1988）

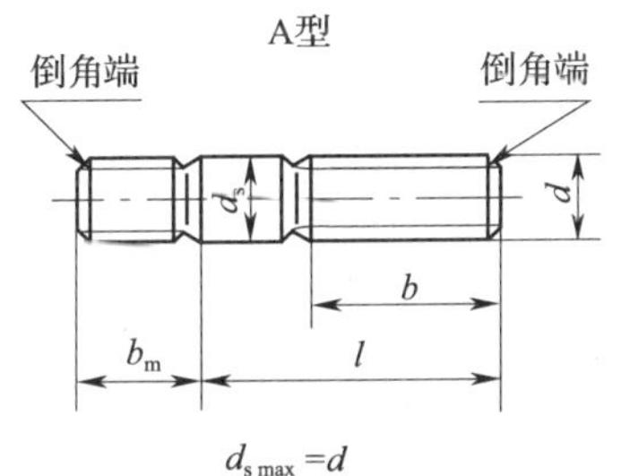

$d_{s\,max} = d$

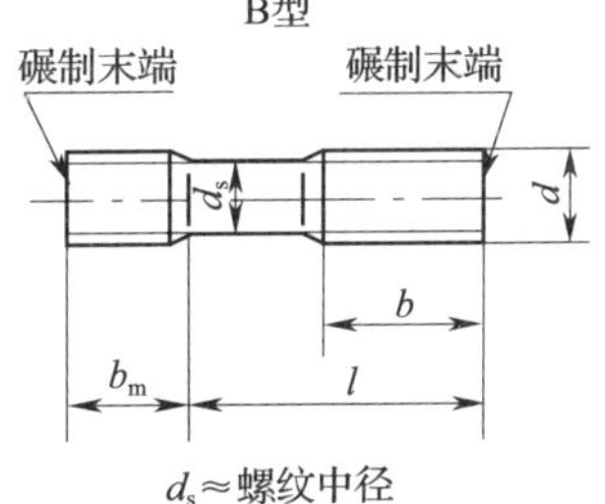

d_s≈螺纹中径

标记示例：

两端均为粗牙普通螺纹、$d = 10$ mm、$l = 50$ mm、性能等级为 4.8 级、不经表面处理、B 型、$b_m = 2\,d$ 的双头螺柱：

螺柱　GB/T 900　M10 × 50

旋入机体一端为粗牙普通螺纹、旋螺母端为螺距 $P = 1$ mm 的细牙普通螺纹、$d = 10$ mm、$l = 50$ mm、性能等级为 4.8 级、不经表面处理、A 型、$b_m = 2\,d$ 双头螺柱：

螺柱　GB/T 900　A M10 – M10 × 1 × 50

mm

续表

螺纹规格 d	b_m（旋入机体端长度）				l/b（螺柱长度/旋螺母端长度）
	GB/T 897	GB/T 898	GB/T 899	GB/T 900	
M4	—	—	6	8	$\frac{16\sim22}{8}$ $\frac{25\sim40}{14}$
M5	5	6	8	10	$\frac{16\sim22}{10}$ $\frac{25\sim50}{16}$
M6	6	8	10	12	$\frac{20\sim22}{10}$ $\frac{25\sim30}{14}$ $\frac{32\sim75}{18}$
M8	8	10	12	16	$\frac{20\sim22}{12}$ $\frac{25\sim30}{16}$ $\frac{32\sim90}{22}$
M10	10	12	15	20	$\frac{25\sim28}{14}$ $\frac{30\sim38}{16}$ $\frac{40\sim120}{26}$ $\frac{130}{32}$
M12	12	15	18	24	$\frac{25\sim30}{16}$ $\frac{32\sim40}{20}$ $\frac{45\sim120}{30}$ $\frac{130\sim180}{36}$
M16	16	20	24	32	$\frac{30\sim38}{20}$ $\frac{40\sim55}{30}$ $\frac{60\sim120}{38}$ $\frac{130\sim200}{44}$
M20	20	25	30	40	$\frac{35\sim40}{25}$ $\frac{45\sim65}{35}$ $\frac{70\sim120}{46}$ $\frac{130\sim200}{52}$
(M24)	24	30	36	48	$\frac{45\sim50}{30}$ $\frac{55\sim75}{45}$ $\frac{80\sim120}{54}$ $\frac{130\sim200}{60}$
(M30)	30	38	45	60	$\frac{60\sim65}{40}$ $\frac{70\sim90}{50}$ $\frac{95\sim120}{66}$ $\frac{130\sim200}{72}$ $\frac{210\sim250}{85}$
M36	36	45	54	72	$\frac{65\sim75}{45}$ $\frac{80\sim110}{60}$ $\frac{120}{78}$ $\frac{130\sim200}{84}$ $\frac{210\sim300}{97}$
M42	42	52	63	84	$\frac{70\sim80}{50}$ $\frac{85\sim110}{70}$ $\frac{120}{90}$ $\frac{130\sim200}{96}$ $\frac{210\sim300}{109}$
M48	48	60	72	96	$\frac{80\sim90}{60}$ $\frac{95\sim110}{80}$ $\frac{120}{102}$ $\frac{130\sim200}{108}$ $\frac{210\sim300}{121}$
$l_{系列}$	12、(14)、16、(18)、20、(22)、25、(28)、30、(32)、35、(38)、40、45、50、55、60、(65)、70、75、80、(85)、90、(95)、100～260（十进位）、280、300				

注：1. 尽可能不采用括号内的规格。

2. $b_m=1\ d$，一般用于钢对钢；$b_m=(1.25\sim1.5)\ d$，一般用于钢对铸铁；$b_m=2\ d$，一般用于钢对铝合金。

附录 9　平键及键槽各部分尺寸

平键键槽的剖面尺寸（摘自 GB/T 1096—2003）

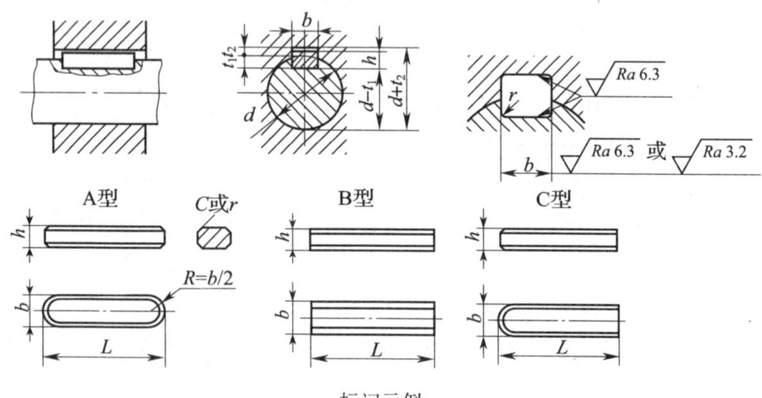

标记示例：

圆头普通平键、$b=16$ mm、$h=10$ mm、$L=100$ mm：GB/T 1096　键　16×10×100

平头普通平键、$b=16$ mm、$h=10$ mm、$L=100$ mm：GB/T 1096　键　B16×10×100

单圆头普通平键、$b=16$ mm、$h=10$ mm、$L=100$ mm：GB/T 1096　键　C16×10×100

mm

续表

键的尺寸			键槽尺寸						
键尺寸 ($b \times h$)	长度 (L)	c 或 r	宽度（b）	深度 轴（t_1）		深度 毂（t_2）		圆角半径（r）	
				公称	偏差	公称	偏差	max	min
4×4	8~45	0.16~0.25	4	2.5	$^{+0.1}_{0}$	1.8	$^{+0.1}_{0}$	0.08	0.16
5×5	10~56	0.25~0.4	5	3.0		2.3		0.16	0.25
6×6	14~70		6	3.5		2.8			
8×7	18~90		8	4.0	$^{+0.2}_{0}$	3.3	$^{+0.2}_{0}$		
10×8	22~110	0.4~0.6	10	5.0		3.3		0.25	0.40
12×8	28~140		12	5.0		3.3			
14×9	36~160		14	5.5		3.8			
16×10	45~180		16	6.0		4.3			
18×11	50~200		18	7.0		4.4			
20×12	56~220	0.6~0.8	20	7.5		4.9		0.40	0.60
22×14	63~250		22	9.0		5.4			
25×14	70~280		25	9.0		5.4			
28×16	80~320		28	10		6.4			
L（系列）	6~22（2进位），25，28，32，36，40，45，50，56，63，70，80，90，100，110，125，140，160，180，200，220，250，280，320，360，400，450，500								

注：1.（$d-t_1$）和（$d+t_2$）两组组合尺寸的极限偏差按相应的 t_1 和 t_2 的极限偏差选取，但（$d-t_1$）极限偏差应取负号（-）。

2. 键 b 的极限偏差为 h9，键 h 的极限偏差为 h11，键长 L 的极限偏差为 h14。

附录 10　　半圆键及键槽各部分尺寸

键的公称尺寸				键槽尺寸						
b（$^{0}_{-0.025}$）	h（h12）	d_1（h12）	c	轴 t_1		轮毂 t_2		k	圆角半径 r	b
				公称	偏差	公称	偏差			
1.0	1.4	4		1.0	$^{+0.1}_{0}$	0.6	$^{+0.1}_{0}$	0.4	0.16~0.25	公称尺寸同键
1.5	2.6	7	0.16~0.25	2.0		0.8		0.72		
2.0	2.6	7		1.8		1.0		0.97		
2.0	3.7	10		2.9		1.0		0.95		
2.5	3.7	10		2.7		1.2		1.2		
3.0	5.0	13		3.8	$^{+0.2}_{0}$	1.4		1.43		
3.0	6.5	16		5.3		1.4		1.4		
4.0	6.5	16	0.25~0.4	5.0		1.8		1.8	0.25~0.40	
4.0	7.5	19		6.0		1.8		1.75		
5.0	6.5	16		4.5		2.3		2.35		
5.0	7.5	19		5.5		2.3		2.32		
5.0	9.0	22		7.0		2.3		2.29		
6.0	9.0	22		6.5	$^{+0.3}_{0}$	2.8	$^{+0.2}_{0}$	2.87		
6.0	10	25		7.5		2.8		2.83		
8.0	11	28	0.4~0.6	8		3.3		3.51	0.40~0.60	
10	13	32		10		3.3		3.67		

附录 11　圆柱销　不淬硬钢和奥氏体不锈钢（摘自 GB/T 119.1—2000）
圆柱销　淬硬钢和马氏体不锈钢（摘自 GB/T 119.2—2000）

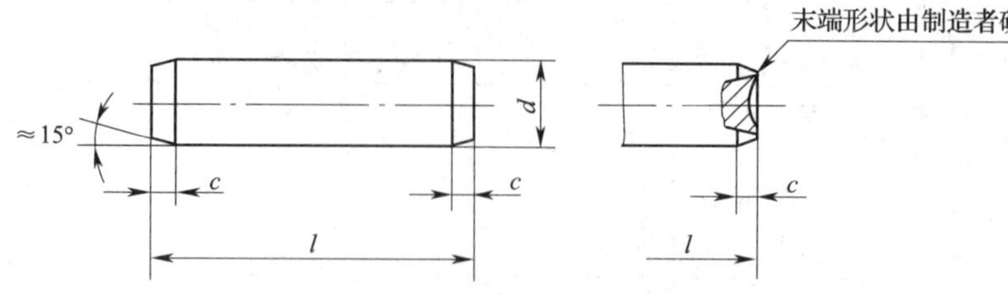

标记示例：

公称直径 $d=6$ mm、公差为 m6、公称长度 $l=30$ mm、材料为钢、不经淬火、不经表面处理的圆柱销：

销　GB/T 119.1　6 m6×30

公称直径 $d=6$ mm、公差为 m6、公称长度 $l=30$ mm、材料为钢、普通淬火（A 型）、表面氧化处理的圆柱销：

销　GB/T 119.2　6×30

mm

d（公称）		1.5	2	2.5	3	4	5	6	8
c≈		0.3	0.35	0.4	0.5	0.63	0.8	1.2	1.6
l（商品长度范围）	GB/T 119.1	4～16	6～20	6～24	8～30	8～40	10～50	12～60	14～80
	GB/T 119.2	4～16	5～20	6～24	8～30	10～40	12～50	14～60	18～80
d（公称）		10	12	16	20	25	30	40	50
c≈		2	2.5	3	3.5	4	5	6.3	8
l（商品长度范围）	GB/T 119.1	18～95	22～140	26～180	35～200	50～200	60～200	80～200	95～200
	GB/T 119.2	22～100	26～100	40～100	50～100	—	—	—	—
l（系列）		3，4，5，6，8，10，12，14，16，18，20，22，24，26，28，30，32，35，40，45，50，55，60，65，70，75，80，85，90，95，100，120，140，160，180，200，…							

注：1. 公称直径 d 的公差：GB/T 119.1—2000 规定为 m6 和 h8，GB/T 119.2—2000 仅有 m6。其他公差由供需双方协议。

2. GB/T 119.2—2000 中淬硬钢按淬火方法不同，分为普通淬火（A 型）和表面淬火（B 型）。

3. 公称长度大于 200 mm，按 20 mm 递增。

附录 12　圆锥销（摘自 GB/T 117—2000）

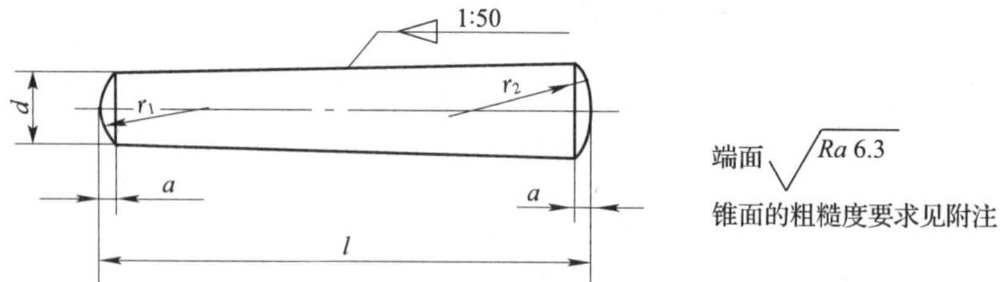

标记示例：公称直径 $d=6$ mm、公称长度 $l=30$ mm、材料为 35 钢、热处理硬度 28～38HRC、表面氧化处理的 A 型圆锥销：销　GB/T 117　6×30

/mm

续表

d（公称）	0.6	0.8	1	1.2	1.5	2	2.5	3	4	5
a≈	0.08	0.1	0.12	0.16	0.2	0.25	0.3	0.4	0.5	0.63
l（商品长度范围）	4~8	5~12	6~16	6~20	8~24	10~35	10~35	12~45	14~55	18~60
d（公称）	6	8	10	12	16	20	25	30	40	50
a≈	0.8	1	1.2	1.6	2	2.5	3	4	5	6.3
l（商品长度范围）	22~90	22~120	26~160	32~180	40~200	45~200	50~200	55~200	60~200	65~200
l（系列）	2，3，4，5，6，8，10，12，14，16，18，20，22，24，26，28，30，32，35，40，45，50，55，60，65，70，75，80，85，90，95，100，120，140，160，180，200，…									

注：1. 公称直径 d 的公差规定为 h10，其他公差如 a11，c11 和 f8 由供需双方协议。

2. 圆锥销有 A 型和 B 型。A 型为磨削，锥面表面粗糙度为 Ra0.8 μm；B 型为切削或冷镦，锥面表面粗糙度为 Ra3.2 μm。

3. 公称长度大于 200 mm，按 20 mm 递增。

附录 13　　滚动轴承

深沟球轴承
（摘自 GB/T 276—1994）

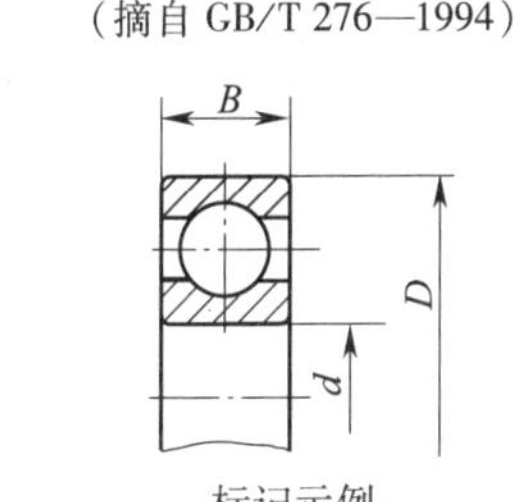

标记示例：
滚动轴承 6308　GB/T 276—1994

圆锥滚子轴承
（摘自 GB/T 297—1994）

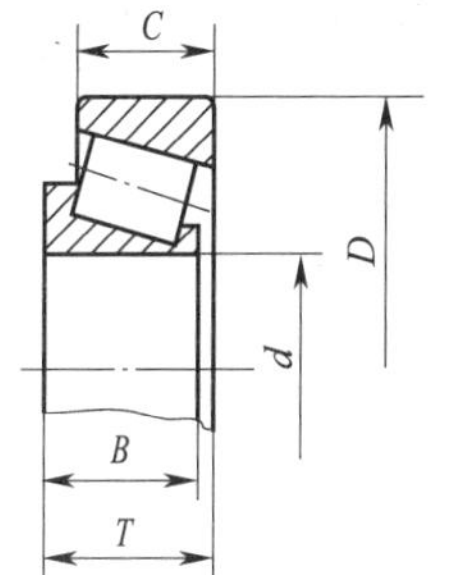

标记示例：
滚动轴承 30210　GB/T 297—1994

推力球轴承
（摘自 GB/T 301—1995）

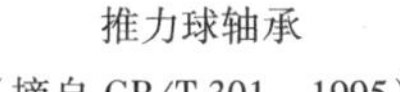

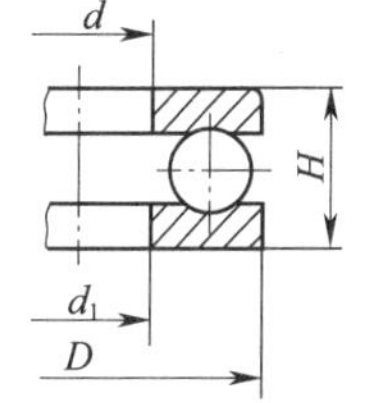

标记示例：
滚动轴承 51206　GB/T 301—1995

轴承型号	尺寸（mm）			轴承型号	尺寸（mm）					轴承型号	尺寸（mm）			
	d	D	B		d	D	B	C	T		d	D	T	$d_{1\min}$
尺寸系列（0）2				尺寸系列 02						尺寸系列 12				
6202	15	35	11	30203	17	40	12	11	13.25	51202	15	32	12	17
6203	17	40	12	30204	20	47	14	12	15.25	51203	17	35	12	19
6204	20	47	14	30205	25	52	15	13	16.25	51204	20	40	14	22
6205	25	52	15	30206	30	62	16	14	17.25	51205	25	47	15	27
6206	30	62	16	30207	35	72	17	15	18.25	51206	30	52	16	32
6207	35	72	17	30208	40	80	18	16	19.75	51207	35	62	18	37
6208	40	80	18	30209	45	85	19	16	20.75	51208	40	68	19	42
6209	45	85	19	30210	50	90	20	17	21.75	51209	45	73	20	47
6210	50	90	20	30211	55	100	21	18	22.75	51210	50	78	22	52
6211	55	100	21	30212	60	110	22	19	23.75	51211	55	90	25	57
6212	60	110	22	32213	65	120	23	20	24.75	51212	60	95	26	62

续表

尺寸系列（0）3				尺寸系列03						尺寸系列13				
6302	15	42	13	30302	15	42	13	11	14.25	51304	20	47	18	22
6303	17	47	14	30303	17	47	14	12	15.25	51305	25	52	18	27
6304	20	52	15	30304	20	52	15	13	16.25	51306	30	60	21	32
6305	25	62	17	30305	25	62	17	15	18.25	51307	35	68	24	37
6306	30	72	19	30306	30	72	19	16	20.75	51308	40	78	26	42
6307	35	80	21	30307	35	80	21	18	22.75	51309	45	85	28	47
6308	40	90	23	30308	40	90	23	20	25.25	51310	50	95	31	52
6309	45	100	25	30309	45	100	25	22	27.25	51311	55	105	35	57
6310	50	110	27	30310	50	110	27	23	29.25	51312	60	110	35	62
6311	55	120	29	30311	55	120	29	25	31.5	51313	65	115	36	67
6312	60	130	31	30312	60	130	31	26	33.5	51314	70	125	40	72

注：表中用“（）”括住的数字表示在滚动轴承的代号中省略。

附录 14　电气简图用图形符号（摘自 GB/T 4728—2005～2008/IEC 60617 database）

【说明】下面列出的电气简图用图形符号参考中国标准出版社 2009 年出版的《电气简图用图形符号国家标准汇编》。为查阅方便，将 2001 年出版的《电气简图用图形符号国家标准汇编》中的序号放入括号中。

1. 限定符号和其他常用符号（摘自 GB/T 4728.2—2005/IEC 60617 database）

标识号	图形符号	说明
S01401（02－02－03）	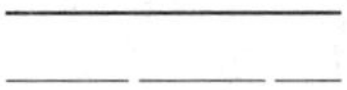	直流
S01403（02－02－04）		交流
S00077（02－02－13）		正极性
S00078（02－02－14）		负极性
S00079（02－02－15）	N	中性（中性线）
S00081（02－03－01）		可调节性，一般符号
S00083（02－03－03）		可变性，内在的，一般符号
S00084（02－03－04）		可变性，内在的，非线性

续表

标识号	图形符号	说明
S00093（02－04－01）		按箭头方向的：单向力、单向直线运动
S00099（02－05－01）		单向传送
S00120（02－08－01）		热效应
S00132（02－10－01）		正脉冲
S00133（02－10－02）		负脉冲
S00144（02－12－01）		连接，如机械
S00148（02－12－05） S00149（02－12－06）	形式 1 形式 2 	延时动作
S00153（02－12－10）		自锁 非自动复位
S00154（02－12－11）		两器件间的机械联锁
S00167（02－13－01）		手动控制操作件，一般符号
S00170（02－13－04）	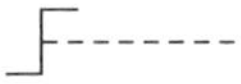	旋转操作
S00171（02－13－05）	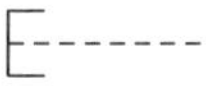	按动操作
S00174（02－13－08）		紧急开关，“蘑菇头”式的
S00179（02－13－13）		钥匙操作

续表

标识号	图形符号	说明
S00191（02－13－25）		热器件操作，如过电流保护
S00200（02－15－01）		接地，地，一般符号
S00205（02－16－01）		理想电流源
S00203（02－16－02）		理想电压源
S00211（02－17－04）		动（如滑动）触点
S01402	DC	直流
S01404	AC	交流
S01409		功能等电位连接
S01410		功能等电位连接
2. 导线和连接件（摘自 GB/T 4728. 3—2005/IEC 60617 database）		
S00001（03－01－01）		连线、连接 连接组 导线；电缆；电线；传输通路
S00002（03－01－02）		导线组（示出导线数） 图中示出三根导线
S00003（03－01－03）	3	导线组（示出导线数） 图中示出三根导线
S00004（03－01－04）	110V $2\times120mm^2Al$	直流电路 110 V，两根 120 mm^2 的铝导线
S00005（03－01－05）	3N~50Hz 400V $3\times120mm^2+1\times50mm^2$	三相电路 400 V，50 Hz，三根 120 mm^2 的导线， 一根 50 mm^2 的中性线

续表

标识号	图形符号	说明
S00007（03－01－07）	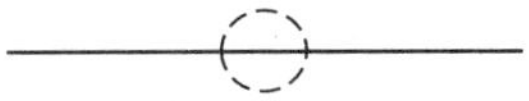	屏蔽导体
S00008（03－01－08）		绞合导线 示出两根
S00016（03－02－01）		连接 连接点
S00017（03－02－02）		端子
S00018（03－02－03）	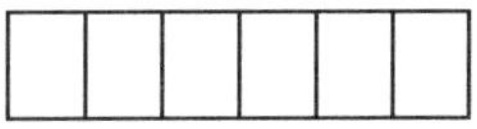	端子板 可加端子标志
S00019（03－02－04） S00020（03－02－05）	形式1  形式2 	T型连接 在符号S00019中增加连接符号
S00021（03－02－06） S00022（03－02－07）	形式1  形式2 	导线的双T连接 导线的双T连接仅在设计认为必要时使用
S00031（03－03－01）		插座 阴接触件（连接器的）
S00032（03－03－03）		插头 阳接触件（连接器的）
S00033（03－03－05）		插头和插座
S00036（03－03－09）	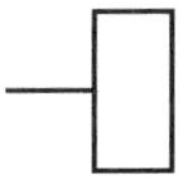	连接器，组件的固定部分
S00037（03－03－10）	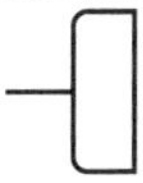	连接器，组件的可动部分

续表

标识号	图形符号	说明
3. 基本无源元件（摘自 GB/T 4728.4－2005/IEC 60617 database）		
S00555（04－01－01）		电阻器，一般符号
S00557（04－01－03）		可调电阻器
S00558（04－01－04）	U	压敏电阻器
S00559（04－01－05）		带滑动触点的电阻器
S00560（04－01－06）		带滑动触点的电位器
S00566（04－01－12）		加热元件
S00567（04－02－01）		电容器，一般符号
S00571（04－02－05）	+	极性电容器，例如电解电容
S00573（04－02－07）		可调电容器
S00583（04－03－01）		电感器、线圈、绕组、扼流圈
S00585（04－03－03）		示例：带磁芯的电感器
4. 半导体管和电子管（摘自 GB/T 4728.5—2005/IEC 60617 database）		
S00641（05－03－01）		半导体二极管，一般符号
S00642（05－03－02）		发光二极管（LED），一般符号
S00643（05－03－03）	Θ	热敏二极管

续表

标识号	图形符号	说明
S00644（05－03－04）		变容二极管
S00646（05－03－06）		单向击穿二极管、电压调整二极管
S00663（05－05－01）		PNP 型晶体管
S00685（05－06－02）		光电二极管
S00686（05－06－03）		光电池
S00691（05－06－08）		光耦合器件 光隔离器
5. 电能的发生与转换（摘自 GB/T 4728.6—2008/IEC 60617 database）		
S00806（06－02－05）		三角形连接的三相绕组
S00807（06－02－06）		开口三角形连接的三相绕组
S00808（06－02－07）		星形连接的三相绕组
S00819（06－04－01）	*	电机的一般符号 符号内的星号用下述字母代替：G 发电机，GS 同步发电机，M 电动机，MS 同步电动机
S00820（06－04－02）	M	直线电动机，一般符号
S00821（06－04－03）	M	步进电动机，一般符号
S00823（06－05－01）	M	直流串励电动机

续表

标识号	图形符号	说明
S00824（06－05－02）		直流并励电动机
S00828（06－06－01）		单相串励电动机
S00836（06－08－01）		三相笼型感应电动机
S00841（06－09－01） S00842（06－09－02）	形式 1 形式 2	双绕组变压器
S00844（06－09－04） S00845（06－09－05）	形式 1 形式 2	三绕组变压器
S00850（06－09－09） S00851（06－09－10）	形式 1 形式 2	电流互感器
S00858（06－10－07） S00859（06－10－08）	形式 1	星形—三角形连接的三相变压器

续表

标识号	图形符号	说明
S00858（06－10－07） S00859（06－10－08）	形式 2	星形—三角形连接的三相变压器
S00878（06－13－01A） S00879（06－13－01B）	形式 1 形式 2	电压互感器
S00894（06－14－03）		整流器
S00895（06－14－04）		桥式全波整流器
S00896（06－14－05）		逆变器
S00898（06－15－01）		原电池、蓄电池、原电池或蓄电池组
6. 开关、控制和保护器件（摘自 GB/T 4728.7—2008/IEC 60617 database）		
S00218（07－01－01）		接触器功能
S00219（07－01－02）		断路器功能
S00220（07－01－03）		隔离开关功能
S00221（07－01－04）		负荷开关功能
S00227（07－02－01）		动合（常开）触点 也可用作开关的一般符号

续表

标识号	图形符号	说明
S00229（07－02－03）		动断（常闭）触点
S00230（07－02－04）		先断后合的转换触点
S00231（07－02－05）	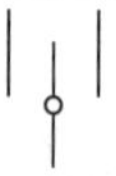	中间断开的双向转换触点
S00243（07－05－01）		当操作件被吸合时延时闭合的动合触点
S00244（07－05－02）		当操作件被释放时延时断开的动合触点
S00245（07－05－03）		当操作件被吸合时延时断开的动断触点
S00246（07－05－04）		当操作件被释放时延时闭合的动断触点
S00253（07－07－01）		手动操作开关，一般符号
S00254（07－07－02）		具有动合触点且自动复位的按钮开关
S00255（07－07－03）	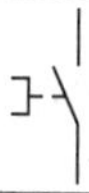	具有动合触点且自动复位的拉拨开关
S00256（07－07－04）		具有动合触点但无自动复位的旋转开关
S00259（07－08－01）		位置开关，动合触点
S00260（07－08－02）		位置开关，动断触点
S00284（07－13－02）		接触器、接触器的主动合触点
S00287（07－13－05）		断路器

续表

标识号	图形符号	说明
S00288（07－13－06）		隔离开关
S00290（07－13－08）		负荷开关（负荷隔离开关）
S00305（07－15－01）	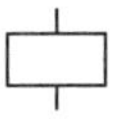	操作器件，一般符号 继电器线圈，一般符号
S00312（07－15－08）	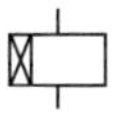	缓慢吸合继电器的线圈
S00325（07－15－21）	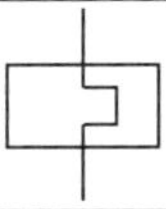	热继电器的驱动器件
S00362（07－21－01）	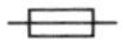	熔断器，一般符号
S00373（07－22－03）		避雷器
7. 测量仪表、灯和信号器件（摘自 GB/T 4728. 8—2008/IEC 60617 database）		
S00910（08－01－01）	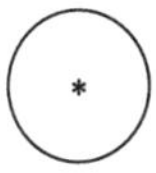 *	指示仪表，一般符号 星号必须用规定的字母或符号代替
S00913（08－02－01）	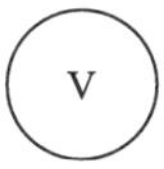 V	电压表
S00965（08－10－01）		灯，一般符号 信号灯，一般符号
8. 电信：交换和外围设备（摘自 GB/T 4728. 9—2008/IEC 60617 database）		
S01017（09－05－01）		电话机，一般符号
S01053（09－09－01）	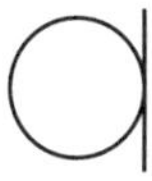	传声器，一般符号
S01059（09－09－07）	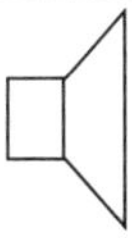	扬声器，一般符号
9. 电信：传输（摘自 GB/T 4728. 10—2008/IEC 60617 database）		

续表

标识号	图形符号	说明
S01102（10-04-01）		天线，一般符号
S01239（10-15-01） S01240（10-15-02）	形式 1  形式 2 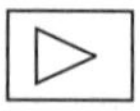	放大器，一般符号 三角形指传输方向
10. 建筑安装平面布置图（摘自 GB/T 4728. 11—2008/IEC 60617 database）		
S00450（11-12-01）		向上配线，向上布线
S00451（11-12-02）		向下配线，向下布线
S00452（11-12-03）		垂直通过配线 垂直通过布线
S00453（11-12-04）		盒，一般符号
S00454（11-12-05）		连接盒 接线盒
S00457（11-13-01）		（电源）插座，一般符号
S00465（11-13-09）	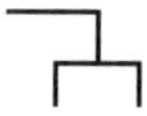	电信插座，一般符号
S00466（11-14-01）		开关，一般符号
S00469（11-14-04）		双极开关
S00483（11-15-03）		灯，一般符号
S00484（11-15-04）		荧光灯，一般符号

11. 二进制逻辑元件（摘自 GB/T 4728. 11—2008/IEC 60617 database）

续表

标识号	图形符号	说明
S01566（12－27－01）	≥1	“或”元件，一般符号
S01567（12－27－02）	&	“与”元件，一般符号
S01576（12－27－11）	1	非门，反相器

附录 15　　国家标准规定的项目的分类和第一位（主类）字母代码

字母代码	项目的用途或任务（项目类别）	描述项目类别术语举例	典型的电气产品举例
A	两种或两种以上的用途或任务（此类别仅供不能鉴别主要用途或任务的项目使用）		触摸屏
B	把某一输入变量（物理性质、条件或事件）转换为供进一步处理的信号	探测、测量（值的采集）、监控、感知、加重（值的采集）	气体继电器、检波器、火灾探测器、气体探测器、测量元件、测量继电器、测量分路器、测量变换器、送话器、运动探测器、光电池、监控开关、行程开关、接近开关、接近传感器、保护继电器、传感器、烟雾传感器、测速发电机、温度传感器、热过载继电器、视频摄像机
C	材料、能量或信息的存储	记录、存储	缓冲器（存储）、缓冲器电池、电容器、事件记录器（主存储）、硬盘、存储器、蓄电池、磁带机（主存储）、录像机（主存储）、电压记录器（主存储）
D	为将来标准化备用		
E	提供辐射能或热能	冷却、加热、发光、辐射	锅炉、荧光灯、电热器、灯、白炽灯、激光器、发光设备、微波激射器、辐射器
F	直接防止（自动）能量流、信号流、人身或设备发生危险的或意外的情况，包括用于防护的系统和设备	吸收、防护、防止、保安、隔离	阴极保护阳极、静电防护罩（法拉第罩）、熔断器、小型断路器、浪涌保护器、热过载释放器

续表

字母代码	项目的用途或任务（项目类别）	描述项目类别术语举例	典型的电气产品举例
G	启动能量流或材料流 产生用作信息载体或参考源的信号 生产一种新能量、材料或产品	装配、破碎、拆卸、生成、分馏、材料移动、磨碎、混合、生产、粉碎	蓄电池组、电机、燃料电池、发电机、信号发生器、太阳电池、波发生器
H	为将来标准化备用		
I	不用		
J	为将来标准化备用		
K	处理（接收、加工和提供）信号或信息（用于防护的物体除外，见F类）	闭合（控制电路）、连续控制、延迟、开断（控制电路）、搁置、切换（控制电路）、同步	有或无继电器、模拟集成电路、自动并联装置、数字集成电路、接触—继电器、CPU、延迟元件、延迟线、电子阀、电子管、反馈控制器、滤波器、微处理器、过程计算机、可编程序控制器、同步装置、时间继电器、晶体管
L	为将来标准化备用		
M	提供驱动用机械能（旋转或线性机械运动）	激励、驱动	执行器、励磁线圈、电动机、直线电动机
N	为将来标准化备用		
O	不用		
P	提供信息	告警、通信、显示、指示、通知、测量（量的显示）、呈现、打印	音响信号装置、安培表、电铃、电钟、显示器、机电指示器、事件计数器、LED（发光二极管）、扬声器、光信号装置、打印机、信号灯、信号振动器、同步示波器、伏特表、瓦特表、电能表
Q	受控切换或改变能量流、信号流或材料流（对于控制电路中的信号，参见K类和S类）	断开（能量、信号和材料流）、闭合（能量、信号和材料流）、切换（能量、信号和材料流）、连接	断路器、电力接触器、隔离开关、熔断器开关、熔断器式隔离开关、电动机起动器、功率晶体管、集电环短路器、开关、晶闸管 （若主要用途为防护，参见F类）
R	限制或稳定能量、信息或材料的运动或流动	阻断、阻尼、限制、限定、稳定	二极管、电感器、限定器、电阻器

续表

字母代码	项目的用途或任务（项目类别）	描述项目类别术语举例	典型的电气产品举例
S	把手动操作转变为进一步处理的信号	影响、手动控制、选择	控制开关、差值开关、键盘、光笔、鼠标器、按钮、选择开关、设定点调节器
T	保持能量性质不变的能量变换；已建立的信号保持信息内容不变的变换 材料形态或形状的变换	放大、调制、变换	AC/DC变换器、放大器、天线、解调器、变频器、测量变换器、测量发射机、调制器、电力变压器、整流器、整流器站、信号变换器、信号传变器、电话机、变换器
U	保持物体在一定的位置	支承、承载、保持、支持	绝缘子
V	材料或产品的处理（包括预处理和后处理）	涂覆、清洗、干燥、过滤	过滤器
W	从一地到另一地导引或输送能量、信号、材料或产品	传导、分配、导引、导向、安置、输送	汇流排、电缆、导体、信息总线、光纤、穿墙套管、波导
X	连接物	连接、啮合、连接	连接器、插头、端子、端子板、端子排
Y	为将来标准化备用		
Z	为将来标准化备用		

附录16　　常用电气产品的双字母代码举例

项目（用途或任务）	双字母代码	备注
保护继电器、（热）过载继电器	BB	详细的双字母代码可参考GB/T 20939—2007《技术产品及技术产品文件结构原则 字母代码 按项目用途和任务划分的主类和子类》
测量继电器、电流互感器、电压互感器	BE	
行程开关、接近开关	BG	
光电池	BR	
电容器	CA	
超导体、线圈	CB	
硬盘、电压记录器	CF	
荧光灯、白炽灯	EA	
电热丝	EB	
过载保护器	FA	
发电机、直流发电机	GA	
蓄电池、干电池	GB	
信号发生器、转换器	GF	
二进制元件	KF	

续表

项目（用途或任务）	双字母代码	备注
电动机、直线电动机	MA	
记录器	PF	
告警灯、检波器、电压表	PG	
断路器、接触器、闸流晶体管	QA	
隔离开关、负载断路开关	QB	
接地开关	QC	
二极管、电阻、电感	RA	
滤波器	RF	
控制开关、按钮开关、选择开关	SF	
变压器、DC/DC 变换器、频率变换器	TA	
整流器、变换器	TB	
放大器、天线	TF	
电缆架、电缆槽	UB	
不小于 1 kV 的母线	WA	
不小于 1 kV 的电缆	WB	
接线盒（不小于 1 kV 的连接）	XB	
接线盒（小于 1 kV 的连接）、插座	XD	
接地端子	XE	

附录 17　　常用单字母文字符号

字母代码	项目种类	举例
A	组件、部件	分立元件放大器、印制电路板
B	变换器（从非电量到电量或相反）	热电传感器、麦克风、扬声器
C	电容器	
D	二进制单元、存储器件	数字集成电路和器件、寄存器
E	杂项	光器件、热器件
F	保护器件	熔断器
G	发电机、电源	旋转发电机、电池
H	信号器件	光指示器、声指示器
K	继电器、接触器	
L	电感器、电抗器	感应线圈、电抗器
M	电动机	
N	模拟集成电路	运算放大器、模拟/数字混合器件
P	测量设备、试验设备	信号发生器、时钟
Q	电力电路的开关	断路器、隔离开关

续表

字母代码	项目种类	举例
R	电阻器	可变电阻器、热敏电阻
S	控制电路的开关、选择器	控制开关、按钮、限制开关
T	变压器	电压互感器、电流互感器
U	调制器、变换器	变频器、编码器、逆变器
V	半导体器件	晶体管、晶闸管
W	传输通道、天线	导线、电缆、天线
X	端子、插头、插座	插头和插座、端子板
Y	电气操作的机械装置	制动器、离合器、气阀
Z	终端设备、滤波器、限幅器	网络

【说明】拉丁字母中的“I”和“O”容易同阿拉伯数字“1”和“0”相混淆，故未被采用；另外，字母“J”也未被采用。